JN493050

제2판

풀이가 있는

대학일반수학

김경호 · 김상욱 지음

KyoWooSa 教友社

머 리 말

이 책은 평소 수학에 관심 있는 학생들은 물론이고 수학과 관련한 학문분야에서의 전공심화과정을 준비 중에 있는 학생들과 현재 전공심화과정을 학습하면서 수학적 기초지식이나 논리의 부족으로 인하여 어려움을 겪고 있는 학생들을 위한 대학수학의 입문서로서 보다 깊이 있는 수학 관련 학습과 수학적 지식을 필요로 하는 다양한 학문분야에서의 창의적 학습을 가능토록 하는데 초석이 될 것이다.

이 책의 전체적인 내용을 간략히 소개하면 다음과 같다. 초반부에서는 수학적 사고의 기본이 되는 집합과 논리에 관하여 학습한 후에 대수함수, 지수함수, 로그함수, 삼각함수와 같은 다양한 형태의 초등함수와 여러 형태의 수열에 관하여 학습한다. 중반부에서는 행렬을 정의하고 행렬의 기본 연산규칙과 행렬이 갖는 수학적 성질들에 관하여 학습한다. 또한 2차 정사각행렬에서의 행렬식과 역행렬을 일반화하여 일반적인 n차 정사각행렬에서의 행렬식과 역행렬을 정의하고, 이를 통하여 n개의 미지수를 갖는 n원 연립일차방정식의 해를 효과적으로 구할 수 있는 방법에 관하여 학습한다. 종반부에서는 평면벡터 및 공간벡터에 관하여 살펴본 후에, 일반화된 벡터공간을 정의하고, 일반화된 벡터공간상에서 정의되는 특별한 성질을 갖는 선형함수에 관하여 학습한다. 끝으로 일반적인 이차곡선의 특징에 관하여 학습한다.

이 책은 각 장별로 학습한 내용의 이해 정도를 스스로 확인해 볼 수 있도록 학습 내용과 관련한 연습문제를 실었으며, 또한 많은 양의 지면을 할애하여 모든 연습문제들의 상세한 풀이 과정을 함께 기술하였다.

이 책은 저자들의 풍부한 강의 경험과 관련서적들을 참고하여 제작되었으며, 이 책의 모든 편집은 $\LaTeX\,2_\varepsilon$ 으로 이루어졌다.

끝으로 이 책이 출판되기까지 도움을 주신 분들께 깊은 감사를 드린다.

2009년 2월 지은이 일동

차 례

제 1 장

집합과 명제

1장에서는 집합을 정의하고 나타내며, 비교 가능한 집합들 사이의 포함관계와 연산규칙에 관하여 학습한다. 또한 논리의 기본이 되는 명제를 정의하고 다양한 형태들의 명제와 그들의 진리값에 관하여 학습한다. 끝으로 기초적인 수학적 증명 방법들에 관하여 학습한다.

1.1 집합

정의 1.1.1 주어진 조건에 맞는 대상들의 모임을 **집합**(set)[1]이라고 하며, 어떤 집합에 속해있는 대상 하나 하나를 일컬어 그 집합의 **원소**(element)라고 정의[2]한다.

정의 1.1.2 어떤 대상 a가 집합 A의 원소일 때 $a \in A$ 또는 $A \ni a$와 같이 나타내며, 이때 『a는 집합 A에 속한다』라고 한다. 반면에 대상 a가 집합 A의 원소가 아닐 때 $a \notin A$ 또는 $A \not\ni a$와 같이 나타내며, 이때 『a는 집합 A에 속하지 않는다』라고 한다.

---

1) 집합은 1895년 독일의 수학자인 칸토어(Cantor, Georg 1845 ~ 1918)에 의해 처음 소개되었다.

2) 논의의 대상을 보편적인 것으로 하기 위해, 사용되는 용어나 기호의 의미를 확실하게 규정한 문장이나 식을 그 용어의 **정의**(definition)라고 한다.

정의 1.1.3 집합을 나타내는 방법에는 그 집합에 속하는 모든 원소를 중괄호 { } 안에 나열하는 **원소나열법**(tabular form)[3]과, 집합의 원소 x가 만족해야 할 조건[4]이 $p(x)$ 일 때

$$\{x \mid p(x)\} \tag{1.1}$$

와 같은 방법으로 조건을 적어 나타내는 **조건제시법**(set-builder form)이 있다.

정의 1.1.4 집합에 속하는 원소가 하나도 없는 집합을 **공집합**(empty set)이라고 하고, 기호로는 $\varnothing$ 또는 $\{\}$와 같이 나타낸다.

예제 1.1.1 다음 각각의 집합을 원소나열법과 조건제시법으로 나타내어라.

(1) 1 이상 15 이하인 홀수들의 집합 A

(2) 자연수 전체의 집합 $\mathbb{N}$

【풀이】 (1) 1 이상 15 이하인 홀수에는 1, 3, 5, 7, 9, 11, 13, 15 가 있다. 따라서 집합 A를 원소나열법으로 나타내면 $A = \{1, 3, 5, 7, 9, 11, 13, 15\}$ 이고, 조건제시법으로 나타내면

$$A = \{n \mid n \text{은 } 1 \le n \le 15 \text{의 범위에 있는 홀수}\}$$

와 같다.

(2) 자연수 전체의 집합 $\mathbb{N}$을 원소나열법으로 나타내면 $\mathbb{N} = \{1, 2, 3, \ldots\}$ 와 같고, 조건제시법으로 나타내면

$$\mathbb{N} = \{n \mid n \text{은 자연수}\}$$

와 같다. □

정의 1.1.5 집합을 구성하는 원소의 개수가 무한개로 이루어진 집합을 **무한집합**(infinite set)이라고 하고, 유한개로 이루어진 집합을 **유한집합**(finite set)이라고 한다. A가 유한집합일 때 $n(A)$는 집합 A의 원소의 개수를 의미한다.

예제 1.1.2 다음 집합이 유한집합인지, 아니면 무한집합인지를 구분하여라.

---

3) 원소나열법에서 원소를 나열하는 순서는 상관없으나, 같은 원소를 중복해서 써서는 안 된다. 또한 주어진 집합의 원소 수가 너무 많으면 원소 사이의 규칙을 알아볼 수 있을 만큼의 원소만 나열하고 나머지는 줄임표 '...'를 사용하여 생략해서 나타낸다.

4) 여기서의 조건이란 문장 또는 수식의 형태를 의미한다.

(1) 0 보다 크고 10 보다 작은 실수들의 집합 A

(2) 10 보다 작은 자연수들의 집합 B

【풀이】 (1) 집합 A를 구성하는 원소가 무수히 많으므로 무한집합이다.

(2) 집합 B는 9 개의 원소로 이루어져 있으므로 유한집합이다. □

정의 1.1.6 두 집합 A, B에 대하여 $x \in A$ 이면 $x \in B$ 일 때, A는 B의 **부분집합**(subset)이라고 하고, 기호로는 $A \subset B$ 또는 $B \supset A$[5] 와 같이 나타낸다. 이를 집합의 원소들 사이의 관계로 나타내면

$$A \subset B \quad \Longleftrightarrow \quad (x \in A \quad \Longrightarrow \quad x \in B) \tag{1.2}$$

와 같으며, 이를 벤다이어그램(Venn diagram)[6]으로 나타내면 그림 1.1 과 같다.

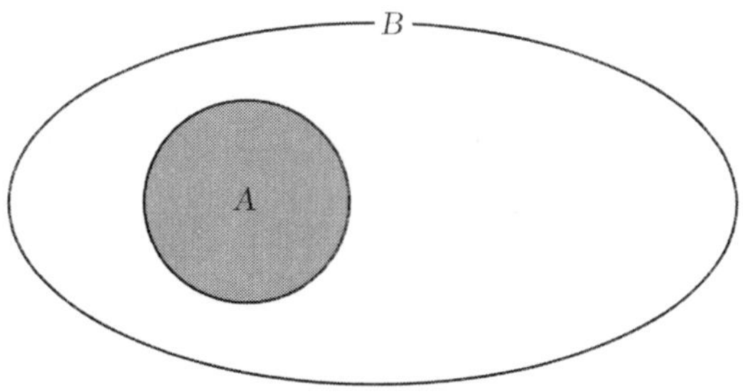

[그림 1.1] $A \subset B$

정의 1.1.7 두 집합 A, B에 대하여 $x \in A$ 이면 $x \in B$ 이고, 동시에 $x \in B$ 이면 $x \in A$ 일 때, 집합 A와 B는 **상등**(equality)이라고 하고, 기호로는 $A = B$ 또는 $B = A$와 같이 나타낸다. 이를 집합의 원소들 사이의 관계로 나타내면 다음과 같다.

$$A = B \quad \Longleftrightarrow \quad A \subset B \text{ and } B \subset A \tag{1.3a}$$

$$\Longleftrightarrow \quad (x \in A \quad \Longrightarrow \quad x \in B) \text{ and } (x \in B \quad \Longrightarrow \quad x \in A) \tag{1.3b}$$

$$\Longleftrightarrow \quad (x \in A \quad \Longleftrightarrow \quad x \in B) \tag{1.3c}$$

---

5) 집합 A가 집합 B의 부분집합임을 나타낼 때 $A \subseteq B$ 또는 $B \supseteq A$와 같이 나타내는 경우도 있다.

6) 부분집합, 합집합, 교집합 따위의 집합 사이의 연산을 쉽게 설명하기 위하여 나타낸 도식. 영국의 논리학자 벤(Venn, John 1834 ~ 1923)이 고안하였다.

정의 1.1.8 두 집합 A, B에 대하여 $A \subset B$이고 동시에 $A \neq B$일 때, 집합 A는 집합 B의 **진부분집합**(proper subset)이라고 하고, 기호로는 $A \subsetneq B$ 또는 $B \supsetneq A$[7]와 같이 나타낸다.

예제 1.1.3 다음 주어진 두 집합 A, B 사이의 포함관계를 나타내어라.

(1) $A = \{m \mid m$은 정수$\}$, $B = \{n \mid n$은 자연수$\}$

(2) $A = \{1, 2, 3, 4, 5\}$, $B = \{n \mid n$은 $1 \leq n \leq 5$의 범위에 있는 정수$\}$

【풀이】 (1) 집합 B에 있는 임의의 원소 n에 대하여 $n \in B$이면 $n \in A$이다. 따라서 집합 B는 집합 A의 부분집합, 즉 $B \subset A$이다.

(2) 집합 A에 있는 임의의 원소 n에 대하여 $n \in A$이면 $n \in B$이므로 $A \subset B$이다. 동시에 집합 B에 있는 임의의 원소 n에 대하여 $n \in B$이면 $n \in A$이므로 $B \subset A$이다. 따라서 $A \subset B$인 동시에 $B \subset A$이므로 $A = B$이다. □

정리 1.1.1 집합 A, B, C에 대하여 $A \subset B$이고 $B \subset C$이면 $A \subset C$이다.

【증명】 가정에 의하면 $A \subset B$이므로

$$x \in A \quad \Longrightarrow \quad x \in B \tag{1.4}$$

이고, 또한 $B \subset C$이므로

$$x \in B \quad \Longrightarrow \quad x \in C \tag{1.5}$$

이다. 그러면 식 (1.4)와 (1.5)로부터

$$x \in A \quad \Longrightarrow \quad x \in B \quad \Longrightarrow \quad x \in C \tag{1.6}$$

이 성립한다. 따라서 $x \in A$이면 $x \in C$이므로 부분집합의 정의로부터 $A \subset C$이다. □

정의 1.1.9 집합을 원소로 갖는 집합을 **집합족**(family of sets)이라고 한다. 특히 집합 A의 모든 부분집합을 원소로 갖는 집합족을 그 집합 A의 **멱집합**(power set)이라고 하고,

---

7) 집합 A가 집합 B의 진부분집합임을 나타낼 때, 간단히 $A \subset B$ 또는 $A \supset B$와 같이 나타내면서 진부분집합임을 명시적으로 언급하는 경우도 있다.

기호로는

$$2^A \tag{1.7}$$

와 같이 나타낸다. 유한집합 A가 n개의 원소를 갖는다면 멱집합 2^A은 2^n개의 원소를 갖는다. 즉,

$$n(2^A) = 2^n \tag{1.8}$$

이다.

예제 1.1.4 다음 물음에 답하여라.

(1) 집합 $A = \{1, \{2, 3\}, \{4\}\}$는 집합족인가?

(2) 집합 $A = \{\varnothing, \{1\}, \{2, 3\}, \{2, 3, 4\}\}$는 집합족인가?

(3) 집합 $A = \{1, 2, 3\}$의 멱집합 2^C를 구하여라.

【풀이】 (1) 집합 A의 원소인 1은 집합이 아니다. 따라서 집합 A는 집합족이 아니다.

(2) 집합 A를 구성하는 각각의 원소는 모두 집합으로 이루어져 있다. 따라서 집합 A는 집합족이다.

(3) 집합 A의 부분집합을 모두 구하면

$$\varnothing, \quad \{1\}, \quad \{2\}, \quad \{3\}, \quad \{1, 2\}, \quad \{1, 3\}, \quad \{2, 3\}, \quad \{1, 2, 3\}$$

이다. 따라서 집합 A의 멱집합 2^A은

$$2^A = \{\varnothing, \{1\}, \{2\}, \{3\}, \{1, 2\}, \{1, 3\}, \{2, 3\}, \{1, 2, 3\}\}$$

이다. □

1.2 집합의 연산

정의 1.2.1 두 집합 A, B에 대하여 **합집합**(union) $A \cup B$는

$$A \cup B = \{x \mid x \in A \ \text{ or } \ x \in B\} \tag{1.9}$$

와 같이 정의한다. 이를 벤다이어그램으로 나타내면 그림 1.2와 같다.

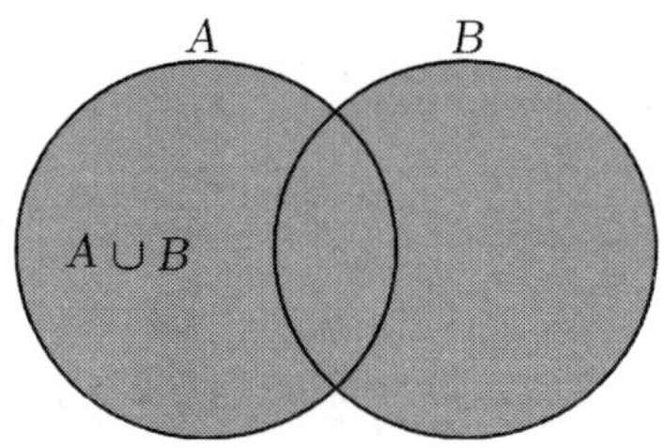

[그림 1.2] $A \cup B$

정의 1.2.2 두 집합 A, B에 대하여 **교집합**(intersection) $A \cap B$는

$$A \cap B = \{x \mid x \in A \ \text{ and } \ x \in B\} \tag{1.10}$$

와 같이 정의한다. 이를 벤다이어그램으로 나타내면 그림 1.3과 같다.

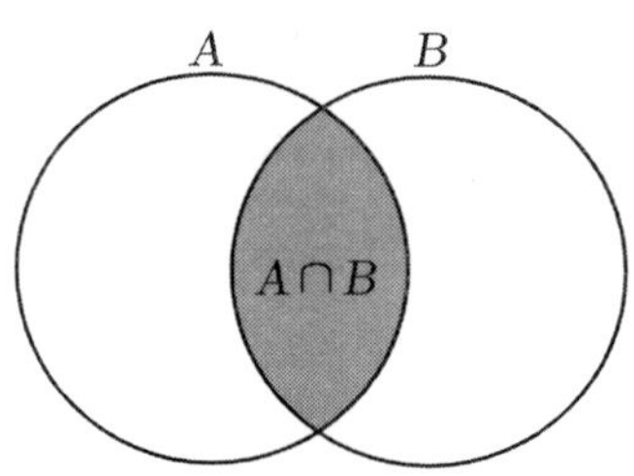

[그림 1.3] $A \cap B$

정 의 1.2.3 두 집합 A, B에 대하여 **차집합**(difference) $A-B$는

$$A - B = \{x \mid x \in A \ \text{ and } \ x \notin B\} \tag{1.11}$$

와 같이 정의한다. 이를 벤다이어그램으로 나타내면 그림 1.4와 같다.

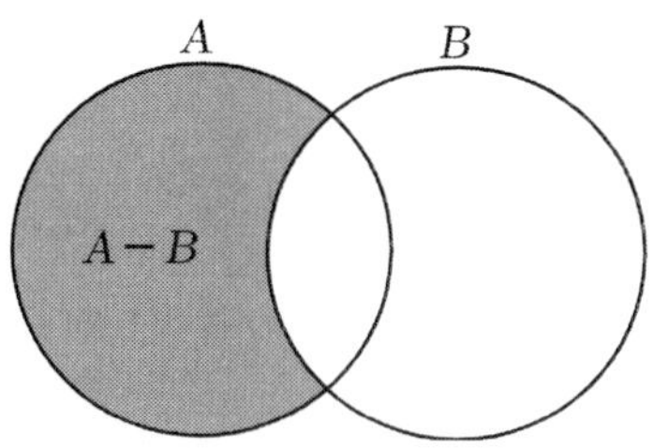

[그림 1.4] $A-B$

정 의 1.2.4 전체집합 U에 대하여 $A \subset U$일 때, 집합 A의 **여집합**(complement) A^c는

$$A^c = U - A = \{x \mid x \in U \ \text{ and } \ x \notin A\} \tag{1.12}$$

와 같이 정의한다. 이를 벤다이어그램으로 나타내면 그림 1.5와 같다.

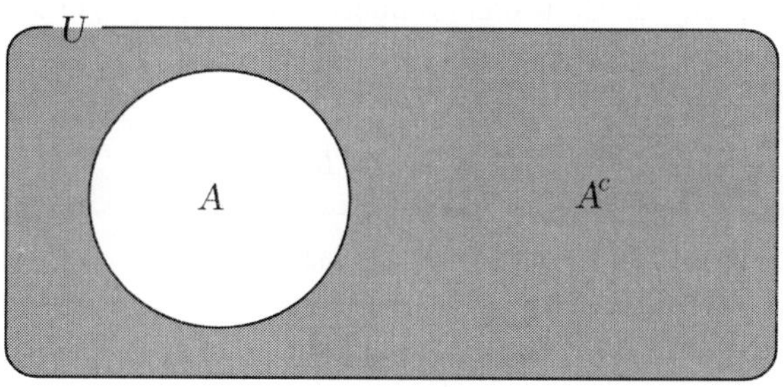

[그림 1.5] A^c

예 제 1.2.1 $\mathbb{R} = \{x \mid x\text{는 실수}\}$를 전체집합이라고 하자. 전체집합 $\mathbb{R}$의 부분집합

$$A = \{x \mid 0 \le x \le 10\}, \qquad B = \{x \mid 5 \le x \le 15\}$$

에 대하여 다음 각각의 집합을 구하여라.

(1) $A \cup B$ (2) $A \cap B$ (3) $A - B$ (4) A^c

【풀이】 (1) $A \cup B = \{x \mid 0 \le x \le 15\}$ (2) $A \cap B = \{x \mid 5 \le x \le 10\}$
(3) $A - B = \{x \mid 0 \le x < 5\}$ (4) $A^c = \mathbb{R} - A = \{x \in \mathbb{R} \mid x < 0 \text{ or } x > 10\}$. □

정의 1.2.5 집합 A, B에 대하여

$$A \cap B = \varnothing \tag{1.13}$$

일 때, 집합 A와 B는 **서로 소**(disjoint set)라고 한다.[8)]

예제 1.2.2 집합 A와 B가 서로 소인지를 확인하여라.

(1) $A = \{1, 3, 5, 7, 9\}$, $B = \{2, 4, 5, 8\}$

(2) $A = \{m \mid m\text{은 양의 정수}\}$, $B = \{n \mid n\text{은 음의 정수}\}$

【풀이】 (1) $A \cap B = \{5\} \neq \varnothing$ 이므로 A와 B는 서로 소가 아니다.

(2) $A \cap B = \varnothing$ 이므로 A와 B는 서로 소이다. □

정의 1.2.6 두 집합 A, B에 대하여

$$A \times B = \{(a, b) \mid a \in A \text{ and } b \in B\} \tag{1.14}$$

을 집합 A와 B의 **카테이션 곱**(Cartesian product) 또는 **곱집합**이라고 한다.

예제 1.2.3 두 집합

$$A = \{1, 2, 3\}, \quad B = \{1, 2\}$$

에 대하여 곱집합 $A \times B$를 원소나열법으로 나타내어라.

【풀이】 곱집합 $A \times B$를 원소나열법으로 나타내면

$$A \times B = \{(a, b) \mid a \in A \text{ and } b \in B\} = \{(1, 1), (1, 2), (2, 1), (2, 2), (3, 1), (3, 2)\}$$

이다. □

8) 정의 1.2.5는 집합에 있어서의 서로 소인 관계를 정의한 것이다. 참고로, 수에 있어서는 1 이외에 공약수를 갖지 않는 두 자연수를 일컬어 **서로 소**(relatively prime)라고 한다. 이를테면, 4와 9는 서로 소이다.

정리 1.2.1 유한집합 A, B에 대하여

$$n(A \cup B) = n(A) + n(B) - n(A \cap B) \tag{1.15}$$

이다.

【증명】 서로 소인 관계에 있는 집합들에 대하여 합집합의 원소의 개수는 각 집합의 원소의 개수를 더한 것과 같다. 그런데

$$A \cup B = [A - (A \cap B)] \cup [B - (A \cap B)] \cup (A \cap B)$$

에 대하여

$$[A - (A \cap B)] \cap [B - (A \cap B)] \cap (A \cap B) = \varnothing$$

이므로 세 집합 $A - (A \cap B)$, $B - (A \cap B)$, $A \cap B$ 은 서로 소이다. 따라서

$$\begin{aligned} n(A \cup B) &= n\big([A - (A \cap B)] \cup [B - (A \cap B)] \cup (A \cap B)\big) \\ &= n(A - (A \cap B)) + n(B - (A \cap B)) + n(A \cap B) \\ &= n(A) - n(A \cap B) + n(B) - n(A \cap B) + n(A \cap B) \\ &= n(A) + n(B) - n(A \cap B) \end{aligned}$$

이다. □

예제 1.2.4 두 집합

$$A = \{1, 2, 3, 4, \ldots, 7, 8\}, \qquad B = \{n \mid n \text{은 } n < 10 \text{ 인 홀수}\}$$

에 대하여 $n(A \cup B)$를 구하여라.

【풀이】 $n(A) = 8$, $n(B) = 5$, $n(A \cap B) = 4$ 이므로 정리 1.2.1 로부터

$$n(A \cup B) = n(A) + n(B) - n(A \cap B) = 8 + 5 - 4 = 9$$

이다. □

정리 1.2.2 U가 전체집합이고 $A, B, C \subset U$일 때 다음 관계식이 성립한다.

(1) 이중여(double complement) 법칙

$(A^c)^c = A$

(2) 드 모르간(De Morgan) 법칙

$(A \cup B)^c = A^c \cap B^c, \qquad (A \cap B)^c = A^c \cup B^c$

(3) 교환(commutative) 법칙

$A \cup B = B \cup A, \qquad A \cap B = B \cap A$

(4) 결합(associative) 법칙

$A \cup (B \cup C) = (A \cup B) \cup C, \qquad A \cap (B \cap C) = (A \cap B) \cap C$

(5) 분배(distributive) 법칙

$A \cup (B \cap C) = (A \cup B) \cap (A \cup C), \qquad A \cap (B \cup C) = (A \cap B) \cup (A \cap C)$

(6) 멱등(idempotent) 법칙

$A \cup A = A, \qquad A \cap A = A$

(7) 항등(identity) 법칙

$A \cup \varnothing = A, \qquad A \cap U = A$

(8) 역(inverse) 법칙

$A \cup A^c = U, \qquad A \cap A^c = \varnothing$

(9) 우위(domination) 법칙

$A \cup U = U, \qquad A \cap \varnothing = \varnothing$

(10) 흡수(absorption) 법칙

$A \cup (A \cap B) = A, \qquad A \cap (A \cup B) = A$

참고 1.2.1 [쌍대성 원리] 정리 1.2.2에서 합집합 $\cup$와 교집합 $\cap$를 치환하고, 전체집합 U와 공집합 $\varnothing$를 서로 치환해도 여전히 등식이 성립한다. 이와 같은 성질을 집합의 대수적 법칙에서의 **쌍대성 원리**(dual principal)라고 한다. 이를테면

$$(U \cap A) \cup (A \cap B) = A \tag{1.16}$$

의 쌍대는

$$(\varnothing \cup A) \cap (A \cup B) = A \tag{1.17}$$

이다.

1.3 명제

정의 1.3.1 참 또는 거짓 둘 중의 하나로 명확히 구별할 수 있는 문장이나 수식의 형태를 **명제**(proposition, statement)라고 한다.[9] 명제가 갖는 참 혹은 거짓의 값을 그 명제의 **진리값**(truth value)이라고 하며, 일반적으로 참(True)인 명제를 T로 나타내며, 거짓(False)인 명제를 F로 나타낸다. 또한 주어진 명제가 가질 수 있는 모든 경우의 진리값을 표로 나타낸 것을 그 명제의 **진리표**(truth table)라고 한다.

예제 1.3.1 다음 문장이 명제인지, 아닌지를 근거를 들어 설명하여라.

(1) 우리나라는 사면이 바다이다.

(2) 잘 있어라.

(3) $2 + 5 = 5$.

(4) 지구는 둥글다.

【풀이】 (1) 평서문의 형태로 거짓인 명제이다.

(2) 명령문의 형태로 명제가 될 수 없다.

(3) 수식의 형태로 거짓인 명제이다.

(4) 평서문의 형태로 참인 명제이다. □

9) 여기서의 문장이라 함은 어떠한 사실을 전달하는데 사용되는 평서문의 형태를 의미한다. 따라서 의문문, 명령문, 감탄문 등은 명제가 될 수 없다.

참고 1.3.1 예를 들어

$$n\text{은 } 3\text{보다 작은 자연수이다.} \tag{1.18}$$

와 같은 문장은 그 자체로는 참 또는 거짓을 구별할 수 없으므로 명제가 될 수 없다. 그러나 n이 집합 $A = \{1, 2, 3, 4\}$의 원소로서 각 원소 n이 정해지면 이에 따라 비로소 참과 거짓을 결정할 수 있다. 이를테면 $n = 1$이면 『1은 3보다 작은 자연수이다』는 참이고, $n = 4$이면 『4는 3보다 작은 자연수이다』는 거짓이 되어, 각각의 문장은 명제가 된다. 이때 (1.18)과 같은 형태의 문장을 **조건**(condition)이라고 한다. 또는 조건에 따라 참 또는 거짓이 구별된다는 의미에서 **조건명제**(conditional proposition), 혹은 집합 A로부터 집합 {참, 거짓}으로의 함수를 정의할 수 있다는 측면에서 **명제함수**(propositional function)라 부르기도 한다. 그러나 조건명제나 명제함수라는 용어 중에 명제라는 표현이 쓰였다고 해서 이 문장이 곧 명제라는 뜻은 아니다. 집합 A에서의 조건 $p(x)$가 주어질 때, $p(x)$가 참이 되도록 하는 x 전체의 집합을 조건 $p(x)$의 **진리집합**(truth set)이라고 한다.

정의 1.3.2 두 개 이상의 명제를 논리적으로 결합시켜 주는 역할을 하는 연산자를 **논리연산자**(logical operator)라고 한다. 이러한 논리연산자에는 『그리고(and), 또는(or), 이면(if than)』 등이 있다. 논리연산자를 갖는 명제를 **합성명제**(composite statement)라고 하고, 논리연산자를 갖지 않는 명제를 **단순명제**(simple statement)라고 한다.

정의 1.3.3 명제 P에 대하여 P의 **부정**(negation)은 P가 아님을 의미하며, 기호로는

$$\sim P \tag{1.19}$$

와 같이 나타내고 『not P』와 같이 읽는다. 부정연산자에 의한 진리표는 표 1.1과 같다.

P	$\sim P$
T	**F**
F	**T**

[표 1.1] $\sim P$의 진리표

정의 1.3.4 두 명제 P, Q에 대해 P와 Q의 **논리곱**(conjunction)은 합성명제 P and Q에 해당하며, 기호로는

$$P \wedge Q \tag{1.20}$$

와 같이 나타낸다. 논리곱 $P \wedge Q$의 진리값은 두 명제 P, Q가 동시에 참일 때만 참으로 정의한다. 따라서 논리곱 연산자에 의한 진리표는 표 1.2와 같다.

P	Q	$P \wedge Q$
T	T	**T**
T	F	**F**
F	T	**F**
F	F	**F**

[표 1.2] $P \wedge Q$의 진리표

정의 1.3.5 두 명제 P, Q에 대하여 P와 Q의 **논리합**(disjunction)은 합성명제 P or Q에 해당하며, 기호로는

$$P \vee Q \tag{1.21}$$

와 같이 나타낸다. 논리합 $P \vee Q$의 진리값은 두 명제 P, Q가 동시에 거짓일 때만 거짓으로 정의한다. 따라서 논리합 연산자에 의한 진리표는 표 1.3과 같다.

P	Q	$P \vee Q$
T	T	**T**
T	F	**T**
F	T	**T**
F	F	**F**

[표 1.3] $P \vee Q$의 진리표

정의 1.3.6 두 명제 P, Q에 대하여 『P이면 Q이다』의 합성명제를 **조건문**(conditional statement)[10]이라고 하고, 기호로는

$$P \to Q \tag{1.22}$$

10) 조건문을 함의(含意, implication)명제라고도 한다. 이때 명제 P를 전건(前件, antecedent) 혹은 가설, 명제 Q를 후건(後件, consequent) 혹은 결론이라고 한다.

와 같이 나타낸다. 조건문 『$P \to Q$』의 진리값은 P가 참이고 Q가 거짓인 경우에만 거짓으로 정의한다. 따라서 조건문 『$P \to Q$』에 의한 진리표는 표 1.4와 같다.

P	Q	$P \to Q$
T	T	**T**
T	F	**F**
F	T	**T**
F	F	**T**

[표 1.4] $P \to Q$의 진리표

참고 1.3.2 조건문 『$P \to Q$』가 참인 경우에, 기호로는

$$P \Rightarrow Q \tag{1.23}$$

와 같이 나타내며, 이때 『명제 P는 명제 Q이기 위한 **충분조건**(sufficient condition)』이라고 하고, 『명제 Q는 명제 P이기 위한 **필요조건**(necessary condition)』이라고 한다.

정의 1.3.7 두 명제 P, Q에 대하여 『$P \to Q$인 동시에 $Q \to P$』인 형태의 합성명제를 **쌍조건문**(biconditional statement)이라고 하고, 기호로는

$$P \leftrightarrow Q \tag{1.24}$$

와 같이 나타낸다. 따라서 쌍조건문 $P \leftrightarrow Q$는 $(P \to Q) \wedge (Q \to P)$와 같은 의미로서 진리값은 두 명제 P, Q가 같은 진리값을 가질 때, 즉 동시에 참이거나 동시에 거짓인 경우에만 참이다. 따라서 쌍조건문 $P \leftrightarrow Q$ 의 진리표는 표 1.5와 같다.

P	Q	$P \leftrightarrow Q$
T	T	**T**
T	F	**F**
F	T	**F**
F	F	**T**

[표 1.5] $P \leftrightarrow Q$의 진리표

참고 1.3.3 쌍조건문 『$P \leftrightarrow Q$』가 참인 경우에

$$P \Leftrightarrow Q \tag{1.25}$$

와 같이 나타내며, 이때 『명제 P는 명제 Q이기 위한 **필요충분조건**(necessary and sufficient condition, iff)』, 『P와 Q는 **논리적 동치**(logical equivalence)』 또는 『**동치**(equivalence)』라고 한다. 특히 동치인 관계에 있는 두 명제 P, Q에 대하여

$$P \equiv Q \tag{1.26}$$

와 같이 나타내기도 한다.

예제 1.3.2 명제 P, Q, R에 대하여 합성명제 $P \to (Q \wedge (P \to R))$의 진리표를 작성하라.

【풀이】 주어진 합성명제의 진리표를 작성하면 표 1.6과 같다. □

P	Q	R	$P \to R$	$Q \wedge (P \to R)$	$P \to (Q \wedge (P \to R))$
T	T	T	T	T	**T**
T	T	F	F	F	**F**
T	F	T	T	F	**F**
F	T	T	T	T	**T**
T	F	F	F	F	**F**
F	T	F	T	T	**T**
F	F	T	T	F	**T**
F	F	F	T	F	**T**

[표 1.6] $P \to (Q \wedge (P \to R))$의 진리표

정의 1.3.8 진리값이 항상 참인 합성명제를 **항진명제**(tautology)라고 하고, 반면에 진리값이 항상 거짓인 합성명제를 **모순명제**(contradiction)라고 한다.

예제 1.3.3 명제 P, Q에 대하여 쌍조건문

$$(P \to Q) \leftrightarrow (\sim Q \to \sim P)$$

가 항진명제임을 진리표를 작성하여 확인하여라.

【풀이】 주어진 쌍조건문의 진리표를 작성하면 표 1.7과 같다. 진리표에서 보듯이 주어진 합성명제의 진리값은 항상 참이므로 주어진 명제는 항진명제임을 알 수 있다. □

P	Q	$P \to Q$	$\sim Q$	$\sim P$	$\sim Q \to \sim P$	$(P \to Q) \leftrightarrow (\sim Q \to \sim P)$
T	T	T	F	F	T	**T**
T	F	F	T	F	F	**T**
F	T	T	F	T	T	**T**
F	F	T	T	T	T	**T**

[표 1.7] $(P \to Q) \leftrightarrow (\sim Q \to \sim P)$ 의 진리표

예제 1.3.4 명제 P에 대하여 합성명제 $P \wedge \sim P$가 모순명제임을 진리표를 작성하여 확인하여라.

【풀이】 합성명제 $P \wedge \sim P$의 진리표를 작성하면 표 1.8과 같다. 진리표에서 보듯이 주어진 합성명제의 진리값은 항상 거짓이므로 주어진 명제는 모순명제임을 알 수 있다. □

P	$\sim P$	$P \wedge \sim P$
T	F	**F**
F	T	**F**

[표 1.8] $P \wedge \sim P$ 의 진리표

정의 1.3.9 조건문 $P \to Q$에 대하여 새로운 형태의 조건문

$$Q \to P, \qquad \sim P \to \sim Q, \qquad \sim Q \to \sim P \tag{1.27}$$

을 각각 주어진 조건문 $P \to Q$의

역(converse), **이**(converse of contraposition), **대우**(contraposition) (1.28)

라고 한다(그림 1.6 참조).

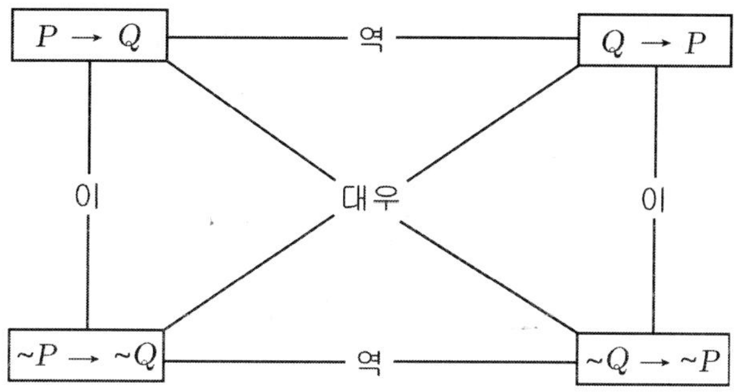

[그림 1.6] 역, 이, 대우

정 리 1.3.1 명제 P, Q, R에 대하여 다음이 성립한다.

(1) $\sim(\sim P) \equiv P$

(2) $\sim(P \wedge Q) \equiv \sim P \vee \sim Q$, $\quad \sim(P \vee Q) \equiv \sim P \wedge \sim Q$

(3) $P \wedge P \equiv P$, $\quad P \vee P \equiv P$

(4) $P \wedge Q \equiv Q \wedge P$, $\quad P \vee Q \equiv Q \vee P$

(5) $P \wedge (Q \vee R) \equiv (P \wedge Q) \vee (P \wedge R)$, $\quad P \vee (Q \wedge R) \equiv (P \vee Q) \wedge (P \vee R)$

(6) $P \wedge (P \vee Q) \equiv P$, $\quad P \vee (P \wedge Q) \equiv P$

(7) $P \to Q \equiv \sim P \vee Q \equiv \sim Q \to \sim P$

(8) $P \to (Q \wedge R) \equiv (P \to Q) \wedge (P \to R)$

(9) $P \Rightarrow P \vee Q$, $\quad P \wedge Q \Rightarrow P$

정 의 1.3.10 몇 개의 주어진 명제들로부터 새로운 명제를 얻는 것을 **추론**(argument)이라고 한다. 이때 처음 주어진 명제들을 **전제**(premise)라고 하고, 이들로부터 얻어진 새로운 명제를 **결론**(conclusion)이라고 한다. 전제 $P_1, P_2, \ldots, P_n$으로부터 결론 Q를 얻는 추론의 경우에, 이를

$$P_1, P_2, \ldots, P_n \;\mapsto\; Q \quad \text{또는} \quad (P_1, P_2, \ldots, P_n) \;\mapsto\; Q \tag{1.29}$$

와 같이 나타낸다. 추론은 그 자체가 명제가 되어 진리값을 갖는다. 특히 주어진 전제들이 모두 참일 때 결론도 참인 경우뿐이라면 이때의 추론을 **타당한 추론**(valid argument)이라고 하고, 그렇지 않으면 **오류**(fallacy)라고 한다.

정 리 1.3.2 추론에 의한 명제

$$(P_1, P_2, \ldots, P_n) \;\mapsto\; Q \tag{1.30}$$

가 타당한 추론이 될 필요충분조건은 추론에 대응하는 조건문

$$(P_1 \wedge P_2 \wedge \cdots \wedge P_n) \to Q \tag{1.31}$$

가 항진명제인 것이다.

【증명】 조건문 $P \to Q$의 경우에 진리값이 거짓인 경우는 P가 참이고 Q가 거짓인 경우뿐이다. 그런데 주어진 추론이 타당한 추론이라면 이러한 경우는 없으므로 추론에 대응하는 조건문은 항진명제이다. 역 또한 성립함을 쉽게 보일 수 있다. □

예 제 1.3.5 추론

$$P, (P \to Q) \mapsto Q$$

가 타당한 추론인지를 진리표를 작성하여 확인하여라.

【풀이】 주어진 추론에 대응하는 진리표를 작성하면 표 1.9와 같다. 진리표에서 보듯이 주어진 추론에 대응하는 조건문 $(P \wedge (P \to Q)) \to Q$는 항진명제이다. 따라서 정리 1.3.2에 의해 주어진 추론은 타당한 추론이다. □

P	Q	$P \to Q$	$P \wedge (P \to Q)$	$(P \wedge (P \to Q)) \to Q$
T	T	T	T	**T**
T	F	F	F	**T**
F	T	T	F	**T**
F	F	T	F	**T**

[표 1.9] $P, (P \to Q) \mapsto Q$의 진리표

예제 1.3.6 추론

$$P, (\sim P \rightarrow Q) \mapsto \sim Q$$

가 타당한 추론인지를 진리표를 작성하여 확인하라.

【풀이】 주어진 추론에 대응하는 진리표를 작성하면 표 1.10과 같다. 진리표에서 보듯이 추론에 대응하는 조건문 $(P \wedge (\sim P \rightarrow Q)) \rightarrow \sim Q$는 항진명제가 아니다. 따라서 정리 1.3.2에 의해 주어진 추론은 타당한 추론이 아니다. 즉, 오류이다. □

P	Q	$\sim P$	$\sim Q$	$\sim P \rightarrow Q$	$P \wedge (\sim P \rightarrow Q)$	$(P \wedge (\sim P \rightarrow Q)) \rightarrow \sim Q$
T	T	F	F	T	T	**F**
T	F	F	T	T	T	**T**
F	T	T	F	T	F	**T**
F	F	T	T	F	F	**T**

[표 1.10] $P, (\sim P \rightarrow Q) \mapsto \sim Q$의 진리표

1.4 증명 방법

많은 수학적 결과들은 『P이면 Q이다』와 같이 함의명제(정의 1.3.6 참조)로 표현된다. 따라서 이러한 함의명제의 증명 방법에 관하여 살펴보도록 하자.

어떤 연구자가 함의명제 『P이면 Q이다』 형태의 정리를 만들어 이를 증명하려 한다고 하자. 이를 위해 『P이면 Q이다』가 참이 되는 여러 경우를 관찰했다고 하자. 그러면 그 연구자는 이러한 경험을 통하여 『P이면 Q일 것이다』라고 추측하게 되고, 더 많은 경험을 통하여 더 많은 확신을 갖게 될 것이다. 그러나 그 추측이 매우 합리적이라 할지라도 완전한 증명을 위해서는 논리적으로 합당한 추론 과정에 의하여 참임을 증명하든지, 아니면 그 추측이 거짓임을 보이기 위하여 추측과 반대되는 예를 찾아야 한다. 만약 반증을 통하여 증명을 하기로 하였다면, 함의명제가 거짓인 유일한 경우는 P가 참일 때 Q가 거짓인 경우이므로 이러한 예를 찾아야 할 것이다. 이러한 예가 하나라도 존재한다면 주어

진 함의명제가 거짓임을 증명하기에 충분하다. 이와 같이 어떤 함의명제에 대하여 그 함의명제가 거짓임을 보이기 위하여 P가 참일 때 Q가 거짓인 예를 찾아 증명하는 방법을 **반증법**이라고 하고, 이때 찾아진 하나의 예를 **반례**라고 한다.

예제 1.4.1 『10보다 작은 모든 수는 5보다 크다』라는 명제가 거짓임을 반증법을 이용하여 증명하여라.

【풀이】 주어진 명제를 함의의 형태로 나태내면 『만약 어떤 수가 10보다 작다면 그 수는 5보다 크다』이다. 따라서 반증법을 이용하여 이 함의가 거짓임을 보이기 위해 어떤 수를 4로 택하면 4는 10보다 작지만 5보다 크지는 않다. 따라서 주어진 명제는 거짓이다. □

위에서 언급한 반증법은 주어진 명제가 거짓임을 보이는 증명 방법의 한 형태이다. 그런데 어떤 명제에 대하여 추측의 반증을 찾으려고 여러 예를 찾아보았으나 그 추측을 부정하기보다는 점점 더 확신시켜 준다면 이제 그 추측이 참임을 증명하는 것만이 남는다. 주어진 명제가 참임을 보이는 증명 방법으로는 직접증명법, 대우증명법, 모순증명법, 수학적 귀납법 등이 있다. 이제 이들에 대하여 보다 자세히 살펴보도록 하자.

함의명제 『$P \to Q$』가 참임을 증명하기 위하여 P가 참이라고 가정하면 Q도 참이 됨을 보이는 증명 방법을 **직접증명법**이라고 한다. 여기서의 문제는 『P가 참이다』로부터 시작하여 『Q가 참이다』로 끝나도록 하는 명제의 논리적인 도출 과정이 있는지의 여부이다. 증명 과정의 일정한 공식은 없으므로 반복 학습에 의한 수학적 경험을 통하여 직관력을 키우는 것만이 유일한 해결책이다.

예제 1.4.2 d, d_1, d_2, x를 실수라 할 때, $d = \min\{d_1, d_2\}$이고 $x < d$이면 $x < d_1$이고 $x < d_2$임을 직접증명법으로 증명하여라. 여기서의 min은 집합의 원소 중 가장 작은 값을 취함을 의미한다.

【풀이】 직접증명법으로부터

$$
\begin{aligned}
d = \min\{d_1, d_2\} \text{ 이고 } x < d \quad &\Rightarrow \quad x < d = \min\{d_1, d_2\} \\
&\Rightarrow \quad x < d = \min\{d_1, d_2\} \le d_1 \text{ 이고 } x < d = \min\{d_1, d_2\} \le d_2 \\
&\Rightarrow \quad x < d \le d_1 \text{ 이고 } x < d \le d_2 \\
&\Rightarrow \quad x < d_1 \text{ 이고 } x < d_2
\end{aligned}
$$

이 성립한다. 따라서 주어진 명제가 증명되었다. □

함의명제 『$P \to Q$』와 이것의 대우인 『$\sim Q \to \sim P$』는 동치이므로 『$P \to Q$』가 참임을 보이기 위하여 이것의 대우명제가 참임을 보이면 된다. 이와 같이 주어진 명제의 대우명제가 참임을 보이기 위하여 직접증명법을 적용한 증명 방법을 **대우증명법**이라고 한다.

예제 1.4.3 『어떤 수가 6의 배수이면 그 수는 3의 배수이기도 하다』라는 명제를 대우증명법으로 증명하여라.

【풀이】 주어진 명제의 대우관계는 『어떤 수가 3의 배수가 아니면 그 수는 6의 배수도 아니다』이다. 따라서 대우관계에 직접증명법을 적용하기 위해 어떤 수를 x라 놓자. 이때

x는 3의 배수가 아니다. $\Rightarrow$ 임의의 정수 k에 대해 $x \neq 3k$이다.

$\Rightarrow$ 임의의 정수 k'에 대해 k를 $k = 2k'$로 택하면 $x \neq 3(2k')$이다.

$\Rightarrow$ 임의의 정수 k'에 대해 $x \neq 6k'$이다.

$\Rightarrow$ x는 6의 배수가 아니다.

따라서 주어진 명제의 대우가 참이므로 대우증명법에 의해 주어진 명제는 참이다. □

함의명제 『$P \to Q$』가 참임을 보이기 위해, P가 참이고 Q가 거짓이라고 가정하면 P 또는 공리나 정리 등에 모순이 됨을 이끌어 냄으로써 주어진 함의명제가 참임을 보이는 증명 방법을 **모순증명법**11)이라고 한다. 즉, 모순증명법은 주어진 함의명제가 참이기 위해서는 P가 참이라는 것과 Q가 거짓이라는 것이 양립할 수 없음을 보이는 증명 방법이다. 따라서 모순증명법은 대우증명법을 일반화한 증명 방법임을 알 수 있다.

예제 1.4.4 『어떤 수 x에 x를 더한 것이 다시 x이면 그 수 x는 0이다』라는 명제를 모순증명법으로 증명하여라.

【풀이】 주어진 명제를 다시 표현하면 『어떤 수 x에 대하여 $x + x = x$이면 $x = 0$이다』와 같이 나타낼 수 있다. 따라서 이를 증명하기 위해 모순증명법을 적용하면

$x + x = x$이고 $x \neq 0$ $\Rightarrow$ $2x = x$이고 $x \neq 0$

$\Rightarrow$ $x \neq 0$이므로 $2x = x$의 양변을 x로 나누면 $2 = 1$ (모순)

따라서 모순증명법에 의해 주어진 명제는 참이다. □

---

11) 이러한 종류의 논증을 **간접증명법**이라 하고, 때로는 간접증명법 그 자체를 **귀류법**(歸謬法)이라고도 한다.

증명 방법 중에는 특정 부류의 명제에만 적용할 수 있는 **수학적 귀납법**이라는 증명 방법이 있다. 이 증명 방법은 $n \geq 1$ 인 모든 자연수 n에 대하여 명제 $P(n)$ 이 참임을 증명할 때 사용된다. 구체적인 증명 방법은 다음과 같다. 먼저 $n = 1$ 일 때 주어진 명제가 참임을 보인다. 이를 수학적 귀납법의 **기본단계**라고 한다. 다음은 $n = k\,(k \geq 1)$일 때 주어진 명제가 참임을 가정하고, 이를 이용하여 $n = k + 1$ 일 때 주어진 명제가 참임을 보이면 된다.

예제 1.4.5 $n \geq 1$ 인 모든 자연수 n에 대하여 $2^n > n$ 임을 증명하여라.

【풀이】 수학적 귀납법을 적용하여 증명하도록 하자.

(i) 먼저 $n = 1$ 이면 $2^1 = 2 > 1$ 이므로 주어진 명제는 참이다.

(ii) 이제 $k \geq 1$에 대하여 $n = k$일 때 부등식 $2^k > k$가 성립한다고 가정하자. 그러면 $n = k + 1$ 일 때

$$2^{k+1} = 2 \cdot 2^k > 2 \cdot k = k + k \geq k + 1$$

이므로 $2^{k+1} > k + 1$ 이다. 따라서 $n = k + 1$ 일 때 주어진 명제는 참이다.

따라서 (i)과 (ii)로부터 수학적 귀납법에 의해 주어진 명제는 참이다. □

참고 1.4.1 수학적 귀납법으로 증명할 때 주어진 명제가 1보다 큰 어떤 자연수 m으로부터 성립한다면 기본단계의 증명은 1이 아닌 m에 대하여 이루어져야 한다.

정리가 함의 형태로 주어지는 것도 있지만 『P일 필요충분조건은 Q이다』와 같이 명제 P와 Q가 동치임을 증명해야 하는 경우도 많이 있다. 이러한 경우에는 함의명제 『P이면 Q이다』와 『Q이면 P이다』가 동시에 참임을 증명하면 된다.

수학적으로 증명된 중요한 명제를 일컬어 **정리**(theorem)라고 하고, 어떤 정리를 증명하는데 쓸 목적으로 증명된 명제를 일컬어 **보조정리**(lemma)라고 한다. 또한 어떤 정리로부터 직접 파생된 명제를 일컬어 **따름정리**(corollary)라고 한다.

제 1 장 연습문제[12)]

1. 다음 집합을 원소나열법으로 나타내어라.

(1) $\{x \mid x^2 - 6x + 5 = 0\}$

(2) $\{x \mid x$ 는 10 보다 작은 소수(prime number)$\}$[13)]

2. 집합 $\{1, 4, 9, 16, 25, \ldots\}$ 을 조건제시법으로 나타내어라.

3. 다음 각각의 집합을 원소나열법 또는 조건제시법으로 나타내어라.

(1) 2 보다는 크고 10 보다는 작거나 같은 짝수들의 모임 A

(2) 15 와 30 의 공약수들의 모임 B

4. 실수 전체의 집합을 $\mathbb{R}$ 이라고 할 때, $\mathbb{R}$ 의 부분집합

$$A = \{x \in \mathbb{R} \mid -2 \le x < 5\}, \qquad B = \{x \in \mathbb{R} \mid 0 < x \le 10\}, \qquad C = \{x \in \mathbb{R} \mid 3 \le x < 15\}$$

에 대하여 다음을 구하여라.

(1) $A \cup B \cup C$ (2) $A \cap B \cap C$ (3) $A - B$ (4) $(A \cap C) - B^c$

5. 집합 $A = \{x \mid 2 < \sqrt{x} \le 3,\ x$ 는 자연수$\}$ 에 대하여 $n(A)$ 의 값을 구하여라.

6. 자연수만을 원소로 갖는 두 집합

$$A = \{a_1, a_2, a_3\}, \qquad B = \{\sqrt{a_1}, \sqrt{a_2}, \sqrt{a_3}\}$$

에 대하여 $a_1 < a_2 < a_3$ 이고 $a_1 + a_2 = 13$ 일 때 $a_2 - a_1$ 의 값을 구하여라.

---

12) 제 1 장 연습문제 풀이 : 265쪽 ~ 272쪽 참조

13) 약수로 1 과 자기 자신만을 갖는 1 보다 큰 양의 정수를 **소수**(prime number)라고 하고, 소수가 아닌 1 보다 큰 자연수를 **합성수**(composite number)라고 한다. 1 은 소수도 아니고 합성수도 아니다. 이를테면 2, 3, 5, 7, 11, 13, 17, ... 등은 모두 소수이며, 4, 6, 8, 9, 10, 12, ... 등은 모두 합성수이다.

7. n 이 자연수일 때, 두 집합

$$A = \{x \mid nx \text{는 자연수}\}, \qquad B = \{x \mid \sqrt{nx} \text{의 정수부분은 } 2\}$$

에 대하여 집합 $A \cap B$ 의 모든 원소의 합이 6 이었다. 이때 n 의 값을 구하여라.

8. 집합

$$A = \{1, 4, 5, 7, 8\}, \qquad B = \{2, 4, 5, 6, 10\}, \qquad C = \{3, 4, 6, 7, 9\}$$

에 대하여 $n(A \cup B \cup C)$ 를 구하여라.

9. 다음을 증명하여라.

(1) $A \subset B \iff A \cup B = B$

(2) $A - B = A - (B \cap A)$

(3) $A - (A - B) = A \cap B$

10. 집합 A, B 에 대하여 $A \triangle B$ 를

$$A \triangle B = (A - B) \cup (B - A)$$

로 정의할 때 다음을 증명하여라.

(1) $A \cap (B \triangle C) = (A \cap B) \triangle (A \cap C)$

(2) $A \triangle B = (A \cup B) - (A \cap B)$

11. 집합

$$A = \{1, 2, 3\}, \qquad B = \{1, 2\}$$

에 대하여 집합 $(A \times B) \cap (B \times A)$ 를 구하여라.

12. 집합 A, B, C 에 대하여 다음이 성립함을 보여라.

(1) $A \times (B \cap C) = (A \times B) \cap (A \times C)$

(2) $A \times (B \cup C) = (A \times B) \cup (A \times C)$

(3) $A \times (B - C) = (A \times B) - (A \times C)$

(4) $A \times \varnothing = \varnothing \times A = \varnothing$

13. 다음 문장이 명제인지, 아닌지를 근거를 들어 설명하여라.

(1) 100억은 큰 수이다.

(2) 15는 소수(prime number)이다.

(3) 미스 김은 아름답다.

(4) $x + 5 > 10$ 이다.

14. 다음 합성명제의 진리값을 구하여라.

(1) $2 + 3 > 7$ 이며, $5 + 2 = 7$ 이다.

(2) 4 는 5 의 약수 또는 2 의 배수이다.

15. 동치관계

$$\sim(P \wedge Q) \equiv \sim P \vee \sim Q$$

를 진리표를 작성하여 증명하여라.

16. 명제 P, Q에 대하여 $P \wedge \sim P$와 $(P \to Q) \leftrightarrow (\sim Q \to \sim P)$가 항진명제인지, 모순명제인지, 아니면 항진명제도 모순명제도 아닌지를 진리표를 작성하여 확인하여라.

17. 명제 P, Q, R에 대하여 합성명제 $P \to (Q \wedge (P \to R))$이 항진명제인지, 모순명제인지, 아니면 항진명제도 모순명제도 아닌지를 진리표를 작성하여 확인하여라.

18. 모든 자연수 n에 대하여 등식

$$2 + 4 + 6 + \cdots + 2n = n(n + 1)$$

이 성립함을 수학적 귀납법을 적용하여 증명하여라.

제 2 장

함수와 수열

함수는 크게 초등함수(初等函數, elementary function)와 특수함수(特殊函數, special function)로 나뉘며, 초등함수는 다시 대수함수(代數函數, algebraic function)와 초월함수(超越函數, transcendental function)로 나뉜다. 대수함수에는 일차함수, 이차함수, $\cdots$, 유리함수, 무리함수 등이 포함되며, 초월함수에는 지수함수, 로그함수, 삼각함수, 역삼각함수, 쌍곡선함수, 역쌍곡선함수 등이 포함된다. 또한 특수함수에는 감마함수(gamma function), 시그마함수(sigma function), 오차함수(error function), 타원함수(elliptic function) 등이 포함된다(그림 2.1 참조).

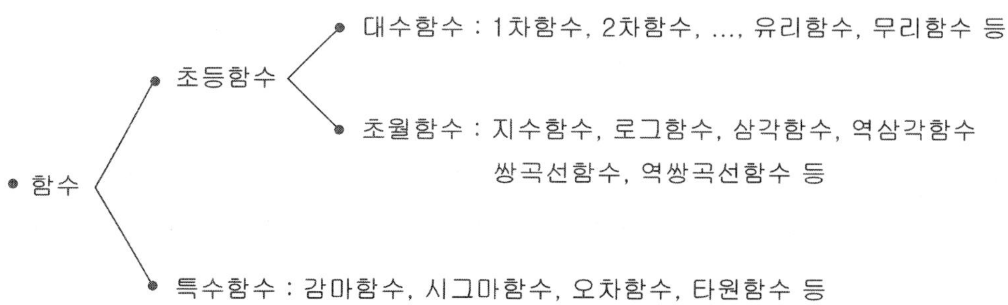

[그림 2.1] 함수의 분류

2장에서 먼저 함수를 정의하고, 함수들 중에서도 초등함수들이 갖는 특징들에 관하여 구체적으로 살펴본다. 후반부에서는 수열을 정의하고, 등차수열, 조화수열, 등비수열, 계차수열, 잡수열 등과 같은 다양한 형태의 수열들에 관하여 학습한다.

2.1 함수

정의 2.1.1 집합 X, Y에 대하여, X의 각 원소 x를 Y의 단 하나의 원소 y에 대응시키는 대응관계 f를 집합 X에서 Y로의 **함수**(function)[1)]라고 하고, 기호로는

$$f : X \to Y,\ \ y = f(x), \qquad \text{또는} \qquad X \xrightarrow{f} Y,\ \ y = f(x) \tag{2.1}$$

와 같이 나타낸다. 이때 집합 X를 함수 f의 **정의역**(domain)이라고 하고, 집합 Y를 함수 f의 **공변역**(codomain) 또는 간단히 **공역**이라고 한다(그림 2.2 참조).

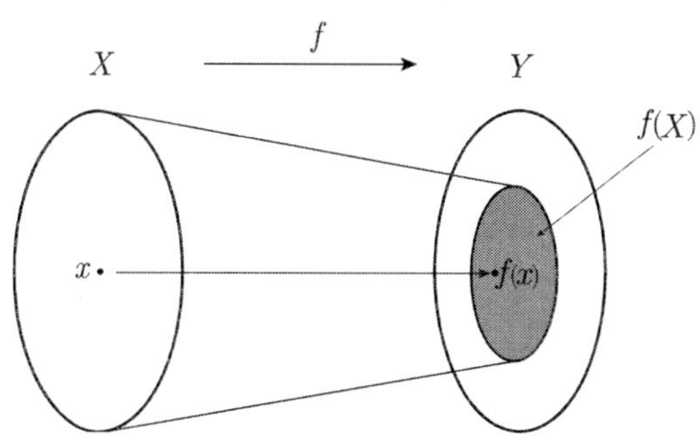

[그림 2.2] 함수의 표현

정의 2.1.2 함수 $f : X \to Y$에 대하여 정의역의 원소 x에 대응하는 공역의 원소를 $f(x)$로 나타내고, 이때 $f(x)$를 f에 의한 x의 **상**(image)이라 하고, x를 **원상**(preimage)이

1) 함수(function)를 일컬어 **사상**(mapping)이라고 부르기도 한다.

라고 한다. 또한 f 에 의한 상 전체의 집합

$$\{f(x) \mid x \in X\} \tag{2.2}$$

를 함수 f 의 **치역**(range)이라고 하고 $f(X)$ 또는 $\mathrm{Im}\, f$ 와 같이 나타낸다. 또 $f : X \to Y$ 에 대하여 순서쌍들의 집합

$$\{(x, f(x)) \mid x \in X\} \tag{2.3}$$

를 일컬어 함수 f 의 **그래프**(graph)라고 한다.

예제 2.1.1 집합 $D = \{x \in \mathbb{R} \mid 1 \le x \le 5\}$ 에서 실수 전체의 집합 $\mathbb{R}$[2] 로의 함수 f 가

$$f : D \to \mathbb{R}, \qquad f(x) = x + 1$$

로 정의되었다고 하자. 이러한 함수 f 에 대하여 다음을 구하여라.

(1) f 의 정의역 (2) f 의 공역 (3) f 에 의한 $x = 2$ 의 상 (4) f 의 치역

【풀이】 (1) f 의 정의역 : $\{x \in \mathbb{R} \mid 1 \le x \le 5\}$ (2) f 의 공역 : $\mathbb{R}$
(3) f 에 의한 $x = 2$ 의 상은 $f(2) = 2 + 1 = 3$ (4) f 의 치역 : $\{y \in \mathbb{R} \mid 2 \le y \le 6\}$. □

정의 2.1.3 두 함수

$$f : X \to Y, \qquad g : Z \to W$$

에 대하여 $X = Z$ 이고 $Y = W$ 이면서, 동시에 임의의 $x \in X$ 에 대하여 $f(x) = g(x)$ 일 때, 두 함수 f 와 g 는 같다고 하고, 기호로는

$$f = g \tag{2.4}$$

와 같이 나타낸다.

정의 2.1.4 함수 $f : X \to Y$ 가 정의역에 있는 임의의 원소 x_1, x_2 에 대하여

$$x_1 \ne x_2 \quad \Longrightarrow \quad f(x_1) \ne f(x_2) \tag{2.5}$$

---

2) 앞으로는 특별한 언급이 없더라도 $\mathbb{R}$ 은 실수 전체의 집합을 의미하는 것으로 한다.

을 만족시키면 **단사함수**(injective function)[3]라고 한다. 또한 함수 $f : X \to Y$ 가

$$f(X) = Y \tag{2.6}$$

을 만족시키면 **전사함수**(surjective function)라고 한다. 특히 함수 f 가 전사함수인 동시에 단사함수이면 **전단사함수**(bijective function)[4]라고 한다.

예제 2.1.2 함수 $f : \mathbb{R} \to \mathbb{R}$ 가 다음과 같이 정의되었다고 하자. 각각의 함수에 대하여 단사함수, 전사함수, 전단사함수를 구분하여라.

(1) $f(x) = x + 1$ (2) $f(x) = 2x^2$ (3) $f(x) = x^3$

【풀이】 (1) 전단사함수 (2) 전사함수도 단사함수도 아님 (3) 전단사함수 □

정 의 2.1.5 함수 f 가

$$f(x) = f(-x) \tag{2.7}$$

와 같은 성질을 만족시킬 때, f 를 **우함수**(even function)라고 한다. 반면에 함수 f 가

$$f(-x) = -f(x) \tag{2.8}$$

와 같은 성질을 만족시킬 때, f 를 **기함수**(odd function)라고 한다.

예제 2.1.3 $f(x) = x^2 + 1$ 은 우함수이고, $g(x) = x^3$ 은 기함수임을 증명하여라.

【풀이】 (1) 함수 f 는

$$f(-x) = (-x)^2 + 1 = x^2 + 1 = f(x)$$

와 같은 성질을 가지므로 우함수이다.

(2) 함수 g 는

$$g(-x) = (-x)^3 = -x^3 = -g(x)$$

와 같은 성질을 가지므로 기함수이다. □

---

3) 단사함수를 **일대일 함수**라고도 부른다.

4) 전단사함수를 **일대일대응 함수**라고도 부른다.

정 의 2.1.6 함수 $f : X \to Y \ (X, Y \subset \mathbb{R})$가 정의역에 있는 임의의 원소 x_1, x_2에 대하여

$$x_1 < x_2 \quad \Longrightarrow \quad f(x_1) \le f(x_2) \tag{2.9}$$

을 만족시키면 **단조증가함수**(monotone increasing function)[5]라고 하고, 반면에

$$x_1 < x_2 \quad \Longrightarrow \quad f(x_1) \ge f(x_2) \tag{2.10}$$

을 만족시키면 **단조감소함수**(monotone decreasing function)[6]라고 한다. 단조증가함수와 단조감소함수를 통칭하여 **단조함수**(monotone function)라고 부른다.

특히 함수 $f : X \to Y \ (X, Y \subset \mathbb{R})$가 정의역에 있는 임의의 원소 x_1, x_2에 대하여

$$x_1 < x_2 \quad \Longrightarrow \quad f(x_1) < f(x_2) \tag{2.11}$$

을 만족시키면 **순단조증가함수**(strictly monotone increasing function)[7]라고 하고, 반면에

$$x_1 < x_2 \quad \Longrightarrow \quad f(x_1) > f(x_2) \tag{2.12}$$

을 만족시키면 **순단조감소함수**(strictly monotone decreasing function)[8]라고 한다. 순증가함수와 순감소함수를 통칭하여 **순단조함수**(strictly monotone function)라고 부른다.

참 고 2.1.1 정의 2.1.6에 의해 함수 f가 순단조함수이면 f는 단조함수임을 알 수 있다.

정 의 2.1.7 두 함수 $f : X \to Y$, $g : Y \to Z$에 의해 새롭게 정의되는 함수

$$h : X \to Z, \ \ h(x) = g(f(x)) \tag{2.13}$$

를 일컬어 함수 f와 g의 **합성함수**(composite function)라고 하고, 이때의 함수 h를 $g \circ f$와 같이 나타낸다. 즉, 합성함수 $g \circ f$는 다음과 같다.

$$g \circ f : X \to Z, \ \ (g \circ f)(x) = g(f(x)) \tag{2.14}$$

---

5) 단조증가함수를 간단히 **증가함수**(increasing function)라고도 부른다.
6) 단조감소함수를 간단히 **감소함수**(decreasing function)라고도 부른다.
7) 순단조증가함수를 간단히 **순증가함수**(strictly increasing function)라고도 부른다.
8) 순단조감소함수를 간단히 **순감소함수**(strictly decreasing function)라고도 부른다.

예제 2.1.4 두 함수 $f, g : \mathbb{R} \to \mathbb{R}$ 가 각각 $f(x) = x + 1$, $g(x) = x^2 + 5$ 와 같이 정의되었다고 하자. 이때 f 와 g 의 합성함수 $g \circ f : \mathbb{R} \to \mathbb{R}$ 과, 함숫값 $(g \circ f)(1)$ 을 구하여라.

【풀이】 합성함수 $g \circ f$ 의 정의역의 임의의 원소 $x \in \mathbb{R}$ 에 대하여

$$(g \circ f)(x) = g\big(f(x)\big) = g(x + 1) = (x + 1)^2 + 5$$

이다. 따라서 합성함수 $g \circ f$ 는

$$g \circ f : \mathbb{R} \to \mathbb{R}, \qquad (g \circ f)(x) = (x + 1)^2 + 5$$

이고, $x = 1$ 인 경우에 $(g \circ f)(1) = (1 + 1)^2 + 5 = 9$ 이다. □

참고 2.1.2 두 함수 f, g 에 대하여 합성함수 $f \circ g$ 와 $g \circ f$ 가 모두 정의되는 경우라도 일반적으로 이들에 대한 교환법칙은 성립하지 않는다. 즉,

$$f \circ g \neq g \circ f \tag{2.15}$$

이다(예제 2.1.5 참조). 그러나 합성함수에 대한 결합법칙은 성립한다. 즉, 함수 $f : X \to Y$, $g : Y \to Z$, $h : Z \to W$ 에 대하여

$$(h \circ g) \circ f = h \circ (g \circ f) \tag{2.16}$$

이다. 따라서 합성함수 $(h \circ g) \circ f$ 또는 $h \circ (g \circ f)$ 의 경우에 괄호를 생략하여 간단히 $h \circ g \circ f$ 와 같이 나타내기도 한다(예제 2.1.6 참조).

예제 2.1.5 두 함수 $f, g : \mathbb{R} \to \mathbb{R}$ 가 각각 $f(x) = x + 1$, $g(x) = x^2$ 과 같이 정의되었다고 하자. 합성함수 $f \circ g$ 와 $g \circ f$ 에 대하여 $f \circ g \neq g \circ f$ 임을 보여라.

【풀이】 두 함수 f, g 에 대하여 합성함수 $f \circ g$ 와 $g \circ f$ 의 정의역과 공역은 각각 $\mathbb{R}$ 로서 같고, 두 합성함수의 정의역의 임의의 원소 $x \in \mathbb{R}$ 에 대하여

$$(f \circ g)(x) = f\big(g(x)\big) = f(x^2) = x^2 + 1,$$
$$(g \circ f)(x) = g\big(f(x)\big) = g(x + 1) = (x + 1)^2$$

이다. 따라서 두 합성함수가 같기 위해서는 임의의 실수 x 에 대하여 $(f \circ g)(x) = (g \circ f)(x)$ 를

만족해야 한다. 그런데 하나의 예로서 두 합성함수의 정의역의 원소 $x = 1$에 대하여

$$(f \circ g)(1) = 2 \neq 4 = (g \circ f)(1)$$

임을 알 수 있다. 따라서 $f \circ g \neq g \circ f$ 이다. □

예제 2.1.6 함수 $f : X \to Y,\ g : Y \to Z,\ h : Z \to W$에 대하여

$$(h \circ g) \circ f = h \circ (g \circ f)$$

이 성립함을 보여라.

【풀이】 함수 $f,\ g,\ h$에 대하여 합성함수 $(h \circ g) \circ f$와 $h \circ (g \circ f)$의 정의역은 X로서 각각 같고, 공역은 W로서 각각 같다. 또한 정의역의 임의의 원소 $x \in X$에 대하여

$$((h \circ g) \circ f)(x) = (h \circ g)(f(x)) = h(g(f(x))),$$
$$(h \circ (g \circ f))(x) = h((g \circ f)(x)) = h(g(f(x)))$$

이다. 따라서 $(h \circ g) \circ f = h \circ (g \circ f)$ 이다. □

정의 2.1.8 $f : X \to Y$가 전단사함수일 때, 임의의 원소 $y \in Y$에 대하여

$$(f \circ g)(y) = y \tag{2.17}$$

을 만족시키는 함수 $g : Y \to X$가 단 하나 존재한다. 이때의 함수 g를 f의 **역함수**(inverse function)라고 하며, 기호로는 f^{-1}와 같이 나타낸다.

참고 2.1.3 함수 f의 역함수 f^{-1}가 존재한다면, f와 f^{-1}의 그래프는 직선 $y = x$에 관하여 대칭인 관계에 있다. 따라서 $y = f(x)$의 역함수를 구하는 순서는 다음과 같다.

Step 1. 먼저 주어진 함수가 역함수를 갖는지를 확인한다. 즉, 전단사함수에 대해서만 역함수가 정의되므로 주어진 함수가 전단사함수인지를 확인한다.

Step 2. 주어진 함수가 역함수를 갖는다면 $y = f(x)$를 x에 관하여 풀어서 $x = g(y)$의 형태로 나타낸다.

Step 3. 그런 후에 $x = g(y)$에서 x와 y를 바꾸면 원하는 역함수 $y = g(x)$를 얻는다.

예 제 2.1.7 함수 $f : \mathbb{R} \to \mathbb{R}$, $f(x) = 2x + 1$ 의 역함수가 존재하면 구하고, 존재하지 않는다면 그 이유를 밝혀라.

【풀이】 f 는 전단사함수로서 역함수가 존재한다. 따라서 $f(x)$ 를 y 로 놓고, $y = 2x + 1$ 을 x 에 관하여 풀면

$$y = 2x + 1, \qquad 2x = y - 1, \qquad x = \frac{y-1}{2}$$

이다. 이제 x 와 y 를 바꾸면 주어진 함수의 역함수

$$y = \frac{x-1}{2}, \qquad f^{-1}(x) = \frac{x-1}{2}$$

을 얻는다. □

2.1.1 일차함수와 이차함수

정 의 2.1.9 x 에 관한 함수 y 가

$$y = ax + b, \qquad (a \neq 0,\ \ a,\ b \text{ 는 상수}) \tag{2.18}$$

와 같이 x 에 관한 일차식으로 정의된 함수를 x 에 관한 **일차함수**(linear function)라고 하고, 이때의 상수 a 를 일차함수의 **기울기**(gradient), 상수 b 를 y **절편**(intercept)이라고 한다.[9] 일차함수 $y = ax + b$ 의 그래프는 다음과 같은 특징을 갖는다.

(1) 점 $(0, b)$ 를 지나며 기울기가 a 인 직선이다.

(2) $a > 0$ 이면 x 가 증가할 때 y 도 증가하므로 그래프는 오른쪽 위로 향한다.

(3) $a < 0$ 이면 x 가 증가할 때 y 는 감소하므로 그래프는 오른쪽 아래로 향한다.

9) 일차함수 (2.18) 에서 x 의 값의 증가량에 대한 y 의 값의 증가량의 비율은 항상 일정하고, 그 비율은 x 의 계수인 a 와 같다. 이때의 a 를 일차함수 (2.18) 의 기울기라고 한다. 즉,

$$(\text{기울기}) = \frac{(y \text{ 의 값의 증가량})}{(x \text{ 의 값의 증가량})} = a\ (\text{일정}).$$

또한 일차함수 (2.18) 의 그래프가 축과 만나는 교점의 좌표를 절편이라고 한다. 특히 그래프가 y 축과 만나는 점의 y 좌표인 b 를 y 절편, x 축과 만나는 점의 x 좌표인 $-b/a$ 를 x 절편이라고 한다.

(4) a의 절댓값이 클수록 그래프는 y축에 가까워지고, a의 절댓값이 작을수록 그래프는 x축에 가까워진다.

특히 일차함수

$$y = a(x - p) + q, \quad (a \neq 0,\ a,\ p,\ q \text{는 상수}) \tag{2.19}$$

는 일차함수 $y = ax$의 그래프를 x축의 방향으로 p만큼, y축의 방향으로 q만큼 평행이동한 그래프이다.

예제 2.1.8 다음 일차함수의 그래프를 그려라.

(1) $y = 2x - 1$ (2) $y = -x + 3$

【풀이】 (1) 점 $(0, -1)$을 지나면서 기울기가 2인 직선으로 그림 2.3(1)과 같다.

(2) 점 $(0, 3)$을 지나며 기울기가 -1인 직선으로 그림 2.3(2)와 같다. □

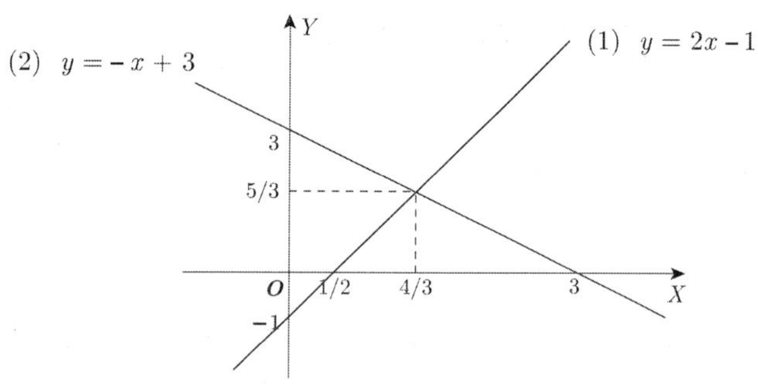

[그림 2.3]

정의 2.1.10 x에 관한 함수 y가

$$y = ax^2 + bx + c, \quad (a \neq 0,\ a,\ b,\ c \text{는 상수}) \tag{2.20}$$

와 같이 x에 관한 이차식으로 정의된 함수를 x에 관한 **이차함수**(quadratic function)라고

한다. 이차함수 (2.20) 을 완전제곱식[10]을 포함한 형태로 변형시키면

$$y = a\left(x + \frac{b}{2a}\right)^2 + \frac{4ac - b^2}{4a} \tag{2.21}$$

와 같다. 이때 점 $(-b/2a, (4ac - b^2)/4a)$ 을 이차함수의 **꼭짓점**(vertex)이라고 하고, 직선 $x = -b/2a$ 를 **축**(axis)이라고 한다. 이차함수 $y = ax^2 + bx + c$ 의 그래프는 다음과 같은 특징을 갖는다.

(1) 직선 $x = -b/2a$ 에 대하여 선대칭이면서 꼭짓점 $(-b/2a, (4ac - b^2)/4a)$ 을 지나는 포물선이다.[11]

(2) $a > 0$ 이면 아래로 볼록한 곡선이다.

(3) $a < 0$ 이면 위로 볼록한 곡선이다.

(4) a 의 절댓값이 클수록 폭이 좁아진다.

특히 이차함수

$$y = a(x - p)^2 + q, \qquad (a \neq 0,\ a,\ p,\ q \text{ 는 상수}) \tag{2.22}$$

는 이차함수 $y = ax^2$ 의 그래프를 x축의 방향으로 p 만큼, y축의 방향으로 q 만큼 평행이동한 그래프이다.

예제 2.1.9 다음 이차함수의 그래프를 그려라.

(1) $y = x^2 + 3x + 2$ (2) $y = -x^2 + 4$

【풀이】 (1) x^2 의 계수가 0보다 크므로 주어진 이차함수의 그래프는 아래로 볼록한 곡선이다. 또한 주어진 이차함수를 완전제곱식을 포함한 형태로 변형시키면

$$y = x^2 + 3x + 2 = \left(x + \frac{3}{2}\right)^2 - \frac{1}{4}$$

이므로 꼭짓점은 $(-3/2, -1/4)$ 이다. 더욱이

$$y = x^2 + 3x + 2 = (x + 1)(x + 2) = 0$$

10) 어떤 다항식의 제곱으로 되어 있는 다항식을 **완전제곱식**(perfect square expression)이라고 한다.

11) 물체를 비스듬히 던졌을 때 생기는 곡선의 형태를 포물선이라고 한다.

로부터 x축과의 교점은 $(-2, 0)$과 $(-1, 0)$임을 알 수 있다. 따라서 주어진 이차함수의 그래프는 그림 2.4(1)과 같다.

(2) x^2의 계수가 0보다 작으므로 주어진 이차함수의 그래프는 위로 볼록한 곡선이다. 또한 주어진 이차함수를 완전제곱식을 포함한 형태로 변형시키면

$$y = -x^2 + 4 = -(x - 0)^2 + 4$$

이므로 꼭짓점은 $(0, 4)$이다. 더욱이

$$y = -x^2 + 4 = -(x^2 - 4) = -(x + 2)(x - 2) = 0$$

로부터 x축과의 교점은 $(-2, 0)$, $(2, 0)$임을 알 수 있다. 따라서 주어진 이차함수의 그래프는 그림 2.4(2)와 같다. □

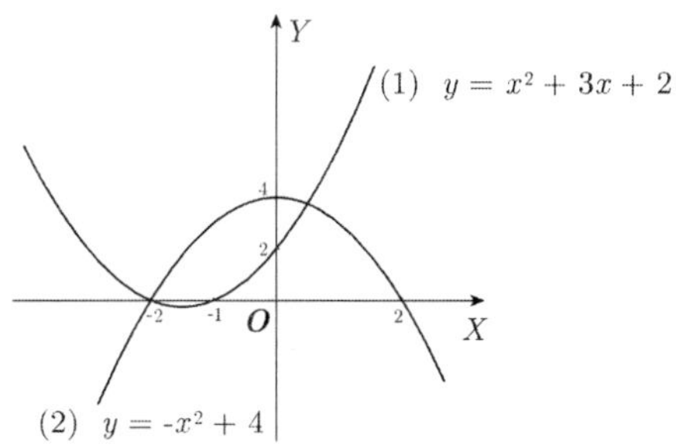

[그림 2.4]

예제 2.1.10 곡선 $y = x^2$에 대하여 다음을 구하여라.

(1) x축 방향으로 2만큼 평행이동한 곡선의 방정식[12)]

(2) y축 방향으로 -3만큼 평행이동한 곡선의 방정식

12) 변수를 포함하는 등식을 **방정식**(equation)이라고 한다. 특히 변수에 관한 대수식(40쪽 참조)만으로 이루어진 방정식의 형태를 **대수방정식**(algebraic equation)이라고 한다. 방정식을 만족시키는 특정한 수를 방정식의 **해**(solution) 또는 **근**이라고 하고, 방정식의 해를 구하는 것을 『방정식을 푼다』고 한다.

(3) x축에 대칭인 곡선의 방정식

(4) y축에 대칭인 곡선의 방정식

(5) 원점 O에 대칭인 곡선의 방정식

(6) 직선 $y = x$에 대칭인 곡선의 방정식

【풀이】 (1) $y = x^2$ 에서 x에 $x-2$를 대입하여 얻어지는 식이므로 $y = (x-2)^2$ 이다.

(2) $y = x^2$ 에서 y에 $y+3$을 대입하여 얻어지는 식이므로 $y = x^2 - 3$ 이다.

(3) $y = x^2$ 에서 y를 $-y$로 바꾸어 얻어지는 식이므로 $y = -x^2$ 이다.

(4) $y = x^2$ 에서 x를 $-x$로 바꾸어 얻어지는 식이므로 $y = x^2$ 이다.

(5) $y = x^2$ 에서 x를 $-x$, y를 $-y$로 바꾸어 얻어지는 식이므로 $y = -x^2$ 이다.

(6) $y = x^2$ 에서 x를 y로, y를 x로 바꾸어 얻어지는 식이므로 $y = \pm\sqrt{x}$ 이다. □

2.1.2 유리함수

정의 2.1.11 $f(x)$가 x에 관한 유리식[13)]으로 정의되는 함수를 **유리함수**(rational function)라고 한다. 유리함수

$$y = \frac{k}{x}, \qquad (k \neq 0,\ k \text{는 상수}) \tag{2.23}$$

의 그래프는 다음과 같은 특징을 갖는다(그림 2.5 참조).

(1) x축을 수평 점근선으로, y축을 수직 점근선으로 가지면서 원점에 대칭인 직각쌍곡선이다.[14)]

(2) $k > 0$ 이면 곡선은 제1사분면과 제3사분면에 존재하고, $k < 0$ 이면 곡선은 제2사분면과 제4사분면에 존재한다.

---

13) 분모에 변수를 포함하지 않은 식을 **다항식**(polynomial expression)이라 하고, 분모에 변수를 포함한 식을 **분수식**(fractional expression)이라 하며, 다항식과 분수식을 합쳐서 **유리식**(rational expression)이라고 한다.

14) 직각쌍곡선이란 두 개의 점근선이 수직으로 교차하는 쌍곡선을 일컫는다.

(3) k의 절댓값이 크면 클수록 곡선은 원점에서 멀어진다.

특히 유리함수

$$y = \frac{k}{x-p} + q, \quad (k \neq 0,\ k,\ p,\ q\text{는 상수}) \tag{2.24}$$

는 유리함수 $y = k/x$의 그래프를 x축의 방향으로 p만큼, y축의 방향으로 q만큼 평행이동한 그래프이다. 따라서 직선 $x = p$와 $y = q$를 각각 수직 점근선과 수평 점근선으로 갖는 직각쌍곡선이다(그림 2.5 참조).

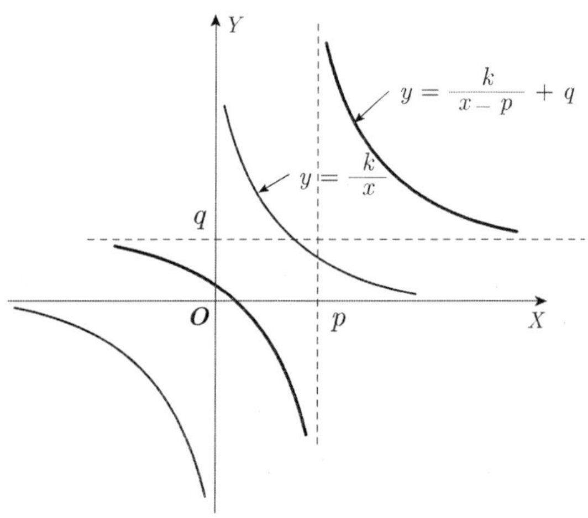

[그림 2.5] 유리함수의 그래프

예제 2.1.11 다음 곡선의 그래프의 개형을 그려라.

(1) $y = \dfrac{1}{x-1} + 2$ (2) $y = \dfrac{1}{|x|}$

【풀이】 (1) 주어진 곡선은 $y = 1/x$을 x축의 방향으로 1 만큼, y축의 방향으로 2 만큼 평행이동한 그래프로서 직선 $x = 1$, $y = 2$를 각각 수직 점근선과 수평 점근선으로 갖는 직각쌍곡선이다. 따라서 그래프의 개형은 그림 2.6과 같다.

(2) 곡선 $y = 1/|x|$은 x축과 y축을 각각 수평 점근선과 수직 점근선으로 갖는 직각쌍곡선으로서 집합 $\{x \mid x \in \mathbb{R},\ x \neq 0\}$을 정의역, 집합 $\{y \mid y \in \mathbb{R},\ y > 0\}$을 치역으로 가지며 y축에 대칭인 그래프이다. 따라서 그래프의 개형은 그림 2.6과 같다. □

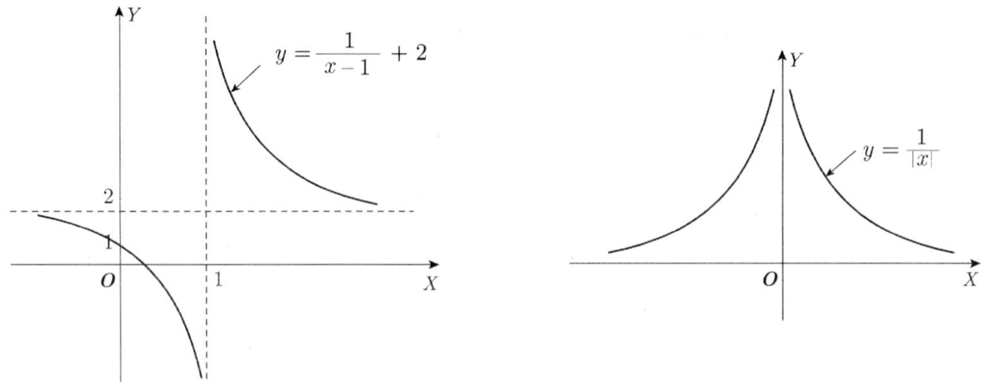

[그림 2.6]

2.1.3 무리함수

정의 2.1.12 $f(x)$가 x에 관한 무리식[15]으로 정의되는 함수를 **무리함수**(irrational function)라고 한다. 무리함수

$$y = \sqrt{ax}, \qquad (a \neq 0,\ a\text{는 상수}) \tag{2.25}$$

의 그래프는 다음과 같은 특징을 갖는다(그림 2.7 참조).

(1) $a > 0$일 때 정의역은 $\{x \mid x \geq 0\}$이고 치역은 $\{y \mid y \geq 0\}$이다.

(2) $a < 0$일 때 정의역은 $\{x \mid x \leq 0\}$이고 치역은 $\{y \mid y \geq 0\}$이다.

또한 무리함수

$$y = -\sqrt{ax}, \qquad (a \neq 0,\ a\text{는 상수}) \tag{2.26}$$

은 다음과 같은 특징을 갖는다(그림 2.7 참조).

(1) $a > 0$일 때 정의역은 $\{x \mid x \geq 0\}$이고 치역은 $\{y \mid y \leq 0\}$이다.

(2) $a < 0$일 때 정의역은 $\{x \mid x \leq 0\}$이고 치역은 $\{y \mid y \leq 0\}$이다.

특히 무리함수

$$y = \sqrt{a(x-p)} + q, \qquad y = -\sqrt{a(x-p)} + q, \qquad (a \neq 0,\ a,\ p,\ q\text{는 상수}) \tag{2.27}$$

---

15) 근호 안에 변수가 포함되어 있는 식을 **무리식**(irrational expression)이라고 한다. 유리식(38쪽 참조)과 무리식을 합쳐서 **대수식**(algebraic expression)이라고 한다.

는 무리함수 $y=\sqrt{ax}$ 와 $y=-\sqrt{ax}$ 의 그래프를 각각 x축의 방향으로 p만큼, y축의 방향으로 q만큼 평행이동한 그래프이다.

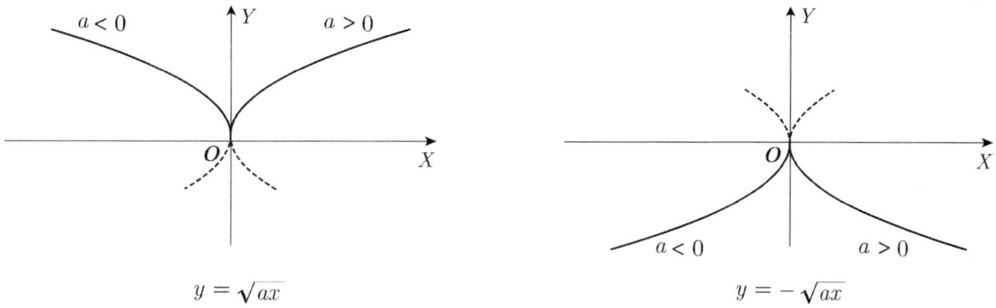

[그림 2.7] 무리함수의 그래프

예제 2.1.12 다음 곡선의 그래프가 갖는 특징을 설명하여라.

(1) $y=\sqrt{x+2}$ (2) $y=\sqrt{-x+1}+2$

【풀이】 (1) 주어진 곡선은 무리함수 $y=\sqrt{x}$를 x축의 방향으로 -2만큼 평행이동한 그래프이다.

(2) 주어진 곡선을 변형하면 $y=\sqrt{-(x-1)}+2$ 이다. 따라서 무리함수 $y=\sqrt{-x}$를 x축의 방향으로 1 만큼, y축의 방향으로 2 만큼 평행이동한 그래프이다. □

2.1.4 지수함수

정의 2.1.13 x에 관한 함수 y가

$$y=a^x, \quad (a>0,\ a\neq 1,\ a\text{는 상수}) \tag{2.28}$$

와 같이 정의되는 함수를 일컬어 a를 밑으로 하는 x에 관한 **지수함수**(exponential function)라고 한다. 지수함수 $y=a^x$ 의 그래프는 다음과 같은 특징을 갖는다(그림 2.8 참조).

(1) 정의역은 실수 전체의 집합 $\mathbb{R}$ 이고, 치역은 양의 실수 전체의 집합 $\{y \mid y > 0\}$ 이다.

(2) 그래프는 x축의 위쪽에 존재한다.

(3) 그래프의 y축 절편은 1 이다. 즉, 그래프는 $(0, 1)$ 을 지난다.

(4) 그래프는 x축을 점근선으로 갖는다. 즉, 직선 $y = 0$ 을 점근선으로 갖는다.

(5) $a > 1$ 일 때 순증가함수이고, a의 값이 크면 클수록 그래프는 y축에 더욱 더 접근한다.

(6) $0 < a < 1$ 일 때 순감소함수이고, a의 값이 작으면 작을수록 그래프는 y축에 더욱 더 접근한다.

(7) $y = a^x$ 과 $y = a^{-x}$ 의 그래프는 y축에 관해서 서로 대칭이다.

특히 지수함수

$$y = a^{x-p} + q, \qquad (a > 0,\ a \neq 1,\ a,\ p,\ q \text{는 상수}) \tag{2.29}$$

는 지수함수 $y = a^x$ 의 그래프를 x축의 방향으로 p 만큼, y축의 방향으로 q 만큼 평행이동한 그래프이다.

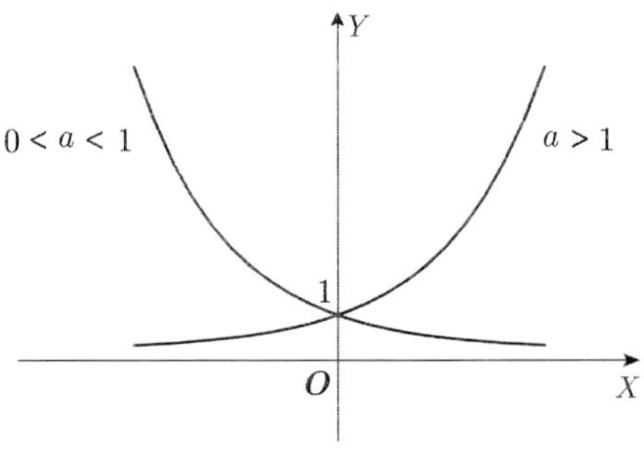

[그림 2.8] 지수함수의 그래프

참고 2.1.4 지수함수의 함숫값은 다음과 같은 지수의 성질을 따른다. 즉, $a > 0$, $b > 0$ 일 때 임의의 실수 x, y 에 대하여 다음이 성립한다.

(1) $a^x a^y = a^{x+y}$ (2) $\dfrac{1}{a^x} = a^{-x}$ (3) $(a^x)^y = (a^y)^x = a^{xy}$ (4) $a^x b^x = (ab)^x$

예제 2.1.13 다음 함수의 그래프의 개형을 그려라.

(1) $y = 2^x$ (2) $y = 5^x$ (3) $y = (1/2)^x$ (4) $y = (1/5)^x$

【풀이】 (1)과 (2)의 경우에는 밑이 1보다 크므로 순증가함수이고, (3)과 (4)의 경우에는 밑이 0과 1 사이에 있으므로 순감소함수로서 각 그래프의 개형은 그림 2.9와 같다. □

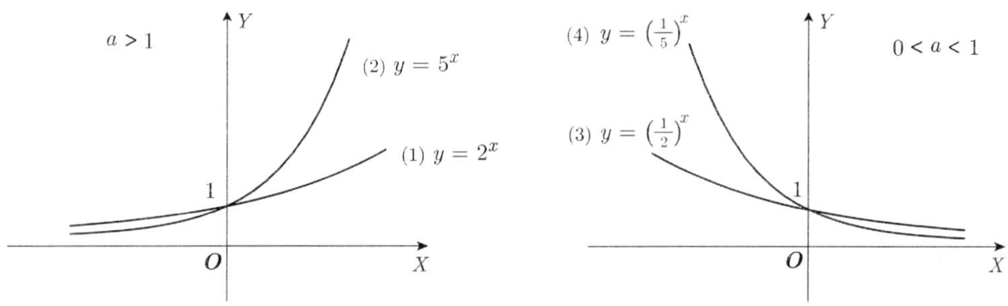

[그림 2.9]

2.1.5 로그함수

정의 2.1.14 $a > 0$, $a \neq 1$이고 $b > 0$일 때, 방정식 $a^x = b$를 만족하는 실수 x를

$$x = \log_a b \tag{2.30}$$

와 같이 나타내고, 이때의 x를 일컬어 a를 밑으로 하는 b의 **로그**(logarithm)라고 한다. 이때 b를 **진수**라고 한다. 특히 a가 10인 $\log_{10} x$를 **상용로그**(common logarithm)라고 하고 간단히 $\log x$와 같이 나타낸다. 또한 a가 오일러의 수 $e(\fallingdotseq 2.7182818284\cdots)$ [16]인 $\log_e x$를 **자연로그**(natural logarithm)라고 하고 간단히 $\ln x$와 같이 나타낸다.

16) 오일러(Euler, Leonhard 1707 ~ 1783, 스위스의 수학자)의 수는

$$e = \lim_{n\to\infty}\left(1 + \frac{1}{n}\right)^n$$

와 같이 극한으로 정의되는 무리수로서 오일러의 이름 첫 문자를 기호화시켰다.

참고 2.1.5 $a > 0,\ a \neq 1$ 일 때 로그는 다음과 같은 성질을 갖는다.

(1) $\log_a 1 = 0, \quad \log_a a = 1$

(2) $\log_a bc = \log_a b + \log_a c, \quad (b > 0, c > 0)$

(3) $\log_a \dfrac{c}{b} = \log_a c - \log_a b, \quad (b > 0, c > 0)$

(4) $\log_a b^c = c \log_a b, \quad (c$ 는 실수$)$

(5) $\log_a b = \dfrac{\log_c b}{\log_c a}, \quad (c > 0,\ c \neq 1,\ b > 0)$

(6) $\log_a b = \dfrac{1}{\log_b a}, \quad (b > 0,\ b \neq 1)$

예제 2.1.14 로그의 성질을 이용하여 다음 식을 간단히 하여라.

(1) $\log_3 6 + \log_3 \dfrac{3}{2}$ (2) $\dfrac{\log_7 16}{\log_7 8}$ (3) $\log_3 7 \times \log_7 27$

【풀이】 (1) $\log_3 6 + \log_3 \dfrac{3}{2} = \log_3 \left(6 \cdot \dfrac{3}{2}\right) = \log_3 3^2 = 2\log_3 3 = 2 \cdot 1 = 2$

(2) $\dfrac{\log_7 16}{\log_7 8} = \dfrac{\log_7 2^4}{\log_7 2^3} = \dfrac{4\log_7 2}{3\log_7 2} = \dfrac{4}{3}$ (3) $\log_3 7 \times \log_7 27 = \dfrac{\log_3 7}{\log_3 3} \times \dfrac{3\log_3 3}{\log_3 7} = 3$ □

정의 2.1.15 x 에 관한 함수 y 가

$$y = \log_a x, \qquad (a > 0,\ a \neq 1,\ a \text{는 상수}) \tag{2.31}$$

와 같이 정의된 함수를 일컬어 a 를 밑으로 하는 x 에 관한 **로그함수**(logarithmic function)라고 한다. 로그함수 $y = \log_a x$ 의 그래프는 다음과 같은 특징을 갖는다(그림 2.10 참조).

(1) 정의역은 양의 실수 전체의 집합 $\{x \mid x > 0\}$ 이고, 치역은 실수 전체의 집합 $\mathbb{R}$ 이다.

(2) 그래프는 y 축의 오른쪽에 존재한다.

(3) 그래프의 x 축 절편은 1 이다. 즉, 그래프는 $(1, 0)$ 을 지난다.

(4) 그래프는 y 축을 점근선으로 갖는다. 즉, 직선 $x = 0$ 을 점근선으로 갖는다.

(5) $a > 1$ 일 때 순증가함수이고, a 의 값이 크면 클수록 그래프는 x 축에 더욱 더 접근한다.

(6) $0 < a < 1$ 일 때 순감소함수이고, a 값이 작으면 작을수록 그래프는 x 축에 더욱 더 접근한다.

(7) $y = \log_a x$와 $y = \log_{\frac{1}{a}} x$의 그래프는 x축에 관해서 서로 대칭이다.

특히 로그함수

$$y = \log_a (x - p) + q, \qquad (a > 0,\ a \neq 1,\ \ a,\ p,\ q \text{는 상수}) \tag{2.32}$$

는 로그함수 $y = \log_a x$의 그래프를 x축의 방향으로 p만큼, y축의 방향으로 q만큼 평행이동한 그래프이다.

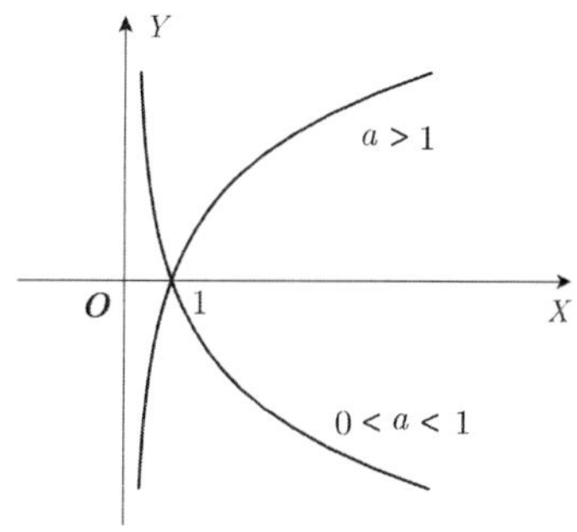

[그림 2.10] 로그함수의 그래프

예 제 2.1.15 다음 함수의 그래프의 개형을 그려라.

(1) $y = \log x$ (2) $y = \log_{\frac{1}{10}} x$ (3) $y = \ln x$ (4) $y = \ln x^2$

【풀이】 각 문제의 그래프의 개형은 그림 2.11과 같다. □

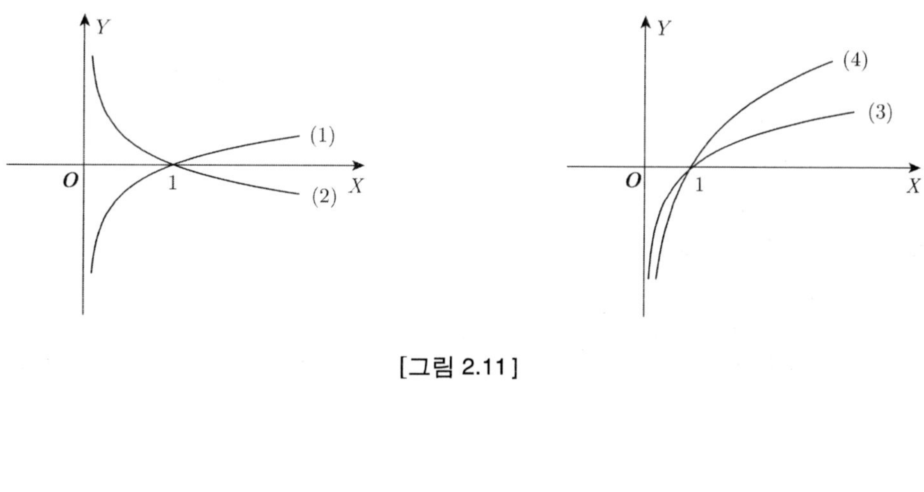

[그림 2.11]

2.1.6 삼각함수

정의 2.1.16 각의 크기, 즉 각도를 나타내는 방법에는 60분법과 호도법이 있다. 1직각의 1/90의 크기를 1도(degree)라고 하고, 기호로는 1°와 같이 나타내며, 보조단위로서 분($'$), 초($''$)를 사용하여

$$1\text{직각} = 90^\circ, \qquad 1^\circ = 60', \qquad 1' = 60'' \tag{2.33}$$

와 같이 정의된 단위를 사용하는 각의 측정법을 60**분법**이라고 한다. 한편 도형의 닮음[17]의 성질에 의해 한 원에서 반지름과 같은 길이의 호에 대응하는 중심각의 크기는 반지름의 길이에 관계없이 항상 일정하다. 이러한 사실로부터 반지름 r인 원에서 호의 길이가 r인 호의 중심각의 크기를 1**라디안**(radian) 또는 1**호도**라 하고, 기호로는 1 rad와 같이 나타내며, 호도를 단위로 사용하는 각의 측정법을 **호도법**이라고 한다(그림 2.12 참조).

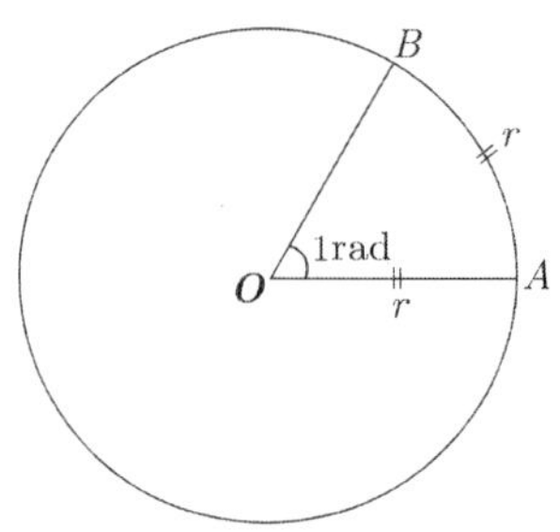

[그림 2.12] 호도법

참고 2.1.6 정의 2.1.16에서 정의한 60분법과 호도법 사이에는

$$\pi\,\text{rad} = 180^\circ, \qquad 1\,\text{rad} = \frac{180^\circ}{\pi}, \qquad 1^\circ = \frac{\pi}{180}\,\text{rad} \tag{2.34}$$

와 같은 관계식이 성립함을 알 수 있다. 특히 호도법의 경우에 일반적으로 단위 rad를 생략하여 나타내지 않는다. 예를 들어 $\pi\,\text{rad} = 180^\circ$의 경우에 rad를 생략하여 간단히 $\pi = 180^\circ$와 같이 쓴다. 이때 『3.14159⋯와 180°가 같다』는 의미가 아님에 주의하자.

17) 두 개의 도형이 주어졌을 때, 한 쪽 도형을 일정한 비율로 축소 또는 확대하여 다른 한 쪽 도형과 합동이 될 때, 두 도형은 **닮음**(similarity)이라고 한다.

정의 2.1.17 평면 위의 한 정점 O를 시점으로 하는 동경 OP가 시초선 OX를 출발하여 회전한 양을 **각의 크기**라고 하고, 동경 OP가 시초선 OX로부터 시계바늘과 반대 방향으로 회전한 것을 **양의 각**(positive angle), 시계바늘과 같은 방향으로 회전한 것을 **음의 각**(negative angle)이라고 한다.

정의 2.1.18 평면 위의 한 정점 O를 시점으로 하는 동경 OP와 시초선 OX가 이루는 최소의 양의 각의 크기가 α(rad)일 때,

$$\theta = \alpha + 2\pi n, \qquad (\text{단, } n\text{은 정수}) \tag{2.35}$$

과 같이 나타내어지는 θ를 α(rad)의 **일반각**(general angle)이라고 한다. 한편 최소의 양의 각의 크기가 60분법으로 $\alpha°$ 일 때, $\alpha°$ 의 일반각 θ는

$$\theta = \alpha° + 360° n, \qquad (\text{단, } n\text{은 정수}) \tag{2.36}$$

으로 나타내어진다.

예제 2.1.16 다음 주어진 각에 대하여 60분법은 호도법으로, 호도법은 60분법으로 각각 변환하여 나타내어라.

(1) $90°$ (2) $120°$ (3) $\frac{\pi}{3}$ rad (4) $-\frac{2\pi}{3}$ rad

【풀이】 $180° = \pi$ rad 이므로 $1° = \frac{\pi}{180}$ rad 이다. 따라서

(1) $90° = 90 \cdot \frac{\pi}{180}$ rad $= \frac{\pi}{2}$ rad (2) $120° = 120 \cdot \frac{\pi}{180}$ rad $= \frac{2\pi}{3}$ rad

(3) $\frac{\pi}{3}$ rad $= \frac{1}{3} \cdot 180° = 60°$ (4) $-\frac{2\pi}{3}$ rad $= -\frac{2}{3} \cdot 180° = -120°$

이다. □

정의 2.1.19 직각삼각형에서 서로 다른 두 변을 취하여 얻어지는 변의 길이의 비를 총칭하여 **삼각비**(trigonometric ratio)라고 한다. 특히 $\angle C$가 직각인 직각삼각형 ABC에서 $\angle A = \theta$, $\overline{BC} = a$, $\overline{CA} = b$, $\overline{AB} = c$ 일 때, θ에 대한 각각의 삼각비를 다음과 같이 정의한다.

(1) $\sin\theta = \frac{a}{c}$ (2) $\cos\theta = \frac{b}{c}$ (3) $\tan\theta = \frac{a}{b}$

(4) $\csc\theta = \frac{1}{\sin\theta} = \frac{c}{a}$ (5) $\sec\theta = \frac{1}{\cos\theta} = \frac{c}{b}$ (6) $\cot\theta = \frac{1}{\tan\theta} = \frac{b}{a}$

참고 2.1.7 정의 2.1.19 에서 $\angle A = \theta$의 크기가 일정하면, 도형의 닮음의 성질에 의해 각각의 삼각비의 값은 삼각형의 크기에는 관계없이 항상 일정하다. 그러나 $\angle A = \theta$의 크기가 변하면 이들 삼각비의 값도 따라서 변한다.

정의 2.1.20 평면의 직교좌표계에서 원점 O를 시점으로 하고 반경이 $r > 0$인 원주 상의 한 점 $P(x, y)$를 종점으로 하는 동경 OP가 x축의 양의 방향과 이루는 일반각을 θ라 할 때, θ에 대한 **삼각함수**(trigonometric function)를 다음과 같이 정의한다(그림 2.13 참조).

(1) $\sin\theta = \dfrac{y}{r}$ (2) $\cos\theta = \dfrac{x}{r}$ (3) $\tan\theta = \dfrac{y}{x}$

(4) $\csc\theta = \dfrac{1}{\sin\theta} = \dfrac{r}{y}$ (5) $\sec\theta = \dfrac{1}{\cos\theta} = \dfrac{r}{x}$ (6) $\cot\theta = \dfrac{1}{\tan\theta} = \dfrac{x}{y}$

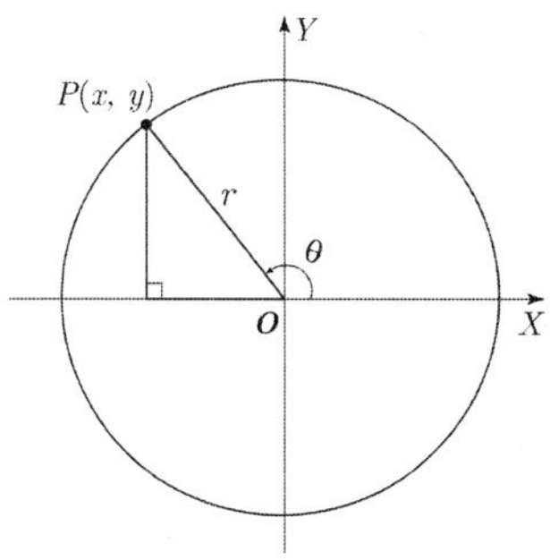

[그림 2.13] 삼각함수

참고 2.1.8 정의 2.1.19 에서 정의한 삼각비는 θ가 예각$(0 < \theta < \pi/2)$ 인 경우로서, 이들 각각의 삼각비는 정의 2.1.20 에서 정의한 삼각함수의 특별한 경우이다. 즉, θ가 예각일 때의 삼각함수의 값은 삼각비의 값과 일치한다. 이러한 측면에서 삼각함수는 θ가 예각인 경우에 정의된 삼각비를 일반각으로 일반화시킨 형태라 할 수 있다.

정의 2.1.21 함수 f가

$$f(x + p) = f(x) \tag{2.37}$$

와 같은 성질을 만족시키는 양수 p가 존재할 때 f를 **주기함수**(periodic function)라고 하고, 이때 존재하는 최소의 양수 p를 **기본주기**(primitive period) 또는 간단히 **주기**(period)라고 한다.

참고 2.1.9 정의 2.1.20에서 정의한 모든 삼각함수는 일정한 주기를 갖는 주기함수이다. 예를 들어 사인함수 $f(x) = \sin x$의 경우에 임의의 정수 n에 대하여 $f(x + 2n\pi) = \sin(x + 2n\pi) = \sin x = f(x)$와 같은 성질을 가지므로 주기함수로서, 기본주기는 2π임을 알 수 있다. 각각의 삼각함수가 갖는 그래프의 특징은 다음과 같다.

(1) **사인함수**(sine function)의 그래프

사인함수 $y = \sin x$의 그래프는 원점 $O(0, 0)$를 중심으로 반지름이 1인 원에서 x축의 양의 방향을 기준선으로 중심각 x에 대응하는 원주 상의 점 P에서 x축에 내린 수선의 발을 M이라고 하면

$$\sin x = \frac{\overline{MP}}{\overline{OP}} = \overline{MP} \tag{2.38}$$

이므로 $\sin x$의 값은 점 P의 y좌표에 대응한다(그림 2.14 참조).

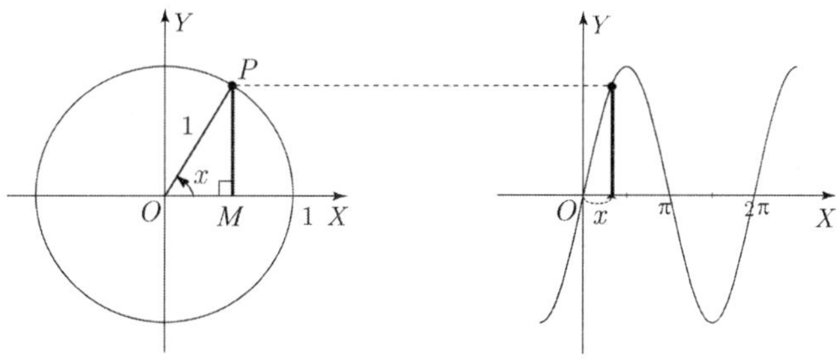

[그림 2.14]

따라서 x의 값을 지속적으로 변화시키면 $\sin x$의 그래프를 얻는다(그림 2.15 참조).

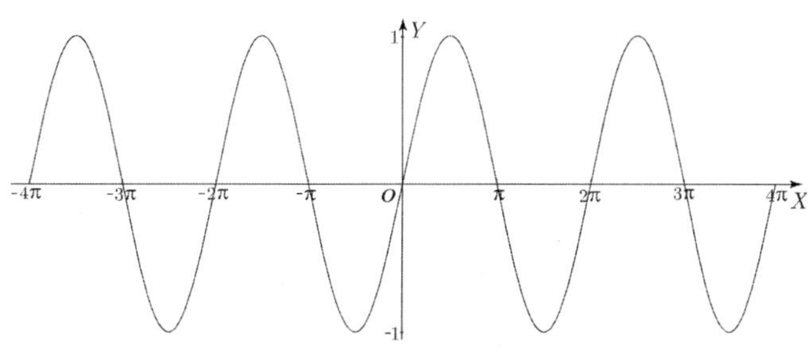

[그림 2.15] $y = \sin x$ $(-4\pi \le x \le 4\pi)$

$y = \sin x$는 실수 전체의 집합 $\mathbb{R}$을 정의역, $\{y \in \mathbb{R} \mid -1 \le y \le 1\}$을 치역으로 하며, 주기가 2π인 주기함수로서 원점에 대칭이다.

(2) **코사인함수**(cosine function)의 그래프

코사인함수 $y = \cos x$의 그래프는 $y = \cos x = \sin(x + \pi/2)$이므로 $y = \sin x$의 그래프를 x축 음의 방향으로 $\pi/2$만큼 평행이동한 그래프이다. 실제로 $y = \cos x$의 그래프는 원점 $O(0, 0)$를 중심으로 반지름이 1인 원에서 y축의 양의 방향을 기준선으로 중심각 x에 대응하는 원주 상의 점 P에서 y축에 내린 수선의 발을 M이라고 하면

$$\cos x = \frac{\overline{OM}}{\overline{OP}} = \overline{OM} \tag{2.39}$$

이므로 $\cos x$의 값은 점 M의 y좌표에 대응한다(그림 2.16 참조).

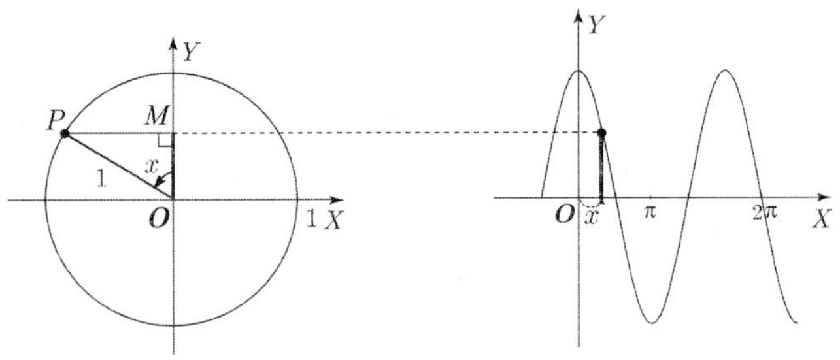

[그림 2.16]

따라서 x의 값을 지속적으로 변화시키면 $\cos x$의 그래프를 얻는다(그림 2.17 참조).

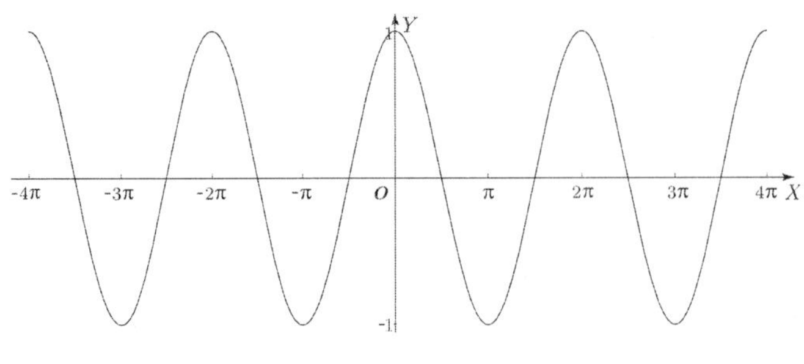

[그림 2.17] $y = \cos x$ $(-4\pi \le x \le 4\pi)$

$y = \cos x$ 는 실수 전체의 집합 $\mathbb{R}$ 을 정의역, $\{y \in \mathbb{R} \mid -1 \le y \le 1\}$ 을 치역으로 하며, 주기가 2π 인 주기함수로서 y 축에 대칭인 곡선이다.

(3) **탄젠트함수**(tangent function)의 그래프

탄젠트함수 $y = \tan x$ 의 그래프는 원점 $O(0, 0)$ 를 중심으로 반지름이 1 인 원에서 x 축의 양의 방향을 기준선으로 중심각 x 에 대응하는 보조선과 점 $B(1, 0)$ 에서 원에 접하는 접선과의 교점을 T 라고 하면

$$\tan x = \frac{\overline{BT}}{\overline{OB}} = \overline{BT} \tag{2.40}$$

이므로 $\tan x$ 의 값은 점 T 의 y 좌표에 대응한다(그림 2.18 참조).

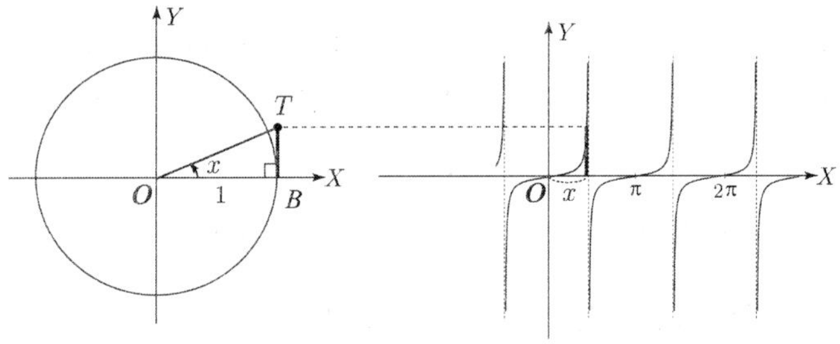

[그림 2.18]

따라서 x 의 값을 지속적으로 변화시키면 $\tan x$ 의 그래프를 얻는다(그림 2.19 참조).

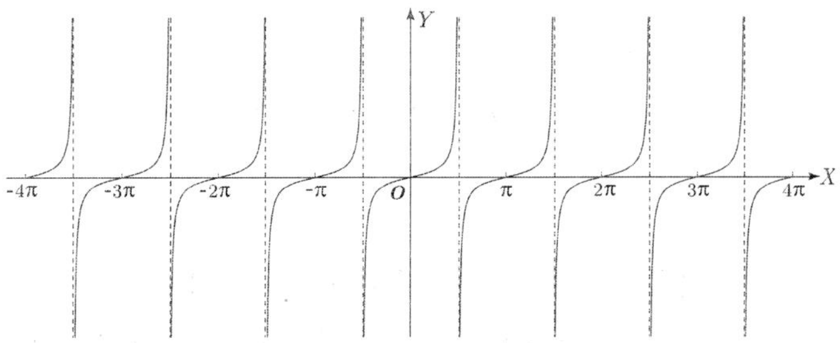

[그림 2.19] $y = \tan x$ $(-4\pi \le x \le 4\pi)$

$y = \tan x$는 $x = \pi/2 + n\pi$ (n은 정수)를 제외한 실수 전체의 집합 $\mathbb{R}$을 정의역, 실수 전체의 집합 $\mathbb{R}$을 치역으로 갖는 주기가 π인 주기함수로서 직선 $x = \pi/2 + n\pi$ (n은 정수)를 수직 점근선으로 갖는다.

(4) **코시컨트함수**(cosecant function)의 그래프

코시컨트함수는 $y = \csc x = 1/\sin x$와 같이 정의되므로, $f(x) = \csc x$라고 놓으면

$$f(-x) = \frac{1}{\sin(-x)} = -\frac{1}{\sin x} = -f(x)$$

이 성립하므로 기함수로서 원점에 관하여 대칭이고, 또한

$$f(x + 2\pi) = \frac{1}{\sin(x + 2\pi)} = \frac{1}{\sin x} = f(x)$$

이 성립하므로 주기가 2π인 주기함수이다. 따라서 $0 \le x \le \pi$의 범위에서의 그래프의 개형을 구하여 원점에 대칭이동 시켜 $-\pi \le x \le \pi$의 범위에서의 그래프의 개형을 얻은 후에 정의역을 실수 전체로 확장시키면 코시컨트함수의 그래프를 완성시킬 수 있다. 그런데

$$\csc(\pi/2) = 1, \quad \lim_{x\to 0^+} \csc x = \infty, \quad \lim_{x\to \pi^-} \csc x = \infty$$

이므로 완성된 코시컨트함수의 그래프는 그림 2.20과 같다.

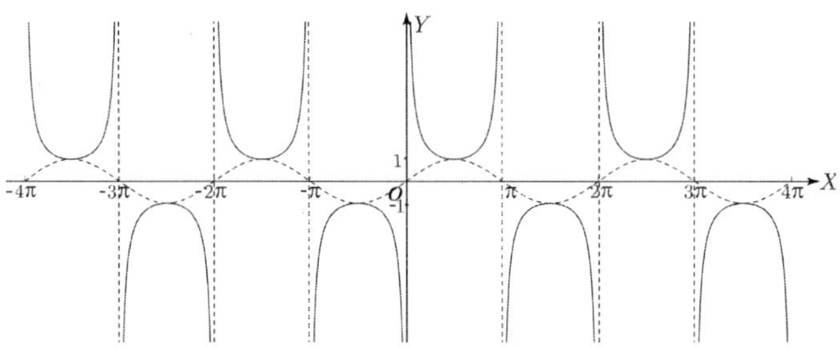

[그림 2.20] $y = \csc x$ (실선), $y = \sin x$ (점선) $(-4\pi \le x \le 4\pi)$

$y = \csc x$는 $x = n\pi$ (n은 정수)를 제외한 실수 전체의 집합 $\mathbb{R}$을 정의역, $\{y \mid |y| \ge 1\}$을 치역으로 갖는 주기가 2π인 주기함수로서 직선 $x = n\pi$ (n은 정수)를 수직 점근선으로 갖는다.

(5) **시컨트함수**(secant function)의 그래프

시컨트함수 $y = \sec x$ 는

$$y = \sec x = \frac{1}{\cos x}$$

와 같이 정의되므로, $f(x) = \sec x$ 라고 놓으면

$$f(-x) = \frac{1}{\cos(-x)} = \frac{1}{\cos x} = f(x)$$

이 성립하므로 우함수로서 y 축에 관하여 대칭이고, 또한

$$f(x+2\pi) = \frac{1}{\cos(x+2\pi)} = \frac{1}{\cos x} = f(x)$$

이 성립하므로 주기가 2π 인 주기함수이다. 따라서 $0 \le x \le \pi$ 의 범위에서의 그래프의 개형을 구하여 y 축에 대칭이동 시켜 $-\pi \le x \le \pi$ 의 범위에서의 그래프의 개형을 얻은 후에 정의역을 실수 전체로 확장시키면 시컨트함수의 그래프를 완성시킬 수 있다. 그런데

$$\csc 0 = 1, \quad \csc \pi = -1, \quad \lim_{x \to \frac{\pi}{2}^-} \sec x = \infty, \quad \lim_{x \to \frac{\pi}{2}^+} \sec x = -\infty$$

이므로 완성된 코시컨트함수의 그래프는 그림 2.21 과 같다.

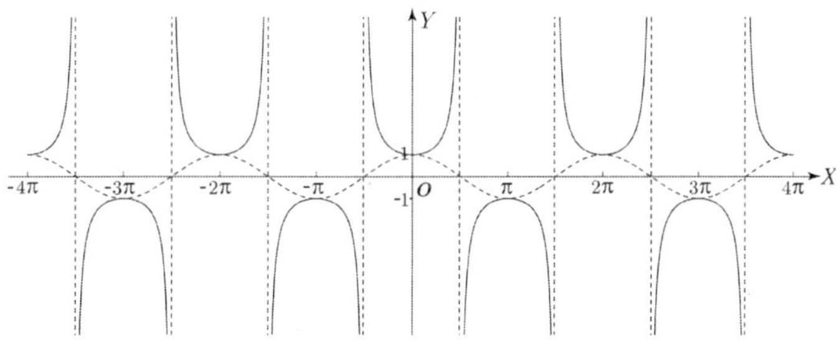

[그림 2.21] $y = \sec x$ (실선), $y = \cos x$ (점선) $(-4\pi \le x \le 4\pi)$

$y = \sec x$ 는 $x = \pi/2 + n\pi$ (n 은 정수)를 제외한 실수 전체의 집합 $\mathbb{R}$ 을 정의역, $\{y \mid |y| \ge 1\}$ 을 치역으로 갖는 주기가 2π 인 주기함수로서 직선 $x = \pi/2 + n\pi$ (n 은 정수)를 수직 점근선으로 갖는다.

(6) **코탄젠트함수**(cotangent function)의 그래프

코탄젠트함수 $y = \cot x$는

$$y = \cot x = \frac{1}{\tan x}$$

와 같이 정의되므로, $f(x) = \cot x$라고 놓으면

$$f(x+\pi) = \frac{1}{\tan(x+\pi)} = \frac{1}{\tan x} = f(x)$$

이 성립하므로 주기가 π인 주기함수이다. 따라서 $0 \le x \le \pi$의 범위에서의 그래프의 개형을 얻은 후에 정의역을 실수 전체로 확장시키면 코탄젠트함수의 그래프를 완성시킬 수 있다. 그런데

$$\cot(\pi/2) = 0, \qquad \lim_{x \to 0^+} \cot x = \infty, \qquad \lim_{x \to \pi^-} \cot x = -\infty$$

이므로 완성된 코탄젠트함수의 그래프는 그림 2.22와 같다.

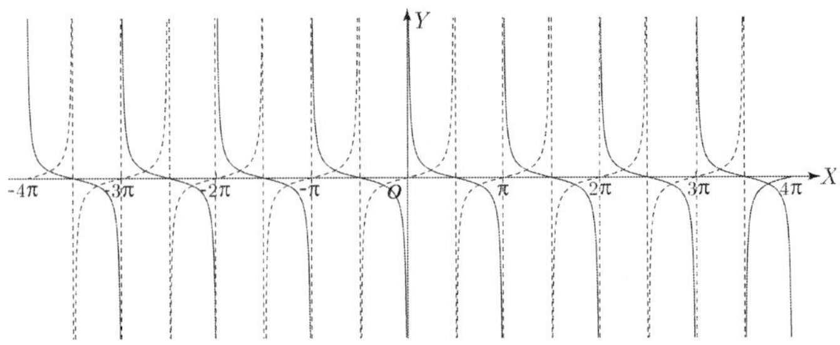

[그림 2.22] $y = \cot x$ (실선), $y = \tan x$ (점선) $(-4\pi \le x \le 4\pi)$

$y = \cot x$는 $x = n\pi$ (n은 정수)를 제외한 실수 전체의 집합 $\mathbb{R}$을 정의역, 실수 전체의 집합 $\mathbb{R}$을 치역으로 갖는 주기가 π인 주기함수로서 직선 $x = n\pi$ (n은 정수)를 수직 점근선으로 갖는다.

예제 2.1.17 $\pi/2 < \theta < \pi$의 범위에 있는 θ에 대하여 $\sin\theta = 4/5$일 때 $\cos\theta$와 $\tan\theta$의 값을 구하여라.

【풀이】 주어진 조건은 2사분면의 θ로서 $\sin\theta = 4/5$이므로 직교좌표의 원점 O를 시점으로 하고 반경 r이 $r = 5$인 원주 상의 한 점 $P(-3, 4)$를 종점으로 하는 동경 OP와 시초

선 OX 가 이루는 끼인각의 크기가 θ 인 경우이다. 따라서 삼각비의 정의로부터

$$\cos\theta = -\frac{3}{5}, \qquad \tan\theta = -\frac{4}{3}$$

임을 알 수 있다. □

정리 2.1.1 [삼각함수의 성질] θ 가 임의의 실수일 때 다음 관계식이 성립한다.

(1) 주기공식 (단, n 은 임의의 정수)

$$\sin(2\pi n + \theta) = \sin\theta, \qquad \cos(2\pi n + \theta) = \cos\theta, \qquad \tan(\pi n + \theta) = \tan\theta$$

(2) 음각공식

$$\sin(-\theta) = -\sin\theta, \qquad \cos(-\theta) = \cos\theta, \qquad \tan(-\theta) = -\tan\theta$$

(3) 여각공식

$$\sin(\pi/2 - \theta) = \cos\theta, \qquad \cos(\pi/2 - \theta) = \sin\theta, \qquad \tan(\pi/2 - \theta) = \cot\theta$$

(4) 보각공식

$$\sin(\pi - \theta) = \sin\theta, \qquad \cos(\pi - \theta) = -\cos\theta, \qquad \tan(\pi - \theta) = -\tan\theta$$

참고 2.1.10 정리 2.1.1 에서 좌변에 있는 각의 형식은 모두 $(\pi/2)n \pm \theta$ 의 형태로 바꾸어 쓸 수 있다. 따라서 위의 공식을 쉽게 기억하는 방법은 다음과 같다.

Step 1. 먼저 n 이 짝수인 경우에는

$$\sin \to \sin, \qquad \cos \to \cos, \qquad \tan \to \tan \tag{2.41}$$

와 같이 그대로 놓고, n 이 홀수인 경우에는

$$\sin \to \cos, \qquad \cos \to \sin, \qquad \tan \to \cot \tag{2.42}$$

와 같이 변경한다.

Step 2. 그런 후에 θ 를 항상 예각으로 간주하고, $(\pi/2)n \pm \theta$ 가 나타내는 동경을 작도한다. 이때 그 동경이 몇 사분면에 존재하는지를 확인한 후에 해당 사분면에서의 그 삼각함수의 부호가 양이면 + 부호를, 음이면 − 부호를 앞에 붙인다.

예제 2.1.18 다음 삼각함수의 값을 구하여라.

(1) $\sin\left(-\frac{\pi}{3}\right)$ (2) $\tan\left(-\frac{7\pi}{6}\right)$ (3) $\cos\left(-\frac{5\pi}{4}\right)$

【풀이】 (1) $\sin\left(-\frac{\pi}{3}\right) = -\sin\frac{\pi}{3} = -\frac{\sqrt{3}}{2}$

(2) $\tan\left(-\frac{7\pi}{6}\right) = -\tan\frac{7\pi}{6} = -\tan\left(\pi + \frac{\pi}{6}\right) = -\tan\frac{\pi}{6} = -\frac{1}{\sqrt{3}}$

(3) $\cos\left(-\frac{5\pi}{4}\right) = \cos\frac{5\pi}{4} = \cos\left(\pi + \frac{\pi}{4}\right) = -\cos\frac{\pi}{4} = -\frac{1}{\sqrt{2}}$ □

정리 2.1.2 [삼각함수의 제곱 관계] θ가 임의의 실수일 때 다음 등식이 성립한다.

(1) $\sin^2\theta + \cos^2\theta = 1$ (2) $1 + \tan^2\theta = \sec^2\theta$ (3) $1 + \cot^2\theta = \csc^2\theta$

【증명】 일반각 θ에 대한 동경 OP의 길이가 r이라고 하자(그림 2.23 참조). 그러면

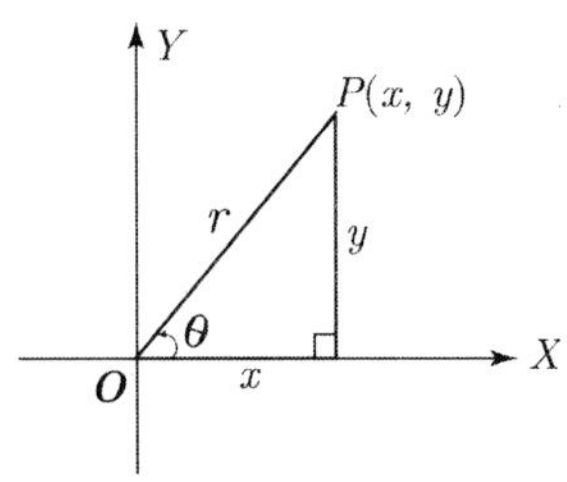

[그림 2.23] 삼각함수의 제곱 관계

(1) 삼각함수의 정의로부터

$$\sin^2\theta + \cos^2\theta = \left(\frac{y}{r}\right)^2 + \left(\frac{x}{r}\right)^2 = \frac{x^2 + y^2}{r^2} = \frac{r^2}{r^2} = 1$$

이 성립한다.

(2) 삼각함수의 정의로부터

$$1 + \tan^2\theta = 1 + \left(\frac{y}{x}\right)^2 + \frac{x^2 + y^2}{x^2} = \frac{r^2}{x^2} = \left(\frac{r}{x}\right)^2 = \sec^2\theta$$

이 성립한다.

(3) 삼각함수의 정의로부터

$$1+\cot^2\theta = 1+\left(\frac{x}{y}\right)^2 + \frac{x^2+y^2}{y^2} = \frac{r^2}{y^2} = \left(\frac{r}{y}\right)^2 = \csc^2\theta$$

이 성립한다. □

예제 2.1.19 $\sin\theta - \cos\theta = \dfrac{1}{3}$ 일 때 다음을 구하여라.

(1) $\sin\theta\cos\theta$ (2) $\tan\theta + \cot\theta$

【풀이】 (1) $(\sin\theta-\cos\theta)^2 = 1-2\sin\theta\cos\theta$ 이므로

$$\sin\theta\cot\theta = \frac{1}{2}\left(1-\frac{1}{9}\right) = \frac{4}{9}$$

이다.

(2) (1)의 결과로부터

$$\tan\theta+\cot\theta = \frac{\sin\theta}{\cos\theta}+\frac{\cos\theta}{\sin\theta} = \frac{\sin^2\theta+\cos^2\theta}{\sin\theta\cos\theta} = \frac{1}{\sin\theta\cos\theta} = \frac{9}{4}$$

이다. □

정 리 2.1.3 [삼각함수의 덧셈정리] 임의의 실수 α, β에 대하여 다음과 같은 등식이 성립한다.

(1a) $\sin(\alpha+\beta) = \sin\alpha\cos\beta + \cos\alpha\sin\beta$ (1b) $\sin(\alpha-\beta) = \sin\alpha\cos\beta - \cos\alpha\sin\beta$

(2a) $\cos(\alpha+\beta) = \cos\alpha\cos\beta - \sin\alpha\sin\beta$ (2b) $\cos(\alpha-\beta) = \cos\alpha\cos\beta + \sin\alpha\sin\beta$

(3a) $\tan(\alpha+\beta) = \dfrac{\tan\alpha+\tan\beta}{1-\tan\alpha\tan\beta}$ (3b) $\tan(\alpha-\beta) = \dfrac{\tan\alpha-\tan\beta}{1+\tan\alpha\tan\beta}$

【증명】 먼저 식 (2a)를 증명하기 위해 그림 2.24에서와 같이 원점 O를 중심으로 하는 단위원 상에서

$$\angle AOP = \alpha, \qquad \angle POQ = \angle AOR = \beta, \qquad \gamma = \alpha+\beta$$

라고 놓자. 그러면 삼각형 $\triangle OAQ$와 $\triangle ORP$는 두 변의 길이와 그 끼인각의 크기가 같으므

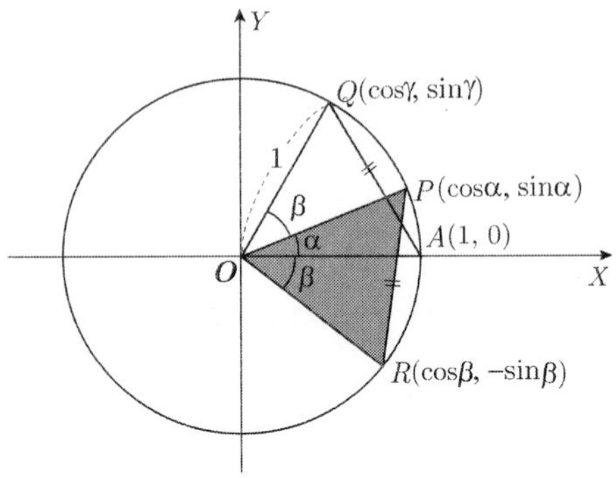

[그림 2.24] 삼각함수의 덧셈정리

로 합동이다. 따라서 변 AQ와 변 PR의 길이는 같다. 또한 단위원 상의 점 A, P, Q, R의 직교좌표는 각각

$$A(1,\,0),\qquad P(\cos\alpha,\,\sin\alpha),\qquad Q(\cos\gamma,\,\sin\gamma),\qquad R(\cos\beta,\,-\sin\beta)$$

와 같이 나타낼 수 있다. 그러므로 두 점 사이의 거리공식을 적용하여 간단히 하면

$$\begin{aligned}
(\text{변 } AQ\text{의 길이})^2 &= (\text{변 } PR\text{의 길이})^2\\
\left(\sqrt{(\cos\gamma-1)^2+(\sin\gamma-0)^2}\,\right)^2 &= \left(\sqrt{(\cos\beta-\cos\alpha)^2+(-\sin\beta-\sin\alpha)^2}\,\right)^2\\
(\cos\gamma-1)^2+(\sin\gamma-0)^2 &= (\cos\beta-\cos\alpha)^2+(-\sin\beta-\sin\alpha)^2\\
2-2\cos(\alpha+\beta) &= 2-2(\cos\alpha\cos\beta-\sin\alpha\sin\beta)\\
\cos(\alpha+\beta) &= \cos\alpha\cos\beta-\sin\alpha\sin\beta
\end{aligned}$$

이다. 따라서 식 (2a)가 증명되었다. 또한 이렇게 얻어진 결과에 삼각공식

$$\sin\theta=\cos\left(\frac{\pi}{2}-\theta\right)$$

를 적용하면

$$\begin{aligned}\sin(\alpha+\beta) &= \cos\left(\frac{\pi}{2}-(\alpha+\beta)\right)\\ &= \cos\left(\left(\frac{\pi}{2}-\alpha\right)+(-\beta)\right)\\ &= \cos\left(\frac{\pi}{2}-\alpha\right)\cos(-\beta)-\sin\left(\frac{\pi}{2}-\alpha\right)\sin(-\beta)\\ &= \sin\alpha\cos(-\beta)-\cos\alpha\sin(-\beta)\\ &= \sin\alpha\cos\beta+\cos\alpha\sin\beta\end{aligned}$$

이므로 식 (1a)가 증명된다. 이제 앞서 증명된 식 (1a)와 (2a)를 이용하면 식 (3a)를 증명할 수 있다. 또한 식 (1b), (2b), (3b)의 증명은 식 (1a), (2a), (3a)에서 β를 $-\beta$로 놓고 삼각공식을 적용하면 쉽게 얻어진다. □

참고 2.1.11 정리 2.1.3의 식 (1a)와 (2a)를 증명하는 과정에서 도형의 합동조건을 이용하였다. 그런데 회전변환을 이용한 또 다른 증명 방법이 있어 소개한다. 그림 2.24에서 원주 상의 점 A를 각 α만큼 회전이동하여 점 P로 옮기는 회전변환을 f라고 하고, 다시 점 P를 각 β만큼 회전이동하여 점 Q로 옮기는 회전변환을 g라고 하면, 합성변환 $g\circ f$는 점 A를 각 $\alpha+\beta$만큼 회전이동하여 점 Q로 옮기는 회전변환이다. 따라서

$$\begin{aligned}\begin{pmatrix}\cos(\alpha+\beta)\\ \sin(\alpha+\beta)\end{pmatrix} &= \begin{pmatrix}\cos\beta & -\sin\beta\\ \sin\beta & \cos\beta\end{pmatrix}\begin{pmatrix}\cos\alpha & -\sin\alpha\\ \sin\alpha & \cos\alpha\end{pmatrix}\begin{pmatrix}1\\0\end{pmatrix}\\ &= \begin{pmatrix}\cos\alpha\cos\beta-\sin\alpha\sin\beta & -(\sin\alpha\cos\beta+\cos\alpha\sin\beta)\\ \sin\alpha\cos\beta+\cos\alpha\sin\beta & \cos\alpha\cos\beta-\sin\alpha\sin\beta\end{pmatrix}\begin{pmatrix}1\\0\end{pmatrix}\\ &= \begin{pmatrix}\cos\alpha\cos\beta-\sin\alpha\sin\beta\\ \sin\alpha\cos\beta+\cos\alpha\sin\beta\end{pmatrix}\end{aligned}$$

로부터

$$\sin(\alpha+\beta)=\sin\alpha\cos\beta+\cos\alpha\sin\beta,\qquad \cos(\alpha+\beta)=\cos\alpha\cos\beta-\sin\alpha\sin\beta$$

임을 알 수 있다.

정리 2.1.4 [삼각함수의 2 배각 공식] 삼각함수의 덧셈정리로부터 임의의 실수 α에 대하여 다음과 같은 등식이 성립한다.

(1) $\sin 2\alpha = 2\sin\alpha\cos\alpha$

(2) $\cos 2\alpha = \cos^2\alpha - \sin^2\alpha = 2\cos^2\alpha - 1 = 1 - 2\sin^2\alpha$

(3) $\tan 2\alpha = \dfrac{2\tan\alpha}{1-\tan^2\alpha}$

【증명】 우리는 이미 삼각함수의 덧셈정리 2.1.3 의 식 (1a) 로부터

$$\sin(\alpha+\beta) = \sin\alpha\cos\beta + \cos\alpha\sin\beta$$

임을 알고 있다. 따라서 위의 등식에서 β를 α로 놓으면

$$\sin(\alpha+\alpha) = \sin\alpha\cos\alpha + \cos\alpha\sin\alpha, \qquad \sin 2\alpha = 2\sin\alpha\cos\alpha$$

이다. 따라서 (1) 이 증명되었다. (2) 의 증명을 위해서는 삼각함수의 덧셈정리

$$\cos(\alpha+\beta) = \cos\alpha\cos\beta - \sin\alpha\sin\beta$$

와 삼각함수 공식 $\sin^2 x + \cos^2 x = 1$ 을 이용한다. 또한 (3) 의 증명을 위해서는 삼각함수의 덧셈정리

$$\tan(\alpha+\beta) = \frac{\tan\alpha + \tan\beta}{1 - \tan\alpha\tan\beta}$$

을 이용하면 쉽게 얻어진다. □

정리 2.1.5 [삼각함수의 3 배각 공식] 삼각함수의 덧셈정리로부터 임의의 실수 α에 대하여 다음과 같은 등식이 성립한다.

(1) $\sin 3\alpha = 3\sin\alpha - 4\sin^3\alpha$

(2) $\cos 3\alpha = 4\cos^3\alpha - 3\cos\alpha$

【증명】 삼각함수의 덧셈정리 2.1.3의 식 (1a)로부터

$$\sin(\alpha+\beta) = \sin\alpha\cos\beta + \cos\alpha\sin\beta$$

임을 알고 있다. 위의 식에서 β를 $\beta = 2\alpha$로 놓고, 정리 2.1.4의 2배각 공식 (1)과 (2), 즉 $\sin 2\alpha = 2\sin\alpha\cos\alpha$와 $\cos 2\alpha = 1 - 2\sin^2\alpha$를 적용하면

$$\begin{aligned}
\sin(\alpha+2\alpha) &= \sin\alpha\cos 2\alpha + \cos\alpha\sin 2\alpha \\
&= \sin\alpha(1-2\sin^2\alpha) + \cos\alpha(2\sin\alpha\cos\alpha) \\
&= \sin\alpha - 2\sin^3\alpha + 2\sin\alpha\cos^2\alpha \\
&= \sin\alpha - 2\sin^3\alpha + 2\sin\alpha(1-\sin^2\alpha) \\
&= \sin\alpha - 2\sin^3\alpha + 2\sin\alpha - 2\sin\alpha\sin^2\alpha \\
&= 3\sin\alpha - 4\sin^3\alpha
\end{aligned}$$

을 얻는다. 따라서 (1)이 증명되었다. 또한 삼각함수의 덧셈정리 2.1.3의 식 (2a), 즉

$$\cos(\alpha+\beta) = \cos\alpha\cos\beta - \sin\alpha\sin\beta$$

에서 β를 $\beta = 2\alpha$로 놓고 (1)의 증명과 유사한 방법으로 (2)를 증명할 수 있다. □

정리 2.1.6 [삼각함수의 반각 공식] 삼각함수의 2배각 공식으로부터 임의의 실수 α에 대하여 다음과 같은 등식이 성립한다.

(1) $\sin^2\dfrac{\alpha}{2} = \dfrac{1-\cos\alpha}{2}$

(2) $\cos^2\dfrac{\alpha}{2} = \dfrac{1+\cos\alpha}{2}$

(3) $\tan^2\dfrac{\alpha}{2} = \dfrac{1-\cos\alpha}{1+\cos\alpha}$

【증명】 정리 2.1.4에 있는 삼각함수의 2배각 공식 (2), 즉

$$\cos 2\beta = \cos^2\beta - \sin^2\beta = 2\cos^2\beta - 1 = 1 - 2\sin^2\beta$$

에서 β를 $\beta = \alpha/2$로 놓으면

$$\cos\alpha = \cos^2\frac{\alpha}{2} - \sin^2\frac{\alpha}{2} = 2\cos^2\frac{\alpha}{2} - 1 = 1 - 2\sin^2\frac{\alpha}{2}$$

이다. 따라서 $\cos\alpha = 1 - 2\sin^2\dfrac{\alpha}{2}$ 로부터

$$\sin^2\frac{\alpha}{2} = \frac{1-\cos\alpha}{2} \tag{2.43}$$

을 얻고, $\cos\alpha = 2\cos^2\dfrac{\alpha}{2} - 1$ 로부터

$$\cos^2\frac{\alpha}{2} = \frac{1+\cos\alpha}{2} \tag{2.44}$$

을 얻는다. 또한 식 (2.43)과 (2.44)로부터

$$\tan^2\frac{\alpha}{2} = \frac{\sin^2\frac{\alpha}{2}}{\cos^2\frac{\alpha}{2}} = \frac{\frac{1-\cos\alpha}{2}}{\frac{1+\cos\alpha}{2}} = \frac{1-\cos\alpha}{1+\cos\alpha}$$

을 얻는다. □

참고 2.1.12 $\tan\dfrac{\alpha}{2} = \dfrac{\sin\frac{\alpha}{2}}{\cos\frac{\alpha}{2}} = \dfrac{2\sin\frac{\alpha}{2}\cos\frac{\alpha}{2}}{2\cos\frac{\alpha}{2}\cos\frac{\alpha}{2}} = \dfrac{2\sin\frac{\alpha}{2}\cos\frac{\alpha}{2}}{2\cos^2\frac{\alpha}{2}} = \dfrac{\sin\alpha}{1+\cos\alpha}$.

정리 2.1.7 [삼각함수의 곱을 합, 차로 변형하는 공식] 삼각함수의 덧셈정리로부터 임의의 실수 α, β에 대하여 다음과 같은 등식이 성립한다.

(1) $\sin\alpha\cos\beta = \dfrac{1}{2}\Big(\sin(\alpha+\beta) + \sin(\alpha-\beta)\Big)$

(2) $\cos\alpha\sin\beta = \dfrac{1}{2}\Big(\sin(\alpha+\beta) - \sin(\alpha-\beta)\Big)$

(3) $\cos\alpha\cos\beta = \dfrac{1}{2}\Big(\cos(\alpha+\beta) + \cos(\alpha-\beta)\Big)$

(4) $\sin\alpha\sin\beta = -\dfrac{1}{2}\Big(\cos(\alpha+\beta) - \cos(\alpha-\beta)\Big)$

【증명】 (1) 삼각함수의 덧셈정리 2.1.3의 식 (1a)와 (1b), 즉

$$\sin(\alpha+\beta) = \sin\alpha\cos\beta + \cos\alpha\sin\beta, \qquad \sin(\alpha-\beta) = \sin\alpha\cos\beta - \cos\alpha\sin\beta$$

로부터 양변을 각각 더하면

$$\sin(\alpha + \beta) + \sin(\alpha - \beta) = 2\sin\alpha\cos\beta \tag{2.45}$$

을 얻는다. 따라서 식 (2.45)의 양변을 2로 나누어 정리하면

$$\sin\alpha\cos\beta = \frac{1}{2}\Big(\sin(\alpha + \beta) + \sin(\alpha - \beta)\Big)$$

을 얻는다.

(2) 삼각함수의 덧셈정리 2.1.3의 식 (1a)와 (1b), 즉

$$\sin(\alpha + \beta) = \sin\alpha\cos\beta + \cos\alpha\sin\beta, \qquad \sin(\alpha - \beta) = \sin\alpha\cos\beta - \cos\alpha\sin\beta$$

로부터 양변을 각각 빼면

$$\sin(\alpha + \beta) - \sin(\alpha - \beta) = 2\cos\alpha\sin\beta \tag{2.46}$$

을 얻는다. 따라서 식 (2.46)의 양변을 2로 나누어 정리하면

$$\cos\alpha\sin\beta = \frac{1}{2}\Big(\sin(\alpha + \beta) - \sin(\alpha - \beta)\Big)$$

을 얻는다.

(3) 삼각함수의 덧셈정리 2.1.3의 식 (2a)와 (2b), 즉

$$\cos(\alpha + \beta) = \cos\alpha\cos\beta - \sin\alpha\sin\beta, \qquad \cos(\alpha - \beta) = \cos\alpha\cos\beta + \sin\alpha\sin\beta$$

로부터 양변을 각각 더하면

$$\cos(\alpha + \beta) + \cos(\alpha - \beta) = 2\cos\alpha\cos\beta \tag{2.47}$$

을 얻는다. 따라서 식 (2.47)의 양변을 2로 나누어 정리하면

$$\cos\alpha\cos\beta = \frac{1}{2}\Big(\cos(\alpha + \beta) + \cos(\alpha - \beta)\Big)$$

을 얻는다.

(4) 삼각함수의 덧셈정리 2.1.3 의 식 (2a) 와 (2b), 즉

$$\cos(\alpha+\beta) = \cos\alpha\cos\beta - \sin\alpha\sin\beta, \qquad \cos(\alpha-\beta) = \cos\alpha\cos\beta + \sin\alpha\sin\beta$$

로부터 양변을 각각 빼면

$$\cos(\alpha+\beta) - \cos(\alpha-\beta) = -2\sin\alpha\sin\beta \tag{2.48}$$

을 얻는다. 따라서 식 (2.48) 의 양변을 2 로 나누어 정리하면

$$\sin\alpha\sin\beta = -\frac{1}{2}\Big(\cos(\alpha+\beta) - \cos(\alpha-\beta)\Big)$$

을 얻는다. □

정리 2.1.8 [삼각함수의 합, 차를 곱으로 변형하는 공식] 삼각함수의 곱을 합, 차로 변형하는 공식으로부터 임의의 실수 A, B 에 대하여 다음과 같은 등식이 성립한다.

(1) $\sin A + \sin B = 2\sin\dfrac{A+B}{2}\cos\dfrac{A-B}{2}$

(2) $\sin A - \sin B = 2\cos\dfrac{A+B}{2}\sin\dfrac{A-B}{2}$

(3) $\cos A + \cos B = 2\cos\dfrac{A+B}{2}\cos\dfrac{A-B}{2}$

(4) $\cos A - \cos B = -2\sin\dfrac{A+B}{2}\sin\dfrac{A-B}{2}$

【증명】 $\alpha+\beta = A$, $\alpha-\beta = B$ 로 놓고 이것을 α, β 에 관해서 풀면

$$\alpha = \frac{A+B}{2}, \qquad \beta = \frac{A-B}{2} \tag{2.49}$$

을 얻는다.

(1) 식 (2.49) 를 정리 2.1.7 의 식 (2.45), 즉 $\sin(\alpha+\beta) + \sin(\alpha-\beta) = 2\sin\alpha\cos\beta$ 에 대입하면

$$\sin A + \sin B = 2\sin\frac{A+B}{2}\cos\frac{A-B}{2}$$

을 얻는다.

(2) 식 (2.49)를 정리 2.1.7의 식 (2.46), 즉 $\sin(\alpha+\beta)-\sin(\alpha-\beta)=2\cos\alpha\sin\beta$에 대입하면

$$\sin A - \sin B = 2\cos\frac{A+B}{2}\ \sin\frac{A-B}{2}$$

을 얻는다.

(1), (2)의 증명에서와 같이 식 (2.49)를 식 (2.47), (2.48)에 각각 대입하면 (3), (4)의 관계식을 순서적으로 증명할 수 있다. □

2.2 수열

정의 2.2.1 자연수의 집합 $\mathbb{N}$을 정의역으로 하고 실수 전체의 집합 $\mathbb{R}$을 공역으로 하는 함수 $f : \mathbb{N} \to \mathbb{R}$에 의해 얻어진 수들을 얻어진 순서대로 나열한 것을 **수열**(sequence)이라고 한다. 특히 정의역을 자연수의 부분집합으로 했을 때의 수열을 **유한수열**(finite sequence)이라고 하고, 정의역을 자연수의 전체집합으로 했을 때의 수열을 **무한수열**(infinite sequence)이라고 한다. 일반적으로 특별한 언급 없이 수열이라고 함은 무한수열을 의미하는 것으로 한다.

예제 2.2.1 다음 물음에 답하여라.

(1) 규칙 $f(n) = 2n$에 의해 자연수 n $(1 \leq n \leq 5)$에 대응하는 $f(n)$의 값들로 이루어진 수열을 구하여라.

(2) 규칙 $g(n) = n + 2$에 의해 자연수 $n \in \mathbb{N}$에 대응하는 $g(n)$의 값으로 이루어진 수열을 구하여라.

【풀이】 (1) 규칙 $f(n) = 2n$로부터 $n = 1, 2, 3, 4, 5$에 대응하는 수들을 얻어, 얻어진 순서대로 나열한 형태이므로 $f(1),\ f(2),\ f(3),\ f(4),\ f(5)$이다. 즉, 구하는 수열은

$$2,\ 4,\ 6,\ 8,\ 10$$

인 유한수열이다.

(2) 규칙 $g(n) = n+2$ 로부터 $n = 1, 2, 3, 4, 5, \ldots$ 에 대응하는 수들을 얻어, 얻어진 순서대로 나열한 형태이므로 $f(1), f(2), f(3), f(4), f(5), \ldots$ 이다. 즉, 구하는 수열은

$$3, 4, 5, 6, 7, \ldots$$

인 무한수열이다. □

정의 2.2.2 $f : \mathbb{N} \to \mathbb{R}$ 에 의해 얻어진 수열 $f(1), f(2), f(3), \ldots, f(n), \ldots$ 을 순서적으로

$$a_1, a_2, a_3, \ldots, a_n, \ldots \tag{2.50}$$

와 같이 나타내고, 이때 a_1 을 그 수열의 초항 또는 제 1 항이라고 하고, a_2 를 제 2 항, …, a_n 을 제 n 항 또는 **일반항**(general term)이라고 한다. 일반항이 a_n 인 수열을 간단히 $\{a_n\}$ 와 같이 나타낸다.

예제 2.2.2 일반항이 다음과 같이 주어지는 각 수열의 초항과 제 5 항을 구하여라.

(1) $a_n = 2n + 5$ (2) $b_n = 2^n$

【풀이】 (1) 일반항 $a_n = 2n + 5$ 로부터 초항은 $a_1 = 2 \cdot 1 + 5 = 7$ 이고, 제 5 항은 $a_5 = 2 \cdot 5 + 5 = 15$ 이다.

(2) 일반항 $b_n = 2^n$ 로부터 초항은 $b_1 = 2^1 = 2$ 이고, 제 5 항은 $b_5 = 2^5 = 32$ 이다. □

2.2.1 등차수열

정의 2.2.3 어떤 수에 차례로 일정한 수를 더하여 얻어지는 수열을 **등차수열**(arithmetic sequence)이라고 하고, 이때 더해지는 일정한 수를 **공차**(common difference)라고 한다. 초항이 a 이고 공차가 d 인 등차수열

$$a_1, a_2, a_3, \ldots, a_n, \ldots \tag{2.51}$$

에서 $a_1 = a$, $a_2 = a + d$, $a_3 = a + 2d$, … 이므로 n 번째 항 a_n 은 다음과 같다.

$$a_n = a + (n-1)d, \qquad n = 1, 2, 3, \ldots \tag{2.52}$$

예제 2.2.3 주어진 등차수열의 일반항을 구하여라.

(1) 2, 5, 8, 11, 14, . . . (2) 10, 6, 2, −2, −6, . . .

【풀이】 (1) 주어진 수열을 $\{a_n\}$ 이라고 하면, 초항이 2 이고 공차가 3 인 등차수열이므로 일반항 a_n 은 식 (2.52) 로부터

$$a_n = 2 + (n-1)\cdot 3 = 3n - 1.$$

(2) 주어진 수열을 $\{b_n\}$ 이라고 하면, 초항이 10 이고 공차가 −4 인 등차수열이므로 일반항 b_n 은 식 (2.52) 로부터

$$b_n = 10 + (n-1)\cdot(-4) = -4n + 14$$

이다. □

정리 2.2.1 [등차수열의 합] 초항이 a 이고 공차가 d 인 등차수열 $\{a_n\}$ 에서 n 번째 항 a_n 을 l 이라고 하자. 그러면 주어진 수열 $\{a_n\}$ 에 대하여 초항부터 제 n 항까지의 합 S_n 은

$$S_n = \frac{n}{2}(a+l) \quad \text{또는} \quad S_n = \frac{n}{2}\big(2a + (n-1)d\big) \tag{2.53}$$

이다.

【증명】 주어진 등차수열 $\{a_n\}$ 에 대하여 초항부터 제 n 항까지를 순서적으로 더하면

$$S_n = a + (a+d) + (a+2d) + \cdots + (l-d) + l \tag{2.54}$$

이고, 반 순서적으로 더하면

$$S_n = l + (l-d) + \cdots + (a+2d) + (a+d) + a \tag{2.55}$$

이다. 따라서 식 (2.54) 와 (2.55) 를 변변 더하면

$$2S_n = (a+1) + (a+l) + (a+l) + \cdots + (a+l) = n(a+l) \tag{2.56}$$

이다. 이제 식 (2.56)을 S_n에 관하여 풀면

$$S_n = \frac{n}{2}(a + l) \tag{2.57}$$

을 얻는다. 또한 식 (2.57)에서 n번째 항 l은 식 (2.52)로부터

$$l = a_n = a + (n-1)d \tag{2.58}$$

을 의미하므로, 식 (2.57)의 l에 식 (2.58)을 대입하여 정리하면

$$S_n = \frac{n}{2}(a + l) = \frac{n}{2}\Big(a + a + (n-1)d\Big) = \frac{n}{2}\Big(2a + (n-1)d\Big)$$

을 얻는다. □

예제 2.2.4 초항이 1이고 공차가 2인 등차수열 $\{a_n\}$에 대하여 초항부터 제 6 항까지의 합 S_6을 구하여라.

【풀이】 초항은 $a = 1$이고 제 6 항은 $l = a_6 = 1 + (6-1) \cdot 2 = 11$이므로, 식 (2.53)으로부터 S_6은

$$S_6 = \frac{n}{2}(a + l) = \frac{6}{2}(1 + 11) = 3 \cdot 12 = 36$$

이다. □

예제 2.2.5 초항이 3이고 공차가 4인 등차수열 $\{a_n\}$에 대하여 초항부터 10항까지의 합 S_{10}을 구하여라.

【풀이】 초항 $a = 3$, 공차 $d = 4$, $n = 10$이므로, 식 (2.53)으로부터 S_{10}은

$$S_{10} = \frac{n}{2}\Big(2a + (n-1)d\Big) = \frac{10}{2}\Big(2 \cdot 3 + (10-1) \cdot 4\Big) = 210$$

이다. □

예제 2.2.6 초항이 5이고 공차가 3인 등차수열 $\{a_n\}$에 대하여 초항부터 n항까지의 합 S_n이 75이다. 이때 n의 값을 구하여라.

【풀이】 초항 $a = 5$이고 공차가 $d = 3$인 등차수열에서 초항부터 n항까지의 합 S_n이

75 이므로, 식 (2.53) 으로부터

$$\frac{n}{2}\big(2 \cdot 5 + (n-1) \cdot 3\big) = 75$$

이다. 따라서 위의 식을 n 에 관하여 풀면 $n = 6$ 이다. □

예 제 2.2.7 1 부터 n 까지의 자연수의 합을 구하여라.

【풀이】 1 부터 n 까지의 자연수의 합은 초항이 1 이고 공차가 1 인 등차수열의 n 번째 항까지의 합과 같다. 그런데 이 수열의 n 번째 항은 n 이므로 식 (2.53) 으로부터

$$1 + 2 + 3 + \cdots + n = \frac{n}{2}(1 + n) = \frac{n(n+1)}{2}$$

이다. □

정 의 2.2.4 세 실수 a, x, b 가 그 순서대로 등차수열을 이룰 때, x 를 a 와 b 의 **등차중항**(arithmetic mean) 또는 **산술평균**이라고 한다. 따라서 등차중항은

$$x - a = b - x, \qquad 즉 \qquad x = \frac{a+b}{2}$$

와 같은 성질을 갖는다.

2.2.2 조화수열

정 의 2.2.5 등차수열 $\{a_n\}$ 의 각 항의 곱의 역수들로 이루어진 수열, 즉

$$\frac{1}{a_1}, \ \frac{1}{a_2}, \ \frac{1}{a_3}, \ \ldots, \ \frac{1}{a_n}, \ \ldots \tag{2.59}$$

을 **조화수열**(harmonic sequence)이라고 한다. 예를 들어 등차수열 1, 3, 5, 7, ..., $2n - 1$, ... 로부터 얻어지는 조화수열은

$$1, \ \frac{1}{3}, \ \frac{1}{5}, \ \frac{1}{7}, \ \ldots, \ \frac{1}{2n-1}, \ \ldots$$

이다.

예제 2.2.8 수열 12, 6, 4, 3, ..., a_n, ... 의 일반항 a_n을 구하여라.

【**풀이**】 각 항의 곱의 역수를 취하면

$$\frac{1}{12}, \frac{1}{6}, \frac{1}{4}, \frac{1}{3}, \ldots, \frac{1}{a_n}, \ldots$$

이다. 따라서 이 수열은 초항이 1/12 이고,

$$\frac{1}{6} - \frac{1}{12} = \frac{1}{12}, \quad \frac{1}{4} - \frac{1}{6} = \frac{1}{12}, \quad \frac{1}{3} - \frac{1}{4} = \frac{1}{12}, \quad \ldots$$

로부터 공차가 1/12 인 등차수열임을 알 수 있다. 따라서 식 (2.53) 으로부터

$$\frac{1}{a_n} = \frac{1}{12} + (n-1) \cdot \frac{1}{12} = \frac{n}{12}$$

이다. 따라서 위의 등식을 a_n에 관하여 풀면, 주어진 조화수열의 일반항 a_n은

$$a_n = \frac{12}{n}$$

이다. □

정의 2.2.6 0 아닌 세 실수 a, x, b가 그 순서대로 조화수열을 이룰 때, x를 a와 b의 조화중항(harmonic mean) 또는 **조화평균**이라고 한다. 따라서 조화중항은

$$\frac{2}{x} = \frac{1}{a} + \frac{1}{b}, \quad \text{즉} \quad x = \frac{2ab}{a+b} \tag{2.60}$$

와 같은 성질을 갖는다.

예제 2.2.9 두 실수 2와 8의 조화중항 x를 구하여라.

【**풀이**】 조화중항 x는 식 (2.60) 으로부터

$$x = \frac{2 \cdot 2 \cdot 8}{2+8} = \frac{32}{10} = \frac{16}{5}$$

이다. □

2.2.3 등비수열

정의 2.2.7 어떤 수에 차례로 일정한 수를 곱해서 얻어지는 수열을 **등비수열**(geometric sequence)이라고 하고, 이때 곱해지는 일정한 수를 **공비**(common ratio)라고 한다. 따라서 초항이 a 이고 공비가 r 인 등비수열 $\{a_n\}$ 을

$$a_1 = a, \quad a_2 = ar, \quad a_3 = a_2 r = ar^2, \quad \ldots \tag{2.61}$$

와 같이 나타내면, n 번째 항 a_n 은

$$a_n = a \cdot r^{n-1}, \quad n = 1, 2, 3, \ldots \tag{2.62}$$

임을 알 수 있다.

예제 2.2.10 제 3 항이 -6 이고 제 6 항이 48 인 등비수열 $\{a_n\}$ 에서 초항 a 와 공비 r 을 구하여라.

【풀이】 초항을 $a \neq 0$, 공비를 $r \neq 0$ 이라고 놓으면 $a_2 = ar^2 = -6$ 이고 $a_6 = ar^5 = 48$ 이므로 $r^3 = -8$ 이다. 따라서 구하는 공비 r 은 $r = -2$ 이고, 또한 $4a = -6$ 으로부터 초항은 $a = -3/2$ 이다. □

정의 2.2.8 0 아닌 세 실수 a, x, b 가 그 순서대로 등비수열을 이룰 때, x 를 일컬어 a 와 b 의 **등비중항**(geometric mean) 또는 **기하평균**이라고 한다. 따라서 등비중항은

$$\frac{a}{x} = \frac{x}{b}, \quad \text{즉} \quad x^2 = ab \tag{2.63}$$

와 같은 성질을 갖는다.

예제 2.2.11 0 보다 큰 세 실수 a, x, b 가 그 순서대로 등비수열을 이룰 때, 세 실수에 상용로그를 취해서 얻어진 세 수 $\log a$, $\log x$, $\log b$ 는 어떤 수열을 이루는가?

【풀이】 0 보다 큰 세 실수 a, x, b 가 그 순서대로 등비수열을 이루므로

$$x^2 = ab$$

이다. 따라서 이 등식의 양변에 상용로그를 취하면

$$2\log x = \log a + \log b$$

이므로 세 수 $\log a$, $\log x$, $\log b$ 는 등차수열을 이룬다. □

참고 2.2.1 두 양의 실수 a, b 의 등차중항(산술평균)을 A, 양의 등비중항(기하평균)을 G, 조화중항(조화평균)을 H 라고 놓으면 A, G, H 는

$$A = \frac{a+b}{2}, \qquad G = \sqrt{ab}, \qquad H = \frac{2ab}{a+b} \tag{2.64}$$

이고, 이들 사이에는 다음 관계가 성립한다.

(1) $A \geq G \geq H > 0$, (단, 등호는 $a = b$ 일 때 성립)

(2) $G^2 = AH$, 즉 A, G, H 는 등비수열을 이룬다.

정리 2.2.2 [등비수열의 합] 초항이 a 이고 공비가 r 인 등비수열 $\{a_n\}$ 에 대하여, 초항부터 제 n 항까지의 합 S_n 은

$$S_n = \begin{cases} \dfrac{a(1-r^n)}{1-r} \overset{\text{or}}{=} \dfrac{a(r^n-1)}{r-1}, & (r \neq 1) \\ na, & (r = 1) \end{cases} \tag{2.65}$$

이다.

【증명】 조건을 만족하는 수열 $\{a_n\}$ 에 대해 초항부터 제 n 항까지를 순서적으로 더하면

$$S_n = a + ar + ar^2 + \cdots + ar^{n-1} \tag{2.66}$$

이다. 따라서 공비 r 이 $r = 1$ 인 경우에 S_n 은 $S_n = na$ 임을 쉽게 확인할 수 있다. 이제 공비가 $r \neq 1$ 인 경우에 식 (2.65) 를 유도해 보자. 이를 위해 식 (2.66) 의 양변에 r 를 곱하면

$$rS_n = ar + ar^2 + ar^3 + \cdots + ar^n \tag{2.67}$$

을 얻는다. 식 (2.66) 에서 식 (2.67) 을 변변 빼서 정리하면

$$(1-r)S_n = a - ar^n = a(1-r^n)$$

이다. 따라서 초항부터 제 n 항까지의 합 S_n 은

$$S_n = \begin{cases} \dfrac{a(1-r^n)}{1-r} \overset{\text{or}}{=} \dfrac{a(r^n-1)}{r-1}, & (r \neq 1) \\ na, & (r = 1) \end{cases}$$

이다. □

예제 2.2.12 초항이 −3 이고 공비가 2 인 등비수열 $\{a_n\}$ 에 대하여 처음 10 항까지의 합 S_{10} 을 구하여라.

【풀이】 초항이 $a = -3$ 이고 공비가 $r = 2$ 인 등비수열이므로, 식 (2.65) 로부터 처음 10 항까지의 합 S_{10} 은

$$S_{10} = \frac{(-3)\cdot(2^{10}-1)}{2-1} = (-3)\cdot(2^{10}-1) = (-3)\cdot 1023 = -3069$$

이다. □

예제 2.2.13 초항부터 n 번째 항까지의 합 S_n 이 $S_n = 3^n - 1$ 인 등비수열 $\{a_n\}$ 에 대하여 초항 a_1 과 공비 r 을 구하여라.

【풀이】 $n \geq 2$ 일 때

$$a_n = S_n - S_{n-1} = (3^n - 1) - (3^{n-1} - 1) = 3^n - 3^{n-1} = 3\cdot 3^{n-1} - 3^{n-1} = 2\cdot 3^{n-1}$$

이고, 특히 $n = 1$ 이면 $a_1 = S_1 = 3^1 - 1 = 2$ 이므로 초항은 $a_1 = 2$ 이다. 또한

$$a_2 = a_1 r = 2\cdot 3^{2-1}$$

로부터 공비 r 은

$$r = \frac{2\cdot 3^{2-1}}{a_1} = \frac{2\cdot 3^{2-1}}{2} = 3^{2-1} = 3$$

이다. □

예 제 2.2.14 초항부터 n번째 항까지의 합 S_n이 $S_n = 2 \cdot 3^n + k$로 주어지는 등비수열 $\{a_n\}$에 대하여 k의 값을 구하여라.

【풀이】 $n \geq 2$일 때

$$a_n = S_n - S_{n-1} = (2 \cdot 3^n + k) - (2 \cdot 3^{n-1} + k) = 2 \cdot 3^n - 2 \cdot 3^{n-1} = 4 \cdot 3^{n-1}$$

이다. 따라서 $n = 2, 3$일 때

$$a_2 = 4 \cdot 3^{2-1} = 12, \qquad a_3 = 4 \cdot 3^{3-1} = 36$$

이다. 따라서 주어진 등비급수의 공비를 r이라고 놓으면 $a_3 = a_2 r$로부터

$$r = \frac{a_3}{a_2} = \frac{36}{12} = 3$$

이다. 그런데 $n = 1$이면

$$a_1 = S_1 = 2 \cdot 3^1 + k = 6 + k$$

이므로 $a_1 r = a_2$로부터 $(6 + k) \cdot 3 = 12$이다. 따라서 $k = -2$이다. □

예 제 2.2.15 연이율 r로 1년마다 복리로 매년 초 a원씩 일정한 금액을 n년간 예금할 때, n년 후의 적립금 총액을 구하여라.

【풀이】 n년 후의 적립금 총액을 구하기 위하여 먼저 각 해에 맡긴 원금과 그에 대한 이자를 합한 원리합계를 독립적으로 계산하면 다음과 같다.

(i) 마지막 해에 적립한 a원에 대해서는 1년간 적립되므로, 그 원리합계는

$$a + a \cdot r = a(1 + r) \text{ (원)}$$

이다.

(ii) 마지막 해의 1년 전에 적립한 a원에 대해서는 2년간 적립되므로, 그 원리합계는

$$a(1 + r) + a(1 + r) \cdot r = a(1 + r)^2 \text{ (원)}$$

이다.

(iii) 마지막 해의 2 년 전에 적립한 a 원에 대해서는 3 년간 적립되므로, 그 원리합계는

$$a(1+r)^2 + a(1+r)^2 \cdot r = a(1+r)^3 \text{ (원)}$$

이다.

(iv) 중략.

(v) 첫 해에 적립한 a 원에 대한 n 년 후의 원리합계는 $a(1+r)^n$ 원이다.

따라서 n 년 후의 적립금 총액을 S_n 이라고 놓으면, S_n 은 위에서 얻은 각 해에 맡긴 원리합계를 모두 더한 결과이므로

$$S_n = a(1+r) + a(1+r)^2 + a(1+r)^3 + \cdots + a(1+r)^{n-1}$$

이다. 즉, 초항이 $a(1+r)$ 이고 공비가 $1+r$ 인 등비수열의 n 항까지의 합이므로, 식 (2.65) 로부터 구하는 적립금 총액은

$$S_n = \frac{a(1+r)((1+r)^n - 1)}{(1+r)-1} = \frac{a(1+r)((1+r)^n - 1)}{r} \text{ (원)} \tag{2.68}$$

이다. □

예제 2.2.16 연이율 6% 로 매년 초 5 만원씩 10년 간 적립할 때, 10 년 후 적립금 총액을 구하여라. 단, $1.06^{10} = 1.79$ 이다.

【풀이】 연이율 r 로 매년 초 a 원씩 일정한 금액을 n 년간 적립할 때, n 년 후의 적립금 총액을 S_n 이라고 하면 식 (2.68) 로부터

$$S_n = \frac{a(1+r)((1+r)^n - 1)}{(1+r)-1} = \frac{a(1+r)((1+r)^n - 1)}{r} \text{ (원)}$$

이다. 여기서 주어진 문제의 경우는 $r = 0.6$, $a = 50000$, $n = 10$ 에 해당하므로 이들을 대입하여 계산하면 구하는 적립금 총액은

$$S_{10} = \frac{50000(1+0.06)((1+0.06)^{10} - 1)}{(1+0.06)-1} = \frac{50000(1+0.06)((1+0.06)^{10} - 1)}{0.06} = 697,833 \text{ (원)}$$

이다. □

2.2.4 합 기호 $\sum$

계차수열과 잡수열을 설명하기에 앞서 합 연산기호 $\sum$ 이 갖는 의미에 대하여 알아보자.

정 의 2.2.9 1 부터 n 까지의 자연수의 합을 기호 $\sum$ 을 이용하여

$$\sum_{k=1}^{n} k = 1 + 2 + 3 + \cdots + n \tag{2.69}$$

와 같이 나타낸다. 또한 1 부터 n 까지의 자연수의 제곱의 합은 기호 $\sum$ 를 이용하여

$$\sum_{k=1}^{n} k^2 = 1^2 + 2^2 + 3^2 + \cdots + n^2 \tag{2.70}$$

와 같이 나타낸다.

예 제 2.2.17 다음 수열의 합을 기호 $\sum$ 을 이용하여 나타내어라.

(1) $1 + 4 + 7 + 10 + \cdots + 31$ (2) $3 + 3^2 + 3^3 + \cdots + 3^{10}$

【풀이】 (1) 1, 4, 7, 10, ... 은 초항이 1 이고 공차가 3 인 등차수열이므로, 일반항을 a_n 이라고 놓으면 $a_n = 1 + (n-1) \cdot 3 = 3n - 2$ 이다. 또한 $a_n = 3n - 2 = 31$ 로부터 $n = 11$ 임을 알 수 있다. 따라서 주어진 합은 일반항이 $a_n = 3n - 2$ 인 등차수열의 초항부터 11 번째 항까지의 합과 같다. 이를 기호 $\sum$ 을 이용하여 나타내면

$$1 + 4 + 7 + 10 + \cdots + 31 = \sum_{k=1}^{11} (3k - 2)$$

와 같다.

(2) $3, 3^2, 3^3, \ldots$ 은 초항이 3 이고 공비가 3 인 등비수열이므로, 일반항을 a_n 이라고 놓으면 $a_n = 3 \cdot 3^{n-1}$ 이다. 또한 $a_n = 3 \cdot 3^{n-1} = 3^{10}$ 로부터 $n = 10$ 임을 알 수 있다. 따라서 주어진 합은 일반항이 $a_n = 3 \cdot 3^{n-1}$ 인 등비수열의 초항부터 10 번째 항까지의 합과 같다. 이를 기호 $\sum$ 를 이용하여 나타내면

$$3 + 3^2 + 3^3 + \cdots + 3^{10} = \sum_{k=1}^{10} 3 \cdot 3^{k-1}$$

와 같다. □

예 제 2.2.18 다음을 합의 꼴로 풀어 나타내어라.

(1) $\sum_{k=1}^{10}(3k-1)$ (2) $\sum_{k=1}^{n} 2^k$

【풀이】 (1) $\sum_{k=1}^{10}(3k-1) = 4 + 7 + 10 + \cdots + 28 + 31.$

(2) $\sum_{k=1}^{n} 2^k = 2 + 2^2 + 2^3 + \cdots + 2^n.$ □

정 리 2.2.3 다음 등식이 성립한다.

(1) $\sum_{k=1}^{n}(a_k + b_k) = \sum_{k=1}^{n} a_k + \sum_{k=1}^{n} b_k$

(2) $\sum_{k=1}^{n} c \cdot a_k = c \sum_{k=1}^{n} a_k,$ (단, c는 상수)

(3) $\sum_{k=1}^{n} c = c \cdot n,$ (단, c는 상수)

【증명】 (1) 주어진 형태를 풀어 쓴 후에 다시 정리하면

$$\begin{aligned}\sum_{k=1}^{n}(a_k + b_k) &= (a_1 + b_1) + (a_2 + b_2) + (a_3 + b_3) + \cdots + (a_n + b_n)\\ &= (a_1 + a_2 + a_3 + \cdots + a_n) + (b_1 + b_2 + b_3 + \cdots + b_n)\\ &= \sum_{k=1}^{n} a_k + \sum_{k=1}^{n} b_k\end{aligned}$$

이 성립한다.

(2) 주어진 형태를 풀어 쓴 후에 다시 정리하면

$$\sum_{k=1}^{n} c \cdot a_k = c \cdot a_1 + c \cdot a_2 + c \cdot a_3 + \cdots + c \cdot a_n = c(a_1 + a_2 + a_3 + \cdots + a_n) = c \sum_{k=1}^{n} a_k$$

이 성립한다.

(3) 주어진 형태를 풀어 쓴 후에 다시 정리하면

$$\sum_{k=1}^{n} c = c\sum_{k=1}^{n} 1 = c(1+1+\cdots+1) = c \cdot n$$

이 성립한다. □

정리 2.2.4 다음 등식이 성립한다.

(1) $1+2+3+\cdots+n = \sum_{k=1}^{n} k = \dfrac{n(n+1)}{2}$

(2) $1^2+2^2+3^2+\cdots+n^2 = \sum_{k=1}^{n} k^2 = \dfrac{n(n+1)(2n+1)}{6}$

(3) $1^3+2^3+3^3+\cdots+n^3 = \sum_{k=1}^{n} k^3 = \left(\dfrac{n(n+1)}{2}\right)^2$

【증명】 (1) 주어진 관계식의 좌변을 S_n 이라고 놓고, 이를 순서적으로 한 번, 반 순서적으로 또 한 번 적으면

$$S_n = 1+2+3+\cdots+(n-1)+n, \tag{2.71a}$$

$$S_n = n+(n-1)+\cdots+3+2+1 \tag{2.71b}$$

이다. 식 (2.71a)와 식 (2.71b)를 순서적으로 변변 더하여 정리하면

$$2S_n = (n+1)+(n+1)+(n+1)+\cdots+(n+1)$$

이므로 $S_n = \dfrac{1}{2}n(n+1)$ 이다.

(2) k에 관한 항등식 $(k+1)^3 - k^3 = 3k^2+3k+1$ 로부터

$$k=1 \;:\; 2^3-1^3 = 3\cdot 1^2+3\cdot 1+1$$

$$k=2 \;:\; 3^3-2^3 = 3\cdot 2^2+3\cdot 2+1$$

$$k=3 \;:\; 4^3-3^3 = 3\cdot 3^2+3\cdot 3+1$$

$$\cdots \quad \cdots \quad \cdots$$

$$k = n \quad : \quad (n+1)^3 - n^3 = 3 \cdot n^2 + 3 \cdot n + 1$$

을 얻는다. 이들을 순서적으로 변변 더하여 정리하면

$$(n+1)^3 - 1^3 = 3(1^2 + 2^2 + 3^2 + \cdots + n^2) + 3(1 + 2 + 3 + \cdots + n) + n$$

이므로

$$\begin{aligned} 3(1^2 + 2^2 + 3^2 + \cdots + n^2) &= (n+1)^3 - 1^3 - 3 \cdot \frac{n(n+1)}{2} - n \\ &= (n+1)^3 - 3 \cdot \frac{n(n+1)}{2} - (n+1) \\ &= (n+1)\left((n+1)^2 - \frac{3}{2}n - 1\right) \\ &= \frac{1}{2}(n+1)\left(2(n+1)^2 - 3n - 2\right) \\ &= \frac{1}{2}(n+1)(2n^2 + n) \\ &= \frac{1}{2}n(n+1)(2n+1) \end{aligned}$$

이다. 따라서 위 식의 결과에 대하여 양변을 3 으로 나누어 정리하면

$$1^2 + 2^2 + 3^2 + \cdots + n^2 = \frac{1}{3} \cdot \frac{1}{2}n(n+1)(2n+1)$$

이므로

$$1^2 + 2^2 + 3^2 + \cdots + n^2 = \sum_{k=1}^{n} k^2 = \frac{n(n+1)(2n+1)}{6}$$

이다.

(3) k 에 관한 항등식 $(k+1)^4 - k^4 = 4k^3 + 6k^2 + 4k + 1$ 을 이용하여 (2) 의 증명에서와 유사한 방법으로 증명할 수 있다. 즉,

$$\begin{aligned} k = 1 \quad &: \quad 2^4 - 1^4 = 4 \cdot 1^3 + 6 \cdot 1^2 + 4 \cdot 1 + 1 \\ k = 2 \quad &: \quad 3^4 - 2^4 = 4 \cdot 2^3 + 6 \cdot 2^2 + 4 \cdot 2 + 1 \\ k = 3 \quad &: \quad 4^4 - 3^4 = 4 \cdot 3^3 + 6 \cdot 3^2 + 4 \cdot 3 + 1 \end{aligned}$$

$$\cdots \quad \cdots \quad \cdots$$

$$k = n \ : \quad (n+1)^4 - n^4 = 4 \cdot n^3 + 6 \cdot n^2 + 4 \cdot n + 1$$

을 얻는다. 이들을 순서적으로 변변 더하여 정리하면

$$(n+1)^4 - 1^4 = 4(1^3 + 2^3 + \cdots + n^3) + 6(1^2 + 2^2 + \cdots + n^2) + 4(1 + 2 + \cdots + n) + n$$

이므로

$$\begin{aligned} 4(1^3 + 2^3 + \cdots + n^3) &= (n+1)^4 - 1^4 - 6(1^2 + 2^2 + \cdots + n^2) - 4(1 + 2 + \cdots + n) - n \\ &= (n+1)^4 - 6(1^2 + 2^2 + \cdots + n^2) - 4(1 + 2 + \cdots + n) - (n+1) \\ &= (n+1)((n+1)^3 - n(2n+1) - 2n - 1) \\ &= (n+1)(n^3 + 3n^2 + 3n + 1 - 2n^2 - n - 2n - 1) \\ &= (n+1)(n^3 + n^2) \\ &= \big(n(n+1)\big)^2 \end{aligned}$$

이다. 따라서 위 식의 결과에 대하여 양변을 4로 나누면

$$1^3 + 2^3 + 3^3 + \cdots + n^3 = \frac{(n(n+1))^2}{4} = \left(\frac{n(n+1)}{2}\right)^2$$

이므로

$$1^3 + 2^3 + 3^3 + \cdots + n^3 = \sum_{k=1}^{n} k^3 = \left(\frac{n(n+1)}{2}\right)^2$$

이다. □

예제 2.2.19 다음을 계산하여라.

(1) $\sum_{k=1}^{n} 2k$ (2) $\sum_{k=1}^{10} 2^{k-1}$ (3) $\sum_{k=1}^{n} (k^2 - 2k + 3)$ (4) $\sum_{k=1}^{n} k(k+1)$

【풀이】 (1) 정리 2.2.3과 2.2.4를 적용하여 간단히 하면 다음과 같다.

$$\sum_{k=1}^{n} 2k = 2\sum_{k=1}^{n} k = 2(1 + 2 + 3 + \cdots + n) = 2 \cdot \frac{n(n+1)}{2} = n(n+1)$$

(2) 정리 2.2.3과 2.2.4를 적용하여 간단히 하면 다음과 같다.

$$\sum_{k=1}^{10} 2^{k-1} = 1 + 2 + 2^2 + \cdots + 2^9 = \frac{1(2^{10}-1)}{2-1} = 2^{10} - 1$$

(3) 정리 2.2.3과 2.2.4의 성질을 적용하여 간단히 하면

$$\begin{aligned}\sum_{k=1}^{n}(k^2 - 2k + 3) &= \sum_{k=1}^{n} k^2 - 2\sum_{k=1}^{n} k + 3\sum_{k=1}^{n} 1 = \frac{n(n+1)(2n+1)}{6} - 2\frac{n(n+1)}{2} + 3n \\ &= \frac{1}{6}n\left(2n^2 + 3n + 1 - 6n - 6 + 18\right) = \frac{1}{6}n\left(2n^2 - 3n + 13\right)\end{aligned}$$

을 얻는다.

(4) 정리 2.2.3과 2.2.4의 성질을 적용하여 간단히 하면

$$\begin{aligned}\sum_{k=1}^{n} k(k+1) &= \sum_{k=1}^{n} k^2 + \sum_{k=1}^{n} k = \frac{n(n+1)(2n+1)}{6} + \frac{n(n+1)}{2} \\ &= \frac{1}{6}n(n+1)(2n+1+3) = \frac{1}{3}n(n+1)(n+2)\end{aligned}$$

을 얻는다. □

2.2.5 계차수열

정의 2.2.10 수열 $\{a_n\}$에서

$$a_n - a_{n-1}$$

를 **계차**라고 하고, 이러한 계차로 이루어진 수열을 본래 수열 $\{a_n\}$의 **계차수열**(progression of differences)이라고 한다. 따라서 수열 $\{a_n\}$의 제1계차수열을 $\{b_n\}$, 제2계차수열을 $\{c_n\}$이라고 할 때

$$a_n = a_1 + \sum_{k=1}^{n-1} b_k, \qquad b_n = b_1 + \sum_{k=1}^{n-1} c_k \tag{2.72}$$

와 같은 특징을 갖는다.

예제 2.2.20 다음 수열에서 제 n 항 a_n 과, 초항부터 n 번째 항까지의 합 S_n 을 구하여라.

(1) $\{a_n\}$: 3, 4, 6, 9, 13, ... (2) $\{a_n\}$: 2, 3, 5, 9, 17, ...

【풀이】 (1) $\{a_n\}$의 1 계차수열을 $\{b_n\}$ 이라고 하자. 그러면 수열 $\{b_n\}$은

$$\{b_n\} : 1, 2, 3, 4, \ldots$$

이므로 $b_n = n$ 이다. 따라서 수열 $\{a_n\}$의 일반항 a_n 은

$$a_n = a_1 + \sum_{k=1}^{n-1} b_k = 3 + \sum_{k=1}^{n-1} k = 3 + \frac{(n-1)((n-1)+0)}{2} = 3 + \frac{n(n-1)}{2} = \frac{n^2 - n + 6}{2}$$

이다. 또한 초항부터 n 항까지의 합 S_n 은

$$S_n = \sum_{k=1}^{n} a_k = \sum_{k=1}^{n} \frac{n^2 - n + 6}{2} = \frac{1}{2}\left(\sum_{k=1}^{n} k^2 - \sum_{k=1}^{n} k + 6\sum_{k=1}^{n} 1\right) = \frac{n(n^2 + 17)}{6}$$

이다.

(2) 수열 $\{a_n\}$의 1 계차수열을 b_n 이라고 하자. 그러면 수열 b_n 은

$$\{b_n\} : 1, 2, 4, 8, \ldots$$

이므로

$$b_n = 1 \cdot 2^{n-1} = 2^{n-1}$$

이다. 따라서 수열 $\{a_n\}$의 일반항 a_n 은

$$a_n = a_1 + \sum_{k=1}^{n-1} b_k = 2 + \sum_{k=1}^{n-1} 2^{k-1} = 2 + \frac{1 \cdot (2^{n-1} - 1)}{2-1} = 2^{n-1} + 1$$

이다. 또한 초항부터 n 항까지의 합 S_n 은

$$S_n = \sum_{k=1}^{n} a_k = \sum_{k=1}^{n} \left(2^{k-1} + 1\right) = \sum_{k=1}^{n} 2^{k-1} + \sum_{k=1}^{n} 1 = \frac{1 \cdot (2^n - 1)}{2-1} + n = 2^n + n - 1$$

이다. □

예제 2.2.21 수열

$$\{a_n\}: \quad 1, \quad 2+3, \quad 4+5+6, \quad 7+8+9+10, \quad 11+12+13+14+15, \quad \ldots$$

에 대하여 제 n 항 a_n 과, 초항부터 n 번째 항까지의 합 S_n 을 구하여라.

【풀이】 먼저 주어진 수열의 형태에 대하여

$$\{1\}\text{을 제 1 군, } \{2+3\}\text{을 제 2 군, } \{4+5+6\}\text{을 제 3 군, } \ldots$$

이라고 놓자. 또한 각 군의 초항으로 이루어지는 수열을 $\{b_n\}$ 이라고 놓으면, 수열 $\{b_n\}$ 은

$$1, \quad 2, \quad 4, \quad 7, \quad 11, \quad \ldots$$

와 같다. 여기서 수열 $\{b_n\}$ 의 1 계차수열을 $\{c_n\}$ 이라고 놓으면, 수열 $\{c_n\}$ 은 초항이 1 이고 공차가 1 인 등차수열이므로 $c_n = 1 + (n-1)\cdot 1 = n$ 이다. 따라서 수열 $\{b_n\}$ 의 일반항 b_n 은

$$b_n = 1 + \sum_{k=1}^{n-1} c_n = 1 + \sum_{k=1}^{n-1} k = 1 + \frac{n(n-1)}{2} = \frac{n^2-n+2}{2}$$

이다. 이제 주어진 수열 $\{a_n\}$ 의 제 n 항 a_n 은 n 번째 군의 합을 의미한다. 그런데 n 번째 군은 초항이 $(n^2-n+2)/2$ 이고 공차가 1 이며 항의 개수가 n 개인 등차수열이므로 등차수열의 합 공식을 적용하면

$$a_n = \frac{n\left(2\cdot\frac{n^2-n+2}{2} + (n-1)\cdot 1\right)}{2} = \frac{n(n^2+1)}{2}$$

을 얻는다. 또한 주어진 수열 $\{a_n\}$ 의 초항부터 n 번째 항까지의 합 S_n 은

$$\begin{aligned} S_n &= \sum_{k=1}^{n} a_k = \sum_{k=1}^{n} \frac{k(k^2+1)}{2} = \frac{1}{2}\left(\sum_{k=1}^{n} k^3 + \sum_{k=1}^{n} k\right) = \frac{1}{2}\left(\left(\frac{n(n+1)}{2}\right)^2 + \frac{n(n+1)}{2}\right) \\ &= \frac{1}{2}\cdot\frac{n(n+1)}{2}\left(\frac{n(n+1)}{2} + 1\right) = \frac{1}{2}\cdot\frac{1}{2}\cdot\frac{n(n+1)}{2}\big(n(n+1)+2\big) \\ &= \frac{1}{8}n(n+1)(n^2+n+2) \end{aligned}$$

이다. □

2.2.6 잡수열

정의 2.2.11 수열 $\{a_n\}$의 일반항이

$$a_n = \frac{1}{\sqrt{n} + \sqrt{n+1}}$$

와 같이 주어진 경우에 처음 n항까지의 합 S_n은

$$\begin{aligned}
S_n &= \sum_{k=1}^{n} a_k = \sum_{k=1}^{n} \frac{1}{\sqrt{k} + \sqrt{k+1}} \\
&= \sum_{k=1}^{n} \left(\frac{1}{\sqrt{k} + \sqrt{k+1}} \cdot \frac{\sqrt{k} - \sqrt{k+1}}{\sqrt{k} - \sqrt{k+1}} \right) = \sum_{k=1}^{n} \left(\sqrt{k+1} - \sqrt{k} \right) \\
&= \left(\sqrt{2} - \sqrt{1}\right) + \left(\sqrt{3} - \sqrt{2}\right) + \left(\sqrt{4} - \sqrt{3}\right) + \cdots + \left(\sqrt{n-1} - \sqrt{n-2}\right) + \left(\sqrt{n} - \sqrt{n-1}\right) \\
&= \sqrt{n} - 1
\end{aligned}$$

이다. 또 다른 수열 $\{b_n\}$의 일반항이

$$b_n = \frac{1}{n(n+2)}$$

와 같이 주어진 경우에 처음 n항까지의 합 S_n은

$$\begin{aligned}
S_n &= \sum_{k=1}^{n} b_k = \sum_{k=1}^{n} \frac{1}{k(k+2)} \\
&= \sum_{k=1}^{n} \frac{1}{2} \left(\frac{1}{k} - \frac{1}{k+2} \right) = \frac{1}{2} \sum_{k=1}^{n} \left(\frac{1}{k} - \frac{1}{k+2} \right) \\
&= \frac{1}{2} \left(\left(\frac{1}{1} - \frac{1}{3} \right) + \left(\frac{1}{2} - \frac{1}{5} \right) + \left(\frac{1}{3} - \frac{1}{5} \right) + \left(\frac{1}{4} - \frac{1}{6} \right) + \cdots + \left(\frac{1}{n-1} - \frac{1}{n+1} \right) + \left(\frac{1}{n} - \frac{1}{n+2} \right) \right) \\
&= \frac{1}{2} \left(1 + \frac{1}{2} - \frac{1}{n+1} - \frac{1}{n+2} \right) \\
&= \frac{3n^2 + 5n}{4(n+1)(n+2)}
\end{aligned}$$

이다. 위에서 언급한 $\{a_n\}$, $\{b_n\}$과 같은 형태들의 수열을 **잡수열**이라고 한다.

예제 2.2.22 다음 수열에서 처음 n항까지의 합 S_n을 구하여라.

(1) $\{a_n\}$: $1, \quad \sqrt{3-2\sqrt{2}}, \quad \sqrt{5-2\sqrt{6}}, \quad \sqrt{7-2\sqrt{12}}, \quad \ldots$

(2) $\{a_n\}$: $\dfrac{1}{2^2-1}, \quad \dfrac{1}{4^2-1}, \quad \dfrac{1}{6^2-1}, \quad \dfrac{1}{8^2-1}, \quad \cdots$

【풀이】 (1) 주어진 수열 $\{a_n\}$의 일반항 a_n은

$$a_n = \sqrt{(2n-1) - 2\sqrt{n(n-1)}} = \sqrt{n} - \sqrt{n-1}$$

이므로 처음 n항까지의 합 S_n은

$$\begin{aligned} S_n &= \sum_{k=1}^{n} a_k = \sum_{k=1}^{n} \left(\sqrt{k} - \sqrt{k-1}\right) \\ &= \left(\sqrt{1} - \sqrt{0}\right) + \left(\sqrt{2} - \sqrt{1}\right) + \left(\sqrt{3} - \sqrt{2}\right) + \cdots + \left(\sqrt{n-1} - \sqrt{n-2}\right) + \left(\sqrt{n} - \sqrt{n-1}\right) \\ &= \sqrt{n} \end{aligned}$$

이다.

(2) 주어진 수열 $\{a_n\}$의 일반항 a_n은

$$a_n = \frac{1}{(2n+1)(2n-1)} = \frac{1}{2}\left(\frac{1}{2n-1} - \frac{1}{2n+1}\right)$$

이므로 제n항까지의 합 S_n은

$$\begin{aligned} S_n &= \sum_{k=1}^{n} a_k \\ &= \frac{1}{2}\sum_{k=1}^{n}\left(\frac{1}{2n-1} - \frac{1}{2n+1}\right) \\ &= \frac{1}{2}\left(\left(\frac{1}{1} - \frac{1}{3}\right) + \left(\frac{1}{3} - \frac{1}{5}\right) + \left(\frac{1}{5} - \frac{1}{7}\right) + \cdots + \left(\frac{1}{2n-3} - \frac{1}{2n-1}\right) + \left(\frac{1}{2n-1} - \frac{1}{2n+1}\right)\right) \\ &= \frac{1}{2}\left(1 - \frac{1}{2n+1}\right) \\ &= \frac{n}{2n+1} \end{aligned}$$

이다. □

예제 2.2.23 다음을 간단히 하여라.

(1) $\displaystyle\sum_{k=1}^{20}\log\left(\frac{1}{k}+1\right)$ (2) $\displaystyle\sum_{k=1}^{10}\frac{1}{\sqrt{k+1}+\sqrt{k+2}}$

【풀이】 (1) $\log\left(\frac{1}{k}+1\right)=\log\frac{k+1}{k}=\log(k+1)-\log k$ 이므로

$$\begin{aligned}\sum_{k=1}^{20}\log\left(\frac{1}{k}+1\right)&=\sum_{k=1}^{20}(\log(k+1)-\log k)\\&=((\log 2-\log 1)+(\log 3-\log 2)+(\log 4-\log 3)+\cdots+(\log 21-\log 20))\\&=\log 21-\log 1\\&=\log 21\end{aligned}$$

이다.

(2) $\dfrac{1}{\sqrt{k+1}+\sqrt{k+2}}=\dfrac{1}{\sqrt{k+1}+\sqrt{k+2}}\cdot\dfrac{\sqrt{k+1}-\sqrt{k+2}}{\sqrt{k+1}-\sqrt{k+2}}=\sqrt{k+2}-\sqrt{k+1}$ 이므로

$$\begin{aligned}\sum_{k=1}^{10}\frac{1}{\sqrt{k+1}+\sqrt{k+2}}&=\sum_{k=1}^{10}\left(\sqrt{k+2}-\sqrt{k+1}\right)\\&=\left(\sqrt{3}-\sqrt{2}\right)+\left(\sqrt{4}-\sqrt{3}\right)+\left(\sqrt{5}-\sqrt{4}\right)+\cdots+\left(\sqrt{12}-\sqrt{11}\right)\\&=\sqrt{12}-\sqrt{2}\\&=2\sqrt{3}-\sqrt{2}\end{aligned}$$

이다. □

제 2 장 연습문제[18)]

1. 다음 각 함수의 정의역을 구하여라.

(1) $f(x) = |x-2|$ (2) $f(x) = \dfrac{2}{x-4}$ (3) $f(x) = |x| + 2$ (4) $f(x) = \dfrac{1}{\sqrt{x-2}}$

2. 무리함수 $f(x) = \sqrt{x-1}$ 이 적절히 정의되기 위한 정의역을 D 라고 하자. 이때 함수 $f : D \to \mathbb{R}$ 에 대하여 다음을 구하여라.

(1) f 의 정의역 D (2) f 에 의한 $x = 2$ 의 상 (3) f 의 치역

3. 두 함수 $f, g : \mathbb{R} \to \mathbb{R}$ 가 각각 $f(x) = x^2 - 1$, $g(x) = 2x + 5$ 와 같이 정의되었다고 하자. 이때 g 와 f 의 합성함수 $f \circ g : \mathbb{R} \to \mathbb{R}$ 를 구하여라.

4. 곡선 $y = \sqrt{x}$ 에 대하여 다음을 구하여라.

(1) x 축 방향으로 2 만큼 평행이동한 곡선의 방정식

(2) y 축 방향으로 -3 만큼 평행이동한 곡선의 방정식

(3) x 축에 대칭인 곡선의 방정식

(4) y 축에 대칭인 곡선의 방정식

(5) 원점 O 에 대칭인 곡선의 방정식

(6) 직선 $y = x$ 에 대칭인 곡선의 방정식

5. 로그의 성질을 이용하여 다음 식을 간단히 하여라.

(1) $\dfrac{1}{2}\log_3 2 + 3\log_3\sqrt{3} - \log_3\sqrt{6}$ (2) $\log_2 8 + \log_2 2^5 - \log_2 2^{-1}$

6. $\sin\theta - \cos\theta = \dfrac{1}{2}$ 일 때 다음을 구하여라.

(1) $\sin\theta\cos\theta$ (2) $\tan\theta + \cot\theta$

7. 3 사분면에 있는 θ 에 대하여 $\tan\theta = 1/2$ 일 때, $\sin\theta$ 와 $\cos\theta$ 의 값을 구하여라.

---

18) 제 2 장 연습문제 풀이 : 273쪽 ~ 277쪽 참조

8. $2\cos\theta - \sin\theta = 1$ 일 때 $\sin\theta$, $\cos\theta$, $\tan\theta$ 의 값을 구하여라. 단, $0 < \theta < \pi/2$ 이다.

9. 함수 $f : \mathbb{R} \to \mathbb{R}$ 가 우함수일 때

$$g(x) = \alpha f(x)$$

와 같이 정의되는 함수 g 가 우함수인지, 아니면 기함수인지를 판정하여라. 단, α 는 실수인 상수를 의미한다.

10. 실수의 두 부분집합 D 와 P 를 각각

$$D = \{x \in \mathbb{R} \mid x \geq 1\}, \qquad P = \{y \in \mathbb{R} \mid y \geq 0\}$$

와 같이 정의하였다고 하자. 이때 $f : D \to P$, $f(x) = \sqrt{x-1}$ 과 같이 정의된 함수 f 에 대하여 역함수가 존재하면 구하고, 존재하지 않는다면 그 이유를 밝혀라.

11. 함수 $f(x)$, $g(x)$ 가 각각 주기가 T 인 주기함수일 때, 함수

$$h(x) = \alpha f(x) + \beta g(x)$$

도 주기가 T 인 주기함수임을 보여라. 단, α, β 는 상수를 의미한다.

12. 세 실수 x, y, 9 가 그 순서대로 등차수열을 이루는 동시에 조화수열을 이룬다. x 와 y 의 값을 구하여라.

13. 일반항 a_n 이 $a_n = 3n + 1$ 인 수열 $a_1, a_2, a_3, \ldots$ 에 대하여 수열

$$a_1 + a_2, \quad a_3 + a_4, \quad a_5 + a_6, \quad \ldots$$

의 일반항 b_n 을 구하여라.

14. 집합 $\{1, 3, 4, 5, 9, 21, 48, 99, \ldots\}$ 을 조건제시법으로 나타내어라.

15. 초항이 2 이고 공비가 -3 인 등비수열의 처음 10 항까지의 합 S_{10} 을 구하여라.

16. 수열

$$\ln(2 \cdot 3), \quad \ln(2^3 \cdot 3^2), \quad \ln(2^5 \cdot 3^4), \quad \ln(2^7 \cdot 3^8), \quad \ln(2^9 \cdot 3^{16}), \quad \ldots$$

의 제 10 항까지의 합을 구하여라.

제 3 장

행렬과 행렬식

3장에서는 행렬을 정의하고 행렬의 기본 연산규칙에 관하여 학습한다. 또한 치환을 정의하고, 이를 통하여 일반적인 n차 정사각행렬의 행렬식을 정의한다. 끝으로 행렬식을 보다 효과적으로 다룰 수 있는 연산 규칙과 방법들에 관하여 학습한다.

3.1 행렬

정의 3.1.1 직사각형의 형태로 배열된 수를

$$A = \begin{pmatrix} a_{11} & a_{12} & \cdots & a_{1n} \\ a_{21} & a_{22} & \cdots & a_{2n} \\ \vdots & \vdots & \ddots & \vdots \\ a_{m1} & a_{m2} & \cdots & a_{mn} \end{pmatrix} \tag{3.1}$$

와 같이 괄호 ( ) 로 묶어 나타낸 것을 **행렬**(matrix) 이라고 한다. 이때 행렬의 가로 줄을 **행**(row) 이라고 하고, 위로부터 차례대로 제 1 행, 제 2 행, ..., 제 m 행이라고 한다. 또한 행렬의 세로 줄을 **열**(column)이라고 하고, 왼쪽으로부터 차례대로 제 1 열, 제 2 열, ..., 제 n 열이라고 한다.

정의 3.1.2 식 (3.1)에서와 같이 m개의 행과 n개의 열로 이루어진 행렬을 $m \times n$ 행렬이라고 하고, 이때의 $m \times n$을 **행렬의 크기**(size of a matrix)라고 한다. 행렬을 구성하고 있는 수를 그 행렬의 **성분**(entry)이라고 하고, 특히 모든 성분이 실수로 이루어진 행렬을 **실행렬**(real matrix)이라고 하며, 복소수로 이루어진 행렬을 **복소행렬**(complex matrix)이라고 한다.

참고 3.1.1 일반적으로 행렬은 A, B, C 등과 같이 알파벳 대문자를 써서 나타내며, 그 성분들은 대문자에 대응하는 소문자에 2개의 아래 첨자를 써서 나타낸다. 이때 2개의 아래 첨자 중에서 앞에 있는 첨자는 행에 관한 정보를 담고 있고, 뒤에 있는 첨자는 열에 관한 정보를 담고 있다. 따라서 행렬 A의 성분 중에서 a_{ij}라 함은 행렬 A의 i번째 행과 j번째 열의 교차점의 위치에 있는 성분임을 나타내고, 이것을 행렬 A의 (i, j)성분이라 한다.

참고 3.1.2 $m \times n$ 크기를 갖는 행렬 전체를 집합적으로 나타낼 때 간단히 $M_{m\times n}$과 같이 나타낸다. 즉,

$$M_{m\times n} = \{A \mid A \text{는 } m \times n \text{ 크기의 행렬}\} \tag{3.2}$$

을 의미한다. 특히 실행렬들의 집합인 경우에는 $M_{m\times n}(\mathbb{R})$ 또는 $\mathbb{R}^{m\times n}$와 같이 나타내며, 복소행렬들의 집합인 경우에는 $M_{m\times n}(\mathbb{C})$ 또는 $\mathbb{C}^{m\times n}$와 같이 나타낸다. 또한 앞서 언급한 행렬 A를 간단히 $A = (a_{ij})$와 같이 나타내고, 행렬의 크기까지를 나타내려는 경우에는

$$A = (a_{ij})_{m\times n} \quad \text{또는} \quad A = (a_{ij}) \in M_{m\times n} \tag{3.3}$$

등과 같이 나타낸다.

정의 3.1.3 행과 열의 개수가 똑같이 n개인 행렬을 n **차 정사각행렬**(square matrix) 또는 간단히 정사각행렬이라고 한다. 특히 행렬 중에서 단 하나의 행으로 이루어진 행렬을 **행벡터**(row vector)라고 하고, 단 하나의 열로 이루어진 행렬을 **열벡터**(column vector)라고 한다. 또한 행렬을 구성하는 모든 성분이 0인 행렬을 **영행렬**(zero matrix)이라고 하고 $\mathbf{0}$과 같이 나타낸다. $m \times n$ 크기의 영행렬임을 나타낼 필요가 있을 때에는

$$\mathbf{0}_{m\times n} \tag{3.4}$$

와 같이 나타내고, n차 정사각행렬인 영행렬은 간단히 $\mathbf{0}_n$와 같이 나타내기도 한다.

3.1.1 행렬의 기본 연산 규칙

정의 3.1.4 같은 크기를 갖는 두 행렬 $A = (a_{ij})$, $B = (b_{ij})$에 대해 모든 i, j에 대하여 $a_{ij} = b_{ij}$일 때 두 행렬 A와 B는 **같다**(equal)고 하고 $A = B$와 같이 나타낸다. 반면에 행렬 A와 B가 같지 않을 때에는 $A \neq B$와 같이 나타낸다.

정의 3.1.5 같은 크기를 갖는 두 행렬 $A = (a_{ij})$, $B = (b_{ij})$에 대해 모든 i, j에 대하여 새로운 (i, j)성분이 $a_{ij} + b_{ij}$로 정의된 행렬을 행렬 A와 B의 **합**(sum)이라고 하고 $A + B$와 같이 나타낸다. 즉,

$$A + B = (a_{ij} + b_{ij}) \tag{3.5}$$

을 의미한다.

정의 3.1.6 행렬 $A = (a_{ij})$와 임의의 스칼라 α에 대하여 새로운 (i, j)성분이 αa_{ij}로 정의된 행렬을 스칼라 α와 행렬 A의 **스칼라 곱**(scalar multiplication)이라고 하고 αA와 같이 나타낸다. 즉,

$$\alpha A = (\alpha a_{ij}) \tag{3.6}$$

이다. 특히 $(-1)A$인 행렬을 간단히 $-A$와 같이 나타낸다.

예제 3.1.1 행렬

$$A = \begin{pmatrix} 1 & 1 & 0 \\ 2 & 1 & 1 \end{pmatrix}, \qquad B = \begin{pmatrix} 2 & 0 & 1 \\ 1 & -1 & 2 \end{pmatrix}$$

에 대하여 다음 연산 결과를 구하여라.

(1) $2A$ (2) $-B$ (3) $A + B$ (4) $2A - B$

【풀이】 (1) $2A = 2\begin{pmatrix} 1 & 1 & 0 \\ 2 & 1 & 1 \end{pmatrix} = \begin{pmatrix} 2\cdot 1 & 2\cdot 1 & 2\cdot 0 \\ 2\cdot 2 & 2\cdot 1 & 2\cdot 1 \end{pmatrix} = \begin{pmatrix} 2 & 2 & 0 \\ 4 & 2 & 2 \end{pmatrix}$

(2) $-B = -1\cdot B = -1\cdot\begin{pmatrix} 2 & 0 & 1 \\ 1 & -1 & 2 \end{pmatrix} = \begin{pmatrix} -1\cdot 2 & -1\cdot 0 & -1\cdot 1 \\ -1\cdot 1 & -1\cdot -1 & -1\cdot 2 \end{pmatrix} = \begin{pmatrix} -2 & 0 & -1 \\ -1 & 1 & -2 \end{pmatrix}$

(3) $A + B = \begin{pmatrix} 1 & 1 & 0 \\ 2 & 1 & 1 \end{pmatrix} + \begin{pmatrix} 2 & 0 & 1 \\ 1 & -1 & 2 \end{pmatrix} = \begin{pmatrix} 1+2 & 1+0 & 0+1 \\ 2+1 & 1+(-1) & 1+2 \end{pmatrix} = \begin{pmatrix} 3 & 1 & 1 \\ 3 & 0 & 3 \end{pmatrix}$

(4) 간단히 (1)과 (2)의 연산 결과를 직접 이용하여 구하면

$$2A - B = 2A + (-B) = \begin{pmatrix} 2 & 2 & 0 \\ 4 & 2 & 2 \end{pmatrix} + \begin{pmatrix} -2 & 0 & -1 \\ -1 & 1 & -2 \end{pmatrix} = \begin{pmatrix} 0 & 2 & -1 \\ 3 & 3 & 0 \end{pmatrix}$$

이다. □

정리 3.1.1 임의의 행렬 $A, B, C \in M_{m\times n}$와 임의의 스칼라 α, β에 대하여 다음 등식이 성립한다.

(1) $A + B = B + A$

(2) $(A + B) + C = A + (B + C)$

(3) $A + \mathbf{0}_{m\times n} = \mathbf{0}_{m\times n} + A = A$

(4) $A + (-A) = (-A) + A = \mathbf{0}_{m\times n}$

(5) $\alpha(\beta A) = (\alpha\beta)A$

(6) $(\alpha + \beta)A = \alpha A + \beta A$

(7) $\alpha(A + B) = \alpha A + \alpha B$

(8) $1 \cdot A = A$

정의 3.1.7 행렬 $A = (a_{ij}) \in M_{m\times r}$, $B = (b_{ij}) \in M_{r\times n}$에 대하여

$$\sum_{k=1}^{r} a_{ik}b_{kj} = a_{i1}b_{1j} + a_{i2}b_{2j} + \cdots + a_{ir}b_{rj}$$

을 새로운 (i, j) 성분으로 갖는 $m \times n$ 크기의 행렬을 행렬 A와 B의 **곱**(product)이라고 하고 AB와 같이 나타낸다.

예제 3.1.2 행렬

$$A = \begin{pmatrix} 1 & 2 \\ 3 & 4 \end{pmatrix}, \qquad B = \begin{pmatrix} 1 & 0 \\ -1 & 2 \end{pmatrix}$$

에 대하여 행렬의 곱 AB와 BA를 구하여라.

【풀이】 행렬 A, B에 대하여 AB와 BA의 연산 결과는 각각 다음과 같다.

$$AB = \begin{pmatrix} 1 & 2 \\ 3 & 4 \end{pmatrix}\begin{pmatrix} 1 & 0 \\ -1 & 2 \end{pmatrix} = \begin{pmatrix} 1\cdot 1 + 2\cdot(-1) & 1\cdot 0 + 2\cdot 2 \\ 3\cdot 1 + 4\cdot(-1) & 3\cdot 0 + 4\cdot 2 \end{pmatrix} = \begin{pmatrix} -1 & 4 \\ -1 & 8 \end{pmatrix},$$

$$BA = \begin{pmatrix} 1 & 0 \\ -1 & 2 \end{pmatrix}\begin{pmatrix} 1 & 2 \\ 3 & 4 \end{pmatrix} = \begin{pmatrix} 1 & 2 \\ 5 & 6 \end{pmatrix}$$ □

정리 3.1.2 행렬 연산에서의 합과 곱이 가능한 크기의 행렬 A, B, C와 스칼라 α에 대하여 다음이 성립한다.

(1) $(AB)C = A(BC)$ [결합법칙]

(2) $A(B+C) = AB + AC$, $(A+B)C = AC + BC$ [분배법칙]

(3) $\alpha(AB) = (\alpha A)B = A(\alpha B)$

예제 3.1.3 다음 행렬 A, B, C에 대하여 $(AB)C = A(BC)$이 성립함을 보여라.

$$A = \begin{pmatrix} 1 & 1 \\ -1 & 2 \\ 0 & 3 \end{pmatrix}, \qquad B = \begin{pmatrix} 3 & -1 \\ 0 & 1 \end{pmatrix}, \qquad C = \begin{pmatrix} 1 & 2 & 0 \\ 1 & 1 & 0 \end{pmatrix}$$

【풀이】 행렬의 곱 연산 규칙으로부터

$$AB = \begin{pmatrix} 1 & 1 \\ -1 & 2 \\ 0 & 3 \end{pmatrix}\begin{pmatrix} 3 & -1 \\ 0 & 1 \end{pmatrix} = \begin{pmatrix} 1\cdot 3 + 1\cdot 0 & 1\cdot(-1) + 1\cdot 1 \\ (-1)\cdot 3 + 2\cdot 0 & (-1)\cdot(-1) + 2\cdot 1 \\ 0\cdot 3 + 3\cdot 0 & 0\cdot(-1) + 3\cdot 1 \end{pmatrix} = \begin{pmatrix} 3 & 0 \\ -3 & 3 \\ 0 & 3 \end{pmatrix}$$

이므로

$$(AB)C = \begin{pmatrix} 3 & 0 \\ -3 & 3 \\ 0 & 3 \end{pmatrix}\begin{pmatrix} 1 & 2 & 0 \\ 1 & 1 & 0 \end{pmatrix}$$

$$= \begin{pmatrix} 3\cdot 1+0\cdot 1 & 3\cdot 2+0\cdot 1 & 3\cdot 0+0\cdot 0 \\ (-3)\cdot 1+3\cdot 1 & (-3)\cdot 2+3\cdot 1 & (-3)\cdot 0+3\cdot 0 \\ 0\cdot 1+3\cdot 1 & 0\cdot 2+3\cdot 1 & 0\cdot 0+3\cdot 0 \end{pmatrix}$$

$$= \begin{pmatrix} 3 & 6 & 0 \\ 0 & -3 & 0 \\ 3 & 3 & 0 \end{pmatrix}$$

이다. 또한

$$BC = \begin{pmatrix} 3 & -1 \\ 0 & 1 \end{pmatrix}\begin{pmatrix} 1 & 2 & 0 \\ 1 & 1 & 0 \end{pmatrix}$$

$$= \begin{pmatrix} 3\cdot 1+(-1)\cdot 1 & 3\cdot 2+(-1)\cdot 1 & 3\cdot 0+(-1)\cdot 0 \\ 0\cdot 1+1\cdot 1 & 0\cdot 2+1\cdot 1 & 0\cdot 0+1\cdot 0 \end{pmatrix}$$

$$= \begin{pmatrix} 2 & 5 & 0 \\ 1 & 1 & 0 \end{pmatrix}$$

이므로

$$A(BC) = \begin{pmatrix} 1 & 1 \\ -1 & 2 \\ 0 & 3 \end{pmatrix}\begin{pmatrix} 2 & 5 & 0 \\ 1 & 1 & 0 \end{pmatrix}$$

$$= \begin{pmatrix} 1\cdot 2+1\cdot 1 & 1\cdot 5+1\cdot 1 & 1\cdot 0+1\cdot 0 \\ (-1)\cdot 2+2\cdot 1 & (-1)\cdot 5+2\cdot 1 & (-1)\cdot 0+2\cdot 0 \\ 0\cdot 2+3\cdot 1 & 0\cdot 5+3\cdot 1 & 0\cdot 0+3\cdot 0 \end{pmatrix}$$

$$= \begin{pmatrix} 3 & 6 & 0 \\ 0 & -3 & 0 \\ 3 & 3 & 0 \end{pmatrix}$$

이다. 따라서 $(AB)C = A(BC)$ 이 성립함을 알 수 있다. □

참고 3.1.3 수 연산에서의 곱셈 연산과 관련한 교환법칙, 결합법칙, 분배법칙은 모두 성립한다. 그러나 행렬 연산에서는 곱셈 연산에 관한 결합법칙과 분배법칙은 성립하지만, 교환법칙은 성립하지 않는다. 아래의 내용은 행렬 연산에서의 곱셈 연산이 갖는 특징을 수 연산에서의 곱셈 연산과 비교 설명한 내용이다.

(1) 수 α, β에 대하여 곱셈 연산 $\alpha\beta$와 $\beta\alpha$는 항상 정의되지만, 행렬 연산에서의 곱셈 연산은 항상 정의되는 것은 아니다. 즉, 행렬 A와 B에 대하여 AB가 정의되기 위해서는 반드시 행렬 A의 열의 개수와 행렬 B의 행의 개수가 같아야만 한다. 더욱이 수 연산에서의 곱셈 연산은 교환법칙이 성립하지만, 행렬 연산에서의 곱셈 연산은 교환법칙이 성립하지 않는다. 즉, 수의 곱셈 연산에서는 수 α, β에 대하여

$$\alpha\beta = \beta\alpha \tag{3.7}$$

와 같은 성질이 성립하지만, 행렬 A, B에 대해 AB와 BA가 모두 정의되는 경우라도

$$AB = BA \tag{3.8}$$

이 항상 성립하는 것은 아니다.

예제 3.1.4 행렬

$$A = \begin{pmatrix} 1 & 2 \\ 0 & 1 \end{pmatrix}, \qquad B = \begin{pmatrix} 0 & 1 & 0 \\ 1 & 0 & 1 \end{pmatrix}$$

에 대하여 행렬 곱 AB는 적절히 정의되지만, BA는 정의되지 않는다. 그 이유를 설명하여라.

【풀이】 행렬 A의 열의 개수와 행렬 B의 행의 개수가 2로써 같으므로 행렬 곱 AB는

$$AB = \begin{pmatrix} 1 & 2 \\ 0 & 1 \end{pmatrix}\begin{pmatrix} 0 & 1 & 0 \\ 1 & 0 & 1 \end{pmatrix} = \begin{pmatrix} 2 & 1 & 2 \\ 1 & 0 & 1 \end{pmatrix} \in M_{2\times 3}$$

와 같이 적절히 정의된다. 그러나 행렬 곱 BA의 경우에는 행렬 B의 열의 개수는 3이지만 행렬 A의 행의 개수는 2이므로 이들이 서로 같지 않다. 따라서 행렬 곱 BA는 정의되지 않는다. □

예제 3.1.5 행렬

$$A = \begin{pmatrix} 1 & 2 \\ 0 & 1 \end{pmatrix}, \qquad B = \begin{pmatrix} 2 & 1 \\ 1 & 1 \end{pmatrix}$$

에 대하여 $AB \neq BA$임을 보여라.

【풀이】 행렬 A, B에 대하여

$$AB = \begin{pmatrix} 1 & 2 \\ 0 & 1 \end{pmatrix}\begin{pmatrix} 2 & 1 \\ 1 & 1 \end{pmatrix} = \begin{pmatrix} 4 & 3 \\ 1 & 1 \end{pmatrix}, \qquad BA = \begin{pmatrix} 2 & 1 \\ 1 & 1 \end{pmatrix}\begin{pmatrix} 1 & 2 \\ 0 & 1 \end{pmatrix} = \begin{pmatrix} 2 & 5 \\ 1 & 3 \end{pmatrix}$$

이다. 따라서 $AB \neq BA$ 임을 알 수 있다. □

(2) 수 연산에서의 곱셈 연산에서는 임의의 수 α, β에 대하여

$$\alpha\beta = 0 \quad \Longleftrightarrow \quad \alpha = 0 \ \text{ 또는 } \ \beta = 0 \tag{3.9}$$

와 같은 성질이 성립한다. 그러나 행렬 연산에서의 곱셈 연산에 대해서는 행렬 A와 B에 대하여 AB가 정의되는 경우라도

$$AB = \mathbf{0} \quad \Longleftrightarrow \quad A = \mathbf{0} \ \text{ 또는 } \ B = \mathbf{0} \tag{3.10}$$

와 같은 성질이 성립하지 않는다. 보다 엄격히 말하면

$$AB = \mathbf{0} \quad \Longleftarrow \quad A = \mathbf{0} \ \text{ 또는 } \ B = \mathbf{0} \tag{3.11}$$

은 성립하지만, 그 역은 성립하지 않는다. 즉, 행렬의 곱셈 연산에서는 행렬 A, B가 모두 영행렬이 아니라도 $AB = \mathbf{0}$이 되기도 하다.

예제 3.1.6 영행렬이 아닌 두 행렬

$$A = \begin{pmatrix} 1 & 0 \\ 0 & 0 \end{pmatrix}, \qquad B = \begin{pmatrix} 0 & 0 \\ 1 & 0 \end{pmatrix}$$

에 대하여 AB가 영행렬임을 확인하여라.

【풀이】 행렬 A, B에 대하여

$$AB = \begin{pmatrix} 1 & 0 \\ 0 & 0 \end{pmatrix}\begin{pmatrix} 0 & 0 \\ 1 & 0 \end{pmatrix} = \begin{pmatrix} 0 & 0 \\ 0 & 0 \end{pmatrix} = \mathbf{0}$$

이다. □

(3) (2) 에서 언급한 내용에 의하면 임의의 수 $\alpha(\neq 0)$, β, γ 에 대하여

$$\alpha\beta = \alpha\gamma \iff \beta = \gamma \tag{3.12}$$

와 같은 성질이 성립하지만, 행렬 $A(\neq \mathbf{0})$, B, C 에 대하여 AB 와 AC 가 모두 정의되는 경우에

$$AB = AC \quad \Longleftarrow \quad B = C \tag{3.13}$$

은 성립하지만, 그 역은 성립하지 않는다.

예제 3.1.7 행렬

$$A = \begin{pmatrix} 1 & 0 \\ 0 & 0 \end{pmatrix}, \qquad B = \begin{pmatrix} 0 & 1 \\ 1 & 2 \end{pmatrix}, \qquad C = \begin{pmatrix} 0 & 1 \\ 1 & 3 \end{pmatrix}$$

에 대하여 영행렬이 아닌 A 에 대하여 $AB = AC$ 이지만, $B \neq C$ 임을 보여라.

【풀이】 행렬 A, B, C 에 대하여 간단한 연산을 통하여

$$AB = \begin{pmatrix} 1 & 0 \\ 0 & 0 \end{pmatrix}\begin{pmatrix} 0 & 1 \\ 1 & 2 \end{pmatrix} = \begin{pmatrix} 0 & 1 \\ 0 & 0 \end{pmatrix}, \qquad AC = \begin{pmatrix} 1 & 0 \\ 0 & 0 \end{pmatrix}\begin{pmatrix} 0 & 1 \\ 1 & 3 \end{pmatrix} = \begin{pmatrix} 0 & 1 \\ 0 & 0 \end{pmatrix}$$

임을 확인할 수 있다. 따라서 영행렬이 아닌 A 에 대하여 $AB = AC$ 이다. 그러나

$$B = \begin{pmatrix} 0 & 1 \\ 1 & 2 \end{pmatrix} \neq \begin{pmatrix} 0 & 1 \\ 1 & 3 \end{pmatrix} = C$$

이다. 즉, $B \neq C$ 이다. □

3.1.2 특별한 성질을 갖는 행렬

정의 3.1.8 n 차 정사각행렬 $A = (a_{ij})$ 에서

$$a_{11}, \quad a_{22}, \quad a_{33}, \quad \ldots, \quad a_{nn} \tag{3.14}$$

를 행렬 A의 **주대각성분**(main diagonal entries)이라고 하고, 주대각성분들이 위치한 곳의 대각선, 즉 a_{11} 성분이 위치한 왼쪽 위의 끝에서 a_{nn} 성분이 위치한 오른쪽 아래의 끝으로 이어지는 가상의 대각선을 **주대각선**(mail diagonal line)[1)]이라고 부른다. 또한 주대각성분이 아닌 성분을 일컬어 **비대각성분**(nondiagonal entries)이라고 한다.

정의 3.1.9 정사각행렬 중에서 주대각성분 아래쪽에 위치한 모든 비대각성분이 0인 행렬을 **상삼각행렬**(upper triangular matrix)이라고 하고, 주대각성분 위쪽에 위치한 모든 비대각성분이 0인 행렬을 **하삼각행렬**(lower triangular matrix)이라고 한다. 상삼각행렬과 하삼각행렬을 합쳐서 **삼각행렬**(triangular matrix)이라고 한다.

정의 3.1.10 정사각행렬 중에서 주대각성분을 제외한 모든 성분, 즉 모든 비대각성분이 0인 행렬을 **대각행렬**(diagonal matrix)이라고 한다. 또한 대각행렬의 주대각성분이 모두 같은 수로 이루어진 행렬을 **스칼라행렬**(scalar matrix)이라고 하고, 특히 스칼라행렬의 주대각성분이 모두 1인 행렬을 **단위행렬**(unit matrix), **기본행렬**(elementary matrix), 또는 **항등행렬**(identity matrix)이라고 한다. 일반적으로 $n \times n$ 크기의 항등행렬을 I_n으로 나타내며, 때에 따라서는 간단히 I로 나타내기도 한다.

참고 3.1.4 정의 3.1.8, 3.1.9, 3.1.10에서 정의된 여러 행렬들의 특징을 집합적 포함관계로 나타내면 다음과 같다.

$$\text{정사각행렬} \supset \text{삼각행렬} \supset \text{대각행렬} \supset \text{스칼라행렬} \supset \text{항등행렬} \tag{3.15}$$

따라서 정사각행렬의 특별한 형태가 삼각행렬이고, 삼각행렬의 특별한 형태가 대각행렬이며, 대각행렬의 특별한 형태가 스칼라행렬이고, 스칼라행렬의 특별한 형태가 항등행렬임을 알 수 있다.

참고 3.1.5 임의의 행렬 $A \in M_{m\times n}$에 대하여

$$AI_n = A = I_mA \tag{3.16}$$

이 성립한다. 따라서 항등행렬은 행렬의 곱 연산에서의 항등원 역할을 한다.

---

1) 3.2.2절에서 언급될 행렬식 표현에서도 마찬가지로 주대각성분들이 위치한 가상의 대각선을 일컬어 주대각선이라고 한다.

예제 3.1.8 다음 주어진 행렬 A, B, C, D 중에서 삼각행렬, 대각행렬, 항등행렬을 각각 구별하여라.

$$A=\begin{pmatrix}-1 & 0\\ 0 & 1\end{pmatrix},\qquad B=\begin{pmatrix}1 & 0\\ 0 & 1\end{pmatrix},\qquad C=\begin{pmatrix}1 & 0 & 0\\ 0 & 1 & 0\\ 0 & 0 & 1\end{pmatrix},\qquad D=\begin{pmatrix}1 & 2 & 3\\ 0 & 1 & 4\\ 0 & 0 & 1\end{pmatrix}$$

【풀이】 주어진 모든 행렬은 삼각행렬이다. 특히 행렬 A, B, C는 대각행렬이고, 행렬 B, C는 항등행렬이다. □

정의 3.1.11 n차 정사각행렬 A에 대하여 A의 거듭제곱 A^m (m은 자연수)은 수 연산에서와 마찬가지로

$$A^2 = AA,\qquad A^3 = A^2A,\qquad A^4 = A^3A,\qquad \ldots,\qquad A^m = A^{m-1}A \tag{3.17}$$

와 같이 정의한다. 즉, 정사각행렬 A에 대하여 m이 자연수일 때 A^m은 행렬 A가 m번 거듭 곱해진 것을 의미한다. 특히

$$A^0 = I_n \tag{3.18}$$

으로 정의한다.

정리 3.1.3 A가 정사각행렬일 때, 임의의 음이 아닌 정수 m, n[2)]에 대하여

$$A^mA^n = A^{m+n},\qquad (A^m)^n = A^{mn} \tag{3.19}$$

이 성립한다.

예제 3.1.9 행렬

$$A=\begin{pmatrix}1 & 2\\ 4 & -3\end{pmatrix}$$

에 대하여 $2A^3 - 4A + 5A^0$를 구하여라.

2) 여기서는 m, n을 음이 아닌 정수로 제한하지만, 3.1.3절에서 역행렬을 정의하고 나면 이것은 자연스럽게 정수로 확장된다.

【풀이】 행렬 A에 대하여

$$A^2 = AA = \begin{pmatrix} 1 & 2 \\ 4 & -3 \end{pmatrix}\begin{pmatrix} 1 & 2 \\ 4 & -3 \end{pmatrix} = \begin{pmatrix} 9 & -4 \\ -8 & 17 \end{pmatrix}, \quad A^3 = A^2A = \begin{pmatrix} 9 & -4 \\ -8 & 17 \end{pmatrix}\begin{pmatrix} 1 & 2 \\ 4 & -3 \end{pmatrix} = \begin{pmatrix} -7 & 30 \\ 60 & -67 \end{pmatrix}$$

이다. 따라서

$$2A^3 - 4A + 5A^0 = 2A^3 - 4A + 5I = 2\begin{pmatrix} -7 & 30 \\ 60 & -67 \end{pmatrix} - 4\begin{pmatrix} 1 & 2 \\ 4 & -3 \end{pmatrix} + 5\begin{pmatrix} 1 & 0 \\ 0 & 1 \end{pmatrix} = \begin{pmatrix} -13 & 52 \\ 104 & -117 \end{pmatrix}. \qquad \square$$

정의 3.1.12 $m \times n$ 크기의 행렬 $A = (a_{ij})$에 대하여 A의 i번째 행을 i번째 열로 갖는 새로운 $n \times m$ 크기의 행렬을 A의 **전치행렬**(transposed matrix)이라고 하고 A^t로 나타낸다.[3] 즉, 행렬

$$A = \begin{pmatrix} a_{11} & a_{12} & \cdots & a_{1n} \\ a_{21} & a_{22} & \cdots & a_{2n} \\ \vdots & \vdots & \ddots & \vdots \\ a_{m1} & a_{m2} & \cdots & a_{mn} \end{pmatrix} \in M_{m\times n} \quad \text{의 전치행렬은} \quad A^t = \begin{pmatrix} a_{11} & a_{21} & \cdots & a_{m1} \\ a_{12} & a_{22} & \cdots & a_{m2} \\ \vdots & \vdots & \ddots & \vdots \\ a_{1n} & a_{2n} & \cdots & a_{mn} \end{pmatrix} \in M_{n\times m}$$

이다.

정리 3.1.4 행렬 A, B와 수 α에 대하여

(1) $A,\ B \in M_{m\times n}$ 일 때

$$(A^t)^t = A, \qquad (A+B)^t = A^t + B^t, \qquad (\alpha A)^t = \alpha A^t \tag{3.20}$$

이 성립한다.

(2) $A \in M_{m\times r}$, $B \in M_{r\times n}$ 일 때

$$(AB)^t = B^tA^t \tag{3.21}$$

이 성립한다.

3) 행렬 A의 전치행렬을 A^t 대신에 A^T와 같이 나타내기도 한다.

예제 3.1.10 행렬

$$A = \begin{pmatrix} 2 & 0 & 1 \\ 1 & 0 & 1 \end{pmatrix}, \qquad B = \begin{pmatrix} 1 & 0 & 1 \\ 2 & 1 & 2 \\ 1 & 1 & 1 \end{pmatrix}$$

에 대하여 직접적인 행렬 연산을 통하여 $(AB)^t$ 와 B^tA^t 을 계산하고, 그 결과가 정리 3.1.4의 (2), 즉 $(AB)^t = B^tA^t$ 이 성립하는지를 확인하여라.

【풀이】 행렬 A, B 에 대하여

$$AB = \begin{pmatrix} 3 & 1 & 3 \\ 2 & 1 & 2 \end{pmatrix}, \qquad A^t = \begin{pmatrix} 2 & 1 \\ 0 & 0 \\ 1 & 1 \end{pmatrix}, \qquad B^t = \begin{pmatrix} 1 & 2 & 1 \\ 0 & 1 & 1 \\ 1 & 2 & 1 \end{pmatrix}$$

이므로

$$(AB)^t = \begin{pmatrix} 3 & 2 \\ 1 & 1 \\ 3 & 2 \end{pmatrix}, \qquad B^tA^t = \begin{pmatrix} 1 & 2 & 1 \\ 0 & 1 & 1 \\ 1 & 2 & 1 \end{pmatrix}\begin{pmatrix} 2 & 1 \\ 0 & 0 \\ 1 & 1 \end{pmatrix} = \begin{pmatrix} 3 & 2 \\ 1 & 1 \\ 3 & 2 \end{pmatrix}$$

이다. 따라서 $(AB)^t = B^tA^t$ 이 성립한다. □

정의 3.1.13 정사각행렬 A 가

$$A^t = A \tag{3.22}$$

일 때 A 를 **대칭행렬**(symmetric matrix)이라고 한다. 따라서 $A = (a_{ij})$ 가 대칭행렬이면 임의의 성분 a_{ij} 에 대하여 $a_{ij} = a_{ji}$ 인 성질을 갖기 때문에 A 의 주대각선을 기준으로 서로 대칭인 위치에 있는 성분들끼리 서로서로 같은 특징을 갖는다.

정의 3.1.14 정사각행렬 A 가

$$A^t = -A \tag{3.23}$$

일 때 A 를 **교대행렬**(alternating matrix)[4]이라고 한다. 따라서 $A = (a_{ij})$ 가 교대행렬이면 임의의 성분 a_{ij} 에 대하여 $a_{ij} = -a_{ji}$ 인 성질을 갖기 때문에 교대행렬의 주대각성분들은 모두 0이고, 비대각성분들은 주대각선을 기준으로 서로 대칭인 위치에 있는 성분들끼리 서로서로 크기는 같으면서 부호가 반대인 특징을 갖는다.

---

4) 교대행렬을 일컬어 **의대칭행렬**(skew-symmetric matrix), **왜대칭행렬**, **반대칭행렬** 등으로 부르기도 한다.

예제 3.1.11 행렬

$$A = \begin{pmatrix} 1 & 0 \\ 1 & 2 \end{pmatrix}, \qquad B = \begin{pmatrix} 1 & 0 & 1 \\ 0 & 1 & -2 \\ 1 & -2 & 0 \end{pmatrix}, \qquad C = \begin{pmatrix} 0 & 1 & 0 & 2 \\ -1 & 0 & -1 & 3 \\ 0 & 1 & 0 & 0 \\ -2 & -3 & 0 & 0 \end{pmatrix}$$

의 전치행렬을 각각 구하고, 이 중에 대칭행렬과 교대행렬이 있는지를 확인하여라.

【풀이】 주어진 행렬들의 전치행렬을 각각 구하면 다음과 같다.

$$A^t = \begin{pmatrix} 1 & 1 \\ 0 & 2 \end{pmatrix}, \qquad B^t = \begin{pmatrix} 1 & 0 & 1 \\ 0 & 1 & -2 \\ 1 & -2 & 0 \end{pmatrix}, \qquad C^t = \begin{pmatrix} 0 & -1 & 0 & -2 \\ 1 & 0 & 1 & -3 \\ 0 & -1 & 0 & 0 \\ 2 & 3 & 0 & 0 \end{pmatrix}$$

따라서 행렬 B는 $B^t = B$와 같은 특징을 가지므로 대칭행렬이고, 행렬 C는 $C^t = -C$와 같은 특징을 가지므로 교대행렬이다. 그러나 행렬 A의 경우는 대칭행렬도 교대행렬도 아님을 알 수 있다. □

예제 3.1.12 행렬 A, B가 같은 크기의 대칭행렬일 때

$$AB + BA, \qquad P^tAP$$

가 각각 대칭행렬인지를 확인하여라. (단, 행렬 P는 A와 같은 크기를 갖는 정사각행렬임을 가정한다.)

【풀이】 행렬 A, B가 대칭행렬이므로 $A^t = A$, $B^t = B$이 성립한다. 따라서 이러한 성질을 적용하여 연산하면

$$(AB + BA)^t = (AB)^t + (BA)^t = B^tA^t + A^tB^t = BA + AB = AB + BA,$$

$$(P^tAP)^t = P^tA^t(P^t)^t = P^tAP$$

을 얻는다. 따라서 $(AB + BA)^t = AB + BA$이고 $(P^tAP)^t = P^tAP$이므로, $AB + BA$와 P^tAP도 대칭행렬이다. □

정리 3.1.5 임의의 n차 정사각행렬 A에 대하여

$$A = B + C$$

를 만족시키는 대칭행렬 B와 교대행렬 C는 유일하게 존재한다.

【증명】 임의의 n차 정사각행렬 A에 대하여 행렬 B와 C를 각각 다음과 같이 놓자.

$$B = \frac{1}{2}(A + A^t), \qquad C = \frac{1}{2}(A - A^t) \tag{3.24}$$

그러면 $A = B+C$이고 B는 대칭행렬이며 C는 교대행렬이다. 이제 이러한 행렬 B와 C가 유일하게 존재함을 보이도록 하자. 이를 위해 $A = F + G$를 만족시키는 대칭행렬 F와 교대행렬 G가 또 있다고 가정하자. 그러면 주어진 조건 $A = F + G$, $F^t = F$, $G^t = -G$로부터 다음 등식이 성립한다.

$$A^t = (F + G)^t = F^t + G^t = F - G \tag{3.25}$$

따라서 조건 $A = F + G$와 식 (3.25)를 F와 G에 관하여 연립하여 풀면

$$\frac{1}{2}(A + A^t) = F, \qquad \frac{1}{2}(A - A^t) = G \tag{3.26}$$

을 얻는다. 따라서 식 (3.26)을 식 (3.24)와 비교하면 $F = B$이고 $G = C$이다. □

예제 3.1.13 행렬

$$A = \begin{pmatrix} 1 & 2 & 3 \\ 4 & 5 & 6 \\ 7 & 8 & 9 \end{pmatrix}$$

에 대하여 $A = B + C$를 만족시키는 대칭행렬 B와 교대행렬 C를 구하여라.

【풀이】 정리 3.1.5로부터 구하는 대칭행렬 B와 교대행렬 C는 각각 다음과 같다.

$$B = \frac{1}{2}(A + A^t) = \begin{pmatrix} 1 & 3 & 5 \\ 3 & 5 & 7 \\ 5 & 7 & 9 \end{pmatrix}, \qquad C = \frac{1}{2}(A - A^t) = \begin{pmatrix} 0 & -1 & -2 \\ 1 & 0 & -1 \\ 2 & 1 & 0 \end{pmatrix}$$ □

3.1.3 가역행렬과 역행렬

정 의 3.1.15 n 차 정사각행렬 A 에 대하여

$$AB = BA = I_n \tag{3.27}$$

을 만족시키는 n 차 정사각행렬 B 가 존재하면 A 를 **가역행렬**(invertible matrix)이라고 한다. 또한 이때 존재하는 행렬 B 를 행렬 A 의 **역행렬**(inverse matrix)이라고 하고, 기호로는 A^{-1} 와 같이 나타낸다. 따라서 A 가 가역행렬이면

$$AA^{-1} = A^{-1}A = I \tag{3.28}$$

이 성립한다.

정 리 3.1.6 행렬 A 가 가역행렬이면 A 의 역행렬이 존재하고, 더욱이 그 역행렬은 단 하나밖에 없다.

【증명】 행렬 A 는 가역행렬이므로 정의 3.1.15 에 의해 역행렬을 갖는다. 따라서 행렬 A 의 역행렬을 B 라고 놓으면

$$AB = BA = I \tag{3.29}$$

이다. 이제 역행렬의 유일성을 보이기 위하여 행렬 A 의 역행렬로서 행렬 B 가 아닌 또 다른 행렬 C 가 있다고 가정하자. 그러면 역행렬의 정의로부터 행렬 C 에 대해서도

$$AC = CA = I \tag{3.30}$$

이 성립한다. 따라서 식 (3.29) 와 (3.30) 으로부터

$$C = CI = C(AB) = (CA)B = IB = B \tag{3.31}$$

이므로 $C = B$ 이다. 즉, 행렬 A 의 역행렬로서 B 가 아닌 또 다른 행렬이 존재한다면 그것은 항상 행렬 B 와 같다. 따라서 행렬 A 의 역행렬은 단 하나밖에 없다. □

역행렬의 정의로부터 다음의 정리 3.1.7 이 성립한다.

정리 3.1.7 역행렬과 관련한 다음 성질들이 성립한다.

(1) 항등행렬 I는 가역행렬이고

$$I^{-1} = I$$

이다.

(2) A가 가역행렬이면, A의 전치행렬 A^t도 가역행렬이고

$$(A^t)^{-1} = (A^{-1})^t$$

이다.

(3) A가 가역행렬이면, A의 역행렬 A^{-1}도 가역행렬이고

$$(A^{-1})^{-1} = A$$

이다.

(4) A, B가 같은 크기의 가역행렬이면, 행렬 곱 AB도 가역행렬이고

$$(AB)^{-1} = B^{-1}A^{-1}$$

이다.

(5) A가 가역행렬이면, 임의의 수 $\alpha(\neq 0)$에 대해 스칼라 곱 αA도 가역행렬이고

$$(\alpha A)^{-1} = \frac{1}{\alpha}A^{-1}$$

이다.

【증명】 (1) 항등행렬 I에 대하여 $II = I$이다. 따라서 I는 가역행렬이고 $I^{-1} = I$이다.

(2) A가 가역행렬이므로

$$AA^{-1} = A^{-1}A = I$$

이 성립한다. 따라서 위 식의 각 변에 전치행렬을 취하면

$$(AA^{-1})^t = (A^{-1}A)^t = I^t$$

이므로

$$(A^{-1})^t A^t = A^t (A^{-1})^t = I^t = I$$

이 성립한다. 즉,

$$(A^{-1})^t A^t = A^t (A^{-1})^t = I$$

이다. 따라서 A^t 도 가역행렬이고 $(A^t)^{-1} = (A^{-1})^t$ 이다.

(3) A 가 가역행렬이므로

$$A^{-1}A = AA^{-1} = I$$

이 성립한다. 따라서 A^{-1} 는 가역행렬이고 $(A^{-1})^{-1} = A$ 이다.

(4) 같은 크기의 행렬 A, B 가 모두 가역행렬이므로 각각의 역행렬인 A^{-1} 와 B^{-1} 이 존재한다. 따라서

$$(AB)(B^{-1}A^{-1}) = (A(BB^{-1}))A^{-1} = (AI_n)A^{-1} = AA^{-1} = I \tag{3.32}$$

이고, 또한 같은 방법으로

$$(B^{-1}A^{-1})(AB) = (B^{-1}(A^{-1}A))B = (B^{-1}I)B = B^{-1}B = I \tag{3.33}$$

이다. 따라서 식 (3.32) 와 (3.33) 으로부터

$$(AB)(B^{-1}A^{-1}) = (B^{-1}A^{-1})(AB) = I$$

이므로 AB 는 가역행렬이고 $(AB)^{-1} = B^{-1}A^{-1}$ 이다.

(5) 가역행렬 A 와 0 아닌 수 α 에 대하여

$$(\alpha A)\left(\frac{1}{\alpha}A^{-1}\right) = \left(\alpha \cdot \frac{1}{\alpha}\right)\left(AA^{-1}\right) = AA^{-1} = I \tag{3.34}$$

이고, 마찬가지로

$$\left(\frac{1}{\alpha}A^{-1}\right)(\alpha A) = I \tag{3.35}$$

이다. 따라서 식 (3.34) 와 (3.35) 로부터

$$(\alpha A)\left(\frac{1}{\alpha}A^{-1}\right) = \left(\frac{1}{\alpha}A^{-1}\right)(\alpha A) = I$$

이므로 αA 는 가역행렬이고 $(\alpha A)^{-1} = \frac{1}{\alpha}A^{-1}$ 이다. □

정리 3.1.8 2 차 정사각행렬

$$A = \begin{pmatrix} a_{11} & a_{12} \\ a_{21} & a_{22} \end{pmatrix}$$

에 대하여 $D_A = a_{11}a_{22} - a_{21}a_{12}$ 라 놓자.[5] A 가 가역행렬일 필요충분조건은 $D_A \neq 0$ 이고, 이때 존재하는 A 의 역행렬은

$$A^{-1} = \frac{1}{D_A}\begin{pmatrix} a_{22} & -a_{12} \\ -a_{21} & a_{11} \end{pmatrix} \tag{3.36}$$

이다.

【증명】 (⇒) 2 차 정사각행렬

$$A = \begin{pmatrix} a_{11} & a_{12} \\ a_{21} & a_{22} \end{pmatrix}$$

가 가역행렬이라고 하자. 그러면 가역행렬의 정의로부터 A 는 역행렬을 가지며, 그 역행렬은 유일하다. 그 유일한 역행렬을

$$B = \begin{pmatrix} b_{11} & b_{12} \\ b_{21} & b_{22} \end{pmatrix}$$

5) 여기서의 D_A 는 3.2.2절에서 정의하는 정사각행렬 A 의 행렬식 $\det A$ 를 의미한다. 그러나 여기서는 아직 행렬식을 정의하지 않은 상태이므로 정의되기 전까지는 당분간 D_A 와 같이 나타내기로 한다.

라고 하자. 그러면 역행렬의 정의로부터

$$AB = \begin{pmatrix} a_{11} & a_{12} \\ a_{21} & a_{22} \end{pmatrix}\begin{pmatrix} b_{11} & b_{12} \\ b_{21} & b_{22} \end{pmatrix} = \begin{pmatrix} a_{11}b_{11} + a_{12}b_{21} & a_{11}b_{12} + a_{12}b_{22} \\ a_{21}b_{11} + a_{22}b_{21} & a_{21}b_{12} + a_{22}b_{22} \end{pmatrix} = \begin{pmatrix} 1 & 0 \\ 0 & 1 \end{pmatrix} = I$$

을 만족시킨다. 따라서 b_{11}, b_{12}, b_{21}, b_{22} 를 미지수로 갖는 연립일차방정식

$$a_{11}b_{11} + a_{12}b_{21} = 1 \qquad (3.37a)$$
$$a_{21}b_{11} + a_{22}b_{21} = 0$$
$$a_{11}b_{12} + a_{12}b_{22} = 0$$
$$a_{21}b_{12} + a_{22}b_{22} = 1 \qquad (3.37b)$$

은 유일한 해를 갖는다. 그런데 위의 연립일차방정식에서 $D_A = 0$ 이면 $a_{11} = a_{12} = a_{21} = a_{22} = 0$ 인 경우에만 부정형의 연립일차방정식의 해가 존재한다. 그러나 이러한 부정형의 해마저도 (3.37a) 와 (3.37b) 에 모순 된다. 따라서 위의 연립일차방정식이 유일한 해를 가질 조건은 $D_A \neq 0$ 이다. 이와 같은 조건 하에서 위의 연립일차방정식을 풀면 유일한 해

$$b_{11} = \frac{a_{22}}{D_A}, \qquad b_{12} = \frac{-a_{12}}{D_A}, \qquad b_{21} = \frac{-a_{21}}{D_A}, \qquad b_{22} = \frac{a_{11}}{D_A}$$

을 얻는다. 따라서 행렬 B 는

$$B = \begin{pmatrix} b_{11} & b_{12} \\ b_{21} & b_{22} \end{pmatrix} = \frac{1}{D_A}\begin{pmatrix} a_{22} & -a_{12} \\ -a_{21} & a_{11} \end{pmatrix}$$

이다. 또한 이러한 행렬 B 는 $AB = BA = I$ 을 만족시키므로 $B = A^{-1}$ 이다.

(⇐) 2 차 정사각행렬

$$A = \begin{pmatrix} a_{11} & a_{12} \\ a_{21} & a_{22} \end{pmatrix}$$

로부터 $D_A \neq 0$ 이라고 하자. 그러면

$$B = \frac{1}{D_A}\begin{pmatrix} a_{22} & -a_{12} \\ -a_{21} & a_{11} \end{pmatrix}$$

와 같은 행렬 B를 정의할 수 있다. 그런데 이러한 행렬 B는 $AB = BA = I$를 만족시킨다. 그러므로 B는 A의 역행렬이다. 즉, $B = A^{-1}$이다. 따라서 행렬 A가 역행렬을 가지므로 A는 가역행렬이다. □

예 제 3.1.14 다음 행렬의 역행렬이 존재한다면 구하고, 존재하지 않는다면 그 이유를 설명하여라.

(1) $A = \begin{pmatrix} 1 & 2 \\ 2 & 4 \end{pmatrix}$ (2) $B = \begin{pmatrix} 1 & 2 \\ 3 & 4 \end{pmatrix}$ (3) $C = \begin{pmatrix} 1 & 0 \\ 2 & 3 \end{pmatrix}$

【풀이】 (1) 2차 정사각행렬 A에서 $1 \cdot 4 - 2 \cdot 2 = 0$이므로 역행렬은 존재하지 않는다.

(2) 2차 정사각행렬 B에서 $1 \cdot 4 - 2 \cdot 3 = -2 \neq 0$이므로 역행렬은 존재한다. 따라서 식 (3.36)을 이용하여 역행렬을 구하면

$$B^{-1} = -\frac{1}{2}\begin{pmatrix} 4 & -2 \\ -3 & 1 \end{pmatrix}$$

이다.

(3) 2차 정사각행렬 C에서 $1 \cdot 3 - 0 \cdot 2 = 3 \neq 0$이므로 역행렬은 존재한다. 따라서 식 (3.36)을 이용하여 역행렬을 구하면

$$C^{-1} = \frac{1}{3}\begin{pmatrix} 3 & 0 \\ -2 & 1 \end{pmatrix}$$

이다. □

3.2 치환과 행렬식

3.2.1 치환

정 의 3.2.1 집합 $J_n = \{1, 2, \ldots, n\}$ 위의 전단사함수

$$\sigma : J_n \to J_n \tag{3.38}$$

를 **치환**(permutation)이라고 하고, $2 \times n$ 크기의 행렬 형식으로

$$\sigma = \begin{pmatrix} 1 & 2 & 3 & \cdots & i & \cdots & n \\ \sigma(1) & \sigma(2) & \sigma(3) & \cdots & \sigma(i) & \cdots & \sigma(n) \end{pmatrix} \tag{3.39}$$

와 같이 나타낸다. 이때 1 행에는 정의역의 원소를 순서대로 위치시키고, 2 행에는 1 행의 각 원소에 대응하는 함숫값을 위치시킨다. 특히 항등함수인 치환을 **항등치환**이라고 하고, 간단히 1 로 나타낸다. 또한 J_n 위의 치환 전체의 집합을

$$S_n = \{\sigma \mid \sigma : J_n \to J_n \text{ 는 치환}\} \tag{3.40}$$

으로 나타낸다.

참고 3.2.1 J_n 위의 치환 σ 는 모두 전단사함수로서 전체 $n!$ 개 존재하는데, 그 각각의 치환은 공역 J_n 의 원소를 일렬로 세우는 방법에 의해 서로 구별된다.

예제 3.2.1 $J_3 = \{1, 2, 3\}$ 위의 치환을 모두 구하여라.

【풀이】 J_3 위의 치환은 $J_3 = \{1, 2, 3\}$ 에서 $J_3 = \{1, 2, 3\}$ 으로의 전단사함수이므로 전체 $3! = 6$ 개가 존재한다. 이들을 모두 나타내면

$$\begin{pmatrix} 1 & 2 & 3 \\ 1 & 2 & 3 \end{pmatrix}, \quad \begin{pmatrix} 1 & 2 & 3 \\ 2 & 3 & 1 \end{pmatrix}, \quad \begin{pmatrix} 1 & 2 & 3 \\ 3 & 1 & 2 \end{pmatrix}, \quad \begin{pmatrix} 1 & 2 & 3 \\ 1 & 3 & 2 \end{pmatrix}, \quad \begin{pmatrix} 1 & 2 & 3 \\ 3 & 2 & 1 \end{pmatrix}, \quad \begin{pmatrix} 1 & 2 & 3 \\ 2 & 1 & 3 \end{pmatrix}$$

와 같다. □

정의 3.2.2 σ, δ 가 각각 $J_n = \{1, 2, \ldots, n\}$ 위의 치환일 때, 치환의 **곱**(product) $\sigma\delta$ 는

$$(\sigma\delta)(i) \equiv (\sigma \circ \delta)(i) = \sigma(\delta(i)), \qquad i = 1, 2, \ldots, n \tag{3.41}$$

와 같이 정의한다. 즉, 치환의 곱 $\sigma\delta$ 는 치환 δ 와 σ 의 합성함수 $\sigma \circ \delta$ 로 정의한다.[6)]

---

6) 치환의 곱이 합성함수에 의해 정의된다는 의미에서 치환의 곱을 일컬어 치환의 **합성**(composition)이라고 부르기도 한다. 저자에 따라서는 치환의 곱 (3.41) 을

$$(\sigma\delta)(i) = \delta(\sigma(i)), \qquad i = 1, 2, \ldots, n \tag{3.42}$$

와 같이 정의하기도 한다(I.N. Herstein, *Topics in Algebra, 2nd Edition*, Xerox Corporation 1975). 이 책에서는 일관성 있게 (3.41) 과 같이 정의하도록 한다(Serge Lang, *Linear Algebra, 2nd Edition*, Addison-Wesley 1971).

예제 3.2.2 집합 $J_5 = \{1, 2, 3, 4, 5\}$ 위의 치환

$$\sigma = \begin{pmatrix} 1 & 2 & 3 & 4 & 5 \\ 3 & 1 & 4 & 5 & 2 \end{pmatrix}, \qquad \delta = \begin{pmatrix} 1 & 2 & 3 & 4 & 5 \\ 4 & 1 & 5 & 3 & 2 \end{pmatrix}$$

에 대하여 치환의 곱 $\sigma\delta$와 $\delta\sigma$를 각각 구하고, 이들 사이에 등식 $\sigma\delta = \delta\sigma$가 성립하는지를 확인하여라.

【풀이】 치환의 곱 $\sigma\delta$와 $\delta\sigma$를 각각 구하면

$$\sigma\delta = \begin{pmatrix} 1 & 2 & 3 & 4 & 5 \\ 3 & 1 & 4 & 5 & 2 \end{pmatrix}\begin{pmatrix} 1 & 2 & 3 & 4 & 5 \\ 4 & 1 & 5 & 3 & 2 \end{pmatrix} = \begin{pmatrix} 1 & 2 & 3 & 4 & 5 \\ 5 & 3 & 2 & 4 & 1 \end{pmatrix},$$

$$\delta\sigma = \begin{pmatrix} 1 & 2 & 3 & 4 & 5 \\ 4 & 1 & 5 & 3 & 2 \end{pmatrix}\begin{pmatrix} 1 & 2 & 3 & 4 & 5 \\ 3 & 1 & 4 & 5 & 2 \end{pmatrix} = \begin{pmatrix} 1 & 2 & 3 & 4 & 5 \\ 5 & 4 & 3 & 2 & 1 \end{pmatrix}$$

이다. 따라서 $\sigma\delta \neq \delta\sigma$ 이다. 즉, $\sigma\delta = \delta\sigma$는 성립하지 않는다. □

예제 3.2.3 다음 치환의 곱을 구하여라.

(1) $\begin{pmatrix} 1 & 2 & 3 & 4 & 5 \\ 4 & 3 & 2 & 5 & 1 \end{pmatrix}\begin{pmatrix} 1 & 2 & 3 & 4 & 5 \\ 2 & 3 & 4 & 5 & 1 \end{pmatrix}$ (2) $\begin{pmatrix} 1 & 2 & 3 & 4 & 5 \\ 2 & 3 & 4 & 5 & 1 \end{pmatrix}\begin{pmatrix} 1 & 2 & 3 & 4 & 5 \\ 4 & 3 & 2 & 5 & 1 \end{pmatrix}$

【풀이】 치환의 곱 연산은 함수의 합성 연산 방법과 같다. 연산 결과는 다음과 같다.

(1) $\begin{pmatrix} 1 & 2 & 3 & 4 & 5 \\ 4 & 3 & 2 & 5 & 1 \end{pmatrix}\begin{pmatrix} 1 & 2 & 3 & 4 & 5 \\ 2 & 3 & 4 & 5 & 1 \end{pmatrix} = \begin{pmatrix} 1 & 2 & 3 & 4 & 5 \\ 3 & 2 & 5 & 1 & 4 \end{pmatrix}$

(2) $\begin{pmatrix} 1 & 2 & 3 & 4 & 5 \\ 2 & 3 & 4 & 5 & 1 \end{pmatrix}\begin{pmatrix} 1 & 2 & 3 & 4 & 5 \\ 4 & 3 & 2 & 5 & 1 \end{pmatrix} = \begin{pmatrix} 1 & 2 & 3 & 4 & 5 \\ 5 & 4 & 3 & 1 & 2 \end{pmatrix}$ □

정의 3.2.3 치환의 역함수를 **역치환**(inverse permutation)이라고 하고, 치환 σ의 역치환을 σ^{-1}와 같이 나타낸다.

예제 3.2.4 치환

$$\sigma = \begin{pmatrix} 1 & 2 & 3 \\ 3 & 1 & 2 \end{pmatrix}, \qquad \delta = \begin{pmatrix} 1 & 2 & 3 & 4 & 5 \\ 2 & 4 & 5 & 1 & 3 \end{pmatrix}$$

의 역치환을 각각 구하여라.

【풀이】 역치환이란 치환의 역함수를 의미하므로 각각의 치환에 대응하는 역치환은

$$\sigma^{-1} = \begin{pmatrix} 1 & 2 & 3 \\ 2 & 3 & 1 \end{pmatrix}, \qquad \delta^{-1} = \begin{pmatrix} 1 & 2 & 3 & 4 & 5 \\ 4 & 1 & 5 & 2 & 3 \end{pmatrix}$$

이다. □

정 리 3.2.1 $J_n = \{1, 2, 3, \ldots, n\}$ 위의 치환 σ, δ에 대하여

(1) $(\sigma\delta)^{-1} = \delta^{-1}\sigma^{-1}$ (2) $(\sigma^{-1})^{-1} = \sigma$

이 성립한다.

【증명】 (1) 집합 J_n 위의 치환 σ, δ는 모두 전단사함수이므로 각각에 대응하는 역함수 σ^{-1}, δ^{-1} 가 존재한다. 그런데

$$(\delta^{-1}\sigma^{-1})(\sigma\delta) = \delta^{-1}(\sigma^{-1}\sigma)\delta = \delta^{-1}\delta = 1$$

이므로 $(\sigma\delta)^{-1} = \delta^{-1}\sigma^{-1}$ 이다.

(2) 집합 J_n 위의 치환 σ는 전단사함수이므로 역함수 σ^{-1} 가 존재한다. 그런데

$$\sigma\sigma^{-1} = 1$$

이므로 $(\sigma^{-1})^{-1} = \sigma$ 이다. □

정 의 3.2.4 집합 $J_n = \{1, 2, 3, \ldots, n\}$에 있는 서로 다른 자연수 $i_1, i_2, \ldots, i_r$ $(1 < r \leq n)$이 치환 $\sigma \in S_n$에 의해

$$\sigma(i_1) = i_2, \quad \sigma(i_2) = i_3, \quad \ldots, \quad \sigma(i_{r-1}) = i_r, \quad \sigma(i_r) = i_1 \tag{3.43}$$

와 같은 순환 고리(즉, $i_1 \to i_2 \to \cdots \to i_{r-1} \to i_r \to i_1$)를 가지면서, $i_1, i_2, \ldots, i_r$을 제외한 J_n에 있는 나머지 원소들은 치환 σ에 의해 자신을 자신으로 대응시킬 때, 이러한 치환 σ를 일컬어 길이가 r인 **순환치환**(cycle permutation)이라고 한다. 특히 항등치환은 길이가 1 인 순환치환이라고 정의한다.

길이가 r 인 순환치환의 경우에 치환 (3.39) 의 표현을

$$\sigma = (i_1 \ \ i_2 \ \ \cdots \ \ i_{r-1} \ \ i_r) \tag{3.44}$$

와 같이 $1 \times r$ 크기의 행렬 형식으로 간단히 나타낸다. 특히 하나의 치환에 여러 개의 순환 고리가 있는 경우에는 각각의 순환 고리를 찾아 그들을 순서적으로 치환의 곱 형태로 나타낸다.

예제 3.2.5 다음 치환을 순환치환의 형태로 나타내어라.

(1) $\sigma = \begin{pmatrix} 1 & 2 & 3 & 4 & 5 & 6 \\ 2 & 3 & 4 & 6 & 5 & 1 \end{pmatrix}$ (2) $\delta = \begin{pmatrix} 1 & 2 & 3 & 4 & 5 & 6 \\ 3 & 4 & 1 & 5 & 2 & 6 \end{pmatrix}$

【풀이】 (1) 치환 σ 를 순환치환의 형태로 나타내면

$$\sigma = (1 \ \ 2 \ \ 3 \ \ 4 \ \ 6)$$

이다.

(2) 치환 δ 를 순환치환의 형태로 나타내면

$$\delta = (1 \ \ 3)(2 \ \ 4 \ \ 5)$$

이다. □

예제 3.2.6 집합 $J_3 = \{1, 2, 3\}$ 위의 치환을 모두 구하고, 각각의 치환을 순환치환의 형태로 나타내어라.

【풀이】 집합 $J_3 = \{1, 2, 3\}$ 위의 치환을 모두 구하면

$$\begin{pmatrix} 1 & 2 & 3 \\ 1 & 2 & 3 \end{pmatrix}, \quad \begin{pmatrix} 1 & 2 & 3 \\ 2 & 3 & 1 \end{pmatrix}, \quad \begin{pmatrix} 1 & 2 & 3 \\ 3 & 1 & 2 \end{pmatrix}, \quad \begin{pmatrix} 1 & 2 & 3 \\ 1 & 3 & 2 \end{pmatrix}, \quad \begin{pmatrix} 1 & 2 & 3 \\ 3 & 2 & 1 \end{pmatrix}, \quad \begin{pmatrix} 1 & 2 & 3 \\ 2 & 1 & 3 \end{pmatrix}$$

이다(예제 3.2.1 참조). 따라서 이들을 각각 순환치환의 형태로 나타내면

$$1, \quad (1 \ \ 2 \ \ 3), \quad (1 \ \ 3 \ \ 2), \quad (2 \ \ 3), \quad (1 \ \ 3), \quad (1 \ \ 2)$$

와 같다. □

참고 3.2.2 일반적으로 치환의 곱은 교환법칙이 성립하지 않는다(예제 3.2.2 참조). 그러나 예외적으로 공통인 수를 갖지 않는 순환치환의 곱은 교환법칙이 성립한다(예제 3.2.7 참조). 또한 길이가 k 인 순환치환을 k 번 곱하면 항상 항등치환이 된다(예제 3.2.7 참조).

예제 3.2.7 집합 $J_6 = \{1, 2, 3, 4, 5, 6\}$ 위의 두 개의 치환

$$\sigma = \begin{pmatrix} 1 & 2 & 3 & 4 & 5 & 6 \\ 2 & 4 & 3 & 1 & 5 & 6 \end{pmatrix}, \qquad \delta = \begin{pmatrix} 1 & 2 & 3 & 4 & 5 & 6 \\ 1 & 2 & 5 & 4 & 6 & 3 \end{pmatrix}$$

을 각각 순환치환의 형태로 나타내고, 또한 등식 $\sigma\delta = \delta\sigma$ 와 $\sigma^3 = 1$ 이 각각 성립함을 확인하여라.

【풀이】 (i) 두 개의 치환 σ, δ 를 각각 순환치환의 형태로 나타내면

$$\sigma = \begin{pmatrix} 1 & 2 & 3 & 4 & 5 & 6 \\ 2 & 4 & 3 & 1 & 5 & 6 \end{pmatrix} = (1\ \ 2\ \ 4), \qquad \delta = \begin{pmatrix} 1 & 2 & 3 & 4 & 5 & 6 \\ 1 & 2 & 5 & 4 & 6 & 3 \end{pmatrix} = (3\ \ 5\ \ 6)$$

이다.

(ii) 치환의 곱 $\sigma\delta$, $\delta\sigma$ 를 각각 계산하면

$$\sigma\delta = \begin{pmatrix} 1 & 2 & 3 & 4 & 5 & 6 \\ 2 & 4 & 3 & 1 & 5 & 6 \end{pmatrix}\begin{pmatrix} 1 & 2 & 3 & 4 & 5 & 6 \\ 1 & 2 & 5 & 4 & 6 & 3 \end{pmatrix} = \begin{pmatrix} 1 & 2 & 3 & 4 & 5 & 6 \\ 2 & 4 & 5 & 1 & 6 & 3 \end{pmatrix},$$

$$\delta\sigma = \begin{pmatrix} 1 & 2 & 3 & 4 & 5 & 6 \\ 1 & 2 & 5 & 4 & 6 & 3 \end{pmatrix}\begin{pmatrix} 1 & 2 & 3 & 4 & 5 & 6 \\ 2 & 4 & 3 & 1 & 5 & 6 \end{pmatrix} = \begin{pmatrix} 1 & 2 & 3 & 4 & 5 & 6 \\ 2 & 4 & 5 & 1 & 6 & 3 \end{pmatrix}$$

이므로 $\sigma\delta = \delta\sigma$ 이다. 즉, 공통인 수를 갖지 않는 순환치환 $\sigma = (1\ \ 2\ \ 4)$ 와 $\delta = (3\ \ 5\ \ 6)$ 의 곱은 교환법칙이 성립함을 알 수 있다.

(iii) 길이가 3 인 순환치환 σ 에 대하여 σ^3 은

$$\sigma^3 = \begin{pmatrix} 1 & 2 & 3 & 4 & 5 & 6 \\ 2 & 4 & 3 & 1 & 5 & 6 \end{pmatrix}\begin{pmatrix} 1 & 2 & 3 & 4 & 5 & 6 \\ 2 & 4 & 3 & 1 & 5 & 6 \end{pmatrix}\begin{pmatrix} 1 & 2 & 3 & 4 & 5 & 6 \\ 2 & 4 & 3 & 1 & 5 & 6 \end{pmatrix}$$

$$= \begin{pmatrix} 1 & 2 & 3 & 4 & 5 & 6 \\ 1 & 2 & 3 & 4 & 5 & 6 \end{pmatrix}$$

로서 항등치환임을 알 수 있다. □

정의 3.2.5 길이가 2 인 순환치환을 **호환**(transposition)이라고 하고, 숫자 i와 j만이 서로 바뀌고 나머지 숫자는 변하지 않는 호환의 형태를 간단히

$$(i \ \ j) \tag{3.45}$$

와 같이 나타낸다. 또한 길이가 r인 순환치환 $(i_1 \ \ i_2 \ \ \cdots \ \ i_{r-1} \ \ i_r)$은

$$(i_1 \ \ i_2 \ \ \cdots \ \ i_{r-1} \ \ i_r) = (i_1 \ \ i_r)(i_1 \ \ i_{r-1}) \ \ \cdots \ \ (i_1 \ \ i_2) \tag{3.46}$$

와 같이 $r-1$ 개의 호환의 곱으로 정의한다.[7)]

예제 3.2.8 다음 치환을 호환의 곱으로 나타내어라.

(1) $\sigma = \begin{pmatrix} 1 & 2 & 3 & 4 & 5 \\ 2 & 4 & 5 & 1 & 3 \end{pmatrix}$ (2) $\delta = \begin{pmatrix} 1 & 2 & 3 & 4 & 5 & 6 & 7 \\ 2 & 4 & 1 & 3 & 6 & 5 & 7 \end{pmatrix}$

【풀이】 (1) σ를 순환치환의 형태로 나타낸 후에, 이를 다시 호환의 곱으로 나타내면

$$\sigma = (1 \ \ 2 \ \ 4)(3 \ \ 5) = (1 \ \ 4)(1 \ \ 2)(3 \ \ 5)$$

와 같다.

(2) 치환 δ를 순환치환의 형태로 나타낸 후에, 이를 다시 호환의 곱으로 나타내면

$$\delta = (1 \ \ 2 \ \ 4 \ \ 3)(5 \ \ 6) = (1 \ \ 3)(1 \ \ 4)(1 \ \ 2)(5 \ \ 6)$$

와 같다. □

정의 3.2.6 짝수 개의 호환의 곱으로 표시되는 치환을 **우치환**(even permutation)이라고 하고, 홀수 개의 호환의 곱으로 표시되는 치환을 **기치환**(odd permutation)이라고 한다. 특히 항등치환은 우치환으로 정의한다.

---

7) 치환의 곱을 식 (3.42)에서와 같이 정의한 경우에는 길이가 r인 순환치환 $(i_1 \ \ i_2 \ \ i_3 \ \ \cdots \ \ i_{r-1} \ \ i_r)$을

$$(i_1 \ \ i_2 \ \ i_3 \ \ \cdots \ \ i_{r-1} \ \ i_r) = (i_1 \ \ i_2)(i_1 \ \ i_3) \ \ \cdots \ \ (i_1 \ \ i_{r-1})(i_1 \ \ i_r) \tag{3.47}$$

와 같이 $r-1$ 개의 호환의 곱으로 정의한다(I.N. Herstein, *Topics in Algebra, 2nd Edition*, Xerox Corporation 1975). 이 책에서는 일관성 있게 (3.46)과 같이 정의하도록 한다(Serge Lang, *Linear Algebra, 2nd Edition*, Addison-Wesley 1971).

예 제 3.2.9 집합 $J_3 = \{1, 2, 3\}$ 위의 치환을 모두 구하고, 이들을 각각 우치환과 기치환으로 구분하여라.

【풀이】 집합 $J_3 = \{1, 2, 3\}$ 위의 치환을 모두 구하면

$$\begin{pmatrix} 1 & 2 & 3 \\ 1 & 2 & 3 \end{pmatrix}, \quad \begin{pmatrix} 1 & 2 & 3 \\ 2 & 3 & 1 \end{pmatrix}, \quad \begin{pmatrix} 1 & 2 & 3 \\ 3 & 1 & 2 \end{pmatrix}, \quad \begin{pmatrix} 1 & 2 & 3 \\ 1 & 3 & 2 \end{pmatrix}, \quad \begin{pmatrix} 1 & 2 & 3 \\ 3 & 2 & 1 \end{pmatrix}, \quad \begin{pmatrix} 1 & 2 & 3 \\ 2 & 1 & 3 \end{pmatrix}$$

이고(예제 3.2.1 참조), 이들을 각각 순환치환의 형태로 나타내면

$$\sigma_1 = 1, \quad \sigma_2 = (1\ \ 2\ \ 3), \quad \sigma_3 = (1\ \ 3\ \ 2), \quad \sigma_4 = (2\ \ 3), \quad \sigma_5 = (1\ \ 3), \quad \sigma_6 = (1\ \ 2)$$

와 같다(예제 3.2.6 참조). 따라서 σ_4, σ_5, σ_6 은 기치환이고, σ_1 은 항등치환이므로 우치환임을 쉽게 알 수 있다. 또한 σ_2 와 σ_3 의 경우는 호환의 곱으로 나타냈을 때 각각

$$\sigma_2 = (1\ \ 2\ \ 3) = (1\ \ 3)(1\ \ 2), \qquad \sigma_3 = (1\ \ 3\ \ 2) = (1\ \ 2)(1\ \ 3)$$

이므로 우치환이다. □

정 의 3.2.7 집합 $S_n = \{\sigma \mid \sigma : J_n \to J_n \text{ 는 치환}\}$ 을 집합 $\{1, -1\}$ 로 대응시키는 함수

$$\text{sgn} : S_n \longrightarrow \{1, -1\} \tag{3.48}$$

을 다음과 같이 정의한다.

$$\text{sgn}(\sigma) = \begin{cases} 1, & (\sigma : \text{우치환}) \\ -1, & (\sigma : \text{기치환}) \end{cases} \tag{3.49}$$

이렇게 정의된 함수를 일컬어 **부호함수**(sign function)라고 한다. 이때 sgn(σ) 를 치환 σ 의 **부호**(sign)라고 한다.

예 제 3.2.10 다음 치환의 부호(sgn)를 결정하여라.

(1) $\sigma = \begin{pmatrix} 1 & 2 & 3 & 4 & 5 \\ 2 & 3 & 4 & 5 & 1 \end{pmatrix}$ (2) $\delta = \begin{pmatrix} 1 & 2 & 3 & 4 & 5 \\ 3 & 4 & 1 & 5 & 2 \end{pmatrix}$

【풀이】 (1) 치환 σ를 순환치환의 형태로 나타낸 후에, 다시 호환의 곱으로 나타내면

$$\sigma = (1\ \ 2\ \ 3\ \ 4\ \ 5) = (1\ \ 5)(1\ \ 4)(1\ \ 3)(1\ \ 2)$$

이므로 σ는 우치환이다. 따라서 $\mathrm{sgn}(\sigma) = 1$ 이다.

(2) 치환 δ를 순환치환의 형태로 나타낸 후에, 이를 다시 호환의 곱으로 나타내면

$$\delta = (1\ \ 3)(2\ \ 4\ \ 5) = (1\ \ 3)(2\ \ 5)(2\ \ 4)$$

이므로 δ는 기치환이다. 따라서 $\mathrm{sgn}(\delta) = -1$ 이다. □

3.2.2 행렬식

정의 3.2.8 n차 정사각행렬 $A = (a_{ij})$에 대하여

$$\sum_{\sigma \in S_n} \mathrm{sgn}(\sigma)\, a_{1\sigma(1)}\, a_{2\sigma(2)} \cdots a_{n\sigma(n)} \tag{3.50}$$

으로 정의되는 하나의 수를 행렬 A의 **행렬식**(determinant)이라고 하고, 기호로는 $\det A$ 또는 $|A|$로 나타낸다. 즉, 행렬 $A = (a_{ij}) \in M_{n\times n}$에 대하여 A의 행렬식은

$$\det A = \begin{vmatrix} a_{11} & a_{12} & \cdots & a_{1n} \\ a_{21} & a_{22} & \cdots & a_{2n} \\ \vdots & \vdots & \ddots & \vdots \\ a_{n1} & a_{n2} & \cdots & a_{nn} \end{vmatrix} = \sum_{\sigma \in S_n} \mathrm{sgn}(\sigma)\, a_{1\sigma(1)}\, a_{2\sigma(2)} \cdots a_{n\sigma(n)} \tag{3.51}$$

이다.[8)]

---

8) 정의 3.1.1에서 언급한 바와 같이 행렬은 괄호 ( )을 사용하여 나타낸다. 그러나 행렬식은 여기서와 같이 det 또는 절댓값 기호 | |을 사용하여 나타낸다. 따라서 행렬 또는 행렬식을 표현할 때 이들이 갖는 의미에 따라 적절히 구분해서 나타내어야 한다.

예제 3.2.11 행렬식의 정의로부터 1 차 정사각행렬 $A = (a_{11})$ 의 행렬식을 구하고, 그 결과를 이용하여 1 차 정사각행렬 $B = (-5)$ 의 행렬식을 구하여라.

【풀이】 집합 $S_1 = \{\sigma \mid \sigma : J_1 \to J_1 \text{ 는 치환}\}$ 의 유일한 원소는 항등치환이다. 따라서 이 항등치환을 σ_1 이라고 놓으면, 행렬식의 정의로부터 주어진 1 차 정사각행렬 $A = (a_{11})$ 의 행렬식은

$$\det A = \sum_{\sigma \in S_1} \operatorname{sgn}(\sigma)\, a_{1\sigma(1)} = \operatorname{sgn}(\sigma_1)\, a_{1\sigma_1(1)} = 1 \cdot a_{11} = a_{11} \tag{3.52}$$

이다. 즉, 1 차 정사각행렬 $A = (a_{11})$ 의 행렬식은 행렬의 유일한 성분인 a_{11} 그 자체이다. 따라서 1 차 정사각행렬 $B = (-5)$ 의 행렬식은 -5, 즉 $\det B = -5$ 이다. □

예제 3.2.12 2 차 정사각행렬

$$A = \begin{pmatrix} a_{11} & a_{12} \\ a_{21} & a_{22} \end{pmatrix}, \qquad B = \begin{pmatrix} 1 & 2 \\ 3 & 4 \end{pmatrix}$$

에 대하여, 먼저 행렬식의 정의로부터 행렬 A 의 행렬식을 구하고, 그 결과를 이용하여 행렬 B 의 행렬식을 구하여라.

【풀이】 집합 $S_2 = \{\sigma \mid \sigma : J_2 \to J_2 \text{ 는 치환}\}$ 의 원소인 치환은 $2! = 2$ 개 있다. 편의상 이들 치환을 각각

$$\sigma_1 = \begin{pmatrix} 1 & 2 \\ 1 & 2 \end{pmatrix} = 1, \qquad \sigma_2 = \begin{pmatrix} 1 & 2 \\ 2 & 1 \end{pmatrix} = (1\ \ 2)$$

이라고 놓자. 그러면 σ_1 은 항등치환으로서 우치환이므로 $\operatorname{sgn}(\sigma_1) = 1$ 이고, σ_2 는 기치환으로서 $\operatorname{sgn}(\sigma_1) = -1$ 이다. 따라서 행렬식의 정의로부터 행렬 $A = (a_{ij}) \in M_{2\times2}$ 의 행렬식은

$$\begin{aligned} \det A &= \sum_{\sigma \in S_2} \operatorname{sgn}(\sigma)\, a_{1\sigma(1)}\, a_{2\sigma(2)} \\ &= \operatorname{sgn}(\sigma_1)\, a_{1\sigma_1(1)}\, a_{2\sigma_1(2)} + \operatorname{sgn}(\sigma_2)\, a_{1\sigma_2(1)}\, a_{2\sigma_2(2)} \\ &= 1 \cdot a_{11}a_{22} + (-1) \cdot a_{12}a_{21} \\ &= a_{11}a_{22} - a_{12}a_{21} \end{aligned} \tag{3.53}$$

이다. 위에서 편의상 각각의 치환을 $\sigma_1 = 1$, $\sigma_2 = (1\ \ 2)$ 와 같이 놓고 행렬식의 정의에 따라 행렬식을 구했다. 그러나 치환의 순서를 바꿔서 $\sigma_1 = (1\ \ 2)$, $\sigma_2 = 1$ 와 같이 놓고 행

렬식의 정의에 따라 행렬식을 구해도 그 결과는 같다. 즉, 치환의 순서를 어떻게 선택하든 행렬식의 결과에는 변화가 없다. 이제 위에서 얻은 결과 식 (3.53)을 이용하여 2차 정사각행렬 B의 행렬식을 계산하면 $\det B = 1 \cdot 4 - 2 \cdot 3 = -2$ 임을 알 수 있다. □

예제 3.2.13 3차 정사각행렬

$$A = \begin{pmatrix} a_{11} & a_{12} & a_{13} \\ a_{21} & a_{22} & a_{23} \\ a_{31} & a_{32} & a_{33} \end{pmatrix}, \qquad B = \begin{pmatrix} 1 & 0 & 2 \\ 2 & 1 & 0 \\ 0 & 1 & 0 \end{pmatrix}$$

에 대하여, 먼저 행렬식의 정의로부터 행렬 A의 행렬식을 구하고, 그 결과를 이용하여 행렬 B의 행렬식을 구하여라.

【풀이】 집합 $S_3 = \{\sigma \mid \sigma : J_3 \to J_3$ 는 치환$\}$의 원소인 치환은 모두 $3! = 6$개 있다. 편의상 이들 치환을 각각

$$\sigma_1 = \begin{pmatrix} 1 & 2 & 3 \\ 1 & 2 & 3 \end{pmatrix}, \qquad \sigma_2 = \begin{pmatrix} 1 & 2 & 3 \\ 2 & 3 & 1 \end{pmatrix} = (1\ 2\ 3), \qquad \sigma_3 = \begin{pmatrix} 1 & 2 & 3 \\ 3 & 1 & 2 \end{pmatrix} = (1\ 3\ 2),$$

$$\sigma_4 = \begin{pmatrix} 1 & 2 & 3 \\ 1 & 3 & 2 \end{pmatrix} = (2\ 3), \qquad \sigma_5 = \begin{pmatrix} 1 & 2 & 3 \\ 3 & 2 & 1 \end{pmatrix} = (1\ 3), \qquad \sigma_6 = \begin{pmatrix} 1 & 2 & 3 \\ 2 & 1 & 3 \end{pmatrix} = (1\ 2)$$

이라고 놓자. 그러면 σ_i $(i = 1, 2, 3)$은 우치환이므로 $\operatorname{sgn}(\sigma_i) = 1$ $(i = 1, 2, 3)$이고, 또한 σ_i $(i = 4, 5, 6)$은 기치환이므로 $\operatorname{sgn}(\sigma_i) = -1$ $(i = 4, 5, 6)$이다. 따라서 행렬식의 정의로부터 행렬 $A = (a_{ij}) \in M_{3\times3}$의 행렬식은

$$\begin{aligned}
\det A &= \sum_{\sigma \in S_3} \operatorname{sgn}(\sigma)\, a_{1\sigma(1)}\, a_{2\sigma(2)}\, a_{3\sigma(3)} \\
&= \operatorname{sgn}(\sigma_1)\, a_{1\sigma_1(1)}\, a_{2\sigma_1(2)}\, a_{3\sigma_1(3)} + \operatorname{sgn}(\sigma_2)\, a_{1\sigma_2(1)}\, a_{2\sigma_2(2)}\, a_{3\sigma_2(3)} + \operatorname{sgn}(\sigma_3)\, a_{1\sigma_3(1)}\, a_{2\sigma_3(2)}\, a_{3\sigma_3(3)} \\
&\quad + \operatorname{sgn}(\sigma_4)\, a_{1\sigma_4(1)}\, a_{2\sigma_4(2)}\, a_{3\sigma_4(3)} + \operatorname{sgn}(\sigma_5)\, a_{1\sigma_5(1)}\, a_{2\sigma_5(2)}\, a_{3\sigma_5(3)} + \operatorname{sgn}(\sigma_6)\, a_{1\sigma_6(1)}\, a_{2\sigma_6(2)}\, a_{3\sigma_6(3)} \\
&= 1 \cdot a_{11}a_{22}a_{33} + 1 \cdot a_{12}a_{23}a_{31} + 1 \cdot a_{12}a_{23}a_{31} \\
&\quad + (-1) \cdot a_{11}a_{23}a_{32} + (-1) \cdot a_{13}a_{22}a_{31} + (-1) \cdot a_{12}a_{21}a_{33} \\
&= a_{11}a_{22}a_{33} + a_{12}a_{23}a_{31} + a_{13}a_{21}a_{32} - a_{11}a_{23}a_{32} - a_{13}a_{22}a_{31} - a_{12}a_{21}a_{33}
\end{aligned} \tag{3.54}$$

이다. 이제 위에서 얻은 결과 식 (3.54)를 이용하여 3차 정사각행렬 B의 행렬식을 계산하면

$$\det B = 1\cdot 1\cdot 0 + 0\cdot 0\cdot 0 + 2\cdot 2\cdot 1 - 1\cdot 0\cdot 1 - 2\cdot 1\cdot 0 - 0\cdot 2\cdot 0 = 4$$

임을 알 수 있다. □

참고 3.2.3 2차 및 3차 정사각행렬의 행렬식은 그림 3.1에서와 같이 얻을 수도 있는데 이를 **사루스의 법칙**(Sarrus's law)이라고 한다. Sarrus[9]의 법칙에 의한 행렬식 연산은 2차 및 3차 정사각행렬의 행렬식을 연산할 때에는 효과적이지만, 4차 이상의 정사각행렬에 관한 행렬식 연산에는 적용되지 않는다.

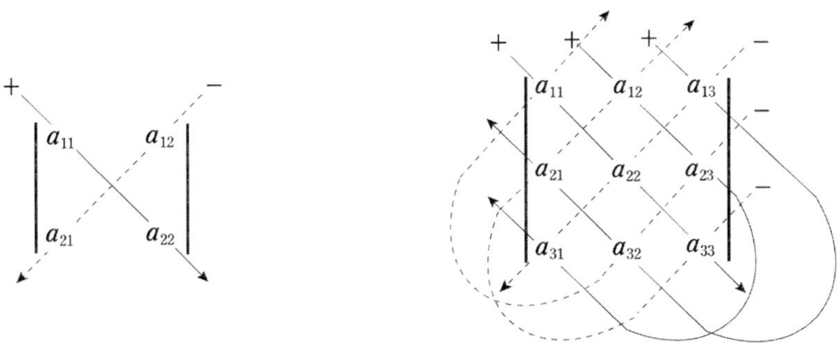

2차정사각행렬의 행렬식　　　3차정사각행렬의 행렬식

[그림 3.1] 사루스의 법칙

예제 3.2.14 주어진 행렬의 행렬식을 정의에 따라 계산하고, 그 결과를 사루스의 법칙을 이용하여 얻은 결과와 비교하여라.

(1) $A = \begin{pmatrix} 2 & -1 \\ -3 & 1 \end{pmatrix}$　　(2) $B = \begin{pmatrix} 1 & 0 & -2 \\ 0 & -2 & 0 \\ -1 & 0 & 1 \end{pmatrix}$

【풀이】 (1) $\det A = 2\cdot 1 - (-1)\cdot(-3) = -1$.

(2) $\det B = 1\cdot(-2)\cdot 1 + 0\cdot 0\cdot(-1) + (-2)\cdot 0\cdot 0 - (-2)\cdot(-2)\cdot(-1) - 0\cdot 0\cdot 1 - 1\cdot 0\cdot 0 = 2$. □

9) 사루스(Sarrus, Pierre Frédéric 1798 ~ 1861, 프랑스의 수학자)

예제 3.2.15 사루스의 법칙을 적용하여 다음 각각의 방정식의 해 x를 구하여라.

(1) $\begin{vmatrix} x & x \\ 4 & 2x \end{vmatrix} = 0$ (2) $\begin{vmatrix} x+3 & -1 & 1 \\ 5 & x-3 & 1 \\ 6 & -6 & x+5 \end{vmatrix} = 0$ (3) $\begin{vmatrix} 1 & 1 & 1 \\ 1 & x & 2 \\ 1 & x^2 & 4 \end{vmatrix} = 0$

【풀이】 (1) 먼저 사루스의 법칙을 적용하여 좌변의 행렬식을 구한 후에 방정식의 형태를 간단히 나타내면

$$x(x-2) = 0$$

이다. 따라서 구하는 해는 $x = 0$ 또는 $x = 2$ 이다.

(2) 먼저 사루스의 법칙을 적용하여 좌변의 행렬식을 구한 후에 방정식의 형태를 간단히 나타내면

$$(x+5)(x+2)(x-2) = 0$$

이다. 따라서 구하는 해는 $x = -5$ 또는 $x = \pm 2$ 이다.

(3) 먼저 사루스의 법칙을 적용하여 좌변의 행렬식을 구한 후에 방정식의 형태를 간단히 나타내면

$$(x-1)(x-2) = 0$$

이다. 따라서 구하는 해는 $x = 1$ 또는 $x = 2$ 이다. □

3.2.3 행렬식의 성질

정리 3.2.2 n차 정사각행렬 A의 한 행(또는 열)의 성분이 모두 0 이면

$$\det A = 0 \tag{3.55}$$

이다.

【증명】 행렬 $A = (a_{ij}) \in M_{n\times n}$의 i번째 행의 성분이 모두 0이라고 가정하자. 행렬식의 정의에 의하면 행렬 A의 행렬식은

$$\det A = \sum_{\sigma\in S_n} \operatorname{sgn}(\sigma)\, a_{1\sigma(1)}\, a_{2\sigma(2)} \cdots a_{i\sigma(i)} \cdots a_{n\sigma(n)} \tag{3.56}$$

이다(정의 3.2.8 참조). 이때 집합 S_n에는 $n!$개의 치환이 존재한다. 이들 각각의 치환을 σ_k $(k = 1, 2, \ldots, n!)$라고 놓자. 그러면 식 (3.56)으로부터

$$\begin{aligned}
\det A &= \sum_{\sigma\in S_n} \operatorname{sgn}(\sigma)\, a_{1\sigma(1)}\, a_{2\sigma(2)} \cdots a_{i\sigma(i)} \cdots a_{n\sigma(n)} \\
&= \sum_{k=1}^{n!} \operatorname{sgn}(\sigma_k)\, a_{1\sigma_k(1)}\, a_{2\sigma_k(2)} \cdots a_{i\sigma_k(i)} \cdots a_{n\sigma_k(n)} \\
&= \operatorname{sgn}(\sigma_1)\, a_{1\sigma_1(1)}\, a_{2\sigma_1(2)} \cdots a_{i\sigma_1(i)} \cdots a_{n\sigma_1(n)} \\
&\quad + \operatorname{sgn}(\sigma_2)\, a_{1\sigma_2(1)}\, a_{2\sigma_2(2)} \cdots a_{i\sigma_2(i)} \cdots a_{n\sigma_2(n)} \\
&\quad + \cdots + \operatorname{sgn}(\sigma_k)\, a_{1\sigma_k(1)}\, a_{2\sigma_k(2)} \cdots a_{i\sigma_k(i)} \cdots a_{n\sigma_k(n)} \\
&\quad + \cdots + \operatorname{sgn}(\sigma_{n!})\, a_{1\sigma_{n!}(1)}\, a_{2\sigma_{n!}(2)} \cdots a_{i\sigma_{n!}(i)} \cdots a_{n\sigma_{n!}(n)}
\end{aligned} \tag{3.57}$$

을 얻는다. 그런데 가정으로부터 i번째 행의 성분이 모두 0이므로 각각의 k에 대하여 $a_{i\sigma_k(i)} = 0$ $(k = 1, 2, \ldots, n!)$이다. 따라서 식 (3.57)로부터

$$\begin{aligned}
\det A &= \operatorname{sgn}(\sigma_1)\, a_{1\sigma_1(1)}\, a_{2\sigma_1(2)} \cdots a_{i\sigma_1(i)} \cdots a_{n\sigma_1(n)} \\
&\quad + \operatorname{sgn}(\sigma_2)\, a_{1\sigma_2(1)}\, a_{2\sigma_2(2)} \cdots a_{i\sigma_2(i)} \cdots a_{n\sigma_2(n)} \\
&\quad + \cdots + \operatorname{sgn}(\sigma_k)\, a_{1\sigma_k(1)}\, a_{2\sigma_k(2)} \cdots a_{i\sigma_k(i)} \cdots a_{n\sigma_k(n)} \\
&\quad + \cdots + \operatorname{sgn}(\sigma_{n!})\, a_{1\sigma_{n!}(1)}\, a_{2\sigma_{n!}(2)} \cdots a_{i\sigma_{n!}(i)} \cdots a_{n\sigma_{n!}(n)} \\
&= \operatorname{sgn}(\sigma_1)\, a_{1\sigma_1(1)}\, a_{2\sigma_1(2)} \cdots 0 \cdots a_{n\sigma_1(n)} \\
&\quad + \operatorname{sgn}(\sigma_2)\, a_{1\sigma_2(1)}\, a_{2\sigma_2(2)} \cdots 0 \cdots a_{n\sigma_2(n)} \\
&\quad + \cdots + \operatorname{sgn}(\sigma_k)\, a_{1\sigma_k(1)}\, a_{2\sigma_k(2)} \cdots 0 \cdots a_{n\sigma_k(n)} \\
&\quad + \cdots + \operatorname{sgn}(\sigma_{n!})\, a_{1\sigma_{n!}(1)}\, a_{2\sigma_{n!}(2)} \cdots 0 \cdots a_{n\sigma_{n!}(n)} \\
&= 0
\end{aligned}$$

이다. 따라서 n 차 정사각행렬 A 의 어느 한 행의 성분이 모두 0 이면 $\det A = 0$ 이다. 유사한 방법으로 하나의 열의 성분이 모두 0 인 경우에 대해서도 증명할 수 있다. □

예제 3.2.16 다음 행렬의 행렬식을 구하여라.

(1) $A = \begin{pmatrix} 1 & 2 & 3 \\ 0 & 0 & 0 \\ 2 & 1 & 4 \end{pmatrix}$ (2) $B = \begin{pmatrix} 1 & 2 & 0 & 2 \\ 2 & 1 & 0 & 1 \\ 3 & 2 & 0 & 4 \\ 4 & 0 & 0 & 3 \end{pmatrix}$

【풀이】 (1) A 의 2 행의 모든 성분은 0 이다. 따라서 정리 3.2.2 에 의해 $\det A = 0$ 이다.

(2) B 의 3 열의 모든 성분은 0 이다. 따라서 정리 3.2.2 에 의해 $\det B = 0$ 이다. □

정리 3.2.3 n 차 정사각행렬 $A = (a_{ij})$ 가 삼각행렬이면, A 의 행렬식은 행렬 A 의 모든 주대각성분들의 곱과 같다. 즉,

$$\det A = a_{11}\, a_{22} \cdots a_{nn} \tag{3.58}$$

이다.

예제 3.2.17 다음 행렬의 행렬식을 구하여라.

(1) $A = \begin{pmatrix} 1 & 0 & 4 \\ 0 & 2 & 1 \\ 0 & 0 & 3 \end{pmatrix}$ (2) $B = \begin{pmatrix} 1 & 0 & 0 & 0 \\ 1 & 2 & 0 & 0 \\ 0 & 2 & 3 & 0 \\ 4 & 3 & 2 & 4 \end{pmatrix}$

【풀이】 (1) 행렬 A 는 상삼각행렬인 삼각행렬이므로 행렬식은 $\det A = 1 \cdot 2 \cdot 3 = 6$ 이다.

(2) 행렬 B 는 하삼각행렬인 삼각행렬이므로 행렬식은 $\det B = 1 \cdot 2 \cdot 3 \cdot 4 = 24$ 이다. □

정리 3.2.4 n 차 정사각행렬 A 의 행렬식과 이것의 전치행렬인 A^t 의 행렬식은 같다. 즉,

$$\det A = \det A^t \tag{3.59}$$

이다.

참고 3.2.4 정리 3.2.4 에 의해서 행렬식과 관련한 어떤 성질이 행에 대하여 성립한다면, 그 성질은 열에 대해서도 마찬가지로 성립한다는 것을 알 수 있다.

예제 3.2.18 행렬

$$A = \begin{pmatrix} 2 & 1 \\ -1 & 4 \end{pmatrix}, \qquad B = \begin{pmatrix} 1 & 0 & 2 \\ 3 & 2 & 1 \\ 0 & 1 & 0 \end{pmatrix}$$

에 대하여 직접 연산을 통하여 $\det A = \det A^t$ 와 $\det B = \det B^t$ 가 성립함을 확인하여라.

【풀이】 행렬 A 에 대하여

$$\det A = \begin{vmatrix} 2 & 1 \\ -1 & 4 \end{vmatrix} = 9, \qquad \det A^t = \begin{vmatrix} 2 & -1 \\ 1 & 4 \end{vmatrix} = 9$$

이므로 $\det A = \det A^t$ 이 성립한다. 또한 행렬 B 에 대하여

$$\det B = \begin{vmatrix} 1 & 0 & 2 \\ 3 & 2 & 1 \\ 0 & 1 & 0 \end{vmatrix} = 5, \qquad \det B^t = \begin{vmatrix} 1 & 3 & 0 \\ 0 & 2 & 1 \\ 2 & 1 & 0 \end{vmatrix} = 5$$

이므로 $\det B = \det B^t$ 이 성립한다. □

정리 3.2.5 (1) 한 개의 행(또는 열)에 스칼라 α 배를 한 행렬의 행렬식은 원래 행렬의 행렬식에 스칼라 α 배한 것과 같다.

(2) 서로 다른 두 개의 행(또는 열)을 한번 교환한 행렬의 행렬식은 원래 행렬의 행렬식에 -1 배한 것과 같다.

(3) 한 행(또는 열)에 스칼라 α 배를 하여 다른 한 행(또는 열)에 더하여 만든 행렬의 행렬식은 원래 행렬의 행렬식과 같다. 즉, R_i 를 주어진 행렬의 i 번째 행(또는 열)이라고 하고, α 를 스칼라라고 하자. 이때

$$R_i \quad \longleftarrow \quad R_i + \alpha R_j \tag{3.60}$$

와 같은 방법으로 주어진 행렬의 i 번째 행(또는 열)을 바꾸어도 행렬식은 같다.

예제 3.2.19 다음 행렬의 행렬식을 구하여라.

(1) $A = \begin{pmatrix} 1 & 1 & 3 \\ 1 & 2 & 3 \\ 3 & 2 & 1 \end{pmatrix}$ (2) $B = \begin{pmatrix} 1 & 1 & 3 \\ 2 & 4 & 6 \\ 3 & 2 & 1 \end{pmatrix}$ (3) $C = \begin{pmatrix} 1 & 1 & 3 \\ 2 & 4 & 6 \\ 9 & 6 & 3 \end{pmatrix}$ (4) $D = \begin{pmatrix} 1 & 1 & 3 \\ 3 & 2 & 1 \\ 2 & 4 & 6 \end{pmatrix}$

【풀이】 (1) 사루스의 법칙을 적용하면

$$\det A = 1\cdot 2\cdot 1 + 1\cdot 3\cdot 3 + 3\cdot 2\cdot 1 - 3\cdot 2\cdot 3 - 3\cdot 2\cdot 1 - 1\cdot 1\cdot 1 = -8$$

이다.

(2) 정리 3.2.5(1)과 풀이 (1)의 결과로부터

$$\det B = \begin{vmatrix} 1 & 1 & 3 \\ 2 & 4 & 6 \\ 3 & 2 & 1 \end{vmatrix} = \begin{vmatrix} 1 & 1 & 3 \\ 2\cdot 1 & 2\cdot 2 & 2\cdot 3 \\ 3 & 2 & 1 \end{vmatrix} = 2\begin{vmatrix} 1 & 1 & 3 \\ 1 & 2 & 3 \\ 3 & 2 & 1 \end{vmatrix} = 2\det A = 2\cdot(-8) = -16$$

이다.

(3) 정리 3.2.5(1)과 풀이 (1)의 결과로부터

$$\det C = \begin{vmatrix} 1 & 1 & 3 \\ 2 & 4 & 6 \\ 9 & 6 & 3 \end{vmatrix} = \begin{vmatrix} 1 & 1 & 3 \\ 2\cdot 1 & 2\cdot 2 & 2\cdot 3 \\ 3\cdot 3 & 3\cdot 2 & 3\cdot 1 \end{vmatrix} = 2\cdot 3\begin{vmatrix} 1 & 1 & 3 \\ 1 & 2 & 3 \\ 3 & 2 & 1 \end{vmatrix} = 6\det A = 6\cdot(-8) = -48$$

이다.

(4) 정리 3.2.5(2)와 풀이 (2)의 결과로부터

$$\det D = \begin{vmatrix} 1 & 1 & 3 \\ 3 & 2 & 1 \\ 2 & 4 & 6 \end{vmatrix} = -\begin{vmatrix} 1 & 1 & 3 \\ 2 & 4 & 6 \\ 3 & 2 & 1 \end{vmatrix} = -\det B = 16$$

이다. □

예제 3.2.20 행렬 $A \in M_{n\times n}$와 수 α에 대하여 $\det(\alpha A) = \alpha^n \det A$임을 보여라.

【풀이】 A^j를 n차 정사각행렬 A의 j번째 열이라고 하자. 그러면 정리 3.2.5(1)로부터

$$\begin{aligned}\det(\alpha A) &= \det((\alpha A^1\ \alpha A^2\ \alpha A^3\ \cdots\ \alpha A^n))\\ &= \alpha \det((A^1\ \alpha A^2\ \alpha A^3\ \cdots\ \alpha A^n))\\ &= \alpha^2 \det((A^1\ A^2\ \alpha A^3\ \cdots\ \alpha A^n))\\ &\ \ \vdots\\ &= \alpha^n \det((A^1\ A^2\ A^3\ \cdots\ A^n))\\ &= \alpha^n \det A\end{aligned}$$

이다. □

참고 3.2.5 주어진 행렬의 행렬식을 얻기 위하여 정리 3.2.5의 내용을 체계적으로 반복 시행하면 주어진 행렬의 행렬식을 삼각행렬의 행렬식 형태로 변형시켜 구할 수 있다. 이때 주어진 행렬의 행렬식과 변형된 삼각행렬의 행렬식은 같다. 그런데 삼각행렬의 행렬식은 단지 주대각성분들만을 곱하면 얻어진다. 따라서 일반적인 행렬의 형태로부터 행렬식을 구하는 것보다 삼각행렬의 형태로 변형된 행렬로부터 행렬식을 구하는 것이 보다 효과적이다(예제 3.2.21 참조). 이러한 방법은 사루스의 법칙이 적용되지 않는 4차 정사각행렬 이상의 크기를 갖는 행렬의 행렬식을 구할 때 자주 이용된다.

예제 3.2.21 행렬식의 성질을 이용하여 다음 행렬의 행렬식을 구하여라.

(1) $A = \begin{pmatrix} 1 & 1 & 3 \\ 2 & 4 & 4 \\ 3 & 2 & 1 \end{pmatrix}$ (2) $B = \begin{pmatrix} 2 & 1 & 3 \\ 4 & 2 & 1 \\ 6 & -3 & 4 \end{pmatrix}$

【풀이】 (1) 『행렬의 한 행(R_j) 또는 열(C_j)에 수 α를 곱하여 다른 행(R_i) 또는 열(C_i)에 더하여도(즉, $R_i \leftarrow R_i + \alpha R_j$ 또는 $C_i \leftarrow C_i + \alpha C_j$) 주어진 행렬의 행렬식에는 변함이 없다』는 정리 3.2.5의 성질을 체계적으로 반복 시행하여 상삼각행렬의 형태로 변형시켜 구하도록 하자.

$$\det A = \begin{vmatrix} 1 & 1 & 3 \\ 2 & 4 & 4 \\ 3 & 2 & 1 \end{vmatrix} = \begin{vmatrix} 1 & 1 & 3 \\ 0 & 2 & -2 \\ 0 & -1 & -8 \end{vmatrix}$$

[$R_2 \leftarrow R_2 + (-2)\cdot R_1$, $R_3 \leftarrow R_3 + (-3)\cdot R_1$ 을 실행한 결과]

$$= \begin{vmatrix} 1 & 1 & 3 \\ 0 & 2 & -2 \\ 0 & 0 & -9 \end{vmatrix}$$

[$R_3 \leftarrow R_3 + (1/2)R_2$ 를 실행한 결과]

$$= 1 \cdot 2 \cdot (-9)$$

[주대각성분을 모두 곱한 결과]

$$= -18$$

따라서 $\det A = -18$ 이다.

(2) (1)에서와 같은 방법으로 구하도록 하자.

$$\det B = \begin{vmatrix} 2 & 1 & 3 \\ 4 & 2 & 1 \\ 6 & -3 & 4 \end{vmatrix} = \begin{vmatrix} 2 & 1 & 3 \\ 0 & 0 & -5 \\ 0 & -6 & -5 \end{vmatrix}$$

[$R_2 \leftarrow R_2 + (-2) \cdot R_1$, $R_3 \leftarrow R_3 + (-3) \cdot R_1$ 을 실행한 결과]

$$= -\begin{vmatrix} 2 & 1 & 3 \\ 0 & -6 & -5 \\ 0 & 0 & -5 \end{vmatrix}$$

[$R_2 \longleftrightarrow R_3$ 을 실행한 결과]

$$= -(2 \cdot (-6) \cdot (-5))$$

[주대각성분을 모두 곱한 결과]

$$= -60$$

따라서 $\det B = -60$ 이다. □

정리 3.2.6 n 차 정사각행렬 A, B 에 대하여

$$\det(AB) = \det A \det B \tag{3.61}$$

이다.

예 제 3.2.22 행렬

$$A = \begin{pmatrix} 1 & 0 \\ 2 & 1 \end{pmatrix}, \qquad B = \begin{pmatrix} 2 & 1 \\ 0 & 3 \end{pmatrix}$$

에 대하여 직접 연산을 통하여 $\det(AB) = \det A \det B$ 이 성립함을 확인하여라.

【풀이】 행렬 A 와 B 는 모두 삼각행렬이므로 각각의 행렬식은 그들의 주대각성분들만을 모두 곱하면 쉽게 얻어진다. 따라서 $\det A = 1 \cdot 1 = 1$ 이고 $\det B = 2 \cdot 3 = 6$ 이다. 그런데

$$AB = \begin{pmatrix} 1 & 0 \\ 2 & 1 \end{pmatrix}\begin{pmatrix} 2 & 1 \\ 0 & 3 \end{pmatrix} = \begin{pmatrix} 2 & 1 \\ 4 & 5 \end{pmatrix}$$

이므로 $\det(AB) = 2 \cdot 5 - 1 \cdot 4 = 6$ 이다. 따라서 $\det(AB) = 6 = \det A \det B$ 이다. □

예 제 3.2.23 n 차 정사각행렬 A, B 에 대하여

$$\det(AB) = \det(BA)$$

이 성립함을 증명하여라.

【풀이】 n 차 정사각행렬 A, B 에 대하여 정리 3.2.6 을 적용하면

$$\det(AB) = \det A \det B = \det B \det A = \det(BA)$$

이다. 따라서 $\det(AB) = \det(BA)$ 이다. □

정 의 3.2.9 정사각행렬 A 가 등식

$$AA^t = I \tag{3.62}$$

를 만족시키면 A 를 **직교행렬**(orthogonal matrix)이라고 한다. 직교행렬 A 는 가역행렬로서 $A^{-1} = A^t$ 이다.

예 제 3.2.24 행렬

$$A = \begin{pmatrix} \frac{1}{\sqrt{2}} & \frac{1}{\sqrt{2}} \\ -\frac{1}{\sqrt{2}} & \frac{1}{\sqrt{2}} \end{pmatrix}$$

가 직교행렬임을 보이고, 또한 A 의 역행렬을 구하여라.

【풀이】 행렬 A에 대하여

$$AA^t = \begin{pmatrix} \frac{1}{\sqrt{2}} & \frac{1}{\sqrt{2}} \\ -\frac{1}{\sqrt{2}} & \frac{1}{\sqrt{2}} \end{pmatrix}\begin{pmatrix} \frac{1}{\sqrt{2}} & -\frac{1}{\sqrt{2}} \\ \frac{1}{\sqrt{2}} & \frac{1}{\sqrt{2}} \end{pmatrix} = \begin{pmatrix} 1 & 0 \\ 0 & 1 \end{pmatrix} = I$$

이 성립한다. 따라서 A는 직교행렬이다. 또한 A의 역행렬은

$$A^{-1} = A^t = \begin{pmatrix} \frac{1}{\sqrt{2}} & \frac{1}{\sqrt{2}} \\ -\frac{1}{\sqrt{2}} & \frac{1}{\sqrt{2}} \end{pmatrix}^t = \begin{pmatrix} \frac{1}{\sqrt{2}} & -\frac{1}{\sqrt{2}} \\ \frac{1}{\sqrt{2}} & \frac{1}{\sqrt{2}} \end{pmatrix}$$

이다. □

예제 3.2.25 A가 직교행렬일 때 $\det A = \pm 1$ 임을 보여라.

【풀이】 A가 직교행렬이므로, 직교행렬의 정의로부터 $AA^t = I$이 성립한다. 따라서 이 등식의 양변에 행렬식을 취하면 $\det(AA^t) = \det I$ 이다. 그런데

$$\det(AA^t) = \det A \det A^t = \det A \det A = (\det A)^2, \qquad \det I = 1$$

이므로 $(\det A)^2 = 1$ 이다. 따라서 $\det A = \pm 1$ 이다. □

제 3 장 연습문제[10)]

1. 행렬

$$A = \begin{pmatrix} 1 & 0 & 2 \\ 0 & 1 & 0 \end{pmatrix}, \qquad B = \begin{pmatrix} -1 & 0 & -1 \\ 0 & 1 & 2 \end{pmatrix}$$

에 대하여 다음을 계산하여라.

(1) $2A - B$　　　　(2) $A + 2B$

2. 다음 각 문제에 대하여 등식을 만족시키는 수 α, β, γ를 구하여라.

(1) $\begin{pmatrix} 3 & 1 \\ -2 & 0 \end{pmatrix}\begin{pmatrix} 1 & \alpha \\ \beta & 2 \end{pmatrix} = \begin{pmatrix} 3 & 5 \\ -2 & -2 \end{pmatrix}$　　　　(2) $\begin{pmatrix} \alpha & 0 \\ 1 & -2 \end{pmatrix}\begin{pmatrix} -1 & 2 \\ 0 & \beta \end{pmatrix} = \begin{pmatrix} -2 & \gamma \\ -1 & 0 \end{pmatrix}$

3. 행렬

$$A = \begin{pmatrix} 1 & 2 & 0 \\ 0 & 1 & 0 \\ 2 & 1 & 2 \end{pmatrix}$$

에 대해 행렬 연산을 통하여 AA^t 가 대칭행렬임을 보여라.

4. 행렬

$$A = \begin{pmatrix} 1 & 0 \\ 2 & 1 \end{pmatrix}$$

의 역행렬이 존재하면 구하고, 존재하지 않는다면 그 이유를 적어라.

5. 다음 치환을 순환치환의 형태로 나타내어라.

(1) $\sigma = \begin{pmatrix} 1 & 2 & 3 & 4 & 5 & 6 & 7 \\ 7 & 2 & 4 & 1 & 3 & 5 & 6 \end{pmatrix}$　　　　(2) $\delta = \begin{pmatrix} 1 & 2 & 3 & 4 & 5 & 6 \\ 2 & 4 & 1 & 3 & 6 & 5 \end{pmatrix}$

6. 다음 치환을 호환의 곱으로 나타내어라.

---

10) 제 3 장 연습문제 풀이 : 278쪽 ~ 285쪽 참조

(1) $\sigma = \begin{pmatrix} 1 & 2 & 3 & 4 & 5 & 6 & 7 \\ 7 & 2 & 4 & 1 & 3 & 5 & 6 \end{pmatrix}$ (2) $\delta = \begin{pmatrix} 1 & 2 & 3 & 4 & 5 & 6 \\ 2 & 4 & 1 & 3 & 6 & 5 \end{pmatrix}$

7. 다음 각각의 치환을 호환의 곱으로 나타내고 치환의 부호(sgn)를 결정하여라.

(1) $\sigma = \begin{pmatrix} 1 & 2 & 3 & 4 \\ 2 & 3 & 1 & 4 \end{pmatrix}$ (2) $\delta = \begin{pmatrix} 1 & 2 & 3 & 4 & 5 \\ 4 & 5 & 1 & 3 & 2 \end{pmatrix}$

8. 다음 행렬의 행렬식을 정의에 따라 계산하고, 그 결과를 사루스의 법칙을 이용하여 얻은 결과와 비교하여라.

(1) $A = \begin{pmatrix} 1 & 2 \\ 4 & 3 \end{pmatrix}$ (2) $B = \begin{pmatrix} 1 & 0 & 2 \\ 3 & 1 & 0 \\ 1 & 2 & 3 \end{pmatrix}$

9. 사루스의 법칙을 적용하여 다음 행렬의 행렬식을 구하라.

(1) $A = \begin{pmatrix} 3 & -1 \\ 2 & 4 \end{pmatrix}$ (2) $B = \begin{pmatrix} 3 & 5 & -2 \\ 0 & 6 & 1 \\ 2 & 0 & -4 \end{pmatrix}$ (3) $C = \begin{pmatrix} 1 & 2 & 1 \\ 2 & 3 & 0 \\ 3 & 5 & 2 \end{pmatrix}$

10. 행렬식의 성질을 이용하여 다음 행렬식을 구하여라.

(1) $\begin{vmatrix} 1 & 2 & 3 \\ 2 & 1 & 1 \\ 3 & 1 & 1 \end{vmatrix}$ (2) $\begin{vmatrix} 1 & 0 & 1 \\ 2 & 1 & 1 \\ 3 & 0 & 0 \end{vmatrix}$

11. 가역행렬

$$A = \begin{pmatrix} 1/4 & -3/4 \\ 0 & 1/2 \end{pmatrix}$$

에 대하여 $(2A)^{-1} + A^{-1}$ 을 계산하여라.

12. 모든 자연수 n 에 대하여 행렬

$$A = \begin{pmatrix} \alpha & \beta \\ 0 & \alpha \end{pmatrix}, \qquad B = \begin{pmatrix} \alpha & 1 & 0 \\ 0 & \alpha & 1 \\ 0 & 0 & \alpha \end{pmatrix}, \qquad C = \begin{pmatrix} \cos\theta & -\sin\theta \\ \sin\theta & \cos\theta \end{pmatrix}$$

의 거듭제곱 A^n, B^n, C^n 을 각각 구하여라. 단, $\alpha(\neq 0)$, β 는 상수를 의미한다.

13. 행렬

$$A = \begin{pmatrix} 1/\sqrt{2} & -1/\sqrt{2} \\ 1/\sqrt{2} & 1/\sqrt{2} \end{pmatrix}$$

이 직교행렬임을 보여라.

14. 다음을 증명하여라.

(1) 항등행렬 I 는 직교행렬이다.

(2) 행렬 A 가 직교행렬이면 A^{-1} 도 직교행렬이다.

(3) A, B 가 직교행렬이면 AB 도 직교행렬이다.

15. 다음을 증명하여라.

(1) A 가 가역행렬일 때 $AB = AC$ 이면 $B = C$ 이다.

(2) 같은 크기의 가역행렬 A, B 가 대칭행렬이면 $((AB)^t)^{-1} = A^{-1}B^{-1}$ 이다.

16. 행렬 A 가 가역행렬일 때 $\det(A^{-1}) = (\det A)^{-1}$ 이 성립함을 증명하라.

17. 5차 정사각행렬 A 에 대하여 $\det A = 2$ 일 때, $\det(2A^{-1})$ 의 값을 구하여라.

18. $I + A$ 가 가역행렬이고 $B = (I - A)(I + A)^{-1}$ 일 때, $I + B$ 의 역행렬이 존재한다면 구하고 존재하지 않는다면 반례를 들어 설명하여라.

19. 같은 크기의 가역행렬 A, B 가 대칭행렬일 때, $(AB)^t$ 의 역행렬이 존재한다면 구하고, 존재하지 않는다면 반례를 들어 설명하여라.

20. $A, B, C, D \in M_{n\times n}$ $(C \neq \mathbf{0})$ 에 대해 $2n$ 차 정사각행렬 M, N 을 다음과 같이 정의하자.

$$M = \begin{pmatrix} A & B \\ C & D \end{pmatrix}, \qquad N = \begin{pmatrix} A & B \\ 0 & D \end{pmatrix}$$

이때 다음 물음에 답하여라.

(1) 등식 $\det M = \det A \det D - \det B \det C$ 이 성립하지 않음을 보여라.

(2) 등식 $\det N = \det A \det D$ 이 성립함을 보여라.

제 4 장

역행렬과 연립일차방정식

n차 정사각행렬의 역행렬을 소개하고, 이를 보다 효과적으로 얻을 수 있는 연산 방법에 관하여 학습한다. 또한 행렬을 이용한 n원 연립일차방정식의 해법에 관하여 학습한다. 특히 기본행연산 규칙을 정의하고, 이를 이용한 연립일차방정식의 해법에 대해 학습한다. 추가적으로 일반적인 n차 정사각행렬의 역행렬을 구하는 방법에 관하여 학습한다.

4.1 역행렬

정의 4.1.1 n차 정사각행렬 $A = (a_{ij})$에서 a_{ij} 성분이 속한 행과 열만을 제거해서 생성되는 $(n-1)$차 정사각행렬의 행렬식인

$$M_{ij} = \begin{vmatrix} a_{11} & \cdots & a_{1j-1} & a_{1j+1} & \cdots & a_{1n} \\ \vdots & \ddots & \vdots & \vdots & \ddots & \vdots \\ a_{i-11} & \cdots & a_{i-1j-1} & a_{i-1j+1} & \cdots & a_{i-1n} \\ a_{i+11} & \cdots & a_{i+1j-1} & a_{i+1j+1} & \cdots & a_{i+1n} \\ \vdots & \ddots & \vdots & \vdots & \ddots & \vdots \\ a_{n1} & \cdots & a_{nj-1} & a_{nj+1} & \cdots & a_{nn} \end{vmatrix} \tag{4.1}$$

을 일컬어 a_{ij} 의 **소행렬식**(minor)이라고 하고 M_{ij} 로 나타낸다.

정의 4.1.2 n 차 정사각행렬 $A = (a_{ij})$ 에서 a_{ij} 의 소행렬식 M_{ij} 로부터

$$A_{ij} = (-1)^{i+j} M_{ij} \tag{4.2}$$

와 같이 정의되는 수 A_{ij} 를 일컬어 a_{ij} 의 **여인수**(cofactor)라고 한다. 또한 여인수 A_{ij} 를 (j, i) 성분으로 갖는 행렬을 A 의 **수반행렬**(adjoint matrix)이라고 하고, 기호로는 $\operatorname{adj} A$ 와 같이 나타낸다. 즉, 주어진 행렬 A 의 수반행렬은

$$\operatorname{adj} A = (A_{ij})^t = \begin{pmatrix} A_{11} & A_{21} & \cdots & A_{n1} \\ A_{12} & A_{22} & \cdots & A_{n2} \\ \vdots & \vdots & \ddots & \vdots \\ A_{1n} & A_{2n} & \cdots & A_{nn} \end{pmatrix} \tag{4.3}$$

이다.

예제 4.1.1 행렬

$$A = \begin{pmatrix} 1 & 0 & 2 \\ 0 & 2 & 0 \\ 2 & 1 & 2 \end{pmatrix}$$

의 모든 소행렬식과 여인수를 구하고, 이를 이용하여 행렬 A 의 수반행렬을 구하여라.

【풀이】 A 의 소행렬식들은 각각

$$M_{11} = \begin{vmatrix} 2 & 0 \\ 1 & 2 \end{vmatrix} = 4, \qquad M_{12} = \begin{vmatrix} 0 & 0 \\ 2 & 2 \end{vmatrix} = 0, \qquad M_{13} = \begin{vmatrix} 0 & 2 \\ 2 & 1 \end{vmatrix} = -4,$$

$$M_{21} = \begin{vmatrix} 0 & 2 \\ 1 & 2 \end{vmatrix} = -2, \qquad M_{22} = \begin{vmatrix} 1 & 2 \\ 2 & 2 \end{vmatrix} = -2, \qquad M_{23} = \begin{vmatrix} 1 & 0 \\ 2 & 1 \end{vmatrix} = 1,$$

$$M_{31} = \begin{vmatrix} 0 & 2 \\ 2 & 0 \end{vmatrix} = -4, \qquad M_{32} = \begin{vmatrix} 1 & 2 \\ 0 & 0 \end{vmatrix} = 0, \qquad M_{33} = \begin{vmatrix} 1 & 0 \\ 0 & 2 \end{vmatrix} = 2$$

이고, A의 여인수들은 각각

$$A_{11} = M_{11} = 4, \qquad A_{12} = -M_{12} = 0, \qquad A_{13} = M_{13} = -4,$$
$$A_{21} = -M_{21} = 2, \qquad A_{22} = M_{22} = -2, \qquad A_{23} = -M_{23} = -1,$$
$$A_{31} = M_{31} = -4, \qquad A_{32} = -M_{32} = 0, \qquad A_{33} = M_{33} = 2$$

이다. 따라서 주어진 행렬 A의 수반행렬은

$$\operatorname{adj} A = \begin{pmatrix} A_{11} & A_{21} & A_{31} \\ A_{12} & A_{22} & A_{32} \\ A_{13} & A_{23} & A_{33} \end{pmatrix} = \begin{pmatrix} 4 & 2 & -4 \\ 0 & -2 & 0 \\ -4 & -1 & 2 \end{pmatrix}$$

이다. □

참고 4.1.1 예제 4.1.1에서 주어진 행렬 A의 수반행렬을

$$\begin{pmatrix} 4 & 0 & -4 \\ 2 & -2 & -1 \\ -4 & 0 & 2 \end{pmatrix}$$

와 같이 나타내지 않도록 조심해야 한다. 즉, 정의 4.1.2의 식 (4.3)에서 정의한 바와 같이 행렬 A의 수반행렬은 $\operatorname{adj} A = (A_{ij})$이 아니라 $\operatorname{adj} A = (A_{ij})^t$이다.

예제 4.1.2 행렬

$$A = \begin{pmatrix} 1 & 2 \\ 3 & 4 \end{pmatrix}$$

의 모든 소행렬식과 여인수를 구하고, 이를 이용하여 행렬 A의 수반행렬을 구하여라.

【풀이】 A의 소행렬식들은 각각

$$M_{11} = 4, \qquad M_{12} = 3, \qquad M_{21} = 2, \qquad M_{22} = 1$$

이고, A의 여인수들은 각각

$$A_{11} = M_{11} = 4, \qquad A_{12} = -M_{12} = -3, \qquad A_{21} = -M_{21} = -2, \qquad A_{22} = M_{22} = 1$$

이다. 따라서 행렬 A의 수반행렬은

$$\operatorname{adj} A = \begin{pmatrix} A_{11} & A_{21} \\ A_{12} & A_{22} \end{pmatrix} = \begin{pmatrix} 4 & -2 \\ -3 & 1 \end{pmatrix}$$

이다. □

정리 4.1.1　[여인수 전개(cofactor expansion)[1]에 따른 행렬식]　$A = (a_{ij})$가 n차 정사각행렬일 때 A의 행렬식과 관련하여 다음이 성립한다.

(1) 임의의 i $(1 \le i \le n)$에 대하여

$$\det A = \sum_{j=1}^{n} a_{ij}A_{ij} = a_{i1}A_{i1} + a_{i2}A_{i2} + \cdots + a_{in}A_{in} \tag{4.4}$$

이 성립한다. 이 관계식으로부터 얻어진 행렬식을 일컬어 『i행에 관한 여인수 전개에 따른 행렬식』이라고 한다.

(2) 임의의 j $(1 \le j \le n)$에 대하여

$$\det A = \sum_{i=1}^{n} a_{ij}A_{ij} = a_{1j}A_{1j} + a_{2j}A_{2j} + \cdots + a_{nj}A_{nj} \tag{4.5}$$

이 성립한다. 이 관계식으로부터 얻어진 행렬식을 일컬어 『j열에 관한 여인수 전개에 따른 행렬식』이라고 한다.

단, 여기서 A_{ij}는 a_{ij}의 여인수 $A_{ij} = (-1)^{i+j}M_{ij}$를 의미한다.

예제 4.1.3　예제 4.1.1의 행렬

$$A = \begin{pmatrix} 1 & 0 & 2 \\ 0 & 2 & 0 \\ 2 & 1 & 2 \end{pmatrix}$$

1) 여인수 전개를 일컬어 라플라스 전개(Laplace's expansion)라 부르기도 한다.

의 행렬식은 사루스의 법칙에 따라

$$\det A = (1 \cdot 2 \cdot 2 + 0 \cdot 0 \cdot 2 + 2 \cdot 1 \cdot 0) - (2 \cdot 2 \cdot 2 + 0 \cdot 1 \cdot 1 + 2 \cdot 0 \cdot 0) = -4$$

임을 알 수 있다. 이러한 결과를 정리 4.1.1의 i ($i = 1, 2$)행 또는 $j = 1$ 열에 관한 여인수 전개에 따른 행렬식 연산을 통해 얻어진 결과와 비교하여라.

【풀이】 예제 4.1.1의 풀이 과정에서 얻어진 행렬 A의 여인수들은 각각

$$A_{11} = 4, \quad A_{12} = 0, \quad A_{13} = -4,$$
$$A_{21} = 2, \quad A_{22} = -2, \quad A_{23} = -1,$$
$$A_{31} = -4, \quad A_{32} = 0, \quad A_{33} = 2$$

와 같다. 따라서

(i) 1 행(즉, $i = 1$ 인 경우)에 관한 여인수 전개에 따른 행렬식은 정리 4.1.1(1)에 의해

$$\begin{aligned} \det A &= \sum_{j=1}^{3} a_{1j}A_{1j} \\ &= a_{11}A_{11} + a_{12}A_{12} + a_{13}A_{13} \\ &= 1 \cdot A_{11} + 0 \cdot A_{12} + 2 \cdot A_{13} \\ &= A_{11} + 2A_{13} \\ &= 4 + 2 \cdot (-4) \\ &= -4 \end{aligned}$$

이다.

(ii) 2 행(즉, $i = 2$ 인 경우)에 관한 여인수 전개에 따른 행렬식은 정리 4.1.1(1)에 의해

$$\begin{aligned} \det A &= \sum_{j=1}^{3} a_{2j}A_{2j} \\ &= a_{21}A_{21} + a_{22}A_{22} + a_{23}A_{23} \\ &= 0 \cdot A_{21} + 2 \cdot A_{22} + 0 \cdot A_{23} \\ &= 2A_{22} \end{aligned}$$

$$= 2 \cdot (-2)$$
$$= -4$$

이다.

(iii) 1 열(즉, $j = 1$ 인 경우)에 관한 여인수 전개에 따른 행렬식은 정리 4.1.1(2)에 의해

$$\begin{aligned}\det A &= \sum_{i=1}^{3} a_{i1}A_{i1} \\ &= a_{11}A_{11} + a_{21}A_{21} + a_{31}A_{31} \\ &= 1 \cdot A_{11} + 0 \cdot A_{21} + 2 \cdot A_{31} \\ &= A_{11} + 2A_{31} \\ &= 4 + 2 \cdot (-4) \\ &= -4\end{aligned}$$

이다.

결국 위에서 얻어진 1 행, 2 행, 또는 1 열에 관한 여인수 전개에 따른 행렬 A의 행렬식은 모두 -4로서 사루스의 법칙에 의해 얻어진 행렬식의 연산 결과와 같음을 알 수 있다. □

예제 4.1.4 행렬

$$A = \begin{pmatrix} 1 & 2 & 3 \\ 2 & 1 & 0 \\ 1 & 0 & 2 \end{pmatrix}$$

의 행렬식을 1 행 전개와 2 열 전개를 통해 각각 구하고, 이들의 연산 결과를 비교하여라.

【풀이】 (i) 1 행 전개에 따른 행렬식을 얻으면 정리 4.1.1(1)에 의해

$$\begin{aligned}\det A &= \sum_{j=1}^{3} a_{1j}A_{1j} \\ &= a_{11}A_{11} + a_{12}A_{12} + a_{13}A_{13} \\ &= 1 \cdot (-1)^{1+1}M_{11} + 2 \cdot (-1)^{1+2}M_{12} + 3 \cdot (-1)^{1+3}M_{13} \\ &= M_{11} - 2M_{12} + 3M_{13}\end{aligned}$$

$$= \begin{vmatrix} 1 & 0 \\ 0 & 2 \end{vmatrix} - 2\begin{vmatrix} 2 & 0 \\ 1 & 2 \end{vmatrix} + 3\begin{vmatrix} 2 & 1 \\ 1 & 0 \end{vmatrix}$$

$$= 2 - 2 \cdot 4 + 3 \cdot (-1)$$

$$= -9$$

이다.

(ii) 2 열 전개에 따른 행렬식을 얻으면 정리 4.1.1(2)에 의해

$$\begin{aligned}
\det A &= \sum_{i=1}^{3} a_{i2}A_{i2} \\
&= a_{12}A_{12} + a_{22}A_{22} + a_{32}A_{32} \\
&= 2 \cdot (-1)^{1+2}M_{12} + 1 \cdot (-1)^{2+2}M_{22} + 0 \cdot (-1)^{3+2}M_{32} \\
&= -2M_{12} + M_{22} \\
&= -2\begin{vmatrix} 2 & 0 \\ 1 & 2 \end{vmatrix} + \begin{vmatrix} 1 & 3 \\ 1 & 2 \end{vmatrix} \\
&= -2 \cdot 4 + (2 - 3) \\
&= -9
\end{aligned}$$

이다.

결국 위의 두 연산 결과가 같음을 알 수 있다. □

참고 4.1.2 주어진 행렬에 대하여 행 전개 또는 열 전개에 의한 행렬식 연산을 할 때에는 어떤 행 또는 열에 0인 성분이 가장 많이 있는지를 확인한 후에 그 행 또는 열에 대해 전개하는 것이 행렬식을 구하는데 있어서 연산량을 줄이는 효과적인 방법이다.

예제 4.1.5 여인수 전개에 따른 행렬식 연산을 통하여 다음 행렬의 행렬식을 구하여라.

(1) $A = \begin{pmatrix} 2 & 2 & 0 & 1 \\ 2 & 1 & 0 & 2 \\ 3 & 0 & 1 & 1 \\ 1 & 1 & 1 & 1 \end{pmatrix}$ (2) $A = \begin{pmatrix} 0 & 1 & 0 & 1 & 1 \\ 0 & 1 & 0 & 0 & 0 \\ 2 & 1 & 4 & 1 & 2 \\ 1 & 0 & 1 & 0 & 1 \\ 2 & 0 & 0 & 0 & 2 \end{pmatrix}$

【풀이】 (1) 행렬 A는 3 열에 0 인 성분이 가장 많으므로 3 열 전개에 따른 행렬식 연산을 적용하면 정리 4.1.1(2)에 의해

$$\begin{aligned}\det A &= a_{13}A_{13} + a_{23}A_{23} + a_{33}A_{33} + a_{43}A_{43} \\ &= 0 \cdot A_{13} + 0 \cdot A_{23} + 1 \cdot A_{33} + 1 \cdot A_{43} \\ &= A_{33} + A_{43} \\ &= (-1)^{3+3}M_{33} + (-1)^{4+3}M_{43} \\ &= M_{33} - M_{43}\end{aligned}$$

을 얻는다. 그런데

$$M_{33} = \begin{vmatrix} 2 & 2 & 1 \\ 2 & 1 & 2 \\ 1 & 1 & 1 \end{vmatrix} = (2+4+2) - (1+4+4) = -1,$$

$$M_{34} = \begin{vmatrix} 2 & 2 & 1 \\ 2 & 1 & 2 \\ 3 & 0 & 1 \end{vmatrix} = (2+12+0) - (3+0+4) = 7$$

이므로

$$\det A = M_{33} - M_{34} = -8$$

이다.

(2) 행렬 A는 2 행에 0 인 성분이 가장 많으므로 2 행 전개에 따른 행렬식 연산을 적용하면 정리 4.1.1(1)에 의해

$$\begin{aligned}\det A &= a_{21}A_{21} + a_{22}A_{22} + a_{23}A_{23} + a_{24}A_{24} + a_{25}A_{25} \\ &= 0 \cdot A_{21} + 1 \cdot A_{22} + 0 \cdot A_{23} + 0 \cdot A_{24} + 0 \cdot A_{25} \\ &= A_{22} \\ &= (-1)^{2+2}M_{22} \\ &= M_{22}\end{aligned}$$

$$
= \begin{vmatrix} 0 & 0 & 1 & 1 \\ 2 & 4 & 1 & 2 \\ 1 & 1 & 0 & 1 \\ 2 & 0 & 0 & 2 \end{vmatrix} \tag{4.6}
$$

$$
= 2 \cdot (-1)^{4+1} \begin{vmatrix} 0 & 1 & 1 \\ 4 & 1 & 2 \\ 1 & 0 & 1 \end{vmatrix} + 2 \cdot (-1)^{4+4} \begin{vmatrix} 0 & 0 & 1 \\ 2 & 4 & 1 \\ 1 & 1 & 0 \end{vmatrix}
$$

[식 (4.6) 의 행렬식에서 4 행에 관한 행 전개를 실행한 결과]

$$
= -2 \cdot (-3) + 2 \cdot (-2)
$$

$$
= 2
$$

이다. □

정리 4.1.2 $A = (a_{ij})$ 가 n 차 정사각행렬일 때

(1) 임의의 i $(1 \leq i \leq n)$에 대하여

$$
\sum_{j=1}^{n} a_{ij} A_{kj} = \begin{cases} \det A, & (i = k) \\ 0, & (i \neq k) \end{cases} \tag{4.7}
$$

이 성립한다. 단, 여기서 A_{kj} 는 a_{kj} 의 여인수 $A_{kj} = (-1)^{k+j} M_{kj}$ 를 의미한다.

(2) 임의의 j $(1 \leq j \leq n)$에 대하여

$$
\sum_{i=1}^{n} a_{ik} A_{ij} = \begin{cases} \det A, & (k = j) \\ 0, & (k \neq j) \end{cases} \tag{4.8}
$$

이 성립한다. 단, 여기서 A_{ij} 는 a_{ij} 의 여인수 $A_{ij} = (-1)^{i+j} M_{ij}$ 를 의미한다.

예제 4.1.6　행렬 $A = (a_{ij}) \in M_{2\times 2}$ 가

$$A = \begin{pmatrix} 1 & 2 \\ 3 & 4 \end{pmatrix}$$

일 때, $(i, k) = (1, 1)$ 와 $(i, k) = (1, 2)$ 인 경우에 정리 4.1.2(1) 이 성립함을 확인하여라.

【풀이】 $(i, k) = (1, 1)$ 인 경우에 정리 4.1.2(1) 에 의해

$$\sum_{j=1}^{2} a_{1j}A_{1j} = a_{11}A_{11} + a_{12}A_{12} = 1 \cdot 4 + 2 \cdot (-3) = -2 = \det A$$

이고, 또한 $(i, k) = (1, 2)$ 인 경우에도 정리 4.1.2(1) 에 의해

$$\sum_{j=1}^{2} a_{1j}A_{2j} = a_{11}A_{21} + a_{12}A_{22} = 1 \cdot (-2) + 2 \cdot 1 = 0$$

이다. 따라서 두 경우에 모두 정리 4.1.2(1) 이 성립함을 알 수 있다. □

정의 4.1.3　n 차 정사각행렬 A 에 대하여 행렬식이 0 이 아닐 때, 즉 $\det A \neq 0$ 일 때 A 를 **정칙행렬**(nonsingular matrix)이라고 하고, 반면에 행렬식이 0 일 때, 즉 $\det A = 0$ 일 때 A 를 **특이행렬**(singular matrix)이라고 한다.

정리 4.1.3　n 차 정사각행렬 A 가 가역행렬일 필요충분조건은 A 가 정칙행렬인 것이다. 이때 A 의 역행렬은

$$A^{-1} = \frac{1}{\det A} \operatorname{adj} A \tag{4.9}$$

이다.

【증명】 (⇒) 행렬 A 가 가역행렬이라고 하자. 그러면

$$AA^{-1} = A^{-1}A = I$$

을 만족시키는 A 의 역행렬 A^{-1} 가 단 하나 존재한다(정리 3.1.6 참조). 그런데

$$(\det A)(\det A^{-1}) = \det(AA^{-1}) = \det I = 1$$

이므로 $\det A \neq 0$ 이다. 따라서 A 는 정칙행렬이다.

($\Leftarrow$) A 가 정칙행렬이라고 하자. 그러면 $\det A \neq 0$ 이고, 정리 4.1.2(1)을 이용하여 행렬 A 와 A 의 수반행렬의 곱 $A\,\mathrm{adj}\,A$ 를 직접 계산하면

$$
\begin{aligned}
A\,\mathrm{adj}\,A &= \begin{pmatrix} a_{11} & a_{12} & \cdots & a_{1n} \\ a_{21} & a_{22} & \cdots & a_{2n} \\ \vdots & \vdots & \ddots & \vdots \\ a_{n1} & a_{n2} & \cdots & a_{nn} \end{pmatrix} \begin{pmatrix} A_{11} & A_{21} & \cdots & A_{n1} \\ A_{12} & A_{22} & \cdots & A_{n2} \\ \vdots & \vdots & \ddots & \vdots \\ A_{1n} & A_{2n} & \cdots & A_{nn} \end{pmatrix} \\
&= \begin{pmatrix} \sum_{k=1}^{n} a_{1k}A_{1k} & \sum_{k=1}^{n} a_{1k}A_{2k} & \cdots & \sum_{k=1}^{n} a_{1k}A_{nk} \\ \sum_{k=1}^{n} a_{2k}A_{1k} & \sum_{k=1}^{n} a_{2k}A_{2k} & \cdots & \sum_{k=1}^{n} a_{2k}A_{nk} \\ \vdots & \vdots & \ddots & \vdots \\ \sum_{k=1}^{n} a_{nk}A_{1k} & \sum_{k=1}^{n} a_{nk}A_{2k} & \cdots & \sum_{k=1}^{n} a_{nk}A_{nk} \end{pmatrix} \\
&= \begin{pmatrix} \det A & 0 & \cdots & 0 \\ 0 & \det A & \cdots & 0 \\ \vdots & \vdots & \ddots & \vdots \\ 0 & 0 & \cdots & \det A \end{pmatrix} \\
&= \det A \begin{pmatrix} 1 & 0 & \cdots & 0 \\ 0 & 1 & \cdots & 0 \\ \vdots & \vdots & \ddots & \vdots \\ 0 & 0 & \cdots & 1 \end{pmatrix} \\
&= (\det A)I
\end{aligned}
$$

을 얻는다. 즉,

$$A\,\mathrm{adj}\,A = (\det A)I \tag{4.10}$$

이다. 그런데 $\det A \neq 0$ 이므로 식 (4.10)의 양변을 $\det A$ 로 나누어 정리하면

$$A\left(\frac{1}{\det A}\,\mathrm{adj}\,A\right) = I \tag{4.11}$$

을 얻는다. 또한 정리 4.1.2(2)를 이용하여 행렬 A의 수반행렬 $\text{adj}\, A$와 A의 곱 $(\text{adj}\, A)A$를 직접 계산을 통해

$$(\text{adj}\, A)A = (\det A)I \tag{4.12}$$

이 성립함을 보일 수 있다. 그러면 식 (4.12)의 양변을 $\det A$로 나누어 정리하면

$$\left(\frac{1}{\det A}\text{adj}\, A\right)A = I \tag{4.13}$$

을 얻는다. 따라서 식 (4.11)과 (4.13)으로부터

$$A\left(\frac{1}{\det A}\text{adj}\, A\right) = \left(\frac{1}{\det A}\text{adj}\, A\right)A = I \tag{4.14}$$

이 성립한다. 따라서 A의 역행렬이 존재하므로 A는 가역행렬이다.
또한 A가 정칙행렬일 때 존재하는 역행렬의 형태는 식 (4.14)로부터

$$A^{-1} = \frac{1}{\det A}\text{adj}\, A$$

임을 알 수 있다. □

예제 4.1.7 행렬

$$A = \begin{pmatrix} 1 & 0 & 1 \\ 2 & 1 & 0 \\ 2 & 2 & 1 \end{pmatrix}$$

의 역행렬이 존재한다면 역행렬을 구하고, 역행렬이 존재하지 않는다면 그 이유를 설명하여라.

【풀이】 행렬 A의 행렬식을 계산하면 $\det A = 3$이다. 따라서 A는 정칙행렬로서 역행렬이 존재한다. 따라서 역행렬을 얻기 위하여 먼저 행렬 A의 소행렬식을 구하면

$$M_{11} = \begin{vmatrix} 1 & 0 \\ 2 & 1 \end{vmatrix} = 1, \qquad M_{12} = \begin{vmatrix} 2 & 0 \\ 2 & 1 \end{vmatrix} = 2, \qquad M_{13} = \begin{vmatrix} 2 & 1 \\ 2 & 2 \end{vmatrix} = 2,$$

$$M_{21} = \begin{vmatrix} 0 & 1 \\ 2 & 1 \end{vmatrix} = -2, \qquad M_{22} = \begin{vmatrix} 1 & 1 \\ 2 & 1 \end{vmatrix} = -1, \qquad M_{23} = \begin{vmatrix} 1 & 0 \\ 2 & 2 \end{vmatrix} = 2,$$

$$M_{31} = \begin{vmatrix} 0 & 1 \\ 1 & 0 \end{vmatrix} = -1, \qquad M_{32} = \begin{vmatrix} 1 & 1 \\ 2 & 0 \end{vmatrix} = -2, \qquad M_{33} = \begin{vmatrix} 1 & 0 \\ 2 & 1 \end{vmatrix} = 1$$

이다. 이를 이용하여 여인수를 계산하면

$$\begin{aligned} &A_{11} = M_{11} = 1, && A_{12} = -M_{12} = -2, && A_{13} = M_{13} = 2, \\ &A_{21} = -M_{21} = 2, && A_{22} = M_{22} = -1, && A_{23} = -M_{23} = -2, \\ &A_{31} = M_{31} = -1, && A_{32} = -M_{32} = 2, && A_{33} = M_{33} = 1 \end{aligned}$$

이다. 따라서 주어진 행렬 A의 수반행렬은

$$\operatorname{adj} A = \begin{pmatrix} A_{11} & A_{21} & A_{31} \\ A_{12} & A_{22} & A_{32} \\ A_{13} & A_{23} & A_{33} \end{pmatrix} = \begin{pmatrix} 1 & 2 & -1 \\ -2 & -1 & 2 \\ 2 & -2 & 1 \end{pmatrix}$$

이다. 따라서 A의 역행렬은 정리 4.1.3 으로부터

$$A^{-1} = \frac{1}{\det A} \operatorname{adj} A = \frac{1}{3} \begin{pmatrix} 1 & 2 & -1 \\ -2 & -1 & 2 \\ 2 & -2 & 1 \end{pmatrix}$$

이다. □

4.2 연립일차방정식

정의 4.2.1 n개의 미지수 $x_1, x_2, \ldots, x_n$에 대하여

$$a_1x_1 + a_2x_2 + \cdots + a_nx_n = b, \qquad (a_1, a_2, \ldots, a_n, b \text{는 상수}) \tag{4.15}$$

와 같은 형태의 방정식을 **일차방정식**(linear equation)이라고 한다. 또한 n개의 미지수를 갖는 일차방정식 m개로 이루어진 방정식을 **연립일차방정식**(system of linear equations) 또

는 간단히 **연립방정식**(linear system)이라고 하고

$$\begin{cases} a_{11}x_1 + a_{12}x_2 + \cdots + a_{1n}x_n = b_1 \\ a_{21}x_1 + a_{22}x_2 + \cdots + a_{2n}x_n = b_2 \\ \qquad\vdots \qquad\qquad\qquad \vdots \\ a_{m1}x_1 + a_{m2}x_2 + \cdots + a_{mn}x_n = b_m \end{cases} \tag{4.16}$$

와 같이 나타낸다. 이때 $x_1, x_2, \ldots, x_n$을 일컬어 연립일차방정식의 **변수**(variable) 또는 **미지수**(unknown)라고 하고 a_{ij}를 **계수**(coefficient), b_i를 **상수**(constant)라고 한다. 또한 연립일차방정식의 계수를 성분으로 갖는 행렬 $A = (a_{ij}) \in M_{m\times n}$를 **계수행렬**(coefficient matrix)이라고 하고, 상수를 성분으로 갖는 행렬 $\mathbf{b} = (b_i) \in M_{m\times 1}$를 **상수행렬**(matrix of constants)이라고 한다. 따라서

$$A = \begin{pmatrix} a_{11} & a_{12} & \cdots & a_{1n} \\ a_{21} & a_{22} & \cdots & a_{2n} \\ \vdots & \vdots & \ddots & \vdots \\ a_{m1} & a_{m2} & \cdots & a_{mn} \end{pmatrix}, \qquad \mathbf{b} = \begin{pmatrix} b_1 \\ b_1 \\ \vdots \\ b_m \end{pmatrix}, \qquad \mathbf{x} = \begin{pmatrix} x_1 \\ x_2 \\ \vdots \\ x_n \end{pmatrix} \tag{4.17}$$

라고 놓으면, 주어진 n원 연립일차방정식 (4.16)은 식 (4.17)을 이용하여

$$\begin{pmatrix} a_{11} & a_{12} & \cdots & a_{1n} \\ a_{21} & a_{22} & \cdots & a_{2n} \\ \vdots & \vdots & \ddots & \vdots \\ a_{m1} & a_{m2} & \cdots & a_{mn} \end{pmatrix} \begin{pmatrix} x_1 \\ x_2 \\ \vdots \\ x_n \end{pmatrix} = \begin{pmatrix} b_1 \\ b_1 \\ \vdots \\ b_m \end{pmatrix} \tag{4.18}$$

와 같이 행렬방정식

$$A\mathbf{x} = \mathbf{b} \tag{4.19}$$

의 형태로 나타낼 수 있다. 특히 식 (4.19)에서 $\mathbf{b} = \mathbf{0}$일 때의 연립일차방정식을 **동차연립일차방정식**(homogeneous system)[2)]이라고 하고, $\mathbf{b} \neq \mathbf{0}$일 때 **비동차연립일차방정식**(non-homogeneous system)[3)]이라고 한다.

---

2) 동차연립일차방정식을 일컬어 간단히 동차방정식이라고 부르기도 한다. 또한 책에 따라서는 제차연립일차방정식 또는 간단히 제차방정식이라고 부르기도 한다.

3) 비동차연립일차방정식을 일컬어 간단히 비동차방정식이라고 부르기도 한다. 또한 책에 따라서는 비제차

정리 4.2.1 n원 연립일차방정식에 대응하는 행렬방정식 $A\mathbf{x} = \mathbf{b}$에서 계수행렬 A가 정칙행렬이면, 연립일차방정식은 유일한 해로서

$$\mathbf{x} = A^{-1}\mathbf{b} \tag{4.20}$$

을 갖는다.

【증명】 A가 정칙행렬이면 역행렬 A^{-1}가 존재한다. 따라서 행렬방정식 $A\mathbf{x} = \mathbf{b}$로부터

$$\begin{aligned} A\mathbf{x} = \mathbf{b} \quad &\Longrightarrow \quad A^{-1}(A\mathbf{x}) = A^{-1}\mathbf{b} \\ &\Longrightarrow \quad (A^{-1}A)\mathbf{x} = A^{-1}\mathbf{b} \\ &\Longrightarrow \quad I\mathbf{x} = A^{-1}\mathbf{b} \\ &\Longrightarrow \quad \mathbf{x} = A^{-1}\mathbf{b} \end{aligned}$$

를 얻는다. 그런데 존재하는 A의 역행렬은 단 하나밖에 없으므로 그것에 의해 유도되는 해는 $\mathbf{x} = A^{-1}\mathbf{b}$로서 유일하게 정의된다. □

예제 4.2.1 연립일차방정식

$$\begin{cases} 4x_1 - x_2 - x_3 = 1 \\ -x_1 + 4x_2 - x_3 = 1 \\ -x_1 - x_2 + 4x_3 = 1 \end{cases}$$

의 해를 구하려고 한다. 주어진 연립일차방정식에 대응하는 행렬방정식의 계수행렬에 관한 역행렬이 존재한다면 이를 이용하여 풀어라.

【풀이】 주어진 연립일차방정식을 행렬방정식으로 나타내면

$$\begin{pmatrix} 4 & -1 & -1 \\ -1 & 4 & -1 \\ -1 & -1 & 4 \end{pmatrix}\begin{pmatrix} x_1 \\ x_2 \\ x_3 \end{pmatrix} = \begin{pmatrix} 1 \\ 1 \\ 1 \end{pmatrix}$$

연립일차방정식 또는 간단히 비제차방정식이라고 부르기도 한다.

와 같다. 따라서

$$A = \begin{pmatrix} 4 & -1 & -1 \\ -1 & 4 & -1 \\ -1 & -1 & 4 \end{pmatrix}, \qquad \mathbf{x} = \begin{pmatrix} x_1 \\ x_2 \\ x_3 \end{pmatrix}, \qquad \mathbf{b} = \begin{pmatrix} 1 \\ 1 \\ 1 \end{pmatrix}$$

라고 놓으면, 주어진 연립일차방정식에 대응하는 행렬방정식은 $A\mathbf{x} = \mathbf{b}$ 이다. 이때 행렬 A 의 행렬식을 계산하면 $\det A = 50$ 이다. 따라서 $\det A \neq 0$ 이므로 A 는 정칙행렬로서 역행렬이 존재한다. 따라서 정리 4.2.1 의 식 (4.20) 으로부터 주어진 연립일차방정식의 유일한 해는 $\mathbf{x} = A^{-1}\mathbf{b}$ 이다. 그런데 간단한 계산을 통하여

$$A^{-1} = \frac{1}{10}\begin{pmatrix} 3 & 1 & 1 \\ 1 & 3 & 1 \\ 1 & 1 & 3 \end{pmatrix}$$

임을 알 수 있다. 따라서 구하는 해는

$$\mathbf{x} = A^{-1}\mathbf{b} = \frac{1}{10}\begin{pmatrix} 3 & 1 & 1 \\ 1 & 3 & 1 \\ 1 & 1 & 3 \end{pmatrix}\begin{pmatrix} 1 \\ 1 \\ 1 \end{pmatrix} = \frac{1}{10}\begin{pmatrix} 5 \\ 5 \\ 5 \end{pmatrix} = \frac{1}{2}\begin{pmatrix} 1 \\ 1 \\ 1 \end{pmatrix}$$

이다. 즉,

$$x_1 = \frac{1}{2}, \qquad x_2 = \frac{1}{2}, \qquad x_3 = \frac{1}{2}.$$

□

정리 4.2.2 n 원 연립일차방정식 중에서 동차방정식

$$A\mathbf{x} = \mathbf{0} \tag{4.21}$$

은 항상 $\mathbf{x} = \mathbf{0}$ 인 해를 갖는다. 이 해를 **자명한 해**(trivial solution) 라고 부른다. 특히

(1) $\det A = 0 \iff$ 동차방정식 $A\mathbf{x} = \mathbf{0}$ 은 무수히 많은 해를 갖는다.

(2) $\det A \neq 0 \iff$ 동차방정식 $A\mathbf{x} = \mathbf{0}$ 은 유일한 해 $\mathbf{x} = \mathbf{0}$ 를 갖는다.

정리 4.2.3 [**크래머의 법칙**(Cramer's Rule)[4]] n원 연립일차방정식에 대응하는 행렬방정식 $A\mathbf{x} = \mathbf{b}$의 계수행렬 $A \in M_{n\times n}$가 $\det A \neq 0$이면 주어진 연립일차방정식은 유일한 해를 갖는다(정리 4.2.1 참조). 이때 유일한 해 $\mathbf{x}$의 각각의 성분 x_j는

$$x_j = \frac{\det A_j}{\det A}, \qquad j = 1, 2, \ldots, n \tag{4.22}$$

이다. 여기서 A_j는 행렬 A의 j번째 열을 $\mathbf{b}$ 벡터 열로 대체시킴으로써 얻어지는 n차 정사각행렬을 의미한다. 즉, 행렬 A_j는

$$A_j = \begin{pmatrix} a_{11} & \cdots & a_{1j-1} & b_1 & a_{1j+1} & \cdots & a_{1n} \\ a_{21} & \cdots & a_{2j-1} & b_2 & a_{2j+1} & \cdots & a_{2n} \\ \vdots & & \vdots & \vdots & \vdots & & \vdots \\ a_{n1} & \cdots & a_{nj-1} & b_n & a_{nj+1} & \cdots & a_{nn} \end{pmatrix}_{n\times n} \tag{4.23}$$

(위 식에서 $b_1, b_2, \ldots, b_n$이 있는 열 위에 "j번째 열 ↓" 표시)

이다.

【증명】 $\det A \neq 0$이면 A는 정칙행렬로서 정리 4.2.1에 의해 연립일차방정식 $A\mathbf{x} = \mathbf{b}$은 유일한 해 $\mathbf{x} = A^{-1}\mathbf{b}$를 갖는다. 그러면 정리 4.1.1(2)와 정리 4.1.3에 의해

$$\mathbf{x} = A^{-1}\mathbf{b} = \left(\frac{1}{\det A}\,\operatorname{adj} A\right)\mathbf{b} = \frac{1}{\det A}\begin{pmatrix} A_{11} & A_{21} & \cdots & A_{n1} \\ A_{12} & A_{22} & \cdots & A_{n2} \\ \vdots & \vdots & \ddots & \vdots \\ A_{1n} & A_{2n} & \cdots & A_{nn} \end{pmatrix}\begin{pmatrix} b_1 \\ b_2 \\ \vdots \\ b_n \end{pmatrix}$$

$$= \frac{1}{\det A}\begin{pmatrix} b_1A_{11} + b_2A_{21} + \cdots + b_nA_{n1} \\ b_1A_{12} + b_2A_{22} + \cdots + b_nA_{n2} \\ \vdots \\ b_1A_{1n} + b_2A_{2n} + \cdots + b_nA_{nn} \end{pmatrix} = \frac{1}{\det A}\begin{pmatrix} \det A_1 \\ \det A_2 \\ \vdots \\ \det A_n \end{pmatrix} = \begin{pmatrix} \det A_1/\det A \\ \det A_2/\det A \\ \vdots \\ \det A_n/\det A \end{pmatrix}$$

4) 크래머(Cramer, Gabriel 1704 ~ 1752) : 스위스의 수학자

을 얻는다. 따라서 A 가 정칙행렬일 때 연립일차방정식 $A\mathbf{x} = \mathbf{b}$ 의 유일한 해는

$$x_1 = \frac{\det A_1}{\det A}, \qquad x_2 = \frac{\det A_2}{\det A}, \qquad \ldots, \qquad x_n = \frac{\det A_n}{\det A}$$

이다. □

예제 4.2.2 크래머의 법칙을 적용하여 주어진 연립일차방정식의 해를 구하여라.

(1) $2x_1 + x_2 = 1, \quad x_1 + x_2 = 0$

(2) $4x_1 - x_2 - x_3 = 1, \quad -x_1 + 4x_2 - x_3 = 1, \quad -x_1 - x_2 + 4x_3 = 1$

(3) $2x_1 + x_2 + x_3 = 1, \quad x_1 + x_2 + 2x_3 = 2, \quad x_1 + 2x_2 + x_3 = 3$

(4) $x_1 + 2x_2 + x_3 = 1, \quad x_1 + x_2 + x_3 = 0, \quad 2x_1 + x_2 + 4x_3 = 1$

【풀이】 (1) 주어진 연립일차방정식에 대응하는 행렬방정식을

$$\begin{pmatrix} 2 & 1 \\ 1 & 1 \end{pmatrix} \begin{pmatrix} x_1 \\ x_2 \end{pmatrix} = \begin{pmatrix} 1 \\ 0 \end{pmatrix}$$

와 같이 구성했을 때의 계수행렬을 A 라고 놓으면

$$\det A = \begin{vmatrix} 2 & 1 \\ 1 & 1 \end{vmatrix} = 1$$

이다. 따라서 크래머의 법칙에 따라 해를 구하면 식 (4.22) 로부터

$$x_1 = \frac{1}{1}\begin{vmatrix} 1 & 1 \\ 0 & 1 \end{vmatrix} = 1\,, \qquad x_2 = \frac{1}{1}\begin{vmatrix} 2 & 1 \\ 1 & 0 \end{vmatrix} = -1$$

을 얻는다.

(2) 주어진 연립일차방정식에 대응하는 행렬방정식을

$$\begin{pmatrix} 4 & -1 & -1 \\ -1 & 4 & -1 \\ -1 & -1 & 4 \end{pmatrix} \begin{pmatrix} x_1 \\ x_2 \\ x_3 \end{pmatrix} = \begin{pmatrix} 1 \\ 1 \\ 1 \end{pmatrix}$$

와 같이 구성했을 때의 계수행렬을 A 라고 놓으면 $\det A = 50$ 이다. 따라서 크래머의 법칙에 따라 해를 구하면 식 (4.22) 로부터

$$x_1 = \frac{1}{50}\begin{vmatrix} 1 & -1 & -1 \\ 1 & 4 & -1 \\ 1 & -1 & 4 \end{vmatrix} = \frac{1}{2}, \quad x_2 = \frac{1}{50}\begin{vmatrix} 4 & 1 & -1 \\ -1 & 1 & -1 \\ -1 & 1 & 4 \end{vmatrix} = \frac{1}{2}, \quad x_3 = \frac{1}{50}\begin{vmatrix} 4 & -1 & 1 \\ -1 & 4 & 1 \\ -1 & -1 & 1 \end{vmatrix} = \frac{1}{2}$$

을 얻는다.

(3) 주어진 연립일차방정식에 대응하는 행렬방정식을

$$\begin{pmatrix} 2 & 1 & 1 \\ 1 & 1 & 2 \\ 1 & 2 & 1 \end{pmatrix}\begin{pmatrix} x_1 \\ x_2 \\ x_3 \end{pmatrix} = \begin{pmatrix} 1 \\ 2 \\ 3 \end{pmatrix}$$

와 같이 구성했을 때의 계수행렬을 A 라고 놓으면 $\det A = -4$ 이다. 따라서 크래머의 법칙에 따라 해를 구하면 식 (4.22) 로부터

$$x_1 = -\frac{1}{4}\begin{vmatrix} 1 & 1 & 1 \\ 2 & 1 & 2 \\ 3 & 2 & 1 \end{vmatrix} = -\frac{1}{2}, \quad x_2 = -\frac{1}{4}\begin{vmatrix} 2 & 1 & 1 \\ 1 & 2 & 2 \\ 1 & 3 & 1 \end{vmatrix} = \frac{3}{2}, \quad x_3 = -\frac{1}{4}\begin{vmatrix} 2 & 1 & 1 \\ 1 & 1 & 2 \\ 1 & 2 & 3 \end{vmatrix} = \frac{1}{2}$$

을 얻는다.

(4) 주어진 연립일차방정식에 대응하는 행렬방정식을

$$\begin{pmatrix} 1 & 2 & 1 \\ 1 & 1 & 1 \\ 2 & 1 & 4 \end{pmatrix}\begin{pmatrix} x_1 \\ x_2 \\ x_3 \end{pmatrix} = \begin{pmatrix} 1 \\ 0 \\ 1 \end{pmatrix}$$

와 같이 구성했을 때의 계수행렬을 A 라고 놓으면

$$\det A = \begin{vmatrix} 1 & 2 & 1 \\ 1 & 1 & 1 \\ 2 & 1 & 4 \end{vmatrix} = -2$$

이다. 따라서 크래머의 법칙에 따라 해를 구하면 식 (4.22)로부터

$$x_1 = -\frac{1}{2}\begin{vmatrix} 1 & 2 & 1 \\ 0 & 1 & 1 \\ 1 & 1 & 4 \end{vmatrix} = -2, \quad x_2 = -\frac{1}{2}\begin{vmatrix} 1 & 1 & 1 \\ 1 & 0 & 1 \\ 2 & 1 & 4 \end{vmatrix} = 1, \quad x_3 = -\frac{1}{2}\begin{vmatrix} 1 & 2 & 1 \\ 1 & 1 & 0 \\ 2 & 1 & 1 \end{vmatrix} = 1$$

을 얻는다. □

참고 4.2.1 n원 연립일차방정식에 대응하는 행렬방정식

$$A\mathbf{x} = \mathbf{b}, \qquad A \in M_{n\times n} \tag{4.24}$$

가 유일한 해를 갖는 경우에 정리 4.2.1에서와 같이 행렬 A의 역행렬을 찾아서

$$\mathbf{x} = A^{-1}\mathbf{b} \tag{4.25}$$

와 같이 구할 수도 있고, 또한 정리 4.2.3에서와 같이 크래머의 법칙을 적용하여 A의 역행렬을 구할 필요 없이 단지 n차 정사각행렬 A와 A_j의 행렬식만을 계산하여 연립일차방정식의 해를 구할 수도 있다.

그러나 위에서 언급한 두 가지 방법은 모두 주어진 연립일차방정식이 유일한 해를 갖는 경우에만 적용 가능하며, 또한 방법의 차이는 있지만 비교적 큰 n의 값을 갖는 경우에는 많은 연산량을 필요로 한다.

따라서 주어진 연립일차방정식의 해가 존재하지 않는 경우라든지, 아니면 해가 존재하더라고 유일한 해를 갖지 않는 경우에 위의 방법들은 무의미하다. 실제로 비교적 큰 n의 값을 갖는 경우에 주어진 연립일차방정식의 해가 유일하게 존재하는지를 확인하는 것 자체만도 상황에 따라서는 많은 연산량을 필요로 하게 된다.

다음 4.3절에서 우리는 위에서 언급한 방법들과는 달리, 주어진 연립일차방정식의 해가 유일한 해를 갖든, 아니면 무수히 많은 해를 갖든, 아니면 해가 존재하지 않든 관계없이 모든 경우의 연립일차방정식을 비교적 적은 연산량으로 다룰 수 있는 가우스 소거법을 소개한다.

4.3 가우스 소거법

정 의 4.3.1 연립일차방정식과 이에 대응하는 행렬방정식 사이에 다음과 같은 동치관계에 대하여 고찰해 보도록 하자. 주어진 연립일차방정식과 이에 대응하는 행렬방정식이 다음과 같을 때

$$\begin{cases} a_{11}x_1 + a_{12}x_2 = b_1 \\ a_{21}x_1 + a_{22}x_2 = b_2 \end{cases} \iff \begin{pmatrix} a_{11} & a_{12} \\ a_{21} & a_{22} \end{pmatrix}\begin{pmatrix} x_1 \\ x_2 \end{pmatrix} = \begin{pmatrix} b_1 \\ b_2 \end{pmatrix}$$

첫째, 위의 연립일차방정식을 풀기 위하여 주어진 방정식의 순서를 바꾸어서 풀어도 연립일차방정식의 해집합은 같다. 즉,

$$\begin{cases} a_{21}x_1 + a_{22}x_2 = b_2 \\ a_{11}x_1 + a_{12}x_2 = b_1 \end{cases} \iff \begin{pmatrix} a_{21} & a_{22} \\ a_{11} & a_{12} \end{pmatrix}\begin{pmatrix} x_1 \\ x_2 \end{pmatrix} = \begin{pmatrix} b_2 \\ b_1 \end{pmatrix}$$

둘째, 주어진 연립일차방정식을 풀기 위하여 어느 하나의 방정식에 0 아닌 상수 α 배를 해도 연립일차방정식의 해집합은 같다. 즉,

$$\begin{cases} a_{11}x_1 + a_{12}x_2 = b_1 \\ \alpha a_{21}x_1 + \alpha a_{22}x_2 = \alpha b_2 \end{cases} \iff \begin{pmatrix} a_{11} & a_{12} \\ \alpha a_{21} & \alpha a_{22} \end{pmatrix}\begin{pmatrix} x_1 \\ x_2 \end{pmatrix} = \begin{pmatrix} b_1 \\ \alpha b_2 \end{pmatrix}$$

셋째, 주어진 연립일차방정식을 풀기 위하여 어느 하나의 방정식에 상수 α 배를 해서 다른 방정식과 더해도 연립일차방정식의 해집합은 같다. 즉,

$$\begin{cases} a_{11}x_1 + a_{12}x_2 = b_1 \\ (a_{21} + \alpha a_{11})x_1 + (a_{22} + \alpha a_{12})x_2 = b_2 + \alpha b_1 \end{cases} \iff \begin{pmatrix} a_{11} & a_{12} \\ a_{21} + \alpha a_{11} & a_{22} + \alpha a_{12} \end{pmatrix}\begin{pmatrix} x_1 \\ x_2 \end{pmatrix} = \begin{pmatrix} b_1 \\ b_2 + \alpha b_1 \end{pmatrix}$$

위 연립일차방정식의 풀이 과정에서 보듯이, 좌측은 모두 동치관계에 있는 연립일차방정식이며, 우측은 좌측에 있는 각각의 연립일차방정식에 대응하는 행렬방정식의 형태로서 이들 또한 서로 동치관계에 있다. 따라서 위의 관계식은 모두 서로 동치관계에 있음을 알 수 있다. 그런데 좌측에 있는 각각의 연립일차방정식에 대응하는 행렬방정식에서 계수행

렬과 우변의 상수벡터열은 변하지만, 미지수 벡터열은 변하지 않음을 알 수 있다. 따라서 우측에 있는 각각의 행렬방정식에서 미지수 벡터열을 생략하여 다음과 같이 간단히 나타내도록 하자.

$$\begin{pmatrix} a_{11} & a_{12} \\ a_{21} & a_{22} \end{pmatrix}\begin{pmatrix} x_1 \\ x_2 \end{pmatrix} = \begin{pmatrix} b_1 \\ b_2 \end{pmatrix} \quad \Longleftrightarrow \quad \begin{pmatrix} a_{11} & a_{12} & : & b_1 \\ a_{21} & a_{22} & : & b_2 \end{pmatrix} \tag{4.26}$$

$$\begin{pmatrix} a_{21} & a_{22} \\ a_{11} & a_{12} \end{pmatrix}\begin{pmatrix} x_1 \\ x_2 \end{pmatrix} = \begin{pmatrix} b_2 \\ b_1 \end{pmatrix} \quad \Longleftrightarrow \quad \begin{pmatrix} a_{21} & a_{22} & : & b_2 \\ a_{11} & a_{12} & : & b_1 \end{pmatrix} \tag{4.27}$$

$$\begin{pmatrix} a_{11} & a_{12} \\ \alpha a_{21} & \alpha a_{22} \end{pmatrix}\begin{pmatrix} x_1 \\ x_2 \end{pmatrix} = \begin{pmatrix} b_1 \\ \alpha b_2 \end{pmatrix} \quad \Longleftrightarrow \quad \begin{pmatrix} a_{11} & a_{12} & : & b_1 \\ \alpha a_{21} & \alpha a_{22} & : & \alpha b_2 \end{pmatrix} \tag{4.28}$$

$$\begin{pmatrix} a_{11} & a_{12} \\ a_{21} + \alpha a_{11} & a_{22} + \alpha a_{12} \end{pmatrix}\begin{pmatrix} x_1 \\ x_2 \end{pmatrix} = \begin{pmatrix} b_1 \\ b_2 + \alpha b_1 \end{pmatrix} \quad \Longleftrightarrow \quad \begin{pmatrix} a_{11} & a_{12} & : & b_1 \\ a_{21} + \alpha a_{11} & a_{22} + \alpha a_{12} & : & b_2 + \alpha b_1 \end{pmatrix} \tag{4.29}$$

위의 관계식에서 우측에 있는 행렬의 형태는 좌측에 있는 행렬방정식의 계수행렬에 상수벡터열을 마지막 열에 추가하여 생성된 행렬이다. 이러한 행렬을 **확대행렬**(augmented matrix)이라고 한다. 주어진 연립일차방정식에 대응하는 식 (4.26) 의 확대행렬은 앞서 언급한 세 가지 규칙에 의해 변형된 식 (4.27), (4.28), (4.29) 에 있는 확대행렬과 서로 같지 않음을 확인할 수 있다.

식 (4.26) 의 확대행렬로부터 식 (4.27), (4.28), (4.29) 에 있는 확대행렬을 얻는 과정에 적용된 세 가지 연산규칙을 각각 차례대로 정리하면 다음과 같다.

(1) 행과 행을 바꾼다. $(R_i \leftrightarrow R_j)$

(2) 어느 한 행에 0 아닌 상수 α 배를 한다. $(R_i \leftarrow \alpha R_i, \quad \alpha \neq 0)$

(3) 어느 한 행에 상수 α 배를 해서 다른 행에 더한다. $(R_i \leftarrow R_i + \alpha R_j)$

여기서 R_i 는 주어진 행렬의 i 번째 행을 의미한다. 위의 세 가지 연산규칙을 일컬어 **기본행연산**(elementary row operations)이라고 하고, 기본행연산에 의해 변형된 행렬은 본래의 행렬과 『서로 행동치인 관계에 있다』고 한다. 따라서 식 (4.26), (4.27), (4.28), (4.29) 의 우측에 있는 확대행렬들은 서로 행동치인 관계에 있음을 알 수 있다.

연립일차방정식의 해를 구할 때, 주어진 연립일차방정식에 대응하는 행렬방정식으로부터 얻은 확대행렬에 기본행연산 규칙을 적용하여 확대행렬의 계수행렬 부분을 행동치인 관계에 있는 상삼각행렬의 형태로 변형시켜 해를 구하는 방법을 **가우스 소거법**(Gaussian elimination)이라고 한다.

예제 4.3.1 가우스 소거법을 적용하여 연립일차방정식

$$\begin{cases} 4x_1 - x_2 - x_3 = 1 \\ -x_1 + 4x_2 - x_3 = 1 \\ -x_1 - x_2 + 4x_3 = 1 \end{cases}$$

의 해를 구하여라.

【풀이】 주어진 연립일차방정식에 대응하는 행렬방정식을

$$\begin{pmatrix} 4 & -1 & -1 \\ -1 & 4 & -1 \\ -1 & -1 & 4 \end{pmatrix}\begin{pmatrix} x_1 \\ x_2 \\ x_3 \end{pmatrix} = \begin{pmatrix} 1 \\ 1 \\ 1 \end{pmatrix}$$

와 같이 구성했을 때

$$A = \begin{pmatrix} 4 & -1 & -1 \\ -1 & 4 & -1 \\ -1 & -1 & 4 \end{pmatrix}, \qquad \mathbf{x} = \begin{pmatrix} x_1 \\ x_2 \\ x_3 \end{pmatrix}, \qquad \mathbf{b} = \begin{pmatrix} 1 \\ 1 \\ 1 \end{pmatrix}$$

라고 놓으면, 주어진 연립일차방정식에 대응하는 확대행렬은

$$(A : \mathbf{b}) = \begin{pmatrix} 4 & -1 & -1 & : & 1 \\ -1 & 4 & -1 & : & 1 \\ -1 & -1 & 4 & : & 1 \end{pmatrix}$$

이다. 이러한 확대행렬에 가우스 소거법을 적용하면 행동치인 관계에 있는 확대행렬

$$(A : \mathbf{b}) = \begin{pmatrix} 4 & -1 & -1 & : & 1 \\ -1 & 4 & -1 & : & 1 \\ -1 & -1 & 4 & : & 1 \end{pmatrix} \cong \begin{pmatrix} 4 & -1 & -1 & : & 1 \\ 0 & 15/4 & -5/4 & : & 5/4 \\ 0 & -5/4 & 15/4 & : & 5/4 \end{pmatrix}$$

[$R_2 \leftarrow R_2 + (1/4) \cdot R_1$, $R_3 \leftarrow R_3 + (1/4) \cdot R_1$ 을 실행한 결과]

$$\cong \begin{pmatrix} 4 & -1 & -1 & : & 1 \\ 0 & 15/4 & -5/4 & : & 5/4 \\ 0 & 0 & 10/3 & : & 5/3 \end{pmatrix}$$

[$R_3 \leftarrow R_3 + (1/3)R_2$ 를 실행한 결과]

을 얻는다. 따라서 주어진 연립일차방정식과 동치인 관계에 있는 행렬방정식은

$$\begin{pmatrix} 4 & -1 & -1 \\ 0 & 15/4 & -5/4 \\ 0 & 0 & 10/3 \end{pmatrix} \begin{pmatrix} x_1 \\ x_2 \\ x_3 \end{pmatrix} = \begin{pmatrix} 1 \\ 5/4 \\ 5/3 \end{pmatrix}$$

이다. 따라서 주어진 연립일차방정식의 해는 x_3 으로부터 얻기 시작해서 x_2, x_1 을 차례대로 얻으면

$$x_3 = \frac{\frac{5}{3}}{\frac{10}{3}} = \frac{1}{2},$$

$$x_2 = \frac{\frac{5}{4} - \left(-\frac{5}{4}\right) \cdot \frac{1}{2}}{\frac{15}{4}} = \frac{\frac{5}{4} + \frac{5}{8}}{\frac{15}{4}} = \frac{\frac{15}{8}}{\frac{15}{4}} = \frac{1}{2},$$

$$x_1 = \frac{1 - (-1) \cdot \frac{1}{2} - (-1) \cdot \frac{1}{2}}{4} = \frac{1 + \frac{1}{2} + \frac{1}{2}}{4} = \frac{2}{4} = \frac{1}{2}$$

이다. □

참고 4.3.1 우리는 앞서 연립일차방정식의 해를 구할 때, 주어진 연립일차방정식에 대응하는 행렬방정식과 관련한 계수행렬의 역행렬이나 또는 크래머의 법칙을 적용하여 구할 수 있음을 확인했다(정리 4.2.1, 정리 4.2.3 참조). 그러나 이들은 모두 주어진 연립일차방정식이 유일한 해를 갖는 특별한 경우임을 가정했을 때 적용 가능한 방법들이다. 그러나 연립일차방정식이 항상 유일한 해를 갖는 것은 아니다. 일반적인 연립일차방정식의 해는 존재할 수도 있고, 존재하지 않을 수도 있으며, 더욱이 해가 존재하는 경우라고 할지라도 유일한 해가 존재하는 경우가 있는가 하면 그렇지 않은 경우도 있다. 그러나 가우스 소거법은 모든 형태의 연립일차방정식의 해를 구하는데 적용 가능한 방법이다. 즉, 가우스 소거법은 연립일차방정식의 해가 존재하는 경우든, 존재하지 않는 경우든 적용 가능하며, 더욱이 해가 존재한다면 유일한 해를 갖는 경우든, 그렇지 않은 경우든 모든 경우에

적용 가능하다. 만약 주어진 연립일차방정식에 대응하는 확대행렬에 가우스 소거법을 적용했을 때의 행동치인 관계에 있는 확대행렬이

$$\begin{pmatrix} * & * & * & \cdots & * & : & * \\ 0 & * & * & \cdots & * & : & * \\ 0 & 0 & * & \cdots & * & : & * \\ \vdots & \vdots & \vdots & \ddots & \vdots & : & \vdots \\ 0 & 0 & 0 & \cdots & 0 & : & * \end{pmatrix} \tag{4.30}$$

와 같은 형태로 변형되었다면, 주어진 연립일차방정식은 해가 없음을 의미한다. 또한 행동치인 관계에 있는 확대행렬이

$$\begin{pmatrix} * & * & * & \cdots & * & : & * \\ 0 & * & * & \cdots & * & : & * \\ 0 & 0 & * & \cdots & * & : & * \\ \vdots & \vdots & \vdots & \ddots & \vdots & : & \vdots \\ 0 & 0 & 0 & \cdots & 0 & : & 0 \end{pmatrix} \tag{4.31}$$

와 같은 형태로 변형되었다면, 주어진 연립일차방정식은 무수히 많은 해를 가짐을 알 수 있다. 단, 확대행렬 (4.30)과 (4.31)에서 $*$표시가 있는 위치에는 $\mathbf{0}$인 행벡터가 생성되지 않도록 하는 조건하에 0 또는 0이 아닌 성분이 모두 올 수 있음을 의미한다.

가우스 소거법이 갖는 또 다른 장점 중의 하나는 비교적 많은 미지수를 갖는 연립일차방정식이 유일한 해를 갖는 경우에, 앞서 언급한 두 가지 방법(즉, 계수행렬의 역행렬이나 또는 크래머의 법칙을 적용하여 구하는 방법)에 의해 해를 구할 때 소요되는 연산량보다 가우스 소거법에 의해 해를 구하는 것이 비교적 적은 연산량을 필요로 한다는 것이다.

예제 4.3.2 [연립일차방정식의 해가 존재하지 않는 경우의 예] 가우스 소거법을 적용하여 연립일차방정식

$$\begin{cases} 3x_1 + 2x_2 + x_3 = 3 \\ 2x_1 + x_2 + x_3 = 0 \\ 6x_1 + 2x_2 + 4x_3 = 6 \end{cases}$$

의 해가 존재한다면 구하고, 해가 존재하지 않는다면 그 이유를 적어라.

【풀이】 주어진 연립일차방정식에 대응하는 행렬방정식을

$$\begin{pmatrix} 3 & 2 & 1 \\ 2 & 1 & 1 \\ 6 & 2 & 4 \end{pmatrix}\begin{pmatrix} x_1 \\ x_2 \\ x_3 \end{pmatrix} = \begin{pmatrix} 3 \\ 0 \\ 6 \end{pmatrix}$$

와 같이 구성했을 때

$$A = \begin{pmatrix} 3 & 2 & 1 \\ 2 & 1 & 1 \\ 6 & 2 & 4 \end{pmatrix}, \qquad \mathbf{x} = \begin{pmatrix} x_1 \\ x_2 \\ x_3 \end{pmatrix}, \qquad \mathbf{b} = \begin{pmatrix} 3 \\ 0 \\ 6 \end{pmatrix}$$

라고 놓으면, 주어진 연립일차방정식에 대응하는 확대행렬은

$$(A : \mathbf{b}) = \begin{pmatrix} 3 & 2 & 1 & : & 3 \\ 2 & 1 & 1 & : & 0 \\ 6 & 2 & 4 & : & 6 \end{pmatrix}$$

이다. 이러한 확대행렬에 가우스 소거법을 적용하면 행동치인 관계에 있는 확대행렬

$$(A : \mathbf{b}) = \begin{pmatrix} 3 & 2 & 1 & : & 3 \\ 2 & 1 & 1 & : & 0 \\ 6 & 2 & 4 & : & 6 \end{pmatrix} \cong \begin{pmatrix} 3 & 2 & 1 & : & 3 \\ 0 & -1/3 & 1/3 & : & -2 \\ 0 & -2 & 2 & : & 0 \end{pmatrix}$$

[$R_2 \leftarrow R_2 + (-2/3) \cdot R_1,\ R_3 \leftarrow R_3 + (-2) \cdot R_1$ 을 실행한 결과]

$$\cong \begin{pmatrix} 3 & 2 & 1 & : & 3 \\ 0 & -1/3 & 1/3 & : & -2 \\ 0 & 0 & 0 & : & 12 \end{pmatrix} \tag{4.32}$$

[$R_3 \leftarrow R_3 + (-6)R_2$ 를 실행한 결과]

을 얻는다. 따라서 확대행렬 (4.32)는 (4.30)과 같은 형태이므로 주어진 연립일차방정식의 해는 존재하지 않음을 알 수 있다. 실제로 주어진 연립일차방정식과 동치인 관계에 있

는 행렬방정식은 확대행렬 (4.32) 로부터

$$\begin{pmatrix} 3 & 2 & 1 \\ 0 & -1/3 & 1/3 \\ 0 & 0 & 0 \end{pmatrix}\begin{pmatrix} x_1 \\ x_2 \\ x_3 \end{pmatrix} = \begin{pmatrix} 3 \\ -2 \\ 12 \end{pmatrix}$$

이므로 해가 존재하지 않음을 확인할 수 있다. □

예제 4.3.3 [연립일차방정식의 해가 무수히 많이 존재하는 경우의 예] 가우스 소거법을 적용하여 연립일차방정식

$$\begin{cases} x_1 + x_2 + x_3 = 1 \\ 2x_1 + x_2 + x_3 = 1 \\ 4x_1 + 2x_2 + 2x_3 = 2 \end{cases}$$

의 해가 존재한다면 구하고, 해가 존재하지 않는다면 그 이유를 적어라.

【**풀이**】 주어진 연립일차방정식에 대응하는 행렬방정식을

$$\begin{pmatrix} 1 & 1 & 1 \\ 2 & 1 & 1 \\ 4 & 2 & 2 \end{pmatrix}\begin{pmatrix} x_1 \\ x_2 \\ x_3 \end{pmatrix} = \begin{pmatrix} 1 \\ 1 \\ 2 \end{pmatrix}$$

와 같이 구성했을 때

$$A = \begin{pmatrix} 1 & 1 & 1 \\ 2 & 1 & 1 \\ 4 & 2 & 2 \end{pmatrix}, \qquad \mathbf{x} = \begin{pmatrix} x_1 \\ x_2 \\ x_3 \end{pmatrix}, \qquad \mathbf{b} = \begin{pmatrix} 1 \\ 1 \\ 2 \end{pmatrix}$$

라고 놓으면, 주어진 연립일차방정식에 대응하는 확대행렬은

$$(A : \mathbf{b}) = \begin{pmatrix} 1 & 1 & 1 & : & 1 \\ 2 & 1 & 1 & : & 1 \\ 4 & 2 & 2 & : & 2 \end{pmatrix}$$

이다. 이러한 확대행렬에 가우스 소거법을 적용하면 행동치인 관계에 있는 확대행렬

$$(A:\mathbf{b}) = \begin{pmatrix} 1 & 1 & 1 & : & 1 \\ 2 & 1 & 1 & : & 1 \\ 4 & 2 & 2 & : & 2 \end{pmatrix} \cong \begin{pmatrix} 1 & 1 & 1 & : & 1 \\ 0 & -1 & -1 & : & -1 \\ 0 & -2 & -2 & : & -2 \end{pmatrix}$$

[$R_2 \leftarrow R_2 + (-2)\cdot R_1$, $R_3 \leftarrow R_3 + (-4)\cdot R_1$ 을 실행한 결과]

$$\cong \begin{pmatrix} 1 & 1 & 1 & : & 1 \\ 0 & -1 & -1 & : & -1 \\ 0 & 0 & 0 & : & 0 \end{pmatrix} \tag{4.33}$$

[$R_3 \leftarrow R_3 + (-2)R_2$ 를 실행한 결과]

을 얻는다. 따라서 확대행렬 (4.33)은 (4.31)과 같은 형태이므로 주어진 연립일차방정식의 해가 무수히 많이 존재함을 알 수 있다. 실제로 주어진 연립일차방정식과 동치인 관계에 있는 행렬방정식은 확대행렬 (4.33)으로부터

$$\begin{pmatrix} 1 & 1 & 1 \\ 0 & -1 & -1 \\ 0 & 0 & 0 \end{pmatrix}\begin{pmatrix} x_1 \\ x_2 \\ x_3 \end{pmatrix} = \begin{pmatrix} 1 \\ -1 \\ 0 \end{pmatrix}$$

이므로 $x_3 = \alpha$ 라고 놓으면,

$$x_2 = \frac{-1-(-1)\cdot\alpha}{-1} = 1-\alpha, \qquad x_1 = \frac{1-1\cdot(1-\alpha)-1\cdot\alpha}{1} = 0$$

이므로 임의의 수 α 에 대하여

$$x_3 = \alpha, \quad x_2 = 1-\alpha, \quad x_1 = 0$$

이다. 따라서 주어진 연립일차방정식은 무수히 많은 해가 존재함을 확인할 수 있다. □

참고 4.3.2 [기본행연산을 이용한 역행렬 구하기] 앞서 언급한 기본행연산 규칙은 n차 정사각행렬의 역행렬을 구할 때에도 효과적으로 이용될 수 있다. 즉, n차 정사각행렬 A의 역행렬을 얻기 위하여 A와 같은 크기의 항등행렬 I를 택한 후에

$$(A:I) \tag{4.34}$$

와 같은 형태의 확대행렬을 구성한다. 그런 후에 기본행연산을 적용하여 좌측에 있는 행렬 A가 위치한 자리를

$$(I : B) \tag{4.35}$$

와 같이 항등행렬로 변형시킨다. 이때 우측에 얻어진 행렬 B가 행렬 A의 역행렬이 된다. 만약 행렬 A의 역행렬이 존재하지 않는 경우라면, 기본행연산에 의해 행렬 A가 위치한 자리를 결코 항등행렬로 변형시킬 수 없다. 따라서 위에서 언급한 방법은 주어진 행렬에 대한 역행렬의 존재성을 미리 확인할 필요 없이 모든 경우에 적용 가능한 방법으로서 역행렬이 있다면 구할 수 있음을 의미한다. 또한 이러한 방법은 비교적 큰 크기의 정사각행렬에 대한 역행렬을 구할 때 정리 4.1.3에서 언급한 방법보다도 적은 연산량에 의해 역행렬을 얻을 수 있기 때문에 역행렬을 얻는 보다 효과적인 방법이라고 할 수 있다.

예제 4.3.4 기본행연산을 이용하여 행렬

$$A = \begin{pmatrix} 4 & -1 & -1 \\ -1 & 4 & -1 \\ -1 & -1 & 4 \end{pmatrix}$$

의 역행렬이 존재한다면 구하고, 존재하지 않는다면 그 이유를 설명하여라.

【풀이】 먼저 기본행연산을 이용하여 주어진 행렬 A의 역행렬을 얻기 위해

$$(A : I) = \begin{pmatrix} 4 & -1 & -1 & : & 1 & 0 & 0 \\ -1 & 4 & -1 & : & 0 & 1 & 0 \\ -1 & -1 & 4 & : & 0 & 0 & 1 \end{pmatrix}$$

와 같은 확대행렬을 구성하자. 그런 후에 여기에 기본행연산을 적용하여 좌측에 있는 행렬 A가 위치한 자리를

$$(I : B)$$

와 같이 항등행렬로 변형시킨다. 이를 위한 일련의 과정은 다음과 같다.

$$\begin{pmatrix} 4 & -1 & -1 & : & 1 & 0 & 0 \\ -1 & 4 & -1 & : & 0 & 1 & 0 \\ -1 & -1 & 4 & : & 0 & 0 & 1 \end{pmatrix} \cong \begin{pmatrix} 4 & -1 & -1 & : & 1 & 0 & 0 \\ 0 & 15/4 & -5/4 & : & 1/4 & 1 & 0 \\ 0 & -5/4 & 15/4 & : & 1/4 & 0 & 1 \end{pmatrix}$$

[$R_2 \leftarrow R_2 + (1/4) \cdot R_1$, $R_3 \leftarrow R_3 + (1/4) \cdot R_1$ 을 실행한 결과]

$$\cong \begin{pmatrix} 4 & -1 & -1 & : & 1 & 0 & 0 \\ 0 & 15/4 & -5/4 & : & 1/4 & 1 & 0 \\ 0 & 0 & 10/3 & : & 1/3 & 1/3 & 1 \end{pmatrix}$$

[$R_3 \leftarrow R_3 + (1/3)R_2$ 를 실행한 결과]

$$\cong \begin{pmatrix} 4 & -1 & 0 & : & 11/10 & 1/10 & 3/10 \\ 0 & 15/4 & 0 & : & 3/8 & 9/8 & 3/8 \\ 0 & 0 & 10/3 & : & 1/3 & 1/3 & 1 \end{pmatrix}$$

[$R_2 \leftarrow R_2 + (3/8)R_3,\ R_1 \leftarrow R_1 + (3/10)R_3$ 을 실행한 결과]

$$\cong \begin{pmatrix} 4 & 0 & 0 & : & 6/5 & 2/5 & 2/5 \\ 0 & 15/4 & 0 & : & 3/8 & 9/8 & 3/8 \\ 0 & 0 & 10/3 & : & 1/3 & 1/3 & 1 \end{pmatrix}$$

[$R_1 \leftarrow R_1 + (4/15)R_2$ 를 실행한 결과]

$$\cong \begin{pmatrix} 1 & 0 & 0 & : & 3/10 & 1/10 & 1/10 \\ 0 & 1 & 0 & : & 1/10 & 3/10 & 1/10 \\ 0 & 0 & 1 & : & 1/10 & 1/10 & 3/10 \end{pmatrix}$$

[$R_1 \leftarrow (1/4) \cdot R_1,\ R_2 \leftarrow (4/15) \cdot R_2,\ R_3 \leftarrow (3/10) \cdot R_3$ 를 실행한 결과]

따라서 참고 4.3.2 에서 언급한 바와 같이 위의 연산 결과로부터 주어진 행렬 A 의 역행렬은 존재하고, 실제로 A 의 역행렬은

$$A^{-1} = \frac{1}{10}\begin{pmatrix} 3 & 1 & 1 \\ 1 & 3 & 1 \\ 1 & 1 & 3 \end{pmatrix}$$

임을 알 수 있다. □

예 제 4.3.5 기본행연산을 이용하여 행렬

$$A = \begin{pmatrix} 1 & 2 \\ 2 & 4 \end{pmatrix}$$

의 역행렬이 존재한다면 구하고, 존재하지 않는다면 그 이유를 설명하여라.

【풀이】 먼저 기본행연산을 이용하여 주어진 행렬 A의 역행렬을 얻기 위해

$$(A : I) = \begin{pmatrix} 1 & 2 & : & 1 & 0 \\ 2 & 4 & : & 0 & 1 \end{pmatrix}$$

와 같은 확대행렬을 구성하자. 그런 후에 여기에 기본행연산을 적용하여 좌측에 있는 행렬 A가 위치한 자리를

$$(I : B)$$

와 같이 항등행렬로 변형시킨다. 이를 위한 일련의 과정은 다음과 같다.

$$(A : I) = \begin{pmatrix} 1 & 2 & : & 1 & 0 \\ 2 & 4 & : & 0 & 1 \end{pmatrix} \cong \begin{pmatrix} 1 & 2 & : & 1 & 0 \\ 0 & 0 & : & -2 & 1 \end{pmatrix}$$

[$R_2 \leftarrow R_2 + (-2) \cdot R_1$ 을 실행한 결과]

다음 단계에서는 기본행연산을 적용하여 (1, 2) 성분을 0으로 만들어야 하지만, (2, 2) 성분이 0이므로 기본행연산을 통하여 (1, 2) 성분을 0으로 만들 수 있는 더 이상의 방법이 없다. 따라서 참고 4.3.2에서 언급한 바와 같이 결과적으로 주어진 행렬 A의 역행렬은 존재하지 않음을 알 수 있다. □

정의 4.3.2 주어진 행렬에 기본행연산을 적용하여 상삼각행렬의 형태로 만들었을 때 영 아닌 행벡터의 개수를 그 행렬의 **계수**(rank)라고 하고

$$\operatorname{rank} A \tag{4.36}$$

와 같이 나타낸다.

정리 4.3.1 n차 정사각행렬 A가 정칙행렬일 필요충분조건은

$$\operatorname{rank} A = n \tag{4.37}$$

이다.

예제 4.3.6 3차 정사각행렬

$$A = \begin{pmatrix} 1 & 1 & 1 \\ 2 & 1 & 1 \\ 4 & 2 & 2 \end{pmatrix}$$

의 계수를 구하고, 이 결과로부터 A의 역행렬이 존재하는지 확인하여라.

【풀이】 행렬 A에 기본행연산을 적용하면

$$A = \begin{pmatrix} 1 & 1 & 1 \\ 2 & 1 & 1 \\ 4 & 2 & 2 \end{pmatrix} \cong \begin{pmatrix} 1 & 1 & 1 \\ 0 & -1 & -1 \\ 0 & -2 & -2 \end{pmatrix}$$

[$R_2 \leftarrow R_2 + (-2) \cdot R_1$, $R_3 \leftarrow R_3 + (-4) \cdot R_1$ 을 실행한 결과]

$$\cong \begin{pmatrix} 1 & 1 & 1 \\ 0 & -1 & -1 \\ 0 & 0 & 0 \end{pmatrix}$$

[$R_3 \leftarrow R_3 + (-2)R_2$ 를 실행한 결과]

을 얻는다. 따라서 영 아닌 행벡터가 2개(즉, 1행, 2행) 있으므로 $\text{rank}A = 2$이다. 따라서 정리 4.3.1에 의해 행렬 A의 역행렬은 존재하지 않는다. □

정리 4.3.2 연립일차방정식이 해를 가질 필요충분조건은 연립일차방정식에 대응하는 행렬방정식의 계수행렬과 확대행렬의 계수가 같은 것이다. 특히 계수행렬과 확대행렬의 계수가 미지수의 개수로서 같은 경우에는 유일한 해를 가지며, 미지수의 개수보다 작은 값으로 같은 경우에는 무수히 많은 해를 갖는다.

예제 4.3.7 다음 연립일차방정식에 대응하는 행렬방정식의 계수행렬과 확대행렬의 계수를 비교하여 해의 존재성만을 확인하여라.

(1) $x_1 + x_2 = 1, \quad -x_1 - x_2 = 3, \quad -x_1 + 2x_2 = 2$

(2) $x_1 + x_2 + x_3 + x_4 + x_5 = 2, \quad x_1 + x_2 + x_3 + 2x_4 + 2x_5 = 3, \quad x_1 + x_2 + x_3 + 2x_4 + 3x_5 = 2$

【풀이】 (1) 주어진 연립일차방정식에 대응하는 행렬방정식을

$$\begin{pmatrix} 1 & 1 \\ -1 & -1 \\ -1 & 2 \end{pmatrix}\begin{pmatrix} x_1 \\ x_2 \end{pmatrix} = \begin{pmatrix} 1 \\ 3 \\ 2 \end{pmatrix}$$

와 같이 구성했을 때

$$A = \begin{pmatrix} 1 & 1 \\ -1 & -1 \\ -1 & 2 \end{pmatrix}, \qquad \mathbf{x} = \begin{pmatrix} x_1 \\ x_2 \end{pmatrix}, \qquad \mathbf{b} = \begin{pmatrix} 1 \\ 3 \\ 2 \end{pmatrix}$$

라고 놓으면, 주어진 연립일차방정식에 대응하는 확대행렬은

$$(A : \mathbf{b}) = \begin{pmatrix} 1 & 1 & : & 1 \\ -1 & -1 & : & 3 \\ -1 & 2 & : & 2 \end{pmatrix}$$

이다. 이러한 확대행렬에 기본행연산을 적용하면 다음과 같다.

$$(A : \mathbf{b}) = \begin{pmatrix} 1 & 1 & : & 1 \\ -1 & -1 & : & 3 \\ -1 & 2 & : & 2 \end{pmatrix} \cong \begin{pmatrix} 1 & 1 & : & 1 \\ 0 & 0 & : & 4 \\ 0 & 3 & : & 3 \end{pmatrix}$$

[$R_2 \leftarrow R_2 + R_1$, $R_3 \leftarrow R_3 + R_1$ 을 실행한 결과]

$$\cong \begin{pmatrix} 1 & 1 & : & 1 \\ 0 & 3 & : & 3 \\ 0 & 0 & : & 4 \end{pmatrix}$$

[2 행과 3 행을 교환한 결과]

따라서 주어진 연립일차방정식에 대응하는 행렬방정식에서 계수행렬의 계수는 2 이고, 확대행렬의 계수는 3 이다. 따라서 계수행렬의 계수와 확대행렬의 계수가 같지 않으므로, 정리 4.3.2 로부터 주어진 연립방정식의 해가 존재하지 않음을 알 수 있다.

(2) 주어진 연립일차방정식에 대응하는 행렬방정식을

$$\begin{pmatrix} 1 & 1 & 1 & 1 & 1 \\ 1 & 1 & 1 & 2 & 2 \\ 1 & 1 & 1 & 2 & 3 \end{pmatrix} \begin{pmatrix} x_1 \\ x_2 \\ x_3 \\ x_4 \\ x_5 \end{pmatrix} = \begin{pmatrix} 2 \\ 3 \\ 2 \end{pmatrix}$$

와 같이 구성했을 때

$$A = \begin{pmatrix} 1 & 1 & 1 & 1 & 1 \\ 1 & 1 & 1 & 2 & 2 \\ 1 & 1 & 1 & 2 & 3 \end{pmatrix}, \qquad \mathbf{x} = \begin{pmatrix} x_1 \\ x_2 \\ x_3 \\ x_4 \\ x_5 \end{pmatrix}, \qquad \mathbf{b} = \begin{pmatrix} 2 \\ 3 \\ 2 \end{pmatrix}$$

라고 놓으면, 주어진 연립일차방정식에 대응하는 확대행렬은

$$(A : \mathbf{b}) = \begin{pmatrix} 1 & 1 & 1 & 1 & 1 & : & 2 \\ 1 & 1 & 1 & 2 & 2 & : & 3 \\ 1 & 1 & 1 & 2 & 3 & : & 2 \end{pmatrix}$$

이다. 이러한 확대행렬에 기본행연산을 적용하면 다음과 같다.

$$(A : \mathbf{b}) = \begin{pmatrix} 1 & 1 & 1 & 1 & 1 & : & 2 \\ 1 & 1 & 1 & 2 & 2 & : & 3 \\ 1 & 1 & 1 & 2 & 3 & : & 2 \end{pmatrix} \cong \begin{pmatrix} 1 & 1 & 1 & 1 & 1 & : & 2 \\ 0 & 0 & 0 & 1 & 1 & : & 1 \\ 0 & 0 & 0 & 0 & 1 & : & -1 \end{pmatrix}$$

[$R_2 \leftarrow R_2 + (-1) \cdot R_1$, $R_3 \leftarrow R_3 + (-1) \cdot R_1$ 을 실행한 결과]

따라서 주어진 연립일차방정식에 대응하는 행렬방정식에서 계수행렬의 계수는 3 이고, 확대행렬의 계수 또한 3 이다. 따라서 계수행렬의 계수와 확대행렬의 계수가 같으므로 정리 4.3.2 로부터 주어진 연립일차방정식의 해가 존재함을 알 수 있다. 특히 계수행렬의 계수와 확대행렬의 계수가 미지수의 개수인 5 보다는 작은 3 으로 같기 때문에 주어진 연립일차방정식은 무수히 많은 해를 갖는다. □

제 4 장 연습문제[5)]

1. 행렬 $A = \begin{pmatrix} 1 & 2 & 3 \\ 4 & 5 & 6 \\ 7 & 8 & 9 \end{pmatrix}$의 수반행렬을 구하여라.

2. 다음 행렬의 행렬식을 구하여라.

(1) $A = \begin{pmatrix} 1 & 1 & 1 & 1 & 1 \\ -1 & 2 & 0 & 0 & 0 \\ 1 & -1 & 2 & 0 & 0 \\ 1 & 0 & -1 & 2 & 0 \\ 1 & 0 & 0 & -1 & 2 \end{pmatrix}$ (2) $B = \begin{pmatrix} 1 & 1 & 1 & 1 & 1 \\ -1 & 2 & 0 & 0 & 0 \\ 0 & -1 & 2 & 0 & 0 \\ 0 & 0 & -1 & 2 & 0 \\ 0 & 0 & 0 & -1 & 2 \end{pmatrix}$

(3) $C = \begin{pmatrix} 1 & 2 & 3 & 4 \\ 2 & 4 & 1 & 3 \\ 3 & 1 & 4 & 2 \\ 4 & 3 & 2 & 1 \end{pmatrix}$ (4) $D = \begin{pmatrix} 1 & 2 & 3 & 4 & 5 \\ 1^2 & 2^2 & 3^2 & 4^2 & 5^2 \\ 1^3 & 2^3 & 3^3 & 4^3 & 5^3 \\ 1^4 & 2^4 & 3^4 & 4^4 & 5^4 \\ 1^5 & 2^5 & 3^5 & 4^5 & 5^5 \end{pmatrix}$

(5) $E = \begin{pmatrix} 1 & 1 & 1 & 1 & 1 \\ -1 & 1 & 0 & 0 & 0 \\ 1 & -1 & 1 & 0 & 0 \\ 1 & 0 & -1 & 1 & 0 \\ 1 & 0 & 0 & -1 & 1 \end{pmatrix}$ (6) $F = \begin{pmatrix} 1 & 0 & 0 & 1 & 1 \\ 2 & 1 & 0 & 0 & 0 \\ 0 & 2 & 1 & 0 & 0 \\ 0 & 0 & 2 & 1 & 0 \\ 1 & 2 & 0 & 2 & 1 \end{pmatrix}$

3. 다음 행렬의 역행렬을 구하여라.

(1) $A = \begin{pmatrix} 1 & 1 & 0 \\ 1 & 1 & 1 \\ 0 & 2 & 1 \end{pmatrix}$ (2) $B = \begin{pmatrix} 1 & 0 & 1 \\ 2 & 1 & 2 \\ 0 & 4 & 6 \end{pmatrix}$ (3) $C = \begin{pmatrix} 2 & 4 & 6 \\ -1 & 2 & 3 \\ 1 & 4 & 9 \end{pmatrix}$

---

5) 제 4 장 연습문제 풀이 : 286쪽 ~ 300쪽 참조

4. 기본행연산을 적용하여 행렬

$$A = \begin{pmatrix} 2 & 1 & 1 \\ 1 & 2 & 1 \\ 1 & 1 & 2 \end{pmatrix}$$

의 역행렬이 존재한다면 구하고, 존재하지 않는다면 그 이유를 설명하여라.

5. 3 차 정사각행렬

$$A = \begin{pmatrix} 1 & 2 & 1 \\ 1 & 1 & 1 \\ 2 & 2 & 2 \end{pmatrix}$$

의 계수를 구하고, 이를 이용하여 역행렬의 존재여부를 확인하여라.

6. 주어진 행렬의 역행렬이 존재한다면 역행렬을 구하고, 역행렬이 존재하지 않는다면 존재하지 않는 이유를 적어라.

(1) $A = \begin{pmatrix} 1 & 0 & 0 & 0 & 0 \\ 1 & 1 & 0 & 0 & 0 \\ 1 & 0 & 1 & 0 & 0 \\ 1 & 0 & 0 & 1 & 0 \\ 1 & 0 & 0 & 0 & 1 \end{pmatrix}$ (2) $B = \begin{pmatrix} 1 & 1 & 1 & 1 & 1 \\ 0 & 1 & 0 & 0 & 0 \\ 0 & 0 & 1 & 0 & 0 \\ 0 & 0 & 0 & 1 & 0 \\ 0 & 0 & 0 & 0 & 1 \end{pmatrix}$ (3) $C = \begin{pmatrix} 1 & 0 & 0 & 0 & 0 \\ 2 & 1 & 0 & 0 & 0 \\ 3 & 0 & 1 & 0 & 0 \\ 4 & 0 & 0 & 1 & 0 \\ 5 & 0 & 0 & 0 & 1 \end{pmatrix}$

7. 연립일차방정식이 유일한 해를 갖는 경우에 크래머의 법칙을 적용하여 연립일차방정식의 해를 구하여라.

(1) $\begin{pmatrix} 1 & 2 & -1 \\ -1 & 1 & 2 \\ 2 & -1 & 1 \end{pmatrix}\begin{pmatrix} x \\ y \\ z \end{pmatrix} = \begin{pmatrix} 3 \\ 2 \\ 1 \end{pmatrix}$ (2) $\begin{pmatrix} 1 & 1 & 1 \\ 1 & 0 & 1 \\ 2 & 1 & 1 \end{pmatrix}\begin{pmatrix} x_1 \\ x_2 \\ x_3 \end{pmatrix} = \begin{pmatrix} 0 \\ 1 \\ 0 \end{pmatrix}$ (3) $\begin{pmatrix} 2 & -3 & 1 \\ 1 & 1 & -1 \\ 4 & -1 & 3 \end{pmatrix}\begin{pmatrix} x \\ y \\ z \end{pmatrix} = \begin{pmatrix} 4 \\ 2 \\ 1 \end{pmatrix}$

(4) $\begin{pmatrix} 2 & 3 & 1 \\ 1 & -2 & -1 \\ 1 & 4 & 1 \end{pmatrix}\begin{pmatrix} x \\ y \\ z \end{pmatrix} = \begin{pmatrix} 0 \\ 1 \\ 2 \end{pmatrix}$ (5) $\begin{pmatrix} 1 & 2 & -1 \\ -1 & 1 & 2 \\ 2 & -1 & 1 \end{pmatrix}\begin{pmatrix} x \\ y \\ z \end{pmatrix} = \begin{pmatrix} 1 \\ 1 \\ 1 \end{pmatrix}$ (6) $\begin{pmatrix} 1 & 2 & 0 \\ -1 & 1 & 2 \\ 0 & -1 & 1 \end{pmatrix}\begin{pmatrix} x \\ y \\ z \end{pmatrix} = \begin{pmatrix} 1 \\ 1 \\ 1 \end{pmatrix}$

8. 가우스 소거법을 적용하여 다음 연립일차방정식의 해가 존재하는지를 판단하고, 해가 존재한다면 구하여라.

(1) $2x_1 + x_2 + x_3 = 1, \quad x_1 + 2x_2 + x_3 = 1, \quad x_1 + x_2 + 2x_3 = 1$

(2) $2x_1 + x_2 + x_3 = 1, \quad x_1 + 2x_2 + x_3 = 2, \quad 4x_1 + 2x_2 + 2x_3 = 1$

(3) $4x_1 + 5x_2 - 2x_3 = 10, \quad 2x_1 + 3x_2 - x_3 = 7, \quad x_2 - 3x_3 = -5$

9. 가우스 소거법을 적용하여 다음 연립일차방정식의 해가 존재하는지를 판단하고, 해가 존재한다면 구하여라.

(1) $x_1 + 2x_2 + x_3 = 1, \quad x_1 + x_2 + x_3 = 1, \quad 2x_1 + 2x_2 + 2x_3 = 2$

(2) $y - 3z = -5, \quad 2x + 3y - z = 7, \quad 4x + 5y - 2z = 10$

(3) $2x + 4y + 6z = 18, \quad 4x + 5y + 6z = 24, \quad 3x + y - 2z = 4$

(4) $x + 4y - 2z = 4, \quad 2x + 7y - z = -2, \quad 2x + 9y - 7z = 1$

제 5 장

벡터공간

5장에서는 평면벡터와 공간벡터, 그리고 평면과 공간상에서의 좌표축의 평행이동과 회전이동에 관하여 학습한다. 또한 공간상에서의 직선 및 평면의 방정식에 관하여 학습한다. 끝으로 일반적인 벡터공간을 정의하고, 벡터공간이 갖는 성질들에 관하여 학습한다.

5.1 평면벡터와 공간벡터

정의 5.1.1 면적, 길이, 질량, 시간, 속력, 온도, 압력 등과 같은 물리적 양은 크기만을 가지므로 실수로 표시할 수 있다. 이처럼 크기만을 갖는 양을 **스칼라**(scalar)라고 한다.[1] 반면에 속도, 가속도, 힘 등과 같이 크기와 방향을 동시에 갖는 양을 **벡터**(vector)라고 한다. 특히 평면상의 벡터를 **평면벡터**(plane vector) 또는 **이차원벡터**(two-dimensional vector), 공간상의 벡터를 **공간벡터**(space vector) 또는 **삼차원벡터**(three-dimensional vector)라고 한다.

정의 5.1.2 점 P로부터 시작하여 점 Q에서 끝나는 벡터의 경우에 화살표를 이용하여 $\overrightarrow{PQ}$와 같이 나타낸다(그림 5.1 참조). 이때 시작점 P를 **시점**(initial point)이라고 하고, 끝

1) 스칼라는 실수나 복소수와 같은 구조를 갖는다. 이런 이유로 스칼라를 간단히 수라고 부르기도 한다.

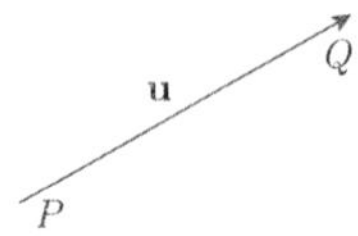

[그림 5.1] 벡터의 표현

나는 점 Q를 **종점**(terminal point)이라고 하며, 화살표의 방향은 벡터의 방향을 나타내고, 화살의 길이는 벡터의 크기를 나타낸다. 이러한 벡터를 간단히 a, b, u, v, ... 등과 같이 나타내며, 특히 이들이 벡터라는 것을 강조할 필요가 있을 때에는 **a**, **b**, **u**, **v**, ... 등과 같이 굵은 글씨체로 나타내어 스칼라와 구분한다.

정의 5.1.3 벡터 $\mathbf{u} = \overrightarrow{PQ}$와 $\mathbf{v} = \overrightarrow{RS}$에 대하여 어느 하나의 벡터를 평행이동 하여 두 벡터가 완전히 겹쳐질 때, 두 벡터 **u**와 **v**는 **같다**(equal)고 하고, 기호로는

$$\mathbf{u} = \mathbf{v} \tag{5.1}$$

와 같이 나타낸다(그림 5.2 참조).

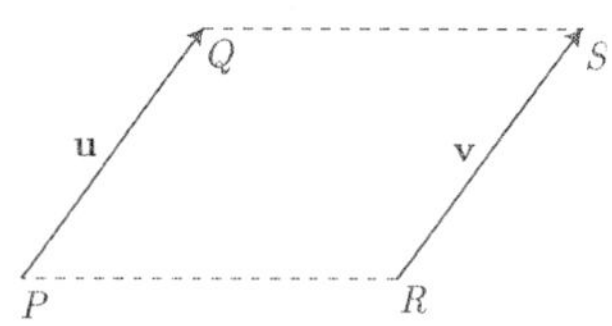

[그림 5.2] 벡터의 상등

정의 5.1.4 벡터 **u**의 **크기**(norm) 또는 **길이**(length)를

$$\|\mathbf{u}\| \tag{5.2}$$

와 같이 나타낸다.[2] 특히 시점과 종점이 일치하는 벡터를 **영벡터**(zero vector)라고 하고 0 또는 **0**으로 표시한다.[3] 또한 크기가 1인 벡터를 **단위벡터**(unit vector)라고 한다.

---

2) 책에 따라서는 벡터의 크기조차도 절댓값 기호를 사용하여 나타내는 경우가 있다. 여기서는 스칼라의 크기를 나타낼 때에는 절댓값 기호를 사용하고, 벡터의 크기는 식 (5.2)에서와 같은 기호를 사용하도록 한다.

정의 5.1.5 두 벡터 $\mathbf{u} = \overrightarrow{PQ}$와 $\mathbf{v} = \overrightarrow{RS}$를 평행이동시켜 $\overrightarrow{PQ}$의 종점 Q와 $\overrightarrow{RS}$의 시점 R이 일치하도록 했을 때 생겨나는 $\triangle PQS$의 빗변에 의한 벡터 $\overrightarrow{PS}$를 벡터 $\mathbf{u}$와 $\mathbf{v}$의 **합**(sum)이라고 하고, 기호로는

$$\mathbf{u} + \mathbf{v} \tag{5.3}$$

와 같이 나타낸다(그림 5.3 참조).

[그림 5.3] 벡터의 합

정의 5.1.6 벡터 $\mathbf{u}$와 크기가 같고 방향이 정반대인 벡터를 $\mathbf{u}$의 **음벡터**(negative vector)라고 하고, 기호로는

$$-\mathbf{u} \tag{5.4}$$

와 같이 나타낸다(그림 5.4 참조). 그러면 벡터의 합 연산 규칙에 의해

$$\mathbf{u} + (-\mathbf{u}) = (-\mathbf{u}) + \mathbf{u} = \mathbf{0} \tag{5.5}$$

이 성립함을 알 수 있다. 특히 영벡터 $\mathbf{0}$의 음벡터인 $-\mathbf{0}$은 $\mathbf{0}$과 같다.

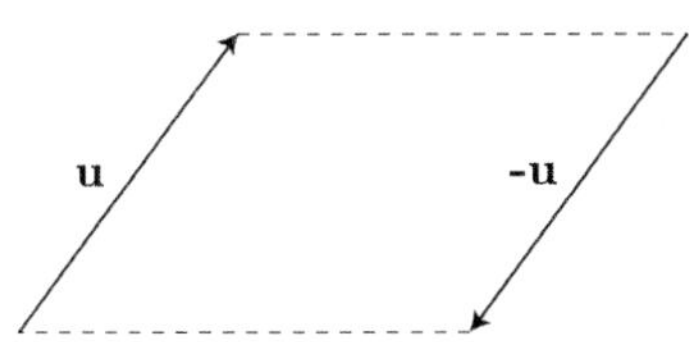

[그림 5.4] $\mathbf{u}$와 $-\mathbf{u}$

3) 영벡터 $\mathbf{0}$과 스칼라 0은 문맥을 통하여 구별한다.

정 의 5.1.7 벡터 $\mathbf{u}$와 실수인 스칼라 α에 대하여, 벡터

$$\alpha\mathbf{u} \tag{5.6}$$

는 $\alpha > 0$ 이면 $\mathbf{u}$와 같은 방향을 가지면서 크기가 $\|\mathbf{u}\|$의 α배가 되는 벡터를 의미하고, $\alpha < 0$ 이면 $\mathbf{u}$와 정반대 방향을 가지면서 크기가 $\|\mathbf{u}\|$의 $|\alpha|$배가 되는 벡터를 의미하는 것으로 정의한다. 이때 $\alpha\mathbf{u}$를 실수 α와 벡터 $\mathbf{u}$의 **스칼라 곱**(scalar multiplication)이라고 한다. 특히 $\alpha = 0$ 이거나 $\mathbf{u} = \mathbf{0}$ 이면 $\alpha\mathbf{u} = \mathbf{0}$ 이고, $\alpha = -1$ 이면 $(-1)\mathbf{u} = -\mathbf{u}$ 이다.

정 의 5.1.8 직교좌표계의 원점 O를 시점으로 하는 벡터를 **위치벡터**(position vector)라고 한다. 평면 직교좌표계에서 위치벡터의 종점의 직교좌표가 (a, b) 인 벡터 $\mathbf{u}$를

$$\mathbf{u} = (a, b) \tag{5.7}$$

와 같이 나타내고, 이때 a, b를 각각 벡터 $\mathbf{u}$의 x-성분, y-성분이라고 한다(그림 5.5(a) 참조). 또한 공간 직교좌표계에서 위치벡터의 종점의 직교좌표가 (a, b, c) 인 벡터 $\mathbf{u}$를

$$\mathbf{u} = (a, b, c) \tag{5.8}$$

와 같이 나타내고, 이때 a, b, c를 각각 벡터 $\mathbf{u}$의 x-성분, y-성분, z-성분이라고 한다(그림 5.5(b) 참조).

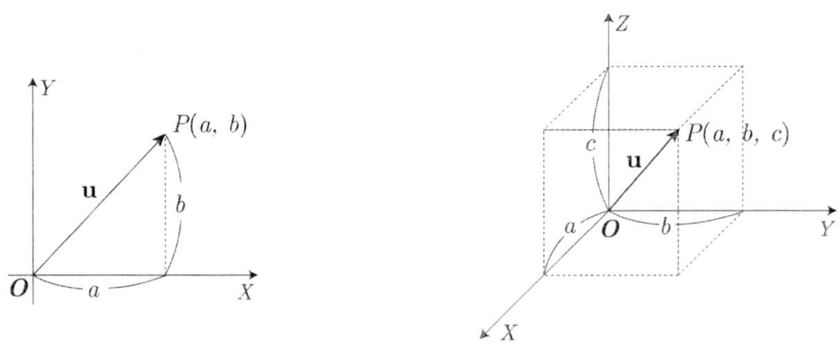

(a) (b)

[그림 5.5] 평면과 공간상의 위치벡터

참고 5.1.1 모든 벡터는 적당한 평행이동에 의해 같은 크기와 방향을 갖는 위치벡터로 대응시킬 수 있다. 또한 평면상의 영벡터는 성분을 이용하여 $\mathbf{0} = (0, 0)$과 같이 나타내며, 공간상의 영벡터는 $\mathbf{0} = (0, 0, 0)$과 같이 나타낸다.

참고 5.1.2 평면상의 벡터 $\mathbf{u} = (u_1, u_2)$, $\mathbf{v} = (v_1, v_2)$에 대하여 다음이 성립한다.

(1) $\mathbf{u} = \mathbf{v} \iff u_1 = v_1,\ u_2 = v_2$

(2) $\mathbf{u} + \mathbf{v} = (u_1, u_2) + (v_1, v_2) = (u_1 + v_1, u_2 + v_2)$

(3) $\alpha\mathbf{u} = \alpha(u_1, u_2) = (\alpha u_1, \alpha u_2),\quad \alpha \in \mathbb{R}$

특히 벡터의 시점이 $P(u_1, u_2)$이고 종점이 $Q(v_1, v_2)$인 평면벡터 $\overrightarrow{PQ}$를 성분으로 나타내면, 원점 O에 대하여

$$\overrightarrow{PQ} = \overrightarrow{OQ} - \overrightarrow{OP} = (v_1, v_2) - (u_1, u_2) = (v_1 - u_1, v_2 - u_2) \tag{5.9}$$

와 같다.

참고 5.1.3 공간상의 벡터 $\mathbf{u} = (u_1, u_2, u_3)$, $\mathbf{v} = (v_1, v_2, v_3)$에 대하여 다음이 성립한다.

(1) $\mathbf{u} = \mathbf{v} \iff u_1 = v_1,\ u_2 = v_2,\ u_3 = v_3$

(2) $\mathbf{u} + \mathbf{v} = (u_1, u_2, u_3) + (v_1, v_2, v_3) = (u_1 + v_1, u_2 + v_2, u_3 + v_3)$

(3) $\alpha\mathbf{u} = \alpha(u_1, u_2, u_3) = (\alpha u_1, \alpha u_2, \alpha u_3),\quad \alpha \in \mathbb{R}$

특히 벡터의 시점이 $P(u_1, u_2, u_3)$이고 종점이 $Q(v_1, v_2, v_3)$인 공간벡터 $\overrightarrow{PQ}$를 성분으로 나타내면, 원점 O에 대하여

$$\overrightarrow{PQ} = \overrightarrow{OQ} - \overrightarrow{OP} = (v_1, v_2, v_3) - (u_1, u_2, u_3) = (v_1 - u_1, v_2 - u_2, v_3 - u_3) \tag{5.10}$$

와 같다.

예제 5.1.1 벡터 $\mathbf{u} = (1, 0, 2)$, $\mathbf{v} = (2, 1, 0)$, $\mathbf{w} = (1, 2, 3)$에 대하여 다음을 구하여라.

(1) $\mathbf{u} + \mathbf{v}$ (2) $2\mathbf{w}$ (3) $3\mathbf{u} - \mathbf{v} + \mathbf{w}$

【풀이】 (1) $\mathbf{u} + \mathbf{v} = (1, 0, 2) + (2, 1, 0) = (1 + 2, 0 + 1, 2 + 0) = (3, 1, 2)$.

(2) $2\mathbf{w} = 2(1, 2, 3) = (2 \cdot 1, 2 \cdot 2, 2 \cdot 3) = (2, 4, 6)$.

(3) 벡터 **u**, **v**, **w**에 대하여

$$\begin{aligned}3\mathbf{u}-\mathbf{v}+\mathbf{w}&=3(1,\ 0,\ 2)-(2,\ 1,\ 0)+(1,\ 2,\ 3)\\&=(3\cdot 1-2+1,\ 3\cdot 0-1+2,\ 3\cdot 2-0+3)\\&=(2,\ 1,\ 9)\end{aligned}$$

이다. □

정리 5.1.1 평면 또는 공간상의 벡터 **u**, **v**, **w**와 수 $\alpha, \beta \in \mathbb{R}$에 대하여 다음과 같은 성질이 성립한다.

(1) $\mathbf{u}+\mathbf{v}=\mathbf{v}+\mathbf{u}$ [합에 관한 교환법칙]

(2) $(\mathbf{u}+\mathbf{v})+\mathbf{w}=\mathbf{u}+(\mathbf{v}+\mathbf{w})$ [합에 관한 결합법칙]

(3) $\mathbf{u}+\mathbf{0}=\mathbf{0}+\mathbf{u}=\mathbf{u}$ [항등원의 존재]

(4) $\mathbf{u}+(-\mathbf{u})=(-\mathbf{u})+\mathbf{u}=\mathbf{0}$ [역원의 존재]

(5) $\alpha(\mathbf{u}+\mathbf{v})=\alpha\mathbf{u}+\alpha\mathbf{v}$ [벡터의 분배법칙]

(6) $(\alpha+\beta)\mathbf{u}=\alpha\mathbf{u}+\beta\mathbf{u}$ [스칼라의 분배법칙]

(7) $\alpha(\beta\mathbf{u})=(\alpha\beta)\mathbf{u}$

(8) $1\mathbf{u}=\mathbf{u}$

정의 5.1.9 벡터의 성분을 사용하여 평면벡터 $\mathbf{u}=(u_1,\ u_2)$의 크기는

$$\|\mathbf{u}\|=\sqrt{u_1^2+u_2^2} \tag{5.11}$$

와 같이 정의하고, 공간벡터 $\mathbf{u}=(u_1,\ u_2,\ u_3)$의 크기는

$$\|\mathbf{u}\|=\sqrt{u_1^2+u_2^2+u_3^2} \tag{5.12}$$

와 같이 정의한다.

예제 5.1.2 평면벡터 $\mathbf{u} = (1, 2)$ 와 공간벡터 $\mathbf{v} = (1, 2, 3)$ 의 크기를 각각 구하여라.

【풀이】 정의 5.1.9 로부터 각 벡터의 크기가

$$\|\mathbf{u}\| = \sqrt{1^2 + 2^2} = \sqrt{5}, \qquad \|\mathbf{v}\| = \sqrt{1^2 + 2^2 + 3^2} = \sqrt{14}$$

임을 쉽게 알 수 있다. □

5.1.1 내적과 외적

정의 5.1.10 평면과 공간상에서 벡터의 **내적**(inner product)을 다음과 같이 정의한다.

(1) 평면상의 두 벡터 $\mathbf{u} = (u_1, u_2)$, $\mathbf{v} = (v_1, v_2)$ 에 대하여

$$\mathbf{u} \cdot \mathbf{v} = u_1 v_1 + u_2 v_2$$

와 같이 정의되는 수를 평면벡터 $\mathbf{u}$ 와 $\mathbf{v}$ 의 내적이라고 한다.

(2) 공간상의 두 벡터 $\mathbf{u} = (u_1, u_2, u_3)$, $\mathbf{v} = (v_1, v_2, v_3)$ 에 대하여

$$\mathbf{u} \cdot \mathbf{v} = u_1 v_1 + u_2 v_2 + u_3 v_3 \tag{5.13}$$

와 같이 정의되는 수를 공간벡터 $\mathbf{u}$ 와 $\mathbf{v}$ 의 내적이라고 한다.

예제 5.1.3 평면상의 두 벡터 $\mathbf{u} = (1, 2)$, $\mathbf{v} = (0, 1)$ 와 공간상의 두 벡터 $\mathbf{s} = (1, 0, 2)$, $\mathbf{t} = (0, 1, 2)$ 에 대하여 내적 $\mathbf{u} \cdot \mathbf{v}$ 와 $\mathbf{s} \cdot \mathbf{t}$ 를 각각 구하여라.

【풀이】 정의 5.1.10 으로부터

$$\mathbf{u} \cdot \mathbf{v} = 1 \cdot 0 + 2 \cdot 1 = 2, \qquad \mathbf{s} \cdot \mathbf{t} = 1 \cdot 0 + 0 \cdot 1 + 2 \cdot 2 = 4$$

이다. □

참고 5.1.4 (1) 평면상의 벡터 $\mathbf{u} = (u_1, u_2)$에 대하여

$$\mathbf{u} \cdot \mathbf{u} = u_1^2 + u_2^2 = \|\mathbf{u}\|^2$$

이므로 $\|\mathbf{u}\| = \sqrt{\mathbf{u} \cdot \mathbf{u}}$이 성립한다.

(2) 공간상의 벡터 $\mathbf{u} = (u_1, u_2, u_3)$에 대하여

$$\mathbf{u} \cdot \mathbf{u} = u_1^2 + u_2^2 + u_3^2 = \|\mathbf{u}\|^2$$

이므로 $\|\mathbf{u}\| = \sqrt{\mathbf{u} \cdot \mathbf{u}}$이 성립한다.

따라서 정의 5.1.9에서 언급했던 벡터의 크기는 내적 연산을 이용하여 나타낼 수 있다. 즉, 평면 또는 공간상의 벡터 $\mathbf{u}$에 대하여

$$\|\mathbf{u}\| = \sqrt{\mathbf{u} \cdot \mathbf{u}} \tag{5.14}$$

이다.

정리 5.1.2 공간상의 두 벡터 $\mathbf{u} = (u_1, u_2, u_3)$와 $\mathbf{v} = (v_1, v_2, v_3)$의 끼인각을 θ $(0 \le \theta \le \pi)$라고 하면

$$\mathbf{u} \cdot \mathbf{v} = \|\mathbf{u}\|\,\|\mathbf{v}\| \cos\theta \tag{5.15}$$

이 성립한다. 따라서 영 아닌 두 벡터 $\mathbf{u}$, $\mathbf{v}$에 대하여

$$\cos\theta = \frac{\mathbf{u} \cdot \mathbf{v}}{\|\mathbf{u}\|\,\|\mathbf{v}\|} = \frac{u_1v_1 + u_2v_2 + u_3v_3}{\sqrt{u_1^2 + u_2^2 + u_3^2}\,\sqrt{v_1^2 + v_2^2 + v_3^2}} \tag{5.16}$$

이 성립한다.

예제 5.1.4 두 벡터 $\mathbf{u} = (1, 1, 0)$, $\mathbf{v} = (0, 0, 1)$의 끼인각 θ $(0 \le \theta \le \pi)$를 구하여라.

【풀이】 벡터 $\mathbf{u}$, $\mathbf{v}$에 대하여

$$\|\mathbf{u}\| = \sqrt{1^2 + 1^2 + 0^2} = \sqrt{2}, \qquad \|\mathbf{v}\| = \sqrt{0^2 + 0^2 + 1^2} = 1$$

이고

$$\mathbf{u} \cdot \mathbf{v} = (1, 1, 0) \cdot (0, 0, 1) = 0$$

이다. 따라서 정리 5.1.2의 $\mathbf{u} \cdot \mathbf{v} = \|\mathbf{u}\| \|\mathbf{v}\| \cos\theta$로부터

$$\cos\theta = \frac{\mathbf{u} \cdot \mathbf{v}}{\|\mathbf{u}\| \|\mathbf{v}\|} = \frac{0}{\sqrt{2} \cdot 1} = 0$$

이다. 따라서 두 벡터 $\mathbf{u}$와 $\mathbf{v}$의 끼인각 θ $(0 \le \theta \le \pi)$는 $\theta = \pi/2$이다. □

예제 5.1.5 직교좌표계에서 x축과 벡터 $\mathbf{u} = (1, 1, 1)$가 이루는 끼인각 θ $(0 \le \theta \le \pi)$에 대하여 $\cos\theta$의 값을 구하여라.

【풀이】 x축 방향의 단위벡터를 $\mathbf{e}_1$이라고 놓으면 $\mathbf{e}_1 = (1, 0, 0)$이다(그림 5.6 참조).

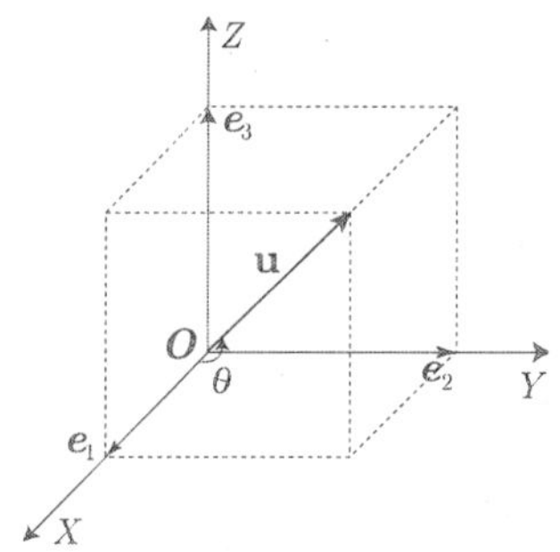

[그림 5.6]

따라서 벡터 $\mathbf{e}_1$과 $\mathbf{u}$가 이루는 끼인각 θ $(0 \le \theta \le \pi)$에 대하여 $\cos\theta$의 값은 정리 5.1.2로부터 $\mathbf{u} \cdot \mathbf{e}_1 = \|\mathbf{u}\| \|\mathbf{e}_1\| \cos\theta$이다. 따라서

$$\cos\theta = \frac{\mathbf{u} \cdot \mathbf{e}_1}{\|\mathbf{u}\| \|\mathbf{e}_1\|} = \frac{1}{\sqrt{3}}$$

이다. □

정의 5.1.11 두 벡터 $\mathbf{u}, \mathbf{v}$에 대하여

$$\mathbf{u} \cdot \mathbf{v} = 0 \tag{5.17}$$

일 때, 벡터 $\mathbf{u}$와 $\mathbf{v}$는 서로 **직교**(orthogonal)한다 또는 서로 **수직**(perpendicular)이다라고 하고, 기호로는

$$\mathbf{u} \perp \mathbf{v} \tag{5.18}$$

와 같이 나타낸다. 또한 영 아닌 두 벡터 $\mathbf{u}$, $\mathbf{v}$에 대하여

$$\mathbf{u} \cdot \mathbf{v} = \pm \|\mathbf{u}\| \|\mathbf{v}\| \tag{5.19}$$

일 때, 즉 두 벡터가 서로 같은 방향이거나 또는 서로 정반대 방향일 때, 벡터 $\mathbf{u}$와 $\mathbf{v}$는 서로 **평행**(parallel)하다라고 하고

$$\mathbf{u} \mathbin{/\!/} \mathbf{v} \tag{5.20}$$

와 같이 나타낸다.

정리 5.1.3 임의의 공간벡터 $\mathbf{u}$, $\mathbf{v}$, $\mathbf{w}$와 스칼라 $\alpha \in \mathbb{R}$에 대하여 내적과 관련한 다음 성질이 성립한다.

(1) $\mathbf{u} \cdot \mathbf{v} = \mathbf{v} \cdot \mathbf{u}$

(2) $\mathbf{u} \cdot (\mathbf{v} + \mathbf{w}) = \mathbf{u} \cdot \mathbf{v} + \mathbf{u} \cdot \mathbf{w}$

(3) $\alpha(\mathbf{u} \cdot \mathbf{v}) = (\alpha\mathbf{u}) \cdot \mathbf{v} = \mathbf{u} \cdot (\alpha\mathbf{v})$

(4) $\mathbf{u} \cdot \mathbf{u} = 0 \quad \Longleftrightarrow \quad \mathbf{u} = \mathbf{0}$

【증명】 공간 직교좌표계의 벡터 $\mathbf{u}$, $\mathbf{v}$, $\mathbf{w}$를 각각

$$\mathbf{u} = (u_1, u_2, u_3), \qquad \mathbf{v} = (v_1, v_2, v_3), \qquad \mathbf{w} = (w_1, w_2, w_3)$$

라고 하자. 그러면

(1) 정의 5.1.10의 식 (5.13)으로부터

$$\mathbf{u} \cdot \mathbf{v} = u_1v_1 + u_2v_2 + u_3v_3 = v_1u_1 + v_2u_2 + v_3u_3 = \mathbf{v} \cdot \mathbf{u}$$

이 성립한다.

(2) 내적 연산과 벡터의 덧셈 연산으로부터

$$\begin{aligned}\mathbf{u}\cdot(\mathbf{v}+\mathbf{w}) &= (u_1,\ u_2,\ u_3)\cdot((v_1,\ v_2,\ v_3)+(w_1,\ w_2,\ w_3))\\ &= (u_1,\ u_2,\ u_3)\cdot(v_1+w_1,\ v_2+w_2,\ v_3+w_3)\\ &= u_1(v_1+w_1)+u_2(v_2+w_2)+u_3(v_3+w_3)\\ &= u_1v_1+u_1w_1+u_2v_2+u_2w_2+u_3v_3+u_3w_3\\ &= (u_1v_1+u_2v_2+u_3v_3)+(u_1w_1+u_2w_2+u_3w_3)\\ &= \mathbf{u}\cdot\mathbf{v}+\mathbf{u}\cdot\mathbf{w}\end{aligned}$$

이 성립한다.

(3) 벡터의 내적과 스칼라 곱 연산으로부터

$$\begin{aligned}\alpha(\mathbf{u}\cdot\mathbf{v}) &= \alpha(u_1v_1+u_2v_2+u_3v_3)\\ &= (\alpha u_1)v_1+(\alpha u_2)v_2+(\alpha u_3)v_3\\ &= (\alpha u_1,\ \alpha u_2,\ \alpha u_3)\cdot(v_1,\ v_2,\ v_3)\\ &= (\alpha(u_1,\ u_2,\ u_3))\cdot(v_1,\ v_2,\ v_3)\\ &= (\alpha\mathbf{u})\cdot\mathbf{v}\end{aligned}$$

이 성립한다. 마찬가지 방법으로 $\alpha(\mathbf{u}\cdot\mathbf{v}) = \mathbf{u}\cdot(\alpha\mathbf{v})$ 임을 보일 수 있다.

(4) ($\Rightarrow$) $\mathbf{u}\neq\mathbf{0}$ 이면 $u_1,\ u_2,\ u_3$ 중 적어도 하나는 0 이 아니다. 따라서

$$\mathbf{u}\cdot\mathbf{u} = u_1^2+u_2^2+u_2^3\neq 0$$

이므로, $\mathbf{u}\cdot\mathbf{u}=0$ 이면 $\mathbf{u}=0$ 이다.

($\Leftarrow$) $\mathbf{u}=\mathbf{0}$ 이면, $u_1=u_2=u_3=0$ 이므로

$$\mathbf{u}\cdot\mathbf{u} = (0,\ 0,\ 0)\cdot(0,\ 0,\ 0) = 0+0+0 = 0$$

이다. □

정의 5.1.12 공간벡터 $\mathbf{u} = (u_1, u_2, u_3)$, $\mathbf{v} = (v_1, v_2, v_3)$가 이루는 끼인각을 θ $(0 \le \theta \le \pi)$라고 하고, 두 벡터를 각 변으로 하는 평행사변형의 면적을 S라고 놓으면

$$S = \|\mathbf{u}\|\,\|\mathbf{v}\|\sin\theta \tag{5.21}$$

이다. 또한 벡터 $\mathbf{u}$와 $\mathbf{v}$에 동시에 수직인 벡터로서 벡터 $\mathbf{u}$로부터 벡터 $\mathbf{v}$방향으로 오른손 나사 진행방향으로의 수직인 단위벡터를 $\mathbf{e}$라고 하자. 이때 벡터의 크기를 S로 가지면서 벡터 $\mathbf{e}$와 같은 방향을 갖는 새로운 벡터를 일컬어 $\mathbf{u}$와 $\mathbf{v}$의 **외적**(cross product)[4]이라고 하고, 기호로는

$$\mathbf{u} \times \mathbf{v} \tag{5.22}$$

와 같이 나타낸다(그림 5.7 참조).

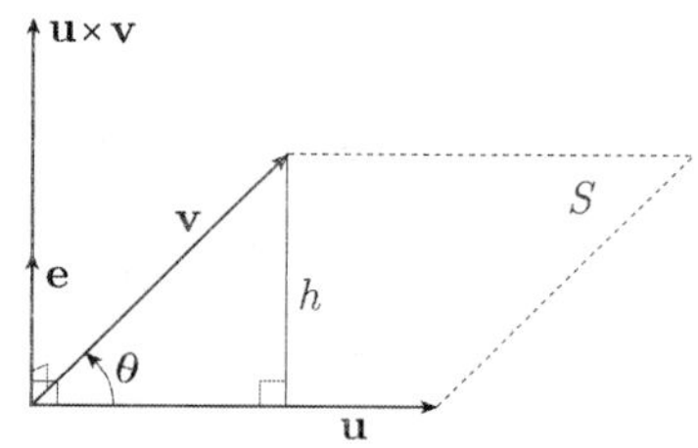

[그림 5.7] $\mathbf{u} \times \mathbf{v}$

공간벡터 $\mathbf{u} = (u_1, u_2, u_3)$, $\mathbf{v} = (v_1, v_2, v_3)$와 각 축 방향의 단위벡터 $\mathbf{e}_1 = (1, 0, 0)$, $\mathbf{e}_2 = (0, 1, 0)$, $\mathbf{e}_3 = (0, 0, 1)$에 대하여 외적벡터 $\mathbf{u} \times \mathbf{v}$를 행렬식을 이용하여 간단히

$$\mathbf{u} \times \mathbf{v} = S\,\mathbf{e} = (\|\mathbf{u}\|\,\|\mathbf{v}\|\sin\theta)\mathbf{e} = \begin{vmatrix} \mathbf{e}_1 & \mathbf{e}_2 & \mathbf{e}_3 \\ u_1 & u_2 & u_3 \\ v_1 & v_2 & v_3 \end{vmatrix}$$

와 같이 나타내기로 약속한다. 단, 이때 3차 정사각행렬의 행렬식은 1행 전개에 따른 행렬식(정리 4.1.1 참조)을 의미하는 것으로 약속한다. 따라서 외적벡터 $\mathbf{u} \times \mathbf{v}$를 성분으로

4) 크로스 곱 또는 벡터 적이라고 한다.

나타내면

$$\mathbf{u}\times\mathbf{v} = S\,\mathbf{e} = (\|\mathbf{u}\|\,\|\mathbf{v}\|\sin\theta)\mathbf{e} = \begin{vmatrix} \mathbf{e}_1 & \mathbf{e}_2 & \mathbf{e}_3 \\ u_1 & u_2 & u_3 \\ v_1 & v_2 & v_3 \end{vmatrix}$$

$$= \begin{vmatrix} u_2 & u_3 \\ v_2 & v_3 \end{vmatrix}\mathbf{e}_1 + \left(-\begin{vmatrix} u_1 & u_3 \\ v_1 & v_3 \end{vmatrix}\right)\mathbf{e}_2 + \begin{vmatrix} u_1 & u_2 \\ v_1 & v_2 \end{vmatrix}\mathbf{e}_3$$

$$= \begin{vmatrix} u_2 & u_3 \\ v_2 & v_3 \end{vmatrix}\mathbf{e}_1 + \begin{vmatrix} u_3 & u_1 \\ v_3 & v_1 \end{vmatrix}\mathbf{e}_2 + \begin{vmatrix} u_1 & u_2 \\ v_1 & v_2 \end{vmatrix}\mathbf{e}_3$$

$$= \left(\begin{vmatrix} u_2 & u_3 \\ v_2 & v_3 \end{vmatrix}, \begin{vmatrix} u_3 & u_1 \\ v_3 & v_1 \end{vmatrix}, \begin{vmatrix} u_1 & u_2 \\ v_1 & v_2 \end{vmatrix}\right)$$

와 같음을 알 수 있다

참고 5.1.5 벡터의 내적 연산은 평면 및 공간상에서 모두 정의되며, 내적 연산의 결과는 스칼라이다. 반면에 외적 연산은 공간상에서만 정의되며, 외적 연산의 결과는 벡터이다.

예제 5.1.6 벡터 $\mathbf{u} = (1, 1, 1)$, $\mathbf{v} = (1, 0, 1)$의 외적벡터 $\mathbf{u}\times\mathbf{v}$를 구하여라.

【풀이】 외적 연산의 정의로부터

$$\mathbf{u}\times\mathbf{v} = (1, 1, 1)\times(1, 0, 1) = \begin{vmatrix} \mathbf{e}_1 & \mathbf{e}_2 & \mathbf{e}_3 \\ 1 & 1 & 1 \\ 1 & 0 & 1 \end{vmatrix} = \left(\begin{vmatrix} 1 & 1 \\ 0 & 1 \end{vmatrix}, \begin{vmatrix} 1 & 1 \\ 1 & 1 \end{vmatrix}, \begin{vmatrix} 1 & 1 \\ 1 & 0 \end{vmatrix}\right) = (1, 0, -1). \qquad \square$$

예제 5.1.7 벡터 $\mathbf{u} = (1, -1, 0)$ $\mathbf{v} = (0, 1, 1)$, $\mathbf{w} = (1, 1, 1)$에 대하여 다음을 계산하여라.

(1) $\mathbf{u}\times(\mathbf{v}\times\mathbf{w})$ (2) $\mathbf{u}\cdot(\mathbf{v}\times\mathbf{w})$ (3) $\|(\mathbf{u}\times\mathbf{v})\times\mathbf{w}\|$

【풀이】 (1) $\mathbf{v}\times\mathbf{w} = \left(\begin{vmatrix} 1 & 1 \\ 1 & 1 \end{vmatrix}, \begin{vmatrix} 1 & 0 \\ 1 & 1 \end{vmatrix}, \begin{vmatrix} 0 & 1 \\ 1 & 1 \end{vmatrix}\right) = (0, 1, -1)$ 이므로

$$\mathbf{u}\times(\mathbf{v}\times\mathbf{w}) = \left(\begin{vmatrix} -1 & 0 \\ 1 & -1 \end{vmatrix}, \begin{vmatrix} 0 & 1 \\ -1 & 0 \end{vmatrix}, \begin{vmatrix} 1 & -1 \\ 0 & 1 \end{vmatrix}\right) = (1, 1, 1).$$

(2) (1)의 풀이 과정에서 이미 $\mathbf{v}\times\mathbf{w}=(0, 1, -1)$ 임을 확인했다. 이 결과를 이용하면

$$\mathbf{u}\cdot(\mathbf{v}\times\mathbf{w})=(1, -1, 0)\cdot(0, 1, -1)=-1$$

을 얻는다.

(3) $\mathbf{u}\times\mathbf{v}=\left(\begin{vmatrix}-1 & 0\\ 1 & 1\end{vmatrix}, \begin{vmatrix}0 & 1\\ 1 & 0\end{vmatrix}, \begin{vmatrix}1 & -1\\ 0 & 1\end{vmatrix}\right)=(-1, -1, 1)$ 이므로

$$(\mathbf{u}\times\mathbf{v})\times\mathbf{w}=\left(\begin{vmatrix}-1 & 1\\ 1 & 1\end{vmatrix}, \begin{vmatrix}1 & -1\\ 1 & 1\end{vmatrix}, \begin{vmatrix}-1 & -1\\ 1 & 1\end{vmatrix}\right)=(-2, 2, 0)$$

이다. 따라서 $\|(\mathbf{u}\times\mathbf{v})\times\mathbf{w}\|=2\sqrt{2}$ 이다. □

예제 5.1.8 공간상의 직교좌표계에서 각 축 방향의 단위벡터를 각각 $\mathbf{e}_1=(1, 0, 0)$, $\mathbf{e}_2=(0, 1, 0)$, $\mathbf{e}_3=(0, 0, 1)$과 같이 나태내자. 이들 벡터들에 대하여 다음이 성립함을 보여라.

(1) $\mathbf{e}_1\times\mathbf{e}_1=\mathbf{e}_2\times\mathbf{e}_2=\mathbf{e}_3\times\mathbf{e}_3=\mathbf{0}$

(2) $\mathbf{e}_1\times\mathbf{e}_2=\mathbf{e}_3,\quad \mathbf{e}_2\times\mathbf{e}_3=\mathbf{e}_1,\quad \mathbf{e}_3\times\mathbf{e}_1=\mathbf{e}_2$

(3) $\mathbf{e}_2\times\mathbf{e}_1=-\mathbf{e}_3,\quad \mathbf{e}_3\times\mathbf{e}_2=-\mathbf{e}_1,\quad \mathbf{e}_1\times\mathbf{e}_3=-\mathbf{e}_2$

【풀이】 (1) 외적 연산의 정의로부터

$$\mathbf{e}_1\times\mathbf{e}_1=(1, 0, 0)\times(1, 0, 0)=\begin{vmatrix}\mathbf{e}_1 & \mathbf{e}_2 & \mathbf{e}_3\\ 1 & 0 & 0\\ 1 & 0 & 0\end{vmatrix}=\left(\begin{vmatrix}0 & 0\\ 0 & 0\end{vmatrix}, \begin{vmatrix}0 & 1\\ 0 & 1\end{vmatrix}, \begin{vmatrix}1 & 0\\ 1 & 0\end{vmatrix}\right)=(0, 0, 0)=\mathbf{0}$$

이다. $\mathbf{e}_2\times\mathbf{e}_2=\mathbf{0}$ 와 $\mathbf{e}_3\times\mathbf{e}_3=\mathbf{0}$ 의 경우도 같은 방법으로 확인할 수 있다.

(2) 외적 연산의 정의로부터

$$\mathbf{e}_1\times\mathbf{e}_2=(1, 0, 0)\times(0, 1, 0)=\begin{vmatrix}\mathbf{e}_1 & \mathbf{e}_2 & \mathbf{e}_3\\ 1 & 0 & 0\\ 0 & 1 & 0\end{vmatrix}=\left(\begin{vmatrix}0 & 0\\ 1 & 0\end{vmatrix}, \begin{vmatrix}0 & 1\\ 0 & 0\end{vmatrix}, \begin{vmatrix}1 & 0\\ 0 & 1\end{vmatrix}\right)=(0, 0, 1)=\mathbf{e}_3$$

이다. $\mathbf{e}_2\times\mathbf{e}_3=\mathbf{e}_1$ 와 $\mathbf{e}_3\times\mathbf{e}_1=\mathbf{e}_2$ 의 경우도 같은 방법으로 확인할 수 있다.

(3) 외적 연산의 정의로부터

$$\mathbf{e}_2 \times \mathbf{e}_1 = (0, 1, 0) \times (1, 0, 0) = \begin{vmatrix} \mathbf{e}_1 & \mathbf{e}_2 & \mathbf{e}_3 \\ 0 & 1 & 0 \\ 1 & 0 & 0 \end{vmatrix} = \left(\begin{vmatrix} 1 & 0 \\ 0 & 0 \end{vmatrix}, \begin{vmatrix} 0 & 0 \\ 0 & 1 \end{vmatrix}, \begin{vmatrix} 0 & 1 \\ 1 & 0 \end{vmatrix} \right) = -(0, 0, 1) = -\mathbf{e}_3$$

이다. $\mathbf{e}_3 \times \mathbf{e}_2 = -\mathbf{e}_1$ 와 $\mathbf{e}_1 \times \mathbf{e}_3 = -\mathbf{e}_2$ 의 경우도 같은 방법으로 확인할 수 있다. □

정리 5.1.4 임의의 공간벡터 $\mathbf{u}$, $\mathbf{v}$ 에 대하여 다음이 성립한다.

(1) $\mathbf{u} \cdot (\mathbf{u} \times \mathbf{v}) = 0$

(2) $\mathbf{v} \cdot (\mathbf{u} \times \mathbf{v}) = 0$

【증명】 외적 연산의 정의 5.1.12로부터 $\mathbf{u} \times \mathbf{v}$는 벡터 $\mathbf{u}$와 $\mathbf{v}$에 동시에 수직인 벡터이므로 성립한다. □

정리 5.1.5 임의의 공간벡터 $\mathbf{u}$, $\mathbf{v}$, $\mathbf{w}$와 스칼라 $\alpha \in \mathbb{R}$에 대하여 다음이 성립한다.

(1) $\mathbf{u} \times \mathbf{v} = -(\mathbf{v} \times \mathbf{u})$

(2) $\mathbf{u} \times (\mathbf{v} + \mathbf{w}) = (\mathbf{u} \times \mathbf{v}) + (\mathbf{u} \times \mathbf{w})$

(3) $\alpha(\mathbf{u} \times \mathbf{v}) = (\alpha\mathbf{u}) \times \mathbf{v} = \mathbf{u} \times (\alpha\mathbf{v})$

예제 5.1.9 외적 연산을 통하여 평면상의 원점 $O(0, 0)$와 두 점 $P(u_1, u_2)$, $Q(v_1, v_2)$를 꼭짓점으로 하는 삼각형 $\triangle OPQ$의 넓이를 구하여라. (단, 주어진 세 점 O, P, Q는 일직선상에 있지 않음을 가정한다.)

【풀이】 외적 연산을 위해 평면상의 두 점 $P(u_1, u_2)$와 $Q(v_1, v_2)$를 각각 공간상의 점으로 대응시키면 각각 $P(u_1, u_2, 0)$, $Q(v_1, v_2, 0)$와 같다. 이때 두 벡터 $\mathbf{u} = \overrightarrow{OP}$, $\mathbf{v} = \overrightarrow{OQ}$에 대하여 외적벡터 $\mathbf{u} \times \mathbf{v}$를 계산하면

$$\mathbf{u} \times \mathbf{v} = \begin{vmatrix} \mathbf{e}_1 & \mathbf{e}_2 & \mathbf{e}_3 \\ u_1 & u_2 & 0 \\ v_1 & v_2 & 0 \end{vmatrix} = \left(\begin{vmatrix} u_2 & 0 \\ v_2 & 0 \end{vmatrix}, \begin{vmatrix} 0 & u_1 \\ 0 & v_1 \end{vmatrix}, \begin{vmatrix} u_1 & u_2 \\ v_1 & v_2 \end{vmatrix} \right) = (0, 0, u_1v_2 - u_2v_1)$$

이다. 한편 외적 연산의 정의로부터 $\|\mathbf{u}\times\mathbf{v}\|$는 두 벡터 $\mathbf{u}$와 $\mathbf{v}$에 의해 만들어지는 평행사변형의 넓이와 같다. 따라서 구하려는 삼각형 $\triangle OPQ$의 넓이를 S라고 하면

$$S = \frac{1}{2}\|\mathbf{u}\times\mathbf{v}\| = \frac{1}{2}\|(0,\ 0,\ u_1v_2-u_2v_1)\| = \frac{1}{2}\sqrt{(u_1v_2-u_2v_1)^2} = \frac{1}{2}|u_1v_2-u_2v_1|$$

이다. □

정 리 5.1.6 임의의 공간벡터 $\mathbf{u}$, $\mathbf{v}$, $\mathbf{w}$에 대하여 다음이 성립한다.

(1) $\mathbf{u}\cdot(\mathbf{v}\times\mathbf{w}) = \mathbf{v}\cdot(\mathbf{w}\times\mathbf{u}) = \mathbf{w}\cdot(\mathbf{u}\times\mathbf{v})$

(2) $\mathbf{u}\times(\mathbf{v}\times\mathbf{w}) \neq (\mathbf{u}\times\mathbf{v})\times\mathbf{w}$

(3) $\mathbf{u}\times(\mathbf{v}\times\mathbf{w}) = (\mathbf{u}\cdot\mathbf{w})\mathbf{v} - (\mathbf{u}\cdot\mathbf{v})\mathbf{w}$

5.1.2 스칼라 삼중적

정 의 5.1.13 공간상의 세 벡터

$$\mathbf{u} = (u_1,\ u_2,\ u_3), \qquad \mathbf{v} = (v_1,\ v_2,\ v_3), \qquad \mathbf{w} = (w_1,\ w_2,\ w_3)$$

에 대하여 **스칼라 삼중적**(scalar triple product)은 $(\mathbf{u}\ \mathbf{v}\ \mathbf{w})$와 같이 나타내며, 내적과 외적을 이용하여

$$(\mathbf{u}\ \mathbf{v}\ \mathbf{w}) = \mathbf{u}\cdot(\mathbf{v}\times\mathbf{w}) \tag{5.23}$$

와 같이 정의한다.

예 제 5.1.10 공간상의 세 벡터 $\mathbf{u} = (u_1,\ u_2,\ u_3)$, $\mathbf{v} = (v_1,\ v_2,\ v_3)$, $\mathbf{w} = (w_1,\ w_2,\ w_3)$에 대하여 스칼라 삼중적 $(\mathbf{u}\ \mathbf{v}\ \mathbf{w})$를 3차 정사각행렬의 행렬식을 이용하여

$$(\mathbf{u}\ \mathbf{v}\ \mathbf{w}) = \mathbf{u}\cdot(\mathbf{v}\times\mathbf{w}) = \begin{vmatrix} u_1 & u_2 & u_3 \\ v_1 & v_2 & v_3 \\ w_1 & w_2 & w_3 \end{vmatrix}$$

와 같이 나타낼 수 있음을 보여라.

【풀이】 주어진 두 벡터 $\mathbf{v}$, $\mathbf{w}$에 대하여

$$\mathbf{v}\times\mathbf{w} = \left(\begin{vmatrix} v_2 & v_3 \\ w_2 & w_3 \end{vmatrix}, \begin{vmatrix} v_3 & v_1 \\ w_3 & w_1 \end{vmatrix}, \begin{vmatrix} v_1 & v_2 \\ w_1 & w_2 \end{vmatrix} \right)$$

이다. 따라서 스칼라 삼중적 $(\mathbf{u}\ \mathbf{v}\ \mathbf{w})$는

$$\begin{aligned}
(\mathbf{u}\ \mathbf{v}\ \mathbf{w}) &= \mathbf{u}\cdot(\mathbf{v}\times\mathbf{w}) \\
&= (u_1,\ u_2,\ u_3)\cdot\left(\begin{vmatrix} v_2 & v_3 \\ w_2 & w_3 \end{vmatrix}, \begin{vmatrix} v_3 & v_1 \\ w_3 & w_1 \end{vmatrix}, \begin{vmatrix} v_1 & v_2 \\ w_1 & w_2 \end{vmatrix} \right) \\
&= \begin{vmatrix} v_2 & v_3 \\ w_2 & w_3 \end{vmatrix} u_1 + \begin{vmatrix} v_3 & v_1 \\ w_3 & w_1 \end{vmatrix} u_2 + \begin{vmatrix} v_1 & v_2 \\ w_1 & w_2 \end{vmatrix} u_3 \\
&= \begin{vmatrix} u_1 & u_2 & u_3 \\ v_1 & v_2 & v_3 \\ w_1 & w_2 & w_3 \end{vmatrix}
\end{aligned}$$

이다. □

예제 5.1.11 공간상의 세 벡터 $\mathbf{u} = (1,\ 1,\ 0)$, $\mathbf{v} = (-1,\ 1,\ 0)$, $\mathbf{w} = (1,\ 1,\ 1)$을 세 변으로 하는 평형육면체의 체적 V를 구하여라.

【풀이】 세 벡터 $\mathbf{u}$, $\mathbf{v}$, $\mathbf{w}$을 세 변으로 하는 평형육면체의 체적 V는 스칼라 삼중적

$$(\mathbf{u}\ \ \mathbf{v}\ \ \mathbf{w}) = \mathbf{u}\cdot(\mathbf{v}\times\mathbf{w})$$

의 크기와 같다. 그런데

$$(\mathbf{u}\ \ \mathbf{v}\ \ \mathbf{w}) = \mathbf{u}\cdot(\mathbf{v}\times\mathbf{w}) = \begin{vmatrix} 1 & 1 & 0 \\ -1 & 1 & 0 \\ 1 & 1 & 1 \end{vmatrix} = 2$$

이므로, 구하는 체적 V는 $V = |(\mathbf{u}\ \ \mathbf{v}\ \ \mathbf{w})| = |2| = 2$이다. □

5.1.3 평면상의 좌표축의 변환

정의 5.1.14 [평면상의 좌표축의 평행이동] 평면상의 직교좌표축 $O-XY$를 그 원점 $O(0, 0)$가 점 $O'(x_0, y_0)$에 오도록 평행이동 하여 새로운 직교좌표축 $O'-X'Y'$를 얻었다고 하자. 이때 한 점 P의 직교좌표축 $O-XY$에 관한 좌표 (x, y)와 직교좌표축 $O'-X'Y'$에 관한 좌표 (x', y') 사이의 대응관계에 대하여 살펴보자(그림 5.8 참조). 원점 O에서 X, Y축

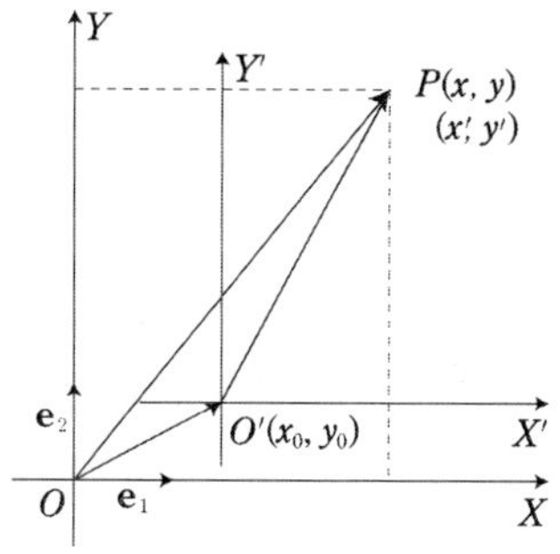

[그림 5.8] 평면상의 좌표축에 관한 평행이동

의 양의 방향을 갖는 단위벡터를 각각 $\mathbf{e}_1$, $\mathbf{e}_2$라고 놓으면, 좌표축의 평행이동과 관련한 벡터방정식은

$$\overrightarrow{OP} = \overrightarrow{OO'} + \overrightarrow{O'P} \tag{5.24}$$

임을 알 수 있다. 그런데 식 (5.24)에서

$$\overrightarrow{OP} = (x, y), \qquad \overrightarrow{OO'} = (x_0, y_0), \qquad \overrightarrow{O'P} = (x', y')$$

이므로, 이를 식 (5.24)에 대입하여 정리하면

$$(x, y) = (x_0, y_0) + (x', y') = (x_0 + x', y_0 + y'), \qquad \text{즉} \qquad (x, y) = (x_0 + x', y_0 + y') \tag{5.25}$$

을 얻는다. 따라서 점 $O(0, 0)$을 원점으로 갖는 직교좌표축 $O-XY$ 상에서의 한 도형에 관한 방정식

$$F(x, y) = 0 \tag{5.26}$$

은 좌표축의 평행이동에 의해 점 $O'(x_0, y_0)$을 원점으로 갖는 새로운 직교좌표축 $O' - X'Y'$ 상에서

$$F(x_0 + x', y_0 + y') = 0 \tag{5.27}$$

와 같이 나타내어진다. 이는 동일한 기하학적 도형이라 할지라도 직교좌표축의 원점을 어디로 정하느냐에 따라 도형의 방정식이 서로 다른 형태로 표현될 수 있음을 의미한다.

예제 5.1.12 점 $O(0, 0)$을 원점으로 갖는 직교좌표축 $O - XY$ 상에서의 도형의 방정식

$$x^2 + y^2 - 2x - 4y - 4 = 0$$

을 좌표축의 평행이동에 의해 점 $O'(1, 2)$를 원점으로 갖는 직교좌표축 $O' - X'Y'$ 상에서의 도형의 방정식으로 나타내어라.

【풀이】 점 $O(0, 0)$을 원점으로 갖는 직교좌표축 $O - XY$ 상에서 주어진 도형의 방정식을 $F(x, y) = 0$라고 하자. 그러면 식 (5.27)로부터 좌표축의 평행이동에 의해 점 $O'(1, 2)$를 원점으로 갖는 직교좌표축 $O' - X'Y'$ 상에서의 도형의 방정식은

$$F(1 + x', 2 + y') = 0$$

이다. 따라서 주어진 도형의 방정식으로부터 구하는 도형의 방정식은

$$(x' + 1)^2 + (y' + 2)^2 - 2(x' + 1) - 4(y' + 2) - 4 = 0$$

이다. 이를 간단히 하면 $x'^2 + y'^2 - 9 = 0$이다. □

정의 5.1.15 [평면상의 좌표축의 회전이동] 평면상의 직교좌표축 $O{-}XY$를 원점 O를 기준으로 각 θ만큼 회전하여 새로운 직교좌표축 $O - X'Y'$를 얻었다고 하자. 이때 한 점 P의 구좌표축 $O - XY$에 관한 좌표 (x, y)와 신좌표축 $O - X'Y'$에 관한 좌표 (x', y') 사이의 대응관계에 대하여 살펴보자(그림 5.9 참조). 먼저 그림 5.9에서와 같이 구좌표축 $O - XY$에서의 각 축방향의 단위벡터를 $\mathbf{e}_1$, $\mathbf{e}_2$라고 하고, 신좌표축 $O - X'Y'$에서의 각 축방향의 단위벡터를 $\mathbf{e}'_1$, $\mathbf{e}'_2$이라고 하자. 그러면 단위벡터 $\mathbf{e}'_1$, $\mathbf{e}'_2$은 구좌표축상의 단위벡터 $\mathbf{e}_1$, $\mathbf{e}_2$에 의해 각각

$$\mathbf{e}'_1 = (\cos\theta)\mathbf{e}_1 + (\sin\theta)\mathbf{e}_2, \qquad \mathbf{e}'_2 = (-\sin\theta)\mathbf{e}_1 + (\cos\theta)\mathbf{e}_2 \tag{5.28}$$

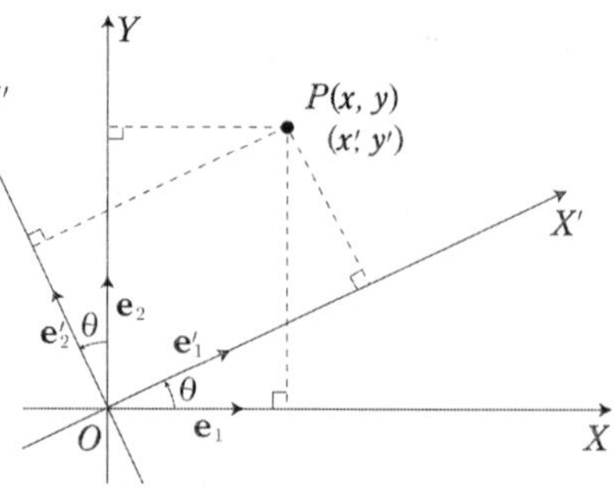

[그림 5.9] 평면상의 좌표축에 관한 회전이동

와 같이 나타낼 수 있다. 그런데 신좌표축에서의 벡터 $\overrightarrow{OP}$ 는

$$\overrightarrow{OP} = x'\mathbf{e}_1' + y'\mathbf{e}_2'$$

이므로, 여기에 식 (5.28) 을 대입하여 정리하면

$$\begin{aligned}\overrightarrow{OP} &= x'\mathbf{e}_1' + y'\mathbf{e}_2' \\ &= x'((\cos\theta)\mathbf{e}_1 + (\sin\theta)\mathbf{e}_2) + y'((-\sin\theta)\mathbf{e}_1 + (\cos\theta)\mathbf{e}_2) \\ &= (x'\cos\theta - y'\sin\theta)\mathbf{e}_2 + (x'\sin\theta + y'\cos\theta)\mathbf{e}_2 \end{aligned} \tag{5.29}$$

을 얻는다. 또한 구좌표축에서의 벡터 $\overrightarrow{OP}$ 는

$$\overrightarrow{OP} = x\mathbf{e}_1 + y\mathbf{e}_2 \tag{5.30}$$

이므로, 식 (5.29) 와 (5.30) 으로부터

$$x\mathbf{e}_1 + y\mathbf{e}_2 = (x'\cos\theta - y'\sin\theta)\mathbf{e}_2 + (x'\sin\theta + y'\cos\theta)\mathbf{e}_2 \tag{5.31}$$

이 성립한다. 따라서 식 (5.31) 로부터

$$\begin{cases} x = x'\cos\theta - y'\sin\theta \\ y = x'\sin\theta + y'\cos\theta \end{cases} \iff \begin{pmatrix} x \\ y \end{pmatrix} = \begin{pmatrix} \cos\theta & -\sin\theta \\ \sin\theta & \cos\theta \end{pmatrix}\begin{pmatrix} x' \\ y' \end{pmatrix} \tag{5.32}$$

와 같은 관계식을 얻을 수 있다. 그런데 식 (5.32) 에서의 2차 정사각행렬을

$$A = \begin{pmatrix} \cos\theta & -\sin\theta \\ \sin\theta & \cos\theta \end{pmatrix} \tag{5.33}$$

라고 놓으면 $AA^t = I$ 이 성립함을 알 수 있다. 따라서 A 는 가역행렬로서 $A^{-1} = A^t$ 와 같은 성질을 갖는다. 즉, A 는 직교행렬이다(정의 3.2.9 참조). 따라서 관계식 (5.32) 는 간단한 연산을 통하여

$$\begin{pmatrix} x' \\ y' \end{pmatrix} = \begin{pmatrix} \cos\theta & \sin\theta \\ -\sin\theta & \cos\theta \end{pmatrix}\begin{pmatrix} x \\ y \end{pmatrix} \quad \Longleftrightarrow \quad \begin{cases} x' = x\cos\theta + y\sin\theta \\ y' = -x\sin\theta + y\cos\theta \end{cases} \tag{5.34}$$

와 같이 나타낼 수도 있다.

예 제 5.1.13 직교좌표축 $O-XY$ 에 대하여 원점 O 를 기준으로 $\pi/4$ 만큼 회전시켜 얻어진 새로운 직교좌표축을 $O-X'Y'$ 이라고 하자. 이때 직교좌표축 $O-XY$ 에서의 도형의 방정식

$$x^2 + xy + y^2 - 1 = 0$$

에 대응하는 새로운 좌표축 $O-X'Y'$ 에서의 도형의 방정식을 구하여라.

【풀이】 직교좌표축 $O-XY$ 에서의 좌표 (x, y) 와 새로운 직교좌표축 $O-X'Y'$ 에서의 좌표 (x', y') 사이에는 식 (5.32) 로부터

$$x = x'\cos\frac{\pi}{4} - y'\sin\frac{\pi}{4} = \frac{1}{\sqrt{2}}(x' - y'), \qquad y = x'\sin\frac{\pi}{4} + y'\cos\frac{\pi}{4} = \frac{1}{\sqrt{2}}(x' + y')$$

와 같은 관계식이 성립함을 알 수 있다. 따라서 이들을 주어진 방정식에 대입하여 간단히 하면

$$3x'^2 + y'^2 - 2 = 0$$

을 얻는다. □

5.1.4 공간상의 좌표축의 변환

정의 5.1.16 [공간상의 좌표축의 평행이동] 공간상의 직교좌표축 O–XYZ 에서의 원점 $O(0, 0, 0)$ 가 점 $O'(x_0, y_0, z_0)$ 에 오도록 평행이동 하여 새로운 직교좌표축 $O' - X'Y'Z'$ 을 얻었다고 하자. 이때 한 점 P 의 직교좌표축 $O - XYZ$ 에 관한 좌표 (x, y, z) 와 직교좌표축 $O' - X'Y'Z'$ 에 관한 좌표 (x', y', z') 사이의 대응관계에 대하여 살펴보자(그림 5.10 참조).

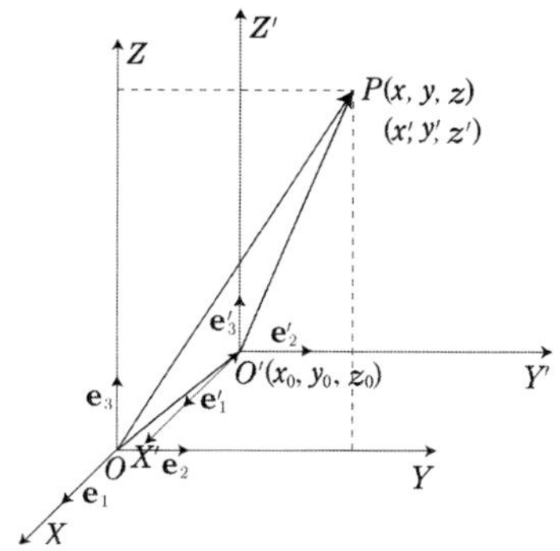

[그림 5.10] 공간상의 좌표축에 관한 평행이동

그림 5.10 에서 벡터 $\mathbf{e}_1'$, $\mathbf{e}_2'$, $\mathbf{e}_3'$ 가 $\mathbf{e}_1$, $\mathbf{e}_2$, $\mathbf{e}_3$ 의 시점 O 를 O' 으로 평행이동시켜 얻은 동일한 단위벡터라고 하자. 그러면 좌표축의 평행이동과 관련한 벡터방정식은

$$\overrightarrow{OP} = \overrightarrow{OO'} + \overrightarrow{O'P} \tag{5.35}$$

이다. 그런데 식 (5.35) 에서

$$\overrightarrow{OP} = (x, y, z), \quad \overrightarrow{OO'} = (x_0, y_0, z_0), \quad \overrightarrow{O'P} = (x', y', z')$$

이므로, 이를 식 (5.35) 에 대입하여 정리하면

$$(x, y, z) = (x_0, y_0, z_0) + (x', y', z') = (x_0 + x', y_0 + y', z_0 + z') \tag{5.36}$$

이므로

$$(x, y, z) = (x_0 + x', y_0 + y', z_0 + z') \tag{5.37}$$

을 얻는다. 따라서 점 $O(0, 0, 0)$을 원점으로 갖는 직교좌표축 $O - XYZ$ 상에서의 한 도형에 관한 방정식

$$F(x, y, z) = 0 \tag{5.38}$$

은 좌표축의 평행이동에 의해 점 $O'(x_0, y_0, z_0)$을 원점으로 갖는 새로운 직교좌표축 $O' - X'Y'Z'$ 상에서

$$F(x_0 + x', y_0 + y', z_0 + z') = 0 \tag{5.39}$$

와 같이 나타내어진다.

예제 5.1.14 공간상의 직교좌표축을 평행이동 하여 도형의 방정식

$$2x^2 + y^2 + z^2 - 4x - 2y + 6z + 8 = 0$$

이 새로운 직교좌표축에서

$$2x'^2 + y'^2 + z'^2 - 4 = 0$$

에 대응하도록 하는 새로운 원점 O'를 구하여라.

【풀이】 직교좌표축 $O - XYZ$를 그 원점 O가 점 $O'(x_0, y_0, z_0)$에 오도록 평행이동 하여 직교좌표축 $O' - X'Y'Z'$를 얻었다고 할 때, 구좌표축 $O - XYZ$에서의 점 (x, y, z)와 신좌표축 $O' - X'Y'Z'$에서의 대응하는 점 (x', y', z') 사이에는 식 (5.37)로부터

$$x = x_0 + x', \qquad y = y_0 + y', \qquad z = z_0 + z'$$

와 같은 관계식이 성립한다. 따라서 방정식 $2x'^2 + y'^2 + z'^2 - 4 = 0$에 있는 x', y', z' 대신에

$$x' = x - x_0, \qquad y' = y - y_0, \qquad z = z - z_0$$

를 각각 대입하면

$$2(x - x_0)^2 + (y - y_0)^2 + (z - z_0)^2 - 4 = 0$$

이다. 따라서 이것이 주어진 방정식

$$2x^2 + y^2 + z^2 - 4x - 2y + 6z + 8 = 0$$

과 일치하도록 하는 x_0, y_0, z_0를 구하면 $x_0 = 1$, $y_0 = 1$, $z_0 = -3$임을 알 수 있다. 따라서 구하려는 새로운 좌표축의 원점은 $O'(1, 1, -3)$이다. □

정의 5.1.17 [공간상의 좌표축의 회전이동] 공간상의 직교좌표축 $O - XYZ$를 원점 O를 기준으로 각 θ만큼 회전하여 새로운 직교좌표축 $O - X'Y'Z'$을 얻었다고 하자. 이때 한 점 P의 구좌표축 $O - XYZ$에 관한 좌표 (x, y, z)와 신좌표축 $O - X'Y'Z'$에 관한 좌표 (x', y', z') 사이의 대응관계에 대하여 살펴보자(그림 5.11 참조). 신좌표축 $O - X'Y'Z'$에서

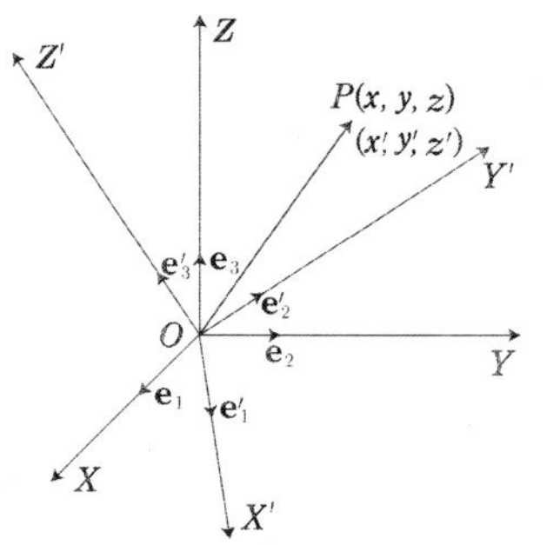

[그림 5.11] 공간상의 좌표축에 관한 회전이동

의 각 축방향의 단위벡터를 각각 $\mathbf{e}_1'$, $\mathbf{e}_2'$, $\mathbf{e}_3'$이라고 하고, 이 벡터들의 방향코사인을 각각 $(\alpha_1, \beta_1, \gamma_1)$, $(\alpha_2, \beta_2, \gamma_2)$, $(\alpha_3, \beta_3, \gamma_3)$이라고 하면, 단위벡터 $\mathbf{e}_1'$, $\mathbf{e}_2'$, $\mathbf{e}_3'$은 구좌표축상의 각 축방향의 단위벡터 $\mathbf{e}_1$, $\mathbf{e}_2$, $\mathbf{e}_3$에 의해 각각

$$\mathbf{e}_1' = \alpha_1\mathbf{e}_1 + \beta_1\mathbf{e}_2 + \gamma_1\mathbf{e}_3, \quad \mathbf{e}_2' = \alpha_2\mathbf{e}_1 + \beta_2\mathbf{e}_2 + \gamma_2\mathbf{e}_3, \quad \mathbf{e}_3' = \alpha_3\mathbf{e}_1 + \beta_3\mathbf{e}_2 + \gamma_3\mathbf{e}_3 \tag{5.40}$$

와 같이 나타낼 수 있다. 그런데 신좌표축에서의 벡터 $\overrightarrow{OP}$는

$$\overrightarrow{OP} = x'\mathbf{e}_1' + y'\mathbf{e}_2' + z'\mathbf{e}_3'$$

이므로, 여기에 식 (5.40)을 대입하여 정리하면

$$\begin{aligned}\overrightarrow{OP} &= x'\mathbf{e}_1' + y'\mathbf{e}_2' + z'\mathbf{e}_3' \\ &= x'(\alpha_1\mathbf{e}_1 + \beta_1\mathbf{e}_2 + \gamma_1\mathbf{e}_3) + y'(\alpha_2\mathbf{e}_1 + \beta_2\mathbf{e}_2 + \gamma_2\mathbf{e}_3) + z'(\alpha_3\mathbf{e}_1 + \beta_3\mathbf{e}_2 + \gamma_3\mathbf{e}_3) \\ &= (\alpha_1 x' + \alpha_2 y' + \alpha_3 z')\mathbf{e}_1 + (\beta_1 x' + \beta_2 y' + \beta_3 z')\mathbf{e}_2 + (\gamma_1 x' + \gamma_2 y' + \gamma_3 z')\mathbf{e}_3\end{aligned} \tag{5.41}$$

을 얻는다. 또한 구좌표축에서의 벡터 $\overrightarrow{OP}$ 는

$$\overrightarrow{OP} = x\mathbf{e}_1 + y\mathbf{e}_2 + z\mathbf{e}_3 \tag{5.42}$$

이므로, 식 (5.41)과 (5.42)로부터

$$x\mathbf{e}_1 + y\mathbf{e}_2 + z\mathbf{e}_3 = (\alpha_1 x' + \alpha_2 y' + \alpha_3 z')\mathbf{e}_1 + (\beta_1 x' + \beta_2 y' + \beta_3 z')\mathbf{e}_2 + (\gamma_1 x' + \gamma_2 y' + \gamma_3 z')\mathbf{e}_3 \tag{5.43}$$

이 성립한다. 따라서 식 (5.43)으로부터

$$\begin{cases} x = \alpha_1 x' + \alpha_2 y' + \alpha_3 z' \\ y = \beta_1 x' + \beta_2 y' + \beta_3 z' \\ z = \gamma_1 x' + \gamma_2 y' + \gamma_3 z' \end{cases} \iff \begin{pmatrix} x \\ y \\ z \end{pmatrix} = \begin{pmatrix} \alpha_1 & \alpha_2 & \alpha_3 \\ \beta_1 & \beta_2 & \beta_3 \\ \gamma_1 & \gamma_2 & \gamma_3 \end{pmatrix} \begin{pmatrix} x' \\ y' \\ z' \end{pmatrix} \tag{5.44}$$

와 같은 관계식을 얻을 수 있다. 그런데 식 (5.44)에서의 3차 정사각행렬을

$$A = \begin{pmatrix} \alpha_1 & \alpha_2 & \alpha_3 \\ \beta_1 & \beta_2 & \beta_3 \\ \gamma_1 & \gamma_2 & \gamma_3 \end{pmatrix} \tag{5.45}$$

라고 놓으면 $AA^t = I$ 이 성립함을 알 수 있다. 따라서 A는 가역행렬로서 $A^{-1} = A^t$ 와 같은 성질을 갖는다. 즉, A는 직교행렬이다(정의 3.2.9 참조). 따라서 관계식 (5.44)는 간단한 연산을 통하여

$$\begin{pmatrix} x' \\ y' \\ z' \end{pmatrix} = \begin{pmatrix} \alpha_1 & \beta_1 & \gamma_1 \\ \alpha_2 & \beta_2 & \gamma_2 \\ \alpha_3 & \beta_3 & \gamma_3 \end{pmatrix} \begin{pmatrix} x \\ y \\ z \end{pmatrix} \iff \begin{cases} x' = \alpha_1 x + \beta_1 y + \gamma_1 z \\ y' = \alpha_2 x + \beta_2 y + \gamma_2 z \\ z' = \alpha_3 x + \beta_3 y + \gamma_3 z \end{cases} \tag{5.46}$$

와 같이 나타낼 수도 있다.

예제 5.1.15 공간상의 직교좌표축의 회전이동과 관련하여 구좌표축상의 점 (x, y, z)이 신좌표축상의 점 (x', y', z')과 대응한다고 하자. 이때 이들 사이에

$$x = x', \qquad y = y' \cos\theta - z' \sin\theta, \qquad z = y' \sin\theta + z' \cos\theta$$

와 같은 관계식이 성립한다면 어떤 형태의 회전이동에 의해 신좌표축이 얻어졌는지를 설명하여라.

【풀이】 주어진 회전이동을 행렬방정식으로 나타내면

$$\begin{pmatrix} x \\ y \\ z \end{pmatrix} = \begin{pmatrix} 1 & 0 & 0 \\ 0 & \cos\theta & -\sin\theta \\ 0 & \sin\theta & \cos\theta \end{pmatrix} \begin{pmatrix} x' \\ y' \\ z' \end{pmatrix}$$

와 같음을 알 수 있다. 따라서 신좌표축에서의 각 축방향의 단위벡터 $\mathbf{e}_1'$, $\mathbf{e}_2'$, $\mathbf{e}_3'$ 와 구좌표축에서의 각 축방향의 단위벡터인 $\mathbf{e}_1$, $\mathbf{e}_2$, $\mathbf{e}_3$ 사이에는

$$\mathbf{e}_1' = \mathbf{e}_1, \quad \mathbf{e}_2' = (\cos\theta)\mathbf{e}_2 + (\sin\theta)\mathbf{e}_3, \quad \mathbf{e}_3' = (-\sin\theta)\mathbf{e}_2 + (\cos\theta)\mathbf{e}_3$$

와 같은 관계가 있음을 알 수 있다. 따라서 x축은 그대로 두고 yz-평면을 θ만큼 회전이동하여 신좌표축을 얻었음을 알 수 있다. □

5.1.5 공간상의 직선의 방정식

정의 5.1.18 공간상에서의 한 점 Q와 벡터 $\overrightarrow{OP} = (\alpha, \beta, \gamma)$가 주어져 있을 때

$$l : \{X(x, y, z) \in \mathbb{R}^3 \mid \overrightarrow{OX} = \overrightarrow{OQ} + t\overrightarrow{OP},\ t \in R\} \tag{5.47}$$

를 점 Q를 지나고 **방향비**(direction ration)가 $\alpha : \beta : \gamma$인 직선이라고 한다(그림 5.12 참조). 특히 직선의 방향비 $\alpha : \beta : \gamma$가

$$\alpha^2 + \beta^2 + \gamma^2 = 1 \tag{5.48}$$

를 만족할 때 (α, β, γ)를 이 직선의 **방향코사인**(direction cosine) 이라고 한다.

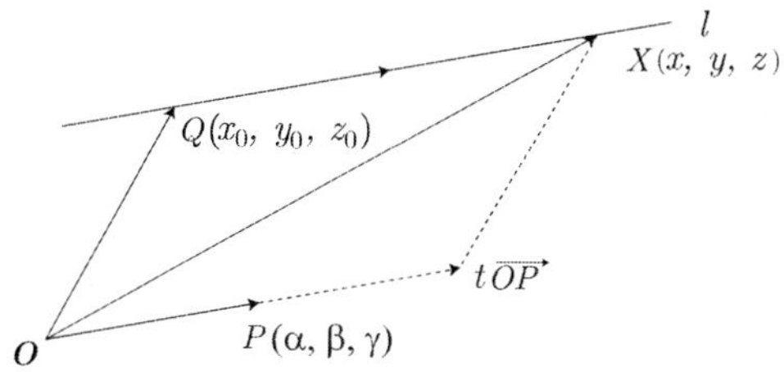

[그림 5.12] 공간상의 직선의 방정식

정의 5.1.19 공간상의 한 점 $Q(x_0, y_0, z_0)$를 지나고 방향비가 $\alpha : \beta : \gamma$인 직선 l위의 임의의 점 $X(x, y, z)$를 택하면 적당한 실수 $t \in \mathbb{R}$에 대하여 벡터방정식

$$\overrightarrow{OX} = \overrightarrow{OQ} + t\overrightarrow{OP} \tag{5.49}$$

을 만족시킨다. 따라서

$$(x, y, z) = (x_0, y_0, z_0) + t(\alpha, \beta, \gamma) = (x_0 + t\alpha, y_0 + t\beta, z_0 + t\gamma) \tag{5.50}$$

이다. 이때

$$x = x_0 + t\alpha, \qquad y = y_0 + t\beta, \qquad z = z_0 + t\gamma \tag{5.51}$$

을 일컬어 점 $Q(x_0, y_0, z_0)$를 지나면서 방향비가 $\alpha : \beta : \gamma$인 t를 매개변수로 갖는 직선 l의 **매개변수방정식**(parametric equation)이라고 한다. 만약 α, β, γ가 모두 0이 아니면, 직선 l위의 임의의 한 점 $X(x, y, z)$는 방정식

$$l : \frac{x - x_0}{\alpha} = \frac{y - y_0}{\beta} = \frac{z - z_0}{\gamma} \tag{5.52}$$

을 만족시킨다. 이를 직선 l의 방정식이라고 한다(그림 5.12 참조). 식 (5.52)는 식 (5.51)로부터 매개변수 t를 소거시켜 얻어진 형태이다.

예제 5.1.16 한 점 $A(1, 2, 3)$를 지나면서 방향비가 2 : 1 : 4인 직선의 방정식을 구하여라.

【풀이】 한 점 $A(1, 2, 3)$를 지나면서 방향비가 2 : 1 : 4인 직선의 방정식은 식 (5.52)에 의해 다음과 같다.

$$\frac{x-1}{2} = \frac{y-2}{1} = \frac{z-3}{4}$$

□

예제 5.1.17 공간상에서 두 점 $P(x_0, y_0, z_0)$와 $Q(x_1, y_1, z_1)$을 지나는 직선의 방정식을 구하여라. 단, $x_0 \neq x_1$, $y_0 \neq y_1$, $z_0 \neq z_1$ 이다.

【풀이】 원점을 O로 갖는 직교좌표축상의 두 점 $P(x_0, y_0, z_0)$와 $Q(x_1, y_1, z_1)$를 지나는 직선 위의 임의의 한 점을 $X(x, y, z)$라고 놓으면, 직선상의 점 X는 벡터방정식

$$\overrightarrow{OX} = \overrightarrow{OP} + \overrightarrow{PX} \tag{5.53}$$

을 만족시킨다. 그런데 벡터 $\overrightarrow{PX}$는 적당한 실수 t에 대하여 $\overrightarrow{PX} = t\overrightarrow{PQ}$와 같이 나타낼 수 있으므로, 식 (5.53)으로부터

$$\overrightarrow{OX} = \overrightarrow{OP} + t\overrightarrow{PQ} = \overrightarrow{OP} + t(\overrightarrow{OQ} - \overrightarrow{OP}) \tag{5.54}$$

임을 알 수 있다. 식 (5.54)의 결과를 벡터의 성분을 이용해 다시 나타내면

$$\begin{aligned}(x, y, z) &= (x_0, y_0, z_0) + t((x_1, y_1, z_1) - (x_0, y_0, z_0)) \\ &= (x_0, y_0, z_0) + t(x_1 - x_0, y_1 - y_0, z_1 - z_0)\end{aligned} \tag{5.55}$$

이다. 따라서 t를 매개변수로 갖는 직선의 매개변수방정식은

$$x = x_0 + t(x_1 - x_0), \qquad y = y_0 + t(y_1 - y_0), \qquad z = z_0 + t(z_1 - z_0) \tag{5.56}$$

임을 알 수 있다. 식 (5.56)에서 매개변수 t를 소거하면 구하는 직선의 방정식은

$$\frac{x - x_0}{x_1 - x_0} = \frac{y - y_0}{y_1 - y_0} = \frac{z - z_0}{z_1 - z_0} \tag{5.57}$$

이다. □

5.1.6 공간상의 평면의 방정식

정의 5.1.20 공간상에서의 한 평면 S가 주어져 있을 때 원점 O로부터 평면 S에 내린 수선의 발을 H라고 하고 벡터 $\overrightarrow{OH}$의 크기를 d라고 하자(그림 5.13 참조). 이때 벡터 $\overrightarrow{OH}$를

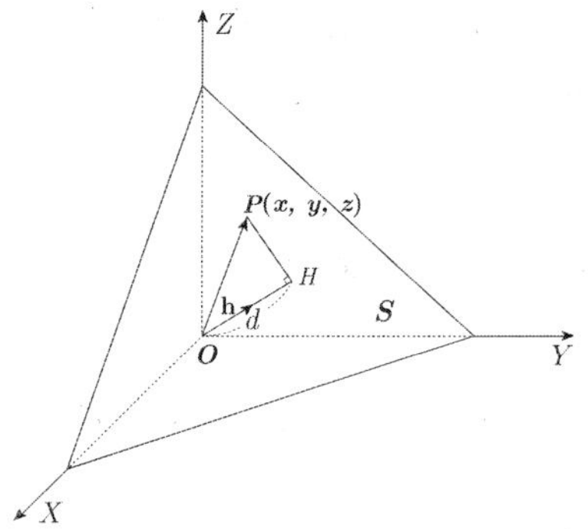

[그림 5.13] 공간상의 평면의 방정식

원점 O에서 평면 S에 내린 **수선벡터**(perpendicular vector)라고 하고, 특히 크기가 1인 수선벡터를 **단위수선벡터**(unit perpendicular vector)라고 한다. 여기서 단위수선벡터를 $\mathbf{h}$라고 하면

$$\mathbf{h} = \frac{\overrightarrow{OH}}{\|\overrightarrow{OH}\|} \tag{5.58}$$

이므로 평면 S상의 임의의 점 $P(x, y, z)$를 품는 평면 S는

$$S : \{P(x, y, z) \mid \overrightarrow{OP} \cdot \mathbf{h} = d\} \tag{5.59}$$

와 같이 나타낼 수 있다. 특히 단위수선벡터 $\mathbf{h}$가 $\mathbf{h} = (\alpha, \beta, \gamma)$일 때 평면 S상의 임의의 점 $P(x, y, z)$는 방정식

$$\overrightarrow{OP} \cdot \mathbf{h} = d \tag{5.60}$$

로부터

$$d = \overrightarrow{OP} \cdot \mathbf{h} = (x, y, z) \cdot (\alpha, \beta, \gamma) = \alpha x + \beta y + \gamma z \tag{5.61}$$

을 만족시킨다. 따라서 평면 S의 방정식은

$$\alpha x + \beta y + \gamma z = d \tag{5.62}$$

이다. 이러한 1차 방정식을 『평면의 방정식의 표준형(standard form)』이라고 하고, 이때의 (α, β, γ)를 『평면 S의 방향코사인』이라고 한다. 평면의 방정식의 표준형 (5.62)의 특징은 x, y, z의 계수들로 이루어진 벡터 $\mathbf{h} = (\alpha, \beta, \gamma)$는 원점으로부터 평면 S에 내린 수

선벡터의 방향코사인이고, 우변의 상수 d는 원점으로부터 평면 S에 내린 수선의 길이, 즉 수선벡터의 크기이므로 항상 음이 아닌 상수로서 원점으로부터 평면 S에 이르는 거리를 나타낸다.

예제 5.1.18 동일 직선상에 있지 않은 세 점

$$P_1(x_1, y_1, z_1), \quad P_2(x_2, y_2, z_2), \quad P_3(x_3, y_3, z_3)$$

을 지나는 평면 S의 방정식을 구하여라.

【풀이】 구하는 평면 S는

$$S : \{X(x, y, z) \in R^3 \mid \overrightarrow{P_1X} \cdot (\overrightarrow{P_1P_2} \times \overrightarrow{P_1P_3}) = 0\}$$

이다(그림 5.14 참조).

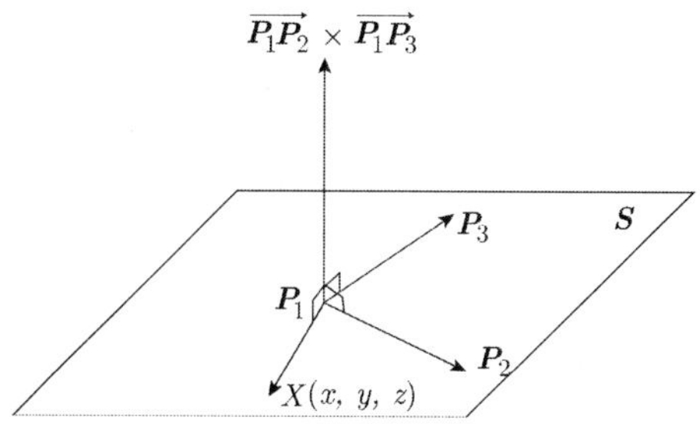

[그림 5.14]

따라서 평면 S의 방정식은 스칼라 삼중적을 이용하여

$$\overrightarrow{P_1X} \cdot (\overrightarrow{P_1P_2} \times \overrightarrow{P_1P_3}) = \begin{vmatrix} x - x_1 & y - y_1 & z - z_1 \\ x_2 - x_1 & y_2 - y_1 & z_2 - z_1 \\ x_3 - x_1 & y_3 - y_1 & z_3 - z_1 \end{vmatrix} = 0 \tag{5.63}$$

와 같이 나타낼 수 있다. □

5.2 벡터공간

정의 5.2.1 공집합이 아닌 집합 V가 임의의 원소 $\mathbf{u}, \mathbf{v} \in V$에 대하여 $\mathbf{u}+\mathbf{v} \in V$이면 『집합 V는 합(+) 연산(operation)에 관하여 닫혀있다』라고 하고, 임의의 스칼라 α와 임의의 원소 $\mathbf{u} \in V$에 대하여 $\alpha \cdot \mathbf{u} \in V$이면 『집합 V는 스칼라 곱(·) 연산에 관하여 닫혀있다』라고 한다.

참고 5.2.1 정의 5.2.1에서의 합 연산기호 『+』와 스칼라 곱 연산기호 『·』은 각각 수 연산에서의 덧셈과 곱셈 연산기호와 모양은 같지만, 여기서는 이들이 일반적인 이항 연산을 나타내는 새로운 연산기호로서의 의미를 갖는다.[5] 특히 스칼라 곱 연산기호 『·』의 경우는 생략하여 특별히 쓰지 않는 것이 일반적이다.

정의 5.2.2 공집합이 아닌 집합 V에 대하여 V에 있는 원소들 사이의 합(+) 연산과 스칼라 곱(·) 연산규칙이 정의되어 집합 V에 관하여 닫혀있으면서, 이러한 연산규칙 하에 다음의 8가지 조건[6]을 만족할 때, 집합 V를 일컬어 **벡터공간**(vector space)[7]이라고 하고, 벡터공간의 원소를 **벡터**(vector)라고 한다.

임의의 $\mathbf{u}, \mathbf{v}, \mathbf{w} \in V$와 스칼라 α, β에 대하여

(1) $\mathbf{u}+\mathbf{v}=\mathbf{v}+\mathbf{u}$ [합에 관한 교환법칙]

(2) $(\mathbf{u}+\mathbf{v})+\mathbf{w}=\mathbf{u}+(\mathbf{v}+\mathbf{w})$ [합에 관한 결합법칙]

(3) $\exists \mathbf{0} \in V \quad \text{s.t.} \quad \mathbf{u}+\mathbf{0}=\mathbf{u}$ [항등원의 존재]

(4) $\exists -\mathbf{u} \in V \quad \text{s.t.} \quad \mathbf{u}+(-\mathbf{u})=\mathbf{0}$ [역원의 존재]

(5) $\alpha(\mathbf{u}+\mathbf{v})=\alpha\mathbf{u}+\alpha\mathbf{v}$ [벡터의 분배법칙]

(6) $(\alpha+\beta)\mathbf{u}=\alpha\mathbf{u}+\beta\mathbf{u}$ [스칼라의 분배법칙]

(7) $(\alpha\beta)\mathbf{u}=\alpha(\beta\mathbf{u})$ [스칼라의 결합법칙]

(8) $1\mathbf{u}=\mathbf{u}$ [항등법칙]

---

5) 이러한 이유로 책에 따라서는 수 연산에서의 『+』, 『·』와 구별하여 『⊕』, 『⊙』와 같이 나타내기도 하다.

6) 이론의 기초로서 가정한 명제를 일컬어 **공리**(axiom)라고 하고, 이러한 일련의 공리들을 하나로 묶은 것을 **공리계**(axiomatic system)라고 한다. 여기서 언급한 8가지 조건은 벡터공간을 정의하기 위한 공리계이다.

7) 벡터공간 V를 $(V, +, \cdot)$와 같이 나타내기도 한다.

정의 5.2.3 정의 5.2.2의 조건 (3)에서 정의된 항등원 $\mathbf{0}$을 **영벡터**(zero vector)[8] 라고 하고, 조건 (4)에서 정의된 역원 $-\mathbf{u}$를 $\mathbf{u}$의 **음벡터**(negative vector)라고 한다. 또한 스칼라가 실수 전체의 집합 $\mathbb{R}$에서 정의되는 벡터공간 V를 **실벡터공간**(real vector space)이라 하고, 복소수 전체의 집합 $\mathbb{C}$에서 정의되는 벡터공간 V를 **복소벡터공간**(complex vector space)이라고 한다.[9] 특별한 언급이 없을 때에는 실벡터공간을 의미하는 것으로 한다.

예제 5.2.1 집합 $\mathbb{R}^2 = \{(x_1, x_2) \mid x_1, x_2 \in \mathbb{R}\}$의 임의의 원소 $\mathbf{u} = (u_1, u_2)$, $\mathbf{v} = (v_1, v_2)$와 스칼라 $\alpha \in \mathbb{R}$에 대하여 합 연산규칙과 스칼라 곱 연산규칙을 각각

$$\mathbf{u} + \mathbf{v} = (u_1 + v_1,\ u_2 + v_2), \qquad \alpha\mathbf{u} = (\alpha u_1,\ \alpha u_2)$$

와 같이 정의하면, 집합 $\mathbb{R}^2$가 벡터공간이 됨을 보여라.

【풀이】 집합 $\mathbb{R}^2$의 임의의 원소 $\mathbf{u} = (u_1, u_2)$, $\mathbf{v} = (v_1, v_2)$와 스칼라 $\alpha \in \mathbb{R}$에 대하여, 문제에서 정의된 합 연산규칙과 관련하여

$$\mathbf{u} + \mathbf{v} = (u_1, u_2) + (v_1, v_2) = (u_1 + v_1,\ u_2 + v_2) \in \mathbb{R}^2$$

이므로 집합 $\mathbb{R}^2$는 합 연산에 관하여 닫혀있다. 또한 스칼라 곱 연산규칙과 관련하여

$$\alpha\mathbf{u} = \alpha(u_1, u_2) = (\alpha u_1,\ \alpha u_2) \in \mathbb{R}^2$$

이므로 집합 $\mathbb{R}^2$는 스칼라 곱 연산에 관하여 닫혀있다. 또한 위에서 정의된 두 개의 연산규칙 하에

(1) 임의의 원소 $\mathbf{u} = (u_1, u_2)$, $\mathbf{v} = (v_1, v_2) \in \mathbb{R}^2$에 대하여

$$\mathbf{u}+\mathbf{v} = (u_1, u_2)+(v_1, v_2) = (u_1+v_1,\ u_2+v_2) = (v_1+u_1,\ v_2+u_2) = (v_1, v_2)+(u_1, u_2) = \mathbf{v}+\mathbf{u}$$

이 성립한다.

---

8) 영벡터 $\mathbf{0}$과 스칼라 0은 문맥을 통하여 구별한다.

9) 실벡터공간 V를 $(V, \mathbb{R}, +, \cdot)$와 같이 나타내고, 복소벡터공간 V를 $(V, \mathbb{C}, +, \cdot)$와 같이 나타내기도 한다.

(2) 임의의 원소 $\mathbf{u} = (u_1, u_2)$, $\mathbf{v} = (v_1, v_2)$, $\mathbf{w} = (w_1, w_2) \in \mathbb{R}^2$ 에 대하여

$$\begin{aligned}(\mathbf{u} + \mathbf{v}) + \mathbf{w} &= (u_1 + v_1, u_2 + v_2) + (w_1, w_2) = (u_1 + v_1 + w_1, u_2 + v_2 + w_2) \\ &= (u_1 + (v_1 + w_1), u_2 + (v_2 + w_2)) = (u_1, u_2) + (v_1 + w_1, v_2 + w_2) = \mathbf{u} + (\mathbf{v} + \mathbf{w})\end{aligned}$$

이 성립한다.

(3) 임의의 원소 $\mathbf{u} = (u_1, u_2) \in \mathbb{R}^2$ 에 대하여

$$\mathbf{u} + \mathbf{0} = (u_1, u_2) + (0, 0) = (u_1 + 0, u_2 + 0) = (u_1, u_2) = \mathbf{u}$$

을 만족시키는 $\mathbf{0} = (0, 0) \in \mathbb{R}^2$ 이 존재한다.

(4) 임의의 원소 $\mathbf{u} = (u_1, u_2) \in \mathbb{R}^2$ 에 대하여

$$\mathbf{u} + (-\mathbf{u}) = \mathbf{0}$$

을 만족시키는 $-\mathbf{u} = -(u_1, u_2) = (-u_1, u_2) \in \mathbb{R}^2$ 이 존재한다.

(5) 임의의 원소 $\mathbf{u} = (u_1, u_2)$, $\mathbf{v} = (v_1, v_2) \in \mathbb{R}^2$ 와 스칼라 $\alpha \in \mathbb{R}$ 에 대하여

$$\begin{aligned}\alpha(\mathbf{u} + \mathbf{v}) &= \alpha(u_1 + v_1, u_2 + v_2) = (\alpha(u_1 + v_1), \alpha(u_2 + v_2)) = (\alpha u_1 + \alpha v_1, \alpha u_2 + \alpha v_2) \\ &= (\alpha u_1, \alpha u_2) + (\alpha v_1, \alpha v_2) = \alpha(u_1, u_2) + \alpha(v_1, v_2) = \alpha\mathbf{u} + \alpha\mathbf{v}\end{aligned}$$

이 성립한다.

(6) 임의의 원소 $\mathbf{u} = (u_1, u_2) \in \mathbb{R}^2$ 와 스칼라 $\alpha, \beta \in \mathbb{R}$ 에 대하여

$$\begin{aligned}(\alpha + \beta)\mathbf{u} &= (\alpha + \beta)(u_1, u_2) = ((\alpha + \beta)u_1, (\alpha + \beta)u_2) = (\alpha u_1 + \beta u_1, \alpha u_2 + \beta u_2) \\ &= (\alpha u_1, \alpha u_2) + (\beta u_1, \beta u_2) = \alpha(u_1, u_2) + \beta(u_1, u_2) = \alpha\mathbf{u} + \beta\mathbf{u}\end{aligned}$$

이 성립한다.

(7) 임의의 원소 $\mathbf{u} = (u_1, u_2) \in \mathbb{R}^2$ 와 스칼라 $\alpha, \beta \in \mathbb{R}$ 에 대하여

$$(\alpha\beta)\mathbf{u} = (\alpha\beta)(u_1, u_2) = (\alpha\beta u_1, \alpha\beta u_2) = \alpha(\beta u_1, \beta u_2) = \alpha(\beta(u_1, u_2)) = \alpha(\beta\mathbf{u})$$

이 성립한다.

(8) 임의의 원소 $\mathbf{u} = (u_1, u_2) \in \mathbb{R}^2$ 와 스칼라 1 에 대하여

$$1\mathbf{u} = 1(u_1, u_2) = (1u_1, 1u_2) = (u_1, u_2) = \mathbf{u}$$

이 성립한다.

따라서 문제에서 정의된 두 개의 연산규칙 하에 집합 $\mathbb{R}^2$ 는 벡터공간이 되기 위한 8 가지의 조건을 모두 만족시킨다. 따라서 $\mathbb{R}^2$ 는 벡터공간이다. □

예제 5.2.2 자연수 n 에 대하여 집합

$$\mathbb{R}^n = \{(x_1, x_2, \ldots, x_n) \mid x_i \in \mathbb{R}, \ \ i = 1, 2, \ldots, n\}$$

의 임의의 원소 $\mathbf{u} = (u_1, u_2, \ldots, u_n)$, $\mathbf{v} = (v_1, v_2, \ldots, v_n)$ 와 스칼라 $\alpha \in \mathbb{R}$ 에 대하여 합 연산규칙과 스칼라 곱 연산규칙을 각각

$$\mathbf{u} + \mathbf{v} = (u_1 + v_1, u_2 + v_2, \ldots, u_n + v_n), \qquad \alpha\mathbf{u} = (\alpha u_1, \alpha u_2, \ldots, \alpha u_n)$$

와 같이 정의할 때, 집합 $\mathbb{R}^n$ 은 벡터공간이 됨을 보여라. 이렇게 정의된 벡터공간을 일컬어 **유클리드공간**(Euclidean space)이라고 한다.

【풀이】 문제에서 정의된 두 개의 연산규칙은 집합 $\mathbb{R}^n$ 에 대하여 닫혀있다. 또한 벡터공간이 되기 위한 8 가지의 조건 중에서 항등원 $\mathbf{0} = (0, 0, \ldots, 0) \in \mathbb{R}^n$ 와 임의의 원소 $\mathbf{u} = (u_1, u_2, \ldots, u_n) \in \mathbb{R}^n$ 에 대한 역원 $-\mathbf{u} = (-u_1, -u_2, \ldots, -u_n) \in \mathbb{R}^n$ 이 존재한다. 또한 벡터공간이 되기 위한 나머지 조건들도 모두 만족함을 쉽게 확인할 수 있다. 따라서 집합 $\mathbb{R}^n$ 은 벡터공간이다. □

예제 5.2.3 $m \times n$ 크기의 실행렬들의 전체집합 $M_{m\times n}(\mathbb{R})$ 에 대하여 행렬 연산에서의 합 연산규칙과 스칼라 곱 연산규칙을 벡터공간을 정의하기 위한 두 개의 연산규칙으로 정의하면 집합 $M_{m\times n}(\mathbb{R})$ 은 벡터공간이 됨을 보여라. 이렇게 정의된 벡터공간을 일컬어 **행렬공간**(matrix space)이라고 한다.

【풀이】 행렬 연산에서의 합 연산규칙과 스칼라 곱 연산규칙은 집합 $M_{m\times n}(\mathbb{R})$ 에 대하여 닫혀있다. 또한 벡터공간이 되기 위한 8 가지의 조건 중에서, 존재하는 항등원은 $m \times n$ 크

기의 영행렬이고, 임의의 행렬 $A = (a_{ij}) \in M_{m\times n}(\mathbb{R})$ 에 대하여 존재하는 역원은 $-A = (-a_{ij}) \in M_{m\times n}(\mathbb{R})$ 이다. 또한 벡터공간이 되기 위한 나머지 조건들도 모두 만족함을 쉽게 확인할 수 있다. 따라서 집합 $M_{m\times n}(\mathbb{R})$ 은 벡터공간이다. □

예제 5.2.4 **0** 만을 유일한 원소로 갖는 집합을 V 라고 하자. 이때 이 집합에서의 합 연산규칙과 스칼라 곱 연산규칙을 임의의 스칼라 α 에 대하여

$$\mathbf{0} + \mathbf{0} = \mathbf{0}, \qquad \alpha\mathbf{0} = \mathbf{0}$$

와 같이 정의하면 집합 $V = \{\mathbf{0}\}$ 은 벡터공간이 됨을 보여라. 이렇게 정의된 벡터공간 V 를 일컬어 **영벡터공간**(zero vector space)이라고 한다.

【풀이】 문제에서 정의된 두 개의 연산규칙은 집합 V 에 대하여 닫혀있으며, 정의 5.2.2 에 있는 8 가지의 조건을 모두 만족시킨다. 따라서 집합 V 는 벡터공간이다. □

> **정 리 5.2.1** 임의의 벡터공간 V 에 대하여 다음이 성립한다.
>
> (1) V 에서의 항등원은 유일하게 존재한다.
>
> (2) V 에서의 역원은 유일하게 존재한다.

【증명】 (1) V 가 벡터공간이므로 임의의 원소 $\mathbf{u} \in V$ 에 대하여

$$\mathbf{u} + \mathbf{v} = \mathbf{u}$$

을 만족시키는 항등원 $\mathbf{v} \in V$ 가 존재한다. 그런데 또 다른 항등원 $\mathbf{w} \in V$ 가 있다고 가정하자. 그러면 원소 $\mathbf{u} \in V$ 에 대하여

$$\mathbf{u} + \mathbf{w} = \mathbf{u}$$

을 만족시킨다. 따라서

$$\begin{aligned} \mathbf{w} &= \mathbf{w} + \mathbf{v} && [(\because)\ \mathbf{v} \in V \text{ 가 항등원이므로}] \\ &= \mathbf{v} && [(\because)\ \mathbf{w} \in V \text{ 가 항등원이므로}] \end{aligned}$$

이다. 즉, $\mathbf{w} = \mathbf{v}$ 이다. 따라서 $\mathbf{v} \in V$ 가 아닌 또 다른 항등원 $\mathbf{w} \in V$ 가 존재한다면, 그것은 $\mathbf{v}$ 와 같으므로 벡터공간 V 에서의 항등원은 유일하게 존재한다.

(2) V 가 벡터공간이므로 임의의 원소 $\mathbf{u} \in V$ 에 대하여

$$\mathbf{u} + \mathbf{v} = \mathbf{0}$$

을 만족시키는 $\mathbf{u}$ 의 역원 $\mathbf{v} \in V$ 가 존재한다. 그런데 $\mathbf{u}$ 의 또 다른 역원 $\mathbf{w} \in V$ 가 존재한다고 가정하자. 그러면 원소 $\mathbf{u} \in V$ 에 대하여

$$\mathbf{u} + \mathbf{w} = \mathbf{0}$$

을 만족시킨다. 그런데

$$\begin{aligned}
\mathbf{w} &= \mathbf{w} + \mathbf{0} && [(\because)\ \mathbf{0} \in V \text{ 이 항등원이므로}] \\
&= \mathbf{w} + (\mathbf{u} + \mathbf{v}) && [(\because)\ \mathbf{u} + \mathbf{v} = \mathbf{0} \text{ 이므로}] \\
&= (\mathbf{w} + \mathbf{u}) + \mathbf{v} && [(\because)\ \text{합 연산의 결합법칙이 성립하므로}] \\
&= (\mathbf{u} + \mathbf{w}) + \mathbf{v} && [(\because)\ \text{합 연산의 교환법칙이 성립하므로}] \\
&= \mathbf{0} + \mathbf{v} && [(\because)\ \mathbf{u} + \mathbf{w} = \mathbf{0} \text{ 이므로}] \\
&= \mathbf{v} && [(\because)\ \mathbf{0} \in V \text{ 이 항등원이므로}]
\end{aligned}$$

이므로 $\mathbf{w} = \mathbf{v}$ 이다. 따라서 벡터공간 V 에서의 벡터 $\mathbf{u}$ 에 관한 역원은 유일하게 존재한다. □

정리 5.2.2 벡터공간 V 의 벡터 $\mathbf{u}$ 와 스칼라 α 에 대하여 다음 성질이 성립한다.

(1) $\alpha\mathbf{0} = \mathbf{0}$

(2) $0\mathbf{u} = \mathbf{0}$

(3) $(-1)\mathbf{u} = -\mathbf{u}$

(4) $\alpha\mathbf{u} = \mathbf{0}$ 에 대하여 $\mathbf{u} \neq \mathbf{0}$ 이면 $\alpha = 0$ 이다.

【증명】 벡터공간의 정의 5.2.2 로부터 직접적으로 증명된다.

(1) V가 벡터공간이므로 벡터공간이 되기 위한 조건으로부터

$$
\begin{aligned}
\alpha\mathbf{0} &= \alpha\mathbf{0} + \mathbf{0} && [(\because)\ \text{항등원의 성질}] \\
&= \alpha\mathbf{0} + (\alpha\mathbf{0} + (-\alpha\mathbf{0})) && [(\because)\ \text{역원의 성질}] \\
&= (\alpha\mathbf{0} + \alpha\mathbf{0}) + (-\alpha\mathbf{0}) && [(\because)\ \text{합 연산의 결합법칙}] \\
&= \alpha(\mathbf{0} + \mathbf{0}) + (-\alpha\mathbf{0}) && [(\because)\ \text{벡터의 분배법칙}] \\
&= \alpha\mathbf{0} + (-\alpha\mathbf{0}) && [(\because)\ \text{항등원의 성질}] \\
&= \mathbf{0} && [(\because)\ \text{역원의 성질}]
\end{aligned}
$$

이 성립한다. 따라서 $\alpha\mathbf{0} = \mathbf{0}$이다.

(2) V가 벡터공간이므로 벡터공간이 되기 위한 조건으로부터

$$
\begin{aligned}
0\mathbf{u} &= 0\mathbf{u} + \mathbf{0} && [(\because)\ \text{항등원의 성질}] \\
&= 0\mathbf{u} + (0\mathbf{u} + (-0\mathbf{u})) && [(\because)\ \text{역원의 성질}] \\
&= (0\mathbf{u} + 0\mathbf{u}) + (-0\mathbf{u}) && [(\because)\ \text{합 연산의 결합법칙}] \\
&= (0 + 0)\mathbf{u} + (-0\mathbf{u}) && [(\because)\ \text{스칼라의 분배법칙}] \\
&= 0\mathbf{u} + (-0\mathbf{u}) && [(\because)\ \text{스칼라 0의 성질}] \\
&= \mathbf{0} && [(\because)\ \text{역원의 성질}]
\end{aligned}
$$

이 성립한다. 따라서 $0\mathbf{u} = \mathbf{0}$이다.

(3) (2)의 결과를 적용하면

$$\mathbf{u} + (-1)\mathbf{u} = 1\mathbf{u} + (-1)\mathbf{u} = (1 + (-1))\mathbf{u} = (1 - 1)\mathbf{u} = 0\mathbf{u} = \mathbf{0}$$

을 얻는다. 그런데 $\mathbf{u}$의 역원은 $-\mathbf{u}$이므로 $(-1)\mathbf{u} = -\mathbf{u}$이다.

(4) $\alpha\mathbf{u} = \mathbf{0}$이라고 하자. 그런데 $\alpha \neq 0$이면 곱의 역수인 α^{-1}가 존재해서

$$\mathbf{u} = 1\mathbf{u} = (\alpha^{-1}\alpha)\mathbf{u} = \alpha^{-1}(\alpha\mathbf{u}) = \alpha^{-1}\mathbf{0} = \mathbf{0}$$

이 성립한다. 따라서 $\mathbf{u} \neq \mathbf{0}$이면 $\alpha = 0$이다. □

정 의 5.2.4 집합 U가 벡터공간 V의 부분집합이면서, V 상에서 정의된 합 연산규칙과 스칼라 곱 연산규칙하에 집합 U가 벡터공간이면, U를 V의 **부분벡터공간**(subvector space) 또는 간단히 **부분공간**(subspace)이라고 한다.

예 제 5.2.5 유클리드공간 $\mathbb{R}^2$의 부분집합

$$U = \{\mathbf{u} = (u_1,\ u_2) \in R^2 \mid u_2 = 2u_1\}$$

가 $\mathbb{R}^2$의 부분공간이 됨을 보여라.

【풀이】 (i) 임의의 원소 $\mathbf{u} = (u_1,\ u_2)$, $\mathbf{v} = (v_1,\ v_2) \in U$에 대하여, 유클리드공간 $\mathbb{R}^2$ 상의 합 연산규칙을 적용하면

$$\mathbf{u} + \mathbf{v} = (u_1,\ u_2) + (v_1,\ v_2) = (u_1 + v_1,\ u_2 + v_2)$$

을 얻는다. 그런데 $\mathbf{u}$, $\mathbf{v} \in U$ 이므로 $u_2 = 2u_1$ 이고 $v_2 = 2v_1$ 이다. 따라서

$$u_2 + v_2 = 2u_1 + 2v_1 = 2(u_1 + v_1)$$

이다. 따라서 $\mathbf{u} + \mathbf{v} \in U$ 이다.

(ii) 임의의 원소 $\mathbf{u} = (u_1,\ u_2) \in U$와 임의의 스칼라 $\alpha \in \mathbb{R}$에 대하여, 유클리드공간 $\mathbb{R}^2$ 상의 스칼라 곱 연산규칙을 적용하면

$$\alpha\mathbf{u} = \alpha(u_1,\ u_2) = (\alpha u_1,\ \alpha u_2)$$

을 얻는다. 그런데 $\mathbf{u} \in U$ 이므로 $u_2 = 2u_1$ 이므로

$$\alpha u_2 = \alpha(2u_1) = 2\alpha u_1$$

이다. 따라서 $\alpha\mathbf{u} \in U$ 이다.

따라서 (i)과 (ii)의 결과로부터 유클리드공간 $\mathbb{R}^2$에서 정의된 합 연산규칙과 스칼라 곱 연산규칙은 집합 U에 대하여 닫혀있음을 알 수 있다. 또한 집합 U에는 벡터공간이 되기 위한 8 가지의 조건 중에서 항등원 $\mathbf{0} = (0,\ 0) \in U$와 임의의 원소 $\mathbf{u} = (u_1,\ u_2) \in U$에 대한 역원 $-\mathbf{u} = (-u_1,\ -u_2) \in U$이 존재하고, 더욱이 유클리드공간 $\mathbb{R}^2$에서 정의된 합 연산규칙

과 스칼라 곱 연산규칙하에 벡터공간이 되기 위한 나머지 조건들도 모두 만족함을 확인할 수 있다. 그 결과 정의 5.2.4 로부터 집합 U 는 $\mathbb{R}^2$ 의 부분공간임을 알 수 있다. □

예제 5.2.6 유클리드공간 $\mathbb{R}^2$의 부분집합

$$U = \{\mathbf{u} = (u_1, u_2) \in R^2 \mid u_2 = u_1 + 1\}$$

는 $\mathbb{R}^2$의 부분공간이 아님을 보여라.

【풀이】 집합 U 가 유클리드공간 $\mathbb{R}^2$의 부분공간이 되기 위해서는 적어도 집합 U 에 항등원 $\mathbf{0} = (0, 0)$ 이 존재해야 한다. 그런데

$$0 \neq 0 + 1$$

이므로 $\mathbf{0} \notin U$ 임을 알 수 있다. 따라서 집합 U 는 $\mathbb{R}^2$ 의 부분공간이 될 수 없다. □

정리 5.2.3 벡터공간 V 의 부분집합 U 가 V 의 부분공간이 되기 위한 필요충분조건은 다음 두 조건을 동시에 만족시키는 것이다.

(i) 임의의 벡터 $\mathbf{u}, \mathbf{v} \in U$ 에 대하여 $\mathbf{u} + \mathbf{v} \in U$

(ii) 임의의 벡터 $\mathbf{u} \in U$ 와 스칼라 α 에 대하여 $\alpha\mathbf{u} \in U$

【증명】 ($\Rightarrow$) 벡터공간 V 의 부분집합인 U 가 V 의 부분공간이라고 가정하자. 그러면 부분공간의 정의로부터 조건 (i)과 (ii) 가 성립한다.

($\Leftarrow$) 벡터공간 V 의 부분집합 U 가 조건 (i)과 (ii) 를 만족시킨다고 가정하자. 그러면 U 는 V 의 부분집합이므로 V 가 벡터공간이라는 뜻에서 정의 5.2.2 의 조건 (1), (2), (5), (6), (7), (8) 이 성립함은 자명하다. 또한 조건 (ii) 에서 $\alpha = 0$ 이면, $\mathbf{u} \in U$ 에 대하여 $\mathbf{0} = 0\mathbf{u} \in U$ 이다. 따라서 정의 5.2.2 의 조건 (3) 이 성립한다. 더욱이 조건 (ii) 에서 $\alpha = -1$ 일 때 임의의 $\mathbf{u} \in U$ 에 대하여 $-\mathbf{u} = (-1)\mathbf{u} \in U$ 이 성립한다. 따라서 정의 5.2.2 의 조건 (4) 가 성립한다. 결국 부분집합 U 는 벡터공간이 되기 위한 8 가지의 조건을 모두 만족시킨다. 따라서 U 는 벡터공간 V 의 부분공간이다. □

예제 5.2.7 유클리드공간 $\mathbb{R}^3$ 의 부분집합

$$U = \{\mathbf{u} = (u_1, u_2, u_3) \in R^3 \mid u_1 + u_2 + u_3 = 0\}$$

는 $\mathbb{R}^3$ 의 부분공간이 됨을 보여라.

【풀이】 (i) 임의의 원소 $\mathbf{u} = (u_1, u_2, u_3)$, $\mathbf{v} = (v_1, v_2, v_3) \in U$ 에 대하여, 유클리드공간 $\mathbb{R}^3$ 상의 합 연산규칙을 적용하면

$$\mathbf{u} + \mathbf{v} = (u_1, u_2, u_3) + (v_1, v_2, v_3) = (u_1 + v_1, u_2 + v_2, u_3 + v_3)$$

을 얻는다. 그런데 $\mathbf{u}, \mathbf{v} \in U$ 이므로 $u_1 + u_2 + u_3 = 0$ 이고 $v_1 + v_2 + v_3 = 0$ 이다. 따라서

$$(u_1 + v_1) + (u_2 + v_2) + (u_3 + v_3) = (u_1 + u_2 + u_3) + (v_1 + v_2 + v_3) = 0$$

이다. 따라서 $\mathbf{u} + \mathbf{v} \in U$ 이다.

(ii) 임의의 원소 $\mathbf{u} = (u_1, u_2, u_3) \in U$ 와 임의의 스칼라 $\alpha \in \mathbb{R}$ 에 대하여, 유클리드공간 $\mathbb{R}^3$ 상의 스칼라 곱 연산규칙을 적용하면

$$\alpha\mathbf{u} = \alpha(u_1, u_2, u_3) = (\alpha u_1, \alpha u_2, \alpha u_3)$$

을 얻는다. 그런데 $\mathbf{u} \in U$ 이므로 $u_1 + u_2 + u_3 = 0$ 이므로

$$\alpha u_1 + \alpha u_2 + \alpha u_3 = \alpha(u_1 + u_2 + u_3) = \alpha \cdot 0 = 0$$

이다. 따라서 $\alpha\mathbf{u} \in U$ 이다.

따라서 (i) 과 (ii) 에 의해 정리 5.2.3 으로부터 U 는 $\mathbb{R}^3$ 의 부분공간이다. □

예제 5.2.8 행렬공간(예제 5.2.3 참조) $M_{2\times2}(\mathbb{R})$ 의 부분집합

$$U = \{A = (a_{ij}) \in M_{2\times2}(\mathbb{R}) \mid a_{11} = 0\}$$

가 $M_{2\times2}(\mathbb{R})$ 의 부분공간임을 확인하여라.

【풀이】 임의의 $A = (a_{ij})$, $B = (b_{ij}) \in U$ 와 스칼라 $\alpha \in \mathbb{R}$ 에 대하여

$$A + B = (a_{ij}) + (b_{ij}) = (a_{ij} + b_{ij}) \in U,$$
$$\alpha A = \alpha(a_{ij}) = (\alpha a_{ij}) \in U$$

이 성립한다. 따라서 정리 5.2.3 으로부터 집합 U 는 $M_{2\times2}(\mathbb{R})$ 의 부분공간이다. □

따름정리 5.2.4 벡터공간 V의 부분집합 U가 V의 부분공간이 되기 위한 필요충분조건은 임의의 $\mathbf{u}, \mathbf{v} \in U$ 와 임의의 스칼라 α, β에 대하여

$$\alpha\mathbf{u} + \beta\mathbf{v} \in U \tag{5.64}$$

이다.

【증명】 (⇒) 벡터공간 V의 부분집합인 U가 V의 부분공간이라고 가정하자. 그러면 임의의 $\mathbf{u}, \mathbf{v} \in U$ 와 임의의 스칼라 α, β에 대하여 정리 5.2.3(ii) 로부터 $\alpha\mathbf{u} \in U$ 이고 $\beta\mathbf{v} \in U$ 이다. 따라서 정리 5.2.3(i) 로부터 $\alpha\mathbf{u} + \beta\mathbf{v} \in U$ 이 성립한다.

(⇐) 벡터공간 V의 부분집합 U가 임의의 $\mathbf{u}, \mathbf{v} \in U$ 와 임의의 스칼라 α, β에 대하여 $\alpha\mathbf{u} + \beta\mathbf{v} \in U$ 라고 가정하자. 그러면 $\alpha = 1$, $\beta = 1$ 인 경우에 $1\mathbf{u} + 1\mathbf{v} = \mathbf{u} + \mathbf{v} \in U$ 로서 정리 5.2.3(i) 이 성립하고, $\beta = 0$ 인 경우에 $\alpha\mathbf{u} + 0\mathbf{v} = \alpha\mathbf{u} + \mathbf{0} = \alpha\mathbf{u} \in U$ 로서 정리 5.2.3(ii) 가 성립한다. 따라서 정리 5.2.3 으로부터 U 는 V의 부분공간이다. □

참고 5.2.2 정의 5.2.4 에서 정의된 부분벡터공간과 관련하여 집합 U가 벡터공간 V의 부분집합으로서 부분벡터공간임을 보이기 위해서는 벡터공간 V가 정의될 때의 두 개의 연산규칙이 집합 U에 대하여 닫혀있으면서 동시에 벡터공간이 되기 위한 8 가지의 조건을 모두 만족시키는지를 확인해야 한다. 그러나 정리 5.2.3 에 의하면 단지 벡터공간 V가 정의될 때의 두 개의 연산규칙이 집합 U에 대하여 각각 닫혀있음을 확인하는 것으로 충분함을 확인했다. 더 나아가 따름정리 5.2.4 는 두 개의 연산규칙이 집합 U에 대하여 각각 닫혀있음을 확인하기 보다는 식 (5.64) 에 있는 단 하나의 관계식이 만족함을 확인하는 것만으로도 충분하다는 의미를 담고 있다.

예 제 5.2.9 유클리드공간 $\mathbb{R}^2$의 부분집합

$$U = \{\mathbf{u} = (u_1, u_2) \in R^2 \mid u_1 + u_2 = 0\}$$

가 $\mathbb{R}^2$의 부분공간이 됨을 보여라.

【풀이】 임의의 원소 $\mathbf{u} = (u_1, u_2)$, $\mathbf{v} = (v_1, v_2) \in U$와 임의의 스칼라 $\alpha, \beta \in \mathbb{R}$에 대하여, 유클리드공간 $\mathbb{R}^2$ 상의 합 연산규칙과 스칼라 곱 연산규칙을 적용하면

$$\alpha\mathbf{u} + \beta\mathbf{v} = \alpha(u_1, u_2) + \beta(v_1, v_2) = (\alpha u_1 + \beta v_1, \alpha u_2 + \beta v_2)$$

를 얻는다. 그런데 $\mathbf{u}$, $\mathbf{v} \in U$ 이므로 $u_1 + u_2 = 0$ 이고 $v_1 + v_2 = 0$ 이다. 따라서

$$(\alpha u_1 + \beta v_1) + (\alpha u_2 + \beta v_2) = \alpha(u_1 + u_2) + \beta(v_1 + v_2) = \alpha \cdot 0 + \beta \cdot 0 = 0$$

이므로 $\alpha\mathbf{u} + \beta\mathbf{v} \in U$ 이다. 따라서 따름정리 5.2.4로부터 U는 $\mathbb{R}^2$의 부분공간이다. □

5.2.1 일차독립과 일차종속

정 의 5.2.5 V를 벡터공간이라고 하고, $\mathbf{v}_1, \mathbf{v}_2, \ldots, \mathbf{v}_n$을 V의 벡터라고 하자. 이들 벡터 각각에 스칼라 $\alpha_1, \alpha_2, \ldots, \alpha_n$을 스칼라 곱 연산한 후에, 이들 모두를 다시 합 연산하여 얻어진 새로운 벡터

$$\alpha_1\mathbf{v}_1 + \alpha_2\mathbf{v}_2 + \cdots + \alpha_n\mathbf{v}_n \tag{5.65}$$

을 $\mathbf{v}_1, \mathbf{v}_2, \ldots, \mathbf{v}_n$의 **일차결합**(linear combination)이라고 한다.

예 제 5.2.10 벡터 $(3, -1, 2)$를 유클리드공간 $\mathbb{R}^3$ 상의 각 축 방향의 단위벡터 $\mathbf{e}_1$, $\mathbf{e}_2$, $\mathbf{e}_3$의 일차결합으로 나타낼 수 있는지를 확인하여라.

【풀이】 방정식

$$(3, -1, 2) = \alpha\mathbf{e}_1 + \beta\mathbf{e}_2 + \gamma\mathbf{e}_3$$

을 만족시키는 스칼라 $\alpha, \beta, \gamma \in \mathbb{R}$가 존재하는지를 확인하면 된다. 그런데 방정식

$$(3, -1, 2) = \alpha\mathbf{e}_1 + \beta\mathbf{e}_2 + \gamma\mathbf{e}_3 = \alpha(1, 0, 0) + \beta(0, 1, 0) + \gamma(0, 0, 1) = (\alpha, \beta, \gamma)$$

을 풀면 $\alpha = 3, \beta = -1, \gamma = 2$ 이다. 따라서

$$(3, -1, 2) = 3(1, 0, 0) + (-1)(0, 1, 0) + 2(0, 0, 1) = 3\mathbf{e}_1 + (-1)\mathbf{e}_2 + 2\mathbf{e}_3$$

이 성립한다. 그러므로 벡터 $(3, -1, 2)$는 유클리드공간 $\mathbb{R}^3$ 상의 각 축 방향의 단위벡터 $\mathbf{e}_1, \mathbf{e}_2, \mathbf{e}_3$의 일차결합으로 나타낼 수 있음을 알 수 있다. □

정의 5.2.6 벡터공간 V의 벡터 $\mathbf{v}_1, \mathbf{v}_2, \ldots, \mathbf{v}_n$의 일차결합에 의해 얻어진 모든 벡터들의 집합

$$W = \{\alpha_1\mathbf{v}_1 + \alpha_2\mathbf{v}_2 + \cdots + \alpha_n\mathbf{v}_n \mid \alpha_i : \text{스칼라}, \ i = 1, 2, \ldots, n\} \tag{5.66}$$

는 V의 부분공간이 되는데, 이때의 W를 일컬어 벡터 $\mathbf{v}_1, \mathbf{v}_2, \ldots, \mathbf{v}_n$에 의해 생성된 V의 부분공간이라고 하고

$$W = \langle \mathbf{v}_1, \mathbf{v}_2, \ldots, \mathbf{v}_n \rangle \tag{5.67}$$

와 같이 나타낸다.

정의 5.2.7 벡터공간 V의 부분집합 $W = \{\mathbf{w}_1, \mathbf{w}_2, \ldots, \mathbf{w}_n\}$에 대하여

$$V = \langle \mathbf{w}_1, \mathbf{w}_2, \ldots, \mathbf{w}_n \rangle \tag{5.68}$$

일 때, W를 V의 **생성원 집합**(generating set)이라고 하고, 이때의 벡터 $\mathbf{w}_1, \mathbf{w}_2, \ldots, \mathbf{w}_n$을 V의 **생성원**(generator)이라고 한다.

예제 5.2.11 집합

$$W = \{(1, 1, 1), (1, 1, 0), (1, 0, 0)\}$$

은 유클리드공간 $\mathbb{R}^3$의 생성원 집합임을 보여라.

【풀이】 임의의 벡터 $(x_1, x_2, x_3) \in \mathbb{R}^3$에 대하여 방정식

$$(x_1, x_2, x_3) = \alpha_1(1, 1, 1) + \alpha_2(1, 1, 0) + \alpha_3(1, 0, 0)$$

을 만족시키는 스칼라 $\alpha_1, \alpha_2, \alpha_3 \in \mathbb{R}$ 가 존재함을 보이면 된다. 그런데

$$\begin{aligned}(x_1, x_2, x_3) &= \alpha_1(1, 1, 1) + \alpha_2(1, 1, 0) + \alpha_2(1, 0, 0)\\ &= (\alpha_1, \alpha_1, \alpha_1) + (\alpha_2, \alpha_2, 0) + (\alpha_3, 0, 0)\\ &= (\alpha_1 + \alpha_2 + \alpha_3, \alpha_1 + \alpha_2, \alpha_1)\end{aligned}$$

이므로

$$x_1 = \alpha_1 + \alpha_2 + \alpha_3, \qquad x_2 = \alpha_1 + \alpha_2, \qquad x_3 = \alpha_1$$

이다. 따라서 이들을 연립하여 $\alpha_1, \alpha_2, \alpha_3$ 에 관하여 풀면

$$\alpha_1 = x_3, \qquad \alpha_2 = x_2 - x_3, \qquad \alpha_3 = x_1 - x_2$$

을 얻는다. 따라서 $\mathbb{R}^3$ 상의 임의의 벡터 (x_1, x_2, x_3) 는

$$(x_1, x_2, x_3) = x_3(1, 1, 1) + (x_2 - x_3)(1, 1, 0) + (x_1 - x_2)(1, 0, 0)$$

와 같이 나타낼 수 있다. 따라서 집합 $W = \{(1, 1, 1), (1, 1, 0), (1, 0, 0)\}$ 은 유클리드공간 $\mathbb{R}^3$ 의 생성원 집합이다. □

예제 5.2.12 유클리드공간 $\mathbb{R}^n$에서의 단위벡터들의 집합 $W = \{\mathbf{e}_1, \mathbf{e}_2, \ldots, \mathbf{e}_n\}$ 가 $\mathbb{R}^n$의 생성원 집합임을 보여라.

【풀이】 임의의 벡터 $(x_1, x_2, \ldots, x_n) \in \mathbb{R}^n$ 에 대하여

$$(x_1, x_2, \ldots, x_n) = x_1\mathbf{e}_1 + x_2\mathbf{e}_2 + \cdots + x_n\mathbf{e}_n$$

으로 나타낼 수 있으므로 집합 W 는 유클리드공간 $\mathbb{R}^n$ 의 생성원 집합이다. □

정의 5.2.8 벡터공간 V 의 부분집합 $W = \{\mathbf{v}_1, \mathbf{v}_2, \ldots, \mathbf{v}_n\}$ 에 대하여 벡터방정식

$$\alpha_1\mathbf{v}_1 + \alpha_2\mathbf{v}_2 + \cdots + \alpha_n\mathbf{v}_n = \mathbf{0} \tag{5.69}$$

을 만족시키는 유일한 해가

$$\alpha_1 = \alpha_2 = \cdots = \alpha_n = 0 \tag{5.70}$$

일 때, 집합 W는 **일차독립**(linearly independent)이라고 한다. 반면에 집합 W가 일차독립이 아니면 **일차종속**(linearly dependent)이라고 한다.

예제 5.2.13 유클리드공간 $\mathbb{R}^2$의 부분집합 $W = \{\mathbf{w}_1 = (1, 0), \mathbf{w}_2 = (1, 1)\}$가 일차독립인지, 아니면 일차종속인지를 확인하여라.

【풀이】 벡터방정식 $\alpha_1\mathbf{w}_1 + \alpha_2\mathbf{w}_2 = \mathbf{0}$, 즉

$$\alpha_1(1, 0) + \alpha_2(1, 1) = (0, 0)$$

로부터

$$(\alpha_1 + \alpha_2, \alpha_2) = (0, 0)$$

이므로 $\alpha_1 = \alpha_2 = 0$이다. 더욱이 이것은 벡터방정식의 유일한 해이므로 집합 W는 일차독립이다. □

예제 5.2.14 유클리드공간 $\mathbb{R}^2$의 부분집합 $W = \{\mathbf{w}_1 = (1, 2), \mathbf{w}_2 = (2, 4)\}$가 일차독립인지, 아니면 일차종속인지를 확인하여라.

【풀이】 벡터방정식 $\alpha_1\mathbf{w}_1 + \alpha_2\mathbf{w}_2 = \mathbf{0}$, 즉

$$\alpha_1(1, 2) + \alpha_2(2, 4) = (0, 0)$$

로부터

$$(\alpha_1 + 2\alpha_2, 2\alpha_1 + 4\alpha_2) = (0, 0)$$

이므로

$$\alpha_1 + 2\alpha_2 = 0, \qquad 2\alpha_1 + 4\alpha_2 = 0$$

을 얻는다. 그런데 위의 연립방정식의 해는 $\alpha_1 = \alpha_2 = 0$뿐만 아니라 적어도 또 하나의 해, 예를 들어 $\alpha_1 = 2$, $\alpha_2 = -1$을 갖는다. 따라서 $\alpha_1 = \alpha_2 = 0$이 벡터방정식 $\alpha_1\mathbf{w}_1 + \alpha_2\mathbf{w}_2 = \mathbf{0}$의 유일한 해가 아니므로 집합 W는 일차종속이다. □

예제 5.2.15 유클리드공간 $\mathbb{R}^3$의 부분집합

$$W = \{\mathbf{w}_1 = (1, 1, 1), \mathbf{w}_2 = (1, 1, 0), \mathbf{w}_3 = (1, 0, 0)\}$$

가 일차독립인지, 아니면 일차종속인지를 확인하여라.

【풀이】 벡터방정식 $\alpha_1\mathbf{w}_1 + \alpha_2\mathbf{w}_2 + \alpha_3\mathbf{w}_3 = \mathbf{0}$, 즉

$$\alpha_1(1, 1, 1) + \alpha_2(1, 1, 0) + \alpha_3(1, 0, 0) = (0, 0, 0)$$

로부터

$$(\alpha_1 + \alpha_2 + \alpha_3, \alpha_1 + \alpha_2, \alpha_1) = (0, 0, 0)$$

이므로 $\alpha_1 = \alpha_2 = \alpha_3 = 0$ 이다. 더욱이 이것은 벡터방정식의 유일한 해이므로 집합 W 는 일차독립이다. □

예 제 5.2.16 유클리드공간 $\mathbb{R}^3$ 의 부분집합

$$W = \{\mathbf{w}_1 = (0, 1, 0), \mathbf{w}_2 = (0, 1, 1), \mathbf{w}_3 = (0, 0, 1)\}$$

가 일차독립인지, 아니면 일차종속인지를 확인하여라.

【풀이】 벡터방정식 $\alpha_1\mathbf{w}_1 + \alpha_2\mathbf{w}_2 + \alpha_3\mathbf{w}_3 = \mathbf{0}$, 즉

$$\alpha_1(0, 1, 0) + \alpha_2(0, 1, 1) + \alpha_3(0, 0, 1) = (0, 0, 0)$$

로부터

$$(0, \alpha_1 + \alpha_2, \alpha_2 + \alpha_3) = (0, 0, 0)$$

을 얻는다. 따라서 연립방정식

$$\alpha_1 + \alpha_2 = 0, \qquad \alpha_2 + \alpha_3 = 0$$

을 풀면, 임의의 실수 β 에 대하여 $\alpha_1 = \beta$ 라고 놓으면 $\alpha_2 = -\beta$, $\alpha_3 = \beta$ 이다. 따라서 $\beta = 0$ 인 경우에 $\alpha_1 = \alpha_2 = \alpha_3 = 0$ 은 벡터방정식의 하나의 해이다. 그러나 이것이 벡터방정식의 유일한 해는 아니다. 예를 들어 $\beta = 1$ 인 경우에 얻어지는 $\alpha_1 = 1$, $\alpha_2 = -1$, $\alpha_3 = 1$ 또한 벡터방정식의 해가 된다. 따라서 $\alpha_1 = \alpha_2 = \alpha_3 = 0$ 이 벡터방정식의 유일한 해가 아니므로 집합 W 는 일차종속이다. □

예 제 5.2.17 유클리드공간 $\mathbb{R}^n$ 에서의 단위벡터들의 집합 $W = \{\mathbf{e}_1, \mathbf{e}_2, \ldots, \mathbf{e}_n\}$ 가 일차독립인지, 아니면 일차종속인지를 확인하여라.

【풀이】 벡터방정식

$$\alpha_1\mathbf{e}_1 + \alpha_2\mathbf{e}_2 + \cdots + \alpha_n\mathbf{e}_n = \mathbf{0} \tag{5.71}$$

로부터

$$\alpha_1(1, 0, \ldots, 0) + \alpha_2(0, 1, 0, \ldots, 0) + \cdots + \alpha_n(0, \ldots, 0, 1) = (0, 0, \ldots, 0)$$

이므로

$$(\alpha_1, \alpha_2, \ldots, \alpha_n) = (0, 0, \ldots, 0)$$

이다. 따라서 $\alpha_1 = \alpha_2 = \cdots = \alpha_n = 0$ 이다. 그런데 이것은 벡터방정식 (5.71)의 유일한 해이므로 W는 일차독립이다. □

예제 5.2.18 행렬공간 $M_{2\times3}(\mathbb{R})$의 벡터

$$M_{11} = \begin{pmatrix} 1 & 0 & 0 \\ 0 & 0 & 0 \end{pmatrix}, \quad M_{12} = \begin{pmatrix} 0 & 1 & 0 \\ 0 & 0 & 0 \end{pmatrix}, \quad M_{13} = \begin{pmatrix} 0 & 0 & 1 \\ 0 & 0 & 0 \end{pmatrix},$$

$$M_{21} = \begin{pmatrix} 0 & 0 & 0 \\ 1 & 0 & 0 \end{pmatrix}, \quad M_{22} = \begin{pmatrix} 0 & 0 & 0 \\ 0 & 1 & 0 \end{pmatrix}, \quad M_{23} = \begin{pmatrix} 0 & 0 & 0 \\ 0 & 0 & 1 \end{pmatrix}$$

에 대하여 집합

$$W = \{M_{11}, M_{12}, M_{13}, M_{21}, M_{22}, M_{23}\}$$

가 일차독립인지, 아니면 일차종속인지를 확인하여라.

【풀이】 벡터방정식

$$\alpha_1 M_{11} + \alpha_2 M_{12} + \alpha_3 M_{13} + \alpha_4 M_{21} + \alpha_5 M_{22} + \alpha_6 M_{23} = \mathbf{0} \tag{5.72}$$

으로부터

$$\begin{pmatrix} \alpha_1 & \alpha_2 & \alpha_3 \\ \alpha_4 & \alpha_5 & \alpha_6 \end{pmatrix} = \begin{pmatrix} 0 & 0 & 0 \\ 0 & 0 & 0 \end{pmatrix}$$

이므로 $\alpha_1 = \alpha_2 = \alpha_3 = \alpha_4 = \alpha_5 = \alpha_6 = 0$ 이다. 더욱이 이것은 벡터방정식 (5.72)의 유일한 해이므로 집합 W는 일차독립이다. □

5.2.2 기저집합

정 의 5.2.9 벡터공간 V의 부분집합인 W가 다음 두 조건 을 만족할 때, 집합 W를 일컬어 벡터공간 V의 **기저**(basis)라고 한다.

(i) W는 일차독립

(ii) W는 V의 생성원 집합

예 제 5.2.19 유클리드공간 $\mathbb{R}^2$의 부분집합 $W = \{\mathbf{w}_1 = (1, 0), \mathbf{w}_2 = (1, 1)\}$가 $\mathbb{R}^2$의 기저집합임을 보여라.

【풀이】 (i) 집합 W는 일차독립이다(예제 5.2.13 참조).

(ii) $\mathbb{R}^2$ 상의 임의의 벡터 $\mathbf{u} = (u_1, u_2)$에 대하여 $\mathbf{u} = \alpha_1\mathbf{w}_1 + \alpha_2\mathbf{w}_2$, 즉

$$(u_1, u_2) = \alpha_1(1, 0) + \alpha_2(1, 1)$$

을 만족시키는 α_1, α_2가 $\alpha_1 = u_1 - u_2$, $\alpha_2 = u_2$로서 항상 존재한다. 따라서 집합 W는 $\mathbb{R}^2$의 생성원집합이다.

따라서 (i)과 (ii)의 결과로부터 집합 W는 $\mathbb{R}^2$의 기저집합이다. □

예 제 5.2.20 유클리드공간 $\mathbb{R}^2$의 부분집합 $W = \{\mathbf{w}_1 = (1, 2), \mathbf{w}_2 = (2, 4)\}$가 $\mathbb{R}^2$의 기저집합이 아님을 보여라.

【풀이】 집합 W는 일차종속이다(예제 5.2.14 참조). 따라서 집합 W는 $\mathbb{R}^2$의 기저집합이 아니다. □

예 제 5.2.21 유클리드공간 $\mathbb{R}^2$의 부분집합 $W = \{\mathbf{e}_1 = (1, 0)\}$가 $\mathbb{R}^2$의 기저집합인지를 확인하여라.

【풀이】 벡터방정식 $\alpha\mathbf{e}_1 = \mathbf{0}$을 만족시키는 해 α는 0뿐이므로 집합 W는 일차독립이다. 그러나 $\{\mathbf{u} \mid \mathbf{u} = \alpha\mathbf{e}_1, \alpha \in R\} \neq R^2$이므로 집합 W가 $\mathbb{R}^2$의 생성원집합은 아니다. 따라서 집합 W는 일차독립이지만, $\mathbb{R}^2$의 기저집합은 아니다. □

예 제 5.2.22 행렬공간 $M_{2\times3}(\mathbb{R})$의 벡터

$$M_{11} = \begin{pmatrix} 1 & 0 & 0 \\ 0 & 0 & 0 \end{pmatrix}, \qquad M_{12} = \begin{pmatrix} 0 & 1 & 0 \\ 0 & 0 & 0 \end{pmatrix}, \qquad M_{13} = \begin{pmatrix} 0 & 0 & 1 \\ 0 & 0 & 0 \end{pmatrix},$$

$$M_{21} = \begin{pmatrix} 0 & 0 & 0 \\ 1 & 0 & 0 \end{pmatrix}, \qquad M_{22} = \begin{pmatrix} 0 & 0 & 0 \\ 0 & 1 & 0 \end{pmatrix}, \qquad M_{23} = \begin{pmatrix} 0 & 0 & 0 \\ 0 & 0 & 1 \end{pmatrix}$$

에 대하여 집합 $W = \{M_{11}, M_{12}, M_{13}, M_{21}, M_{22}, M_{23}\}$가 $M_{2\times 3}(\mathbb{R})$의 기저집합인지를 확인하여라.

【풀이】 (i) 집합 W는 일차독립이다(예제 5.2.18 참조).

(ii) $M_{2\times 3}(\mathbb{R})$ 상의 임의의 벡터

$$A = \begin{pmatrix} a_{11} & a_{12} & a_{13} \\ a_{21} & a_{22} & a_{23} \end{pmatrix}$$

에 대하여, 방정식

$$A = \alpha_1 M_{11} + \alpha_2 M_{12} + \alpha_3 M_{13} + \alpha_4 M_{21} + \alpha_5 M_{22} + \alpha_6 M_{23}$$

을 만족시키는 $\alpha_1, \alpha_2, \alpha_3, \alpha_4, \alpha_5, \alpha_6$을 구하면

$$\alpha_1 = a_{11}, \quad \alpha_2 = a_{12}, \quad \alpha_3 = a_{13}, \quad \alpha_4 = a_{21}, \quad \alpha_5 = a_{22}, \quad \alpha_6 = a_{23}$$

으로서 항상 존재한다. 따라서 집합 W는 $M_{2\times 3}(\mathbb{R})$의 생성원집합이다.

따라서 (i)과 (ii)의 결과로부터 집합 W는 $M_{2\times 3}(\mathbb{R})$의 기저집합이다. □

예제 5.2.23 유클리드공간 $\mathbb{R}^3$ 상의 단위벡터들의 집합 $W = \{\mathbf{e}_1, \mathbf{e}_2, \mathbf{e}_3\}$가 $\mathbb{R}^3$의 기저임을 보여라.

【풀이】 (i) 집합 W는 일차독립이다(예제 5.2.17 참조).

(ii) 임의의 벡터 $\mathbf{u} = (u_1, u_2, u_3) \in \mathbb{R}^3$에 대하여

$$\mathbf{u} = \alpha_1 e_1 + \alpha_2 \mathbf{e}_2 + \alpha_3 \mathbf{e}_3$$

을 만족시키는 $\alpha_1, \alpha_2, \alpha_3$이 $\alpha_1 = u_1, \alpha_2 = u_2, \alpha_3 = u_3$으로서 항상 존재한다. 따라서 집합 W는 $\mathbb{R}^3$의 생성원 집합이다.

따라서 (i)과 (ii)의 결과로부터 집합 W는 $\mathbb{R}^3$의 기저집합이다. □

예제 5.2.24 유클리드공간 $\mathbb{R}^3$의 부분집합

$$W = \{\mathbf{w}_1 = (1, 1, 1),\ \mathbf{w}_2 = (1, 1, 0),\ \mathbf{w}_3 = (1, 0, 0)\}$$

가 $\mathbb{R}^3$ 의 기저임을 보여라.

【풀이】 (i) 집합 W 는 일차독립이다(예제 5.2.15 참조).

(ii) 임의의 벡터 $\mathbf{u} = (u_1, u_2, u_3) \in \mathbb{R}^3$ 에 대하여

$$\mathbf{u} = \alpha_1\mathbf{w}_1 + \alpha_2\mathbf{w}_2 + \alpha_3\mathbf{w}_3$$

을 만족시키는 $\alpha_1, \alpha_2, \alpha_3$ 이 $\alpha_1 = u_3,\ \alpha_2 = u_2 - u_3,\ \alpha_3 = u_1 - u_2$ 로서 항상 존재한다. 따라서 집합 W 는 $\mathbb{R}^3$ 의 생성원 집합이다.

따라서 (i)과 (ii)의 결과로부터 집합 W 는 $\mathbb{R}^3$ 의 기저집합이다. □

정의 5.2.10 예제 5.2.23과 5.2.24에서 보듯이, 같은 벡터공간에 대해서 기저집합은 여러 개 존재한다. 그러나 어떤 기저집합이든 그 기저집합을 구성하는 벡터의 개수, 즉 기저집합의 원소의 개수는 항상 일정하다. 이 일정한 기저집합의 원소의 개수를 그 벡터공간의 **차원**(dimension)이라고 한다. 벡터공간 V 가 n 차원일 때 $\dim V = n$ 과 같이 나타낸다. 특히 예제 5.2.4에서 정의된 영벡터공간은 0차원으로 정의한다.[10)]

예제 5.2.25 유클리드공간 $\mathbb{R}^n$ 의 차원을 결정하여라.

【풀이】 집합

$$U = \{\mathbf{e}_1, \mathbf{e}_2, \ldots, \mathbf{e}_n\}$$

를 유클리드공간 $\mathbb{R}^n$ 상의 단위벡터들의 집합이라고 하자. 그러면 집합 U 는 일차독립이다(예제 5.2.17 참조). 또한 $\mathbb{R}^n$ 상의 모든 벡터들은 집합 U 에 있는 벡터들의 일차결합으로 나타낼 수 있으므로, 집합 U 는 $\mathbb{R}^n$ 의 생성원집합이다. 따라서 집합 U는 $\mathbb{R}^n$의 한 기저집합이다. 따라서 $\dim\mathbb{R}^n = n$ 이다. 특히 집합 U를 유클리드공간 $\mathbb{R}^n$의 **표준기저**(canonical basis) 라고 한다. □

예제 5.2.26 행렬공간 $M_{2\times2}(\mathbb{R})$ 의 차원을 구하여라.

---

10) 영벡터공간은 기저집합이 정의되지 않는 유일한 벡터공간이다.

【풀이】 행렬공간 $M_{2\times2}(\mathbb{R})$의 원소인 벡터

$$M_1 = \begin{pmatrix} 1 & 0 \\ 0 & 0 \end{pmatrix}, \quad M_2 = \begin{pmatrix} 0 & 1 \\ 0 & 0 \end{pmatrix}, \quad M_3 = \begin{pmatrix} 0 & 0 \\ 1 & 0 \end{pmatrix}, \quad M_4 = \begin{pmatrix} 0 & 0 \\ 0 & 1 \end{pmatrix}$$

로 이루어진 집합을 W라고 하자. 그러면

(i) 벡터방정식 $\alpha_1 M_1 + \alpha_2 M_2 + \alpha_3 M_3 + \alpha_4 M_4 = \mathbf{0}$로부터

$$\alpha_1 \begin{pmatrix} 1 & 0 \\ 0 & 0 \end{pmatrix} + \alpha_2 \begin{pmatrix} 0 & 1 \\ 0 & 0 \end{pmatrix} + \alpha_3 \begin{pmatrix} 0 & 0 \\ 1 & 0 \end{pmatrix} + \alpha_4 \begin{pmatrix} 0 & 0 \\ 0 & 1 \end{pmatrix} = \begin{pmatrix} 0 & 0 \\ 0 & 0 \end{pmatrix}$$

이므로

$$\begin{pmatrix} \alpha_1 & \alpha_2 \\ \alpha_3 & \alpha_4 \end{pmatrix} = \begin{pmatrix} 0 & 0 \\ 0 & 0 \end{pmatrix}$$

이다. 따라서 벡터방정식을 만족시키는 유일한 해는 $\alpha_1 = \alpha_2 = \alpha_3 = \alpha_4 = 0$이므로 집합 W는 일차독립이다.

(ii) 행렬공간 $M_{2\times2}(\mathbb{R})$의 임의의 벡터

$$A = \begin{pmatrix} a_{11} & a_{12} \\ a_{21} & a_{22} \end{pmatrix} \in M_{2\times2}(\mathbb{R})$$

에 대하여

$$A = \begin{pmatrix} a_{11} & a_{12} \\ a_{21} & a_{22} \end{pmatrix} = a_{11} \begin{pmatrix} 1 & 0 \\ 0 & 0 \end{pmatrix} + a_{12} \begin{pmatrix} 0 & 1 \\ 0 & 0 \end{pmatrix} + a_{21} \begin{pmatrix} 0 & 0 \\ 1 & 0 \end{pmatrix} + a_{22} \begin{pmatrix} 0 & 0 \\ 0 & 1 \end{pmatrix}$$

이 성립한다. 즉, $A = a_{11}M_1 + a_{12}M_2 + a_{21}M_3 + a_{22}M_4$이다. 따라서 집합 W는 행렬공간 $M_{2\times2}(\mathbb{R})$의 생성원 집합이다.

따라서 (i)과 (ii)의 결과로부터 W는 행렬공간 $M_{2\times2}(\mathbb{R})$의 한 기저집합이다. 그런데 이 기저집합은 4개의 원소로 이루어져 있으므로 행렬공간 $M_{2\times2}(\mathbb{R})$은 4차원이다. □

정의 5.2.11 집합 $W = \{\mathbf{v}_1, \mathbf{v}_2, \ldots, \mathbf{v}_n\}$이 벡터공간 V의 기저이면, 벡터공간 V의 임의의 원소 $\mathbf{u}$는

$$\mathbf{u} = \alpha_1\mathbf{v}_1 + \alpha\mathbf{v}_2 + \cdots + \alpha_n\mathbf{v}_n \tag{5.73}$$

와 같이 벡터 $\mathbf{v}_1, \mathbf{v}_2, \ldots, \mathbf{v}_n$의 일차결합으로 유일하게 표시된다. 이때 이 계수들에 의한 순서쌍

$$(\alpha_1, \alpha_2, \ldots, \alpha_n) \tag{5.74}$$

을 벡터공간 V의 기저 W에 관한 벡터 $\mathbf{u}$의 **좌표**(coordinate)라고 하고 $[\mathbf{u}]_W$와 같이 나타낸다. 즉,

$$[\mathbf{u}]_W = (\alpha_1, \alpha_2, \ldots, \alpha_n) \tag{5.75}$$

이다.

예제 5.2.27 유클리드공간 $\mathbb{R}^2$ 상의 두 개의 기저집합

$$U = \{\mathbf{e}_1 = (1, 0), \mathbf{e}_2 = (0, 1)\}, \qquad V = \{\mathbf{u}_1 = (0, 1), \mathbf{u}_2 = (1, 1)\}$$

에 관한 벡터 $\mathbf{u} = (u_1, u_2)$의 좌표 $[\mathbf{u}]_U$, $[\mathbf{u}]_V$를 각각 구하여라. 또한 이를 이용하여 벡터 $\mathbf{v} = (1, 2) \in \mathbb{R}^2$에 관한 좌표 $[\mathbf{v}]_U$, $[\mathbf{v}]_V$를 각각 구하여라.

【풀이】 (i) 기저 U에 관한 벡터 $\mathbf{u} = (u_1, u_2)$의 좌표를 얻기 위하여, 벡터 방정식

$$\mathbf{u} = \alpha_1\mathbf{e}_1 + \alpha_2\mathbf{e}_2, \qquad \text{즉} \qquad (u_1, u_2) = \alpha_1(1, 0) + \alpha_2(0, 1)$$

을 α_1, α_2에 관하여 풀면 $\alpha_1 = u_1$, $\alpha_2 = u_2$을 얻는다. 따라서 기저 U에 관한 벡터 $\mathbf{u}$의 좌표는 $[\mathbf{u}]_U = (u_1, u_2)$이다. 이 결과를 이용하면, 기저 U에 관한 벡터 $\mathbf{v} = (1, 2)$의 좌표는 자기 자신 $[\mathbf{v}]_U = (1, 2)$임을 알 수 있다.

(ii) 기저 V에 관한 벡터 $\mathbf{u} = (u_1, u_2)$의 좌표를 얻기 위하여, 벡터 방정식

$$\mathbf{u} = \alpha_1\mathbf{u}_1 + \alpha_2\mathbf{u}_2, \qquad \text{즉} \qquad (u_1, u_2) = \alpha_1(1, 0) + \alpha_2(1, 1)$$

을 α_1, α_2에 관하여 풀면 $\alpha_1 = u_1 - u_2$, $\alpha_2 = u_2$을 얻는다. 따라서 기저 V에 관한 벡터 $\mathbf{u}$의 좌표는 $[\mathbf{u}]_V = (u_1 - u_2, u_2)$이다. 이 결과를 이용하면, 기저 V에 관한 벡터 $\mathbf{v} = (1, 2)$의 좌표는 $[\mathbf{v}]_V = (1 - 2, 2) = (-1, 2)$임을 알 수 있다. □

참고 5.2.3 벡터공간에서 벡터의 좌표는 기저에 따라 달라진다. 그러나 예제 5.2.27에서 보듯이 유클리드공간의 표준기저에 관한 벡터 $\mathbf{u}$의 좌표는 자기 자신 $\mathbf{u}$임을 알 수 있다. 이러한 의미에서 보면, 정의 5.2.11에서 언급된 좌표의 개념은 우리가 기존에 익숙하

게 알고 있는 $\mathbb{R}^2$ 평면과 $\mathbb{R}^3$ 공간좌표상에서의 좌표의 개념을 일반화시킨 것으로 해석될 수 있다. 유클리드공간에서 특별한 기저의 언급 없이 좌표라고 하면, 표준기저에 관한 좌표를 의미한다.

예제 5.2.28 집합

$$W = \{\mathbf{w}_1 = (1, 0, 0), \mathbf{w}_2 = (1, 1, 0), \mathbf{w}_3 = (1, 1, 1)\}$$

은 유클리드 공간 $\mathbb{R}^3$의 한 기저이다. 주어진 기저 W에 관한 다음 벡터들의 좌표를 각각 구하여라.

(1) $(1, 2, 1)$ (2) $(1, 2, 3)$ (3) $(1, 0, 1)$ (4) $(1, -1, 1)$

【풀이】 임의의 $\mathbf{u} = (u_1, u_2, u_3) \in \mathbb{R}^3$에 대하여, 벡터 방정식 $\mathbf{u} = \alpha_1\mathbf{w}_1 + \alpha_2\mathbf{w}_2 + \alpha_3\mathbf{w}_3$, 즉

$$(u_1, u_2, u_3) = \alpha_1(1, 0, 0) + \alpha_2(1, 1, 0) + \alpha_3(1, 1, 1)$$

로부터 $\alpha_1 = u_1 - u_2$, $\alpha_2 = u_2 - u_3$, $\alpha_3 = u_3$ 이므로, 기저 W에 관한 $\mathbf{u} = (u_1, u_2, u_3) \in \mathbb{R}^3$의 좌표는

$$[(u_1, u_2, u_3)]_W = (u_1 - u_2, u_2 - u_3, u_3)$$

이다. 따라서 기저 W에 관한 각 벡터들의 좌표는 다음과 같다.

(1) $[(1, 2, 1)]_W = (1 - 2, 2 - 1, 1) = (-1, 1, 1)$

(2) $[(1, 2, 3)]_W = (1 - 2, 2 - 3, 3) = (-1, -1, 3)$

(3) $[(1, 0, 1)]_W = (1 - 0, 0 - 1, 1) = (1, -1, 1)$

(4) $[(1, -1, 1)]_W = (1 - (-1), (-1) - 1, 1) = (2, -2, 1)$ □

제 5 장 연습문제[11)]

1. 벡터

$$\mathbf{u} = (1,\ 0,\ 2), \qquad \mathbf{v} = (0,\ -2,\ 0)$$

에 대하여 다음을 구하여라.

(1) $2\mathbf{u} + \mathbf{v}$ (2) $\mathbf{u} - 3\mathbf{v}$ (3) $3\mathbf{u} - \mathbf{v}$ (4) $-2\mathbf{u} + 3\mathbf{v}$

2. 벡터

$$\mathbf{u} = (1,\ 0,\ 1), \qquad \mathbf{v} = (0,\ 1,\ 0)$$

에 대하여 $2\mathbf{u} - 3\mathbf{w} = 4\mathbf{v}$ 를 만족시키는 벡터 $\mathbf{w}$ 를 구하여라.

3. 벡터

$$\mathbf{u} = (1,\ 0,\ 1), \qquad \mathbf{v} = (0,\ 1,\ 0), \qquad \mathbf{w} = (1,\ 1,\ 1)$$

에 대하여 다음을 구하여라.

(1) $\|\mathbf{u} + \mathbf{v}\|$ (2) $\|\mathbf{u}\| + \|\mathbf{v}\|$ (3) $\dfrac{1}{\|\mathbf{w}\|}\mathbf{w}$

4. 벡터

$$\mathbf{u} = (-1,\ 1,\ 2), \qquad \mathbf{v} = (2,\ 2,\ -1), \qquad \mathbf{w} = (1,\ 1,\ -2)$$

에 대하여 방정식 $\alpha\mathbf{u} + \beta\mathbf{v} + \gamma\mathbf{w} = (1,\ -1,\ 1)$ 을 만족시키는 수 $\alpha,\ \beta,\ \gamma$ 를 구하여라.

5. 벡터 $\mathbf{u} = (1,\ -1,\ 1)$, $\mathbf{w} = (1,\ 1,\ 1)$ 에 대하여 외적벡터 $\mathbf{u} \times \mathbf{w}$ 을 구하여라.

6. 벡터

$$\mathbf{u} = (1,\ -1,\ 1), \qquad \mathbf{v} = (0,\ 1,\ 1), \qquad \mathbf{w} = (1,\ 1,\ 1)$$

에 대하여 다음을 구하여라.

(1) $\mathbf{u} \times \mathbf{w}$ (2) $\mathbf{u} \times (\mathbf{v} \times \mathbf{w})$ (3) $(\mathbf{u} \times \mathbf{v}) \times \mathbf{w}$

(4) $(\mathbf{u} \times \mathbf{v}) \times (\mathbf{v} \times \mathbf{w})$ (5) $\mathbf{u} \times (\mathbf{v} - \mathbf{w})$ (6) $(\mathbf{u} \times \mathbf{v}) \cdot \mathbf{w}$

---

11) 제 5 장 연습문제 풀이 : 301쪽 ~ 319쪽 참조

7. 주어진 두 벡터 **u**, **v** 에 동시에 수직인 단위벡터를 각각 구하여라.

(1) $\mathbf{u} = (2, -6, -3)$, $\mathbf{v} = (4, 3, -1)$ (2) $\mathbf{u} = (1, 0, -1)$, $\mathbf{v} = (0, 1, 0)$

8. 벡터

$$\mathbf{u} = (-1, 3, 2), \quad \mathbf{v} = (1, 1, -1)$$

에 대하여 등식 $\mathbf{u} \times \mathbf{w} = \mathbf{v}$ 를 만족시키는 벡터 **w** 를 구하여라.

9. 다음 각각의 세 벡터를 세 변으로 하는 평형육면체의 체적 V 를 구하여라.

(1) $\mathbf{u} = (1, 1, 0)$, $\mathbf{v} = (1, 0, 1)$, $\mathbf{w} = (0, 1, 1)$

(2) $\mathbf{u} = (1, 1, 0)$, $\mathbf{v} = (1, 0, 1)$, $\mathbf{w} = (0, 1, 0)$

(3) $\mathbf{u} = (1, 1, 0)$, $\mathbf{v} = (-1, 1, 0)$, $\mathbf{w} = (1, 1, 1)$

10. 세 점 $P_1(1, 0)$, $P_2(2, 1)$, $P_3(3, -1)$ 을 꼭짓점으로 하는 삼각형 $\triangle P_1P_2P_3$ 의 넓이 S 를 벡터 $\overrightarrow{P_1P_2}$ 와 $\overrightarrow{P_1P_3}$ 의 외적벡터를 이용하여 구하여라.

11. 직교좌표축 $O-XYZ$ 를 그 원점 $O(0, 0, 0)$ 가 점 $O'(-1, 0, 3)$ 에 오도록 평행이동할 때 구좌표축 $O-XYZ$ 에서의 방정식 $x^2+y^2+z^2+2x-6z+1=0$ 을 신좌표축 $O'-X'Y'Z'$ 에 관한 방정식으로 나타내어라.

12. 직교좌표축을 평행이동 하여 도형의 방정식 $x^2+y^2-2x-4y-4=0$ 을 $x'^2+y'^2-9=0$ 이 되도록 하려면 새로운 원점 O' 를 어디에 잡아야 하는가?

13. 직교좌표축을 평행이동 하여 도형의 방정식 $2x^2+y^2+z^2+4x-2y+6z+8=0$ 을 $2x'^2+y'^2+z'^2-4=0$ 이 되도록 하려면 새로운 원점 O' 를 어디에 잡아야 하는가?

14. y 축은 그대로 두고 xz-평면을 θ 만큼 회전한 좌표축의 회전에 대하여 구좌표와 신좌표의 관계를 조사하여라.

15. z 축은 그대로 두고 xy-평면을 θ 만큼 회전한 좌표축의 회전에 대하여 구좌표와 신좌표의 관계를 조사하여라.

16. 서로 직교하는 세 벡터의 방향 코사인이 각각

$$\mathbf{r}_1 = (\alpha_1, \beta_1, \gamma_1), \qquad \mathbf{r}_2 = (\alpha_2, \beta_2, \gamma_2), \qquad \mathbf{r}_3 = (\alpha_3, \beta_3, \gamma_3)$$

일 때

$$\alpha_1^2 + \alpha_2^2 + \alpha_3^2 = \beta_1^2 + \beta_2^2 + \beta_3^2 = \gamma_1^2 + \gamma_2^2 + \gamma_3^2 = 1,$$
$$\alpha_1\beta_1 + \alpha_2\beta_2 + \alpha_3\beta_3 = \alpha_1\gamma_1 + \alpha_2\gamma_2 + \alpha_3\gamma_3 = \beta_1\gamma_1 + \beta_2\gamma_2 + \beta_3\gamma_3 = 0$$

이 성립함을 증명하여라.

17. 두 점 P, Q의 좌표가 다음과 같이 주어져 있을 때 두 점 P, Q를 지나는 직선의 방정식을 구하여라.

(1) $P(1, 2, -2)$, $Q(-1, 0, -4)$ (2) $P(2, 0, 2)$, $Q(2, -2, 1)$

18. 방향비가 $1 : 2 : 3$이고 점 $Q(2, 0, -1)$를 지나는 직선의 방정식을 구하여라.

19. 두 점 $P(x_1, y_1)$, $Q(x_2, y_2)$를 지나는 직선의 방정식은

$$\begin{vmatrix} x & y & 1 \\ x_1 & y_1 & 1 \\ x_2 & y_2 & 1 \end{vmatrix} = 0$$

으로 나타내어짐을 보여라.

20. 원점으로부터 직선

$$\frac{x-1}{1} = \frac{y}{2} = \frac{z-1}{2}$$

에 내린 수선의 길이 d를 구하여라.

21. 점 $P(2, 1)$로부터 직선 $x + y - 5 = 0$에 내린 수선의 길이 d를 구하여라.

22. 공간상의 두 직선

$$\ell_1 : \frac{x-1}{1} = \frac{y-1}{2} = \frac{z-1}{3}, \qquad \ell_2 : \frac{x-2}{3} = \frac{y-1}{\beta} = \frac{z}{1}$$

이 만날 때의 β값을 구하여라.

23. 세 점 $A(1, 0, 0)$, $B(0, 1, 0)$, $C(0, 0, 1)$를 지나는 평면의 방정식의 표준형을 구하여라.

24. 세 점 $A(1, 0, 1)$, $B(0, 1, 0)$, $C(0, 0, 1)$를 지나는 평면의 방정식을 구하고, 또한 원점에서 이 평면에 이르는 최단거리 d를 구하여라.

25. 한 점 $(2, 1, 1)$로부터 평면 $3x - 2y + 6z + 4 = 0$에 이르는 거리 d를 구하여라.

26. 점 $(1, 1, 1)$를 지나면서 평면 $S : x + y + z + 1 = 0$에 평행한 평면 S_0의 방정식을 구하여라.

27. 점 (x_0, y_0, z_0)를 지나고 평면 $S : Ax + By + Cz + D = 0$에 평행한 평면 S_0의 방정식을 구하여라.

28. 세 점 $A(1, 0, 0)$, $B(0, 1, 0)$, $C(0, 0, 1)$를 지나는 평면에 대하여 원점으로부터 이 평면에 이르는 최단거리 d를 구하여라.

29. 세 점 $A(1, 2, 0)$, $B(0, 1, 0)$, $C(0, 0, 1)$를 지나는 평면의 방정식을 구하고, 또한 원점에서 이 평면에 이르는 최단거리 d를 구하여라.

30. 점 $P(x_0, y_0, z_0)$를 품고 두 직선

$$\ell_1 : \frac{x - x_1}{\alpha_1} = \frac{y - y_1}{\beta_1} = \frac{z - z_1}{\gamma_1}, \qquad \ell_2 : \frac{x - x_2}{\alpha_2} = \frac{y - y_2}{\beta_2} = \frac{z - z_2}{\gamma_2}$$

에 동시에 평행한 평면의 방정식 S를 구하여라.

31. 다음 집합들이 일차독립인지를 확인하여라.

(1) $W_1 = \{(1, 0, 0), (0, 1, 0), (0, 0, 1)\}$

(2) $W_2 = \{(1, -1, 1, -1), (2, 0, 1, 1), (0, 1, -1, -1)\}$

(3) $W_3 = \{(1, 0, 1, 0), (0, 2, 0, 2), (3, 0, 0, 0), (0, 0, 0, 4)\}$

32. 다음 행렬들의 집합이 행렬공간 $M_{2\times 2}(\mathbb{R})$의 기저인지를 확인하여라.

(1) $W_1 = \left\{\begin{pmatrix}1 & 0\\0 & 0\end{pmatrix}, \begin{pmatrix}0 & 1\\0 & 0\end{pmatrix}, \begin{pmatrix}0 & 0\\1 & 0\end{pmatrix}, \begin{pmatrix}0 & 0\\0 & 1\end{pmatrix}\right\}$

(2) $W_2 = \left\{\begin{pmatrix}3 & 6\\3 & -6\end{pmatrix}, \begin{pmatrix}0 & -1\\-1 & 0\end{pmatrix}, \begin{pmatrix}0 & -8\\-12 & -4\end{pmatrix}, \begin{pmatrix}1 & 0\\-1 & 2\end{pmatrix}\right\}$

33. 다음 각 연립일차방정식의 해공간의 차원을 구하여라.

(1) $x_1 + x_2 - x_3 = 0, \quad -2x_1 - x_2 + 2x_3 = 0, \quad -x_1 + x_3 = 0$

(2) $x_1 + x_2 - x_3 = 0, \quad 2x_1 + x_2 - 2x_3 = 0, \quad x_1 - x_3 = 0$

(3) $2x_1 + x_2 + 3x_3 = 0, \quad x_1 + 5x_3 = 0, \quad x_2 + x_3 = 0$

34. 행렬공간 $M_{m\times n}(\mathbb{R})$의 기저와 차원을 구하여라.

35. 아래의 집합 U, V가 행렬공간 $M_{2\times 2}(\mathbb{R})$의 부분공간인지를 판정하여라.

(1) $U = \left\{\begin{pmatrix}u_{11} & 0\\0 & u_{22}\end{pmatrix} \middle| u_{11}, u_{22} \in \mathbb{R}\right\}$ (2) $V = \left\{\begin{pmatrix}v_{11} & 1\\1 & v_{22}\end{pmatrix} \middle| v_{11}, v_{22} \in \mathbb{R}\right\}$

36. 다음 집합이 유클리드공간 $\mathbb{R}^3$의 부분공간인지를 판정하여라.

(1) $W_1 = \{(a, 0, 0) \mid a \in \mathbb{R}\}$ (2) $W_2 = \{(a, b, c) \mid a = b + c,\ a, b, c \in \mathbb{R}\}$

(3) $W_3 = \{(a, 1, 1) \mid a \in \mathbb{R}\}$ (4) $W_4 = \{(a, b, c) \mid b = a + c + 1,\ a, b, c \in \mathbb{R}\}$

37. 두 벡터 $\mathbf{u} = (1, 2, 3)$와 $\mathbf{v} = (2, -3, -1)$의 끼인각 θ $(0 \le \theta \le \pi)$를 구하여라.

38. 다음 각각의 집합이 $\mathbb{R}^3$의 기저집합임을 보이고, 각 기저집합에 관한 벡터 $(1, -1, 1)$의 좌표를 구하여라.

(1) $W_1 = \{(1, 0, 0), (0, 1, 0), (0, 0, 1)\}$

(2) $W_2 = \{(0, 0, 1), (0, 1, 1), (1, 1, 1)\}$

(3) $W_3 = \{(1, 0, 0), (1, 1, 0), (1, 1, 1)\}$

제 6 장

선형사상

6장에서는 선형사상을 정의하고, 행렬을 이용한 대칭변환들에 관하여 학습한다. 또한 고유값과 고유벡터에 관하여 학습한다. 끝으로 일반적인 이차곡선을 정의하고 이들이 갖는 성질들에 관하여 학습한다.

6.1 선형사상

정의 6.1.1 벡터공간 V, W[1]에 대하여, 사상 $T : V \to W$가 다음의 두 조건을 만족할 때, T를 V에서 W로의 **선형사상**(linear mapping)[2]이라고 한다. 즉,
임의의 벡터 $\mathbf{u}, \mathbf{v} \in V$와 임의의 스칼라 α에 대하여

(i) $T(\mathbf{u}+\mathbf{v}) = T(\mathbf{u}) + T(\mathbf{v})$ [합 연산의 보존성]

(ii) $T(\alpha\mathbf{u}) = \alpha T(\mathbf{u})$ [스칼라 곱 연산의 보존성]

---

1) 여기서의 벡터공간 V, W는 둘 다 실벡터공간이거나, 둘 다 복소벡터공간임을 가정한다.

2) V, W가 서로 다른 벡터공간일 때의 선형사상을 **선형변환**(linear transformation)이라고 부르기도 한다.

예제 6.1.1 사상

$$T : \mathbb{R}^3 \to \mathbb{R}^3, \quad T(u_1, u_2, u_3) = (u_1, u_2, 0)$$

가 선형사상임을 보여라. 이러한 사상 T 를 xy-평면으로의 **정사영**(projection)이라 한다.

【풀이】 임의의 벡터 $\mathbf{u} = (u_1, u_2, u_3), \mathbf{v} = (v_1, v_2, v_3) \in \mathbb{R}^3$ 와 스칼라 $\alpha \in \mathbb{R}$ 에 대하여

$$\begin{aligned} T(\mathbf{u} + \mathbf{v}) &= T((u_1, u_2, u_3) + (v_1, v_2, v_3)) = T(u_1 + v_1, u_2 + v_2, u_3 + v_3) \\ &= (u_1 + v_1, u_2 + v_2, 0) = (u_1, u_2, 0) + (v_1, v_2, 0) \\ &= T(\mathbf{u}) + T(\mathbf{v}), \end{aligned}$$

$$\begin{aligned} T(\alpha\mathbf{u}) &= T(\alpha(u_1, u_2, u_3)) = T(\alpha u_1, \alpha u_2, \alpha u_3) = (\alpha u_1, \alpha u_2, 0) \\ &= \alpha(u_1, u_2, 0) = \alpha T(u_1, u_2, u_3) \\ &= \alpha T(\mathbf{u}) \end{aligned}$$

이다. 따라서 정의 6.1.1 로부터 T 는 선형사상이다. □

정리 6.1.1 벡터공간 V, W 에 대하여 $T : V \to W$ 가 선형사상일 필요충분조건은 임의의 벡터 $\mathbf{u}, \mathbf{v} \in V$ 와 임의의 스칼라 α, β 에 대하여

$$T(\alpha\mathbf{u} + \beta\mathbf{v}) = \alpha T(\mathbf{u}) + \beta T(\mathbf{v}) \tag{6.1}$$

이다.

【증명】 (⇒) $T : V \to W$ 가 선형사상이라고 가정하자. 그러면 정의 6.1.1(ii) 로부터 임의의 벡터 $\mathbf{u}, \mathbf{v} \in V$ 와 임의의 스칼라 α, β 에 대하여

$$T(\alpha\mathbf{u}) = \alpha T(\mathbf{u}), \qquad T(\beta\mathbf{v}) = \beta T(\mathbf{v})$$

이다. 따라서 정의 6.1.1(i) 로부터

$$T(\alpha\mathbf{u} + \beta\mathbf{v}) = T(\alpha\mathbf{u}) + T(\beta\mathbf{v}) = \alpha T(\mathbf{u}) + \beta T(\mathbf{v})$$

이 성립한다.

(⇐) 사상 $T : V \to W$ 가 임의의 벡터 $\mathbf{u}, \mathbf{v} \in V$ 와 임의의 스칼라 α, β 에 대하여

$$T(\alpha\mathbf{u} + \beta\mathbf{v}) = \alpha T(\mathbf{u}) + \beta T(\mathbf{v})$$

이 성립한다고 가정하자. 그러면 $\alpha = 1, \beta = 1$ 일 때

$$T(1\mathbf{u} + 1\mathbf{v}) = 1T(\mathbf{u}) + 1T(\mathbf{v})$$

이므로 $T(\mathbf{u} + \mathbf{v}) = T(\mathbf{u}) + T(\mathbf{v})$ 로서 정의 6.1.1(i) 이 성립하고, $\beta = 0$ 일 때

$$T(\alpha\mathbf{u} + 0\mathbf{v}) = \alpha T(\mathbf{u}) + 0T(\mathbf{v})$$

이므로 $T(\alpha\mathbf{u}) = \alpha T(\mathbf{u})$ 로서 정의 6.1.1(ii) 가 성립한다. 따라서 정의 6.1.1 로부터 T 는 선형사상이다. □

참고 6.1.1 사상 $T : V \to W$ 가 선형사상임을 보이기 위해서는 정의 6.1.1 에 의해서 사상 T 가 합 연산과 스칼라 곱 연산을 보존한다는 사실을 각각 확인해도 되겠지만, 정리 6.1.1 의 식 (6.1) 에 있는 단 하나의 관계식이 성립함을 확인하는 것만으로도 충분하다.

예제 6.1.2 예제 6.1.1에서 정의된 사상

$$T : \mathbb{R}^3 \to \mathbb{R}^3, \quad T(u_1, u_2, u_3) = (u_1, u_2, 0)$$

가 선형사상임을 정리 6.1.1 을 이용하여 증명하여라.

【풀이】 임의의 벡터 $\mathbf{u} = (u_1, u_2, u_3), \mathbf{v} = (v_1, v_2, v_3) \in \mathbb{R}^3$ 와 스칼라 $\alpha, \beta \in \mathbb{R}$ 에 대하여

$$\begin{aligned} T(\alpha\mathbf{u} + \beta\mathbf{v}) &= T(\alpha(u_1, u_2, u_3) + \beta(v_1, v_2, v_3)) = T(\alpha u_1 + \beta v_1, \alpha u_2 + \beta v_2, \alpha u_3 + \beta v_3) \\ &= (\alpha u_1 + \beta v_1, \alpha u_2 + \beta v_2, 0) = (\alpha u_1, \alpha u_2, 0) + (\beta v_1, \beta v_2, 0) \\ &= \alpha(u_1, u_2, 0) + \beta(v_1, v_2, 0) = \alpha(u_1, u_2, 0) + \beta(v_1, v_2, 0) \\ &= \alpha T(\mathbf{u}) + \beta T(\mathbf{v}) \end{aligned}$$

이 성립한다. 따라서 정리 6.1.1 로부터 T 는 선형사상이다. □

예제 6.1.3 사상 $T : \mathbb{R}^2 \to \mathbb{R}^2$ 가 다음 각 경우와 같이 정의된다고 하자. 각각이 선형사상임을 보여라. 이러한 사상 T 를 **대칭변환**(symmetric transformation)이라고 한다.

(1) $\mathbb{R}^2$ 상의 임의의 점 (x, y) 를

$$T(x, y) = (x, -y)$$

와 같이 x축에 대칭인 위치로 대응시키는 x축 대칭변환인 경우

(2) $\mathbb{R}^2$ 상의 임의의 점 (x, y) 를

$$T(x, y) = (-x, y)$$

와 같이 y축에 대칭인 위치로 대응시키는 y축 대칭변환인 경우

(3) $\mathbb{R}^2$ 상의 임의의 점 (x, y) 를

$$T(x, y) = (-x, -y)$$

와 같이 원점에 대칭인 위치로 대응시키는 원점 대칭변환인 경우

(4) $\mathbb{R}^2$ 상의 임의의 점 (x, y) 를

$$T(x, y) = (y, x)$$

와 같이 직선 $y = x$ 에 대칭인 위치로 대응시키는 선 대칭변환인 경우

【풀이】 정리 6.1.1 을 이용하여 증명하도록 하자.

(1) 임의의 벡터 $\mathbf{u} = (u_1, u_2)$, $\mathbf{v} = (v_1, v_2) \in \mathbb{R}^2$ 와 스칼라 $\alpha, \beta \in \mathbb{R}$ 에 대하여

$$\begin{aligned} T(\alpha\mathbf{u} + \beta\mathbf{v}) &= T(\alpha(u_1, u_2) + \beta(v_1, v_2)) = T(\alpha u_1 + \beta v_1, \alpha u_2 + \beta v_2) \\ &= (\alpha u_1 + \beta v_1, -(\alpha u_2 + \beta v_2)) = (\alpha u_1, -\alpha u_2) + (\beta v_1, -\beta v_2) \\ &= \alpha(u_1, -u_2) + \beta(v_1, -v_2) = \alpha T(u_1, u_2) + \beta T(v_1, v_2) \\ &= \alpha T(\mathbf{u}) + \beta T(\mathbf{v}) \end{aligned}$$

이다. 따라서 정리 6.1.1 로부터 T 가 x축 대칭변환인 경우에 선형사상이다.

(2) 임의의 벡터 $\mathbf{u} = (u_1, u_2)$, $\mathbf{v} = (v_1, v_2) \in \mathbb{R}^2$ 와 스칼라 $\alpha, \beta \in \mathbb{R}$ 에 대하여

$$\begin{aligned} T(\alpha\mathbf{u} + \beta\mathbf{v}) &= T(\alpha(u_1, u_2) + \beta(v_1, v_2)) = T(\alpha u_1 + \beta v_1, \alpha u_2 + \beta v_2) \\ &= (-(\alpha u_1 + \beta v_1), \alpha u_2 + \beta v_2) = (-\alpha u_1, \alpha u_2) + (-\beta v_1, \beta v_2) \end{aligned}$$

$$= \alpha(-u_1, u_2) + \beta(-v_1, v_2) = \alpha T(u_1, u_2) + \beta T(v_1, v_2)$$
$$= \alpha T(\mathbf{u}) + \beta T(\mathbf{v})$$

이다. 따라서 정리 6.1.1 로부터 T 가 y축 대칭변환인 경우에 선형사상이다.

(3) 임의의 벡터 $\mathbf{u} = (u_1, u_2)$, $\mathbf{v} = (v_1, v_2) \in \mathbb{R}^2$ 와 스칼라 $\alpha, \beta \in \mathbb{R}$ 에 대하여

$$\begin{aligned} T(\alpha\mathbf{u} + \beta\mathbf{v}) &= T(\alpha(u_1, u_2) + \beta(v_1, v_2)) = T(\alpha u_1 + \beta v_1, \alpha u_2 + \beta v_2) \\ &= (-(\alpha u_1 + \beta v_1), -(\alpha u_2 + \beta v_2)) = (-\alpha u_1, -\alpha u_2) + (-\beta v_1, -\beta v_2) \\ &= \alpha(-u_1, -u_2) + \beta(-v_1, -v_2) = \alpha T(u_1, u_2) + \beta T(v_1, v_2) \\ &= \alpha T(\mathbf{u}) + \beta T(\mathbf{v}) \end{aligned}$$

이다. 따라서 정리 6.1.1 로부터 T 가 원점에 대칭변환인 경우에 선형사상이다.

(4) 임의의 벡터 $\mathbf{u} = (u_1, u_2)$, $\mathbf{v} = (v_1, v_2) \in \mathbb{R}^2$ 와 스칼라 $\alpha, \beta \in \mathbb{R}$ 에 대하여

$$\begin{aligned} T(\alpha\mathbf{u} + \beta\mathbf{v}) &= T(\alpha(u_1, u_2) + \beta(v_1, v_2)) = T(\alpha u_1 + \beta v_1, \alpha u_2 + \beta v_2) \\ &= (\alpha u_2 + \beta v_2, \alpha u_1 + \beta v_1) = (\alpha u_2, \alpha u_1) + (\beta v_2, \beta v_1) \\ &= \alpha(u_2, u_1) + \beta(v_2, v_1) = \alpha T(u_1, u_2) + \beta T(v_1, v_2) \\ &= \alpha T(\mathbf{u}) + \beta T(\mathbf{v}) \end{aligned}$$

이다. 따라서 정리 6.1.1 로부터 T 가 $y = x$ 에 선 대칭변환인 경우에 선형사상이다. □

예제 6.1.4 임의의 상수 $k \in \mathbb{R}$ 와 임의의 벡터 $(u_1, u_2, u_3) \in \mathbb{R}^3$ 에 대하여

$$T : \mathbb{R}^3 \to \mathbb{R}^3, \quad T(u_1, u_2, u_3) = k(u_1, u_2, u_3)$$

와 같이 정의된 사상 T 가 선형사상임을 보여라. 이러한 사상 T 에 대하여 $0 < k < 1$ 일 때 **축소변환**(reduction transformation)이라고 하고, $k > 1$ 일 때 **확대변환**(expansion transformation)이라고 한다.

【풀이】 임의의 벡터 $\mathbf{u} = (u_1, u_2, u_3)$, $\mathbf{v} = (v_1, v_2, v_3) \in \mathbb{R}^3$ 와 스칼라 $\alpha, \beta \in \mathbb{R}$ 에 대하여

$$T(\alpha\mathbf{u} + \beta\mathbf{v}) = T(\alpha(u_1, u_2, u_3) + \beta(v_1, v_2, v_3)) = T(\alpha u_1 + \beta v_1, \alpha u_2 + \beta v_2, \alpha u_3 + \beta v_3)$$

$$= k(\alpha u_1 + \beta v_1,\ \alpha u_2 + \beta v_2,\ \alpha u_3 + \beta v_3) = k(\alpha u_1,\ \alpha u_2,\ \alpha u_3) + k(\beta v_1,\ \beta v_2,\ \beta v_3)$$
$$= \alpha(k(u_1,\ u_2,\ u_3)) + \beta(k(v_1,\ v_2,\ v_3)) = \alpha T(u_1,\ u_2,\ u_3) + \beta T(v_1,\ v_2,\ v_3)$$
$$= \alpha T(\mathbf{u}) + \beta T(\mathbf{v})$$

이다. 따라서 정리 6.1.1 로부터 T 는 선형사상이다. □

예제 6.1.5 행렬 $A = (a_{ij}) \in M_{m \times n}(\mathbb{R})$ 에 대하여

$$T(\mathbf{x}) = A\mathbf{x}$$

와 같이 정의된 사상 $T : \mathbb{R}^n \to \mathbb{R}^m$ 가 선형사상임을 보여라. 이러한 사상 T 를 **행렬변환**(matrix transformation)이라고 한다.

【풀이】 임의의 벡터 $\mathbf{x}, \mathbf{y} \in \mathbb{R}^n$ 와 스칼라 $\alpha, \beta \in \mathbb{R}$ 에 대하여

$$T(\alpha\mathbf{x} + \beta\mathbf{y}) = A(\alpha\mathbf{x} + \beta\mathbf{y}) = \alpha A\mathbf{x} + \beta A\mathbf{y} = \alpha T(\mathbf{x}) + \beta T(\mathbf{y})$$

이 성립한다. 따라서 정리 6.1.1 로부터 T 는 선형사상이다. □

참고 6.1.2 행렬

$$A = \begin{pmatrix} \cos\theta & -\sin\theta \\ \sin\theta & \cos\theta \end{pmatrix}$$

에 대하여

$$T(\mathbf{x}) = A\mathbf{x}$$

와 같이 정의된 사상 $T : \mathbb{R}^2 \to \mathbb{R}^2$ 는 선형사상이다(예제 6.1.5 참조). 이 선형사상은 $\mathbb{R}^2$ 상의 벡터 $\mathbf{x} = (x_1,\ x_2)^t$ 를

$$T(\mathbf{x}) = A\mathbf{x} = \begin{pmatrix} \cos\theta & -\sin\theta \\ \sin\theta & \cos\theta \end{pmatrix}\begin{pmatrix} x_1 \\ x_2 \end{pmatrix} = \begin{pmatrix} x_1\cos\theta - x_2\sin\theta \\ x_1\sin\theta + x_2\cos\theta \end{pmatrix} = \begin{pmatrix} y_1 \\ y_2 \end{pmatrix} = \mathbf{y}$$

와 같이 벡터 $\mathbf{y} = (y_1,\ y_2)^t$ 로 대응시킨다. 즉, 선형사상 T 에 의한 벡터 $\mathbf{y} = (y_1,\ y_2)^t$ 는 벡터 $\mathbf{x} = (x_1,\ x_2)^t$ 를 원점을 기준으로 θ 만큼 회전시킨 결과이다(그림 6.1 참조). 이때 행렬 A 에 의한 사상 T 를 $\mathbb{R}^2$ 상의 **회전변환**(rotation transformation)이라고 한다.

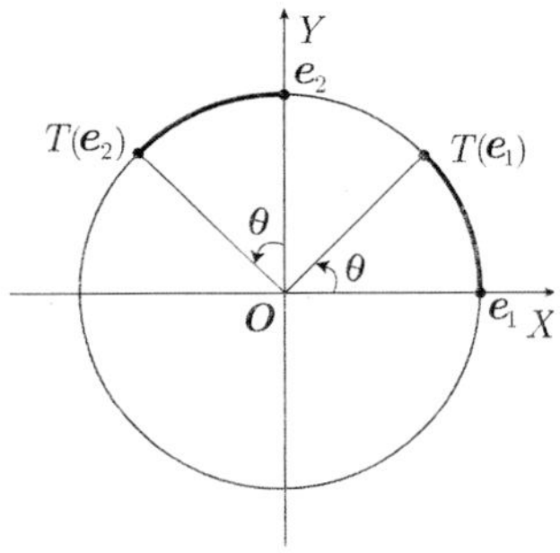

[그림 6.1] 회전변환

예제 6.1.6 다음 주어진 사상 T 가 선형사상이 아님을 보여라.

(1) $T : \mathbb{R}^2 \to \mathbb{R}^2,\ \ T(x, y) = (x^2,\ x + y)$

(2) $T : \mathbb{R}^2 \to \mathbb{R}^2,\ \ T(x, y) = (x + 1,\ y + 1)$

(3) $T : \mathbb{R} \to \mathbb{R},\ \ T(x) = \cos x$

【풀이】 (1) 정의역의 벡터 $\mathbf{u} = (1, 1), \mathbf{v} = (1, 2) \in \mathbb{R}^2$ 에 대하여

$$T(\mathbf{u} + \mathbf{v}) = T(2, 3) = (4, 5), \qquad T(\mathbf{u}) + T(\mathbf{v}) = T(1, 1) + T(1, 2) = (1, 2) + (1, 3) = (2, 5)$$

이므로 $T(\mathbf{u} + \mathbf{v}) \neq T(\mathbf{u}) + T(\mathbf{v})$ 이다. 따라서 T 는 선형사상이 아니다.

(2) 정의역의 벡터 $\mathbf{u} = (1, 1), \mathbf{v} = (1, 2) \in \mathbb{R}^2$ 에 대하여

$$T(\mathbf{u} + \mathbf{v}) = T(2, 3) = (2 + 1, 3 + 1) = (3, 4),$$
$$T(\mathbf{u}) + T(\mathbf{v}) = T(1, 1) + T(1, 2) = (1 + 1, 2 + 1) + (1 + 1, 3 + 1) = (4, 7)$$

이므로 $T(\mathbf{u} + \mathbf{v}) \neq T(\mathbf{u}) + T(\mathbf{v})$ 이다. 따라서 T 는 선형사상이 아니다.

(3) 주어진 사상 T 에 대하여

$$T(2\pi) = \cos 2\pi = 1, \qquad 2T(\pi) = 2\cos\pi = -2$$

이므로 $T(2\pi) \neq 2T(\pi)$ 이다. 따라서 T 는 선형사상이 아니다. □

참고 6.1.3 선형사상의 정의 6.1.1 로부터 어떤 주어진 사상이 선형사상임을 보이기 위해서는 정의 6.1.1 에 있는 두 가지 성질을 동시에 모두 만족시켜야만 한다. 그러나 선형사상이 아님을 보이기 위해서는 정의 6.1.1 의 두 가지 성질 중에 어느 하나라도 성립하지 않음을 보이면 충분하다. 따라서 예제 6.1.6 의 (1) 과 (2) 의 경우에는 정의 6.1.1 의 첫 번째 조건이 성립하지 않음을 보였고, (3) 의 경우에는 두 번째 조건이 성립하지 않음을 보였다.

정리 6.1.2 선형사상 $T : V \to W$ 에 대하여 다음 성질이 성립한다.

(1) $T(\mathbf{0}_V) = \mathbf{0}_W$.[3)]

(2) $T(-\mathbf{u}) = -T(\mathbf{u}), \quad \forall \mathbf{u} \in V$.

(3) $T(\mathbf{u} - \mathbf{v}) = T(\mathbf{u}) - T(\mathbf{v}), \quad \forall \mathbf{u}, \mathbf{v} \in V$.

【증명】 (1) 임의의 벡터 $\mathbf{u} \in V$ 에 대하여 선형사상의 성질로부터

$$T(\mathbf{0}_V) = T(0\mathbf{u}) = 0T(\mathbf{u}) = \mathbf{0}_W$$

이 성립한다.

(2) 임의의 벡터 $\mathbf{u} \in V$ 에 대하여 선형사상의 성질로부터

$$T(-\mathbf{u}) = T((-1)\mathbf{u}) = (-1)T(\mathbf{u}) = -T(\mathbf{u})$$

이 성립한다.

(3) 임의의 벡터 $\mathbf{u}, \mathbf{v} \in V$ 에 대하여 선형사상의 성질로부터

$$T(\mathbf{u} - \mathbf{v}) = T(\mathbf{u} + (-\mathbf{v})) = T(\mathbf{u}) + T(-\mathbf{v}) = T(\mathbf{u}) - T(\mathbf{v})$$

이 성립한다. □

3) 각각의 벡터공간에 존재하는 영벡터에 대해 구체적으로 어느 벡터공간의 영벡터인지를 명확히 하기 위해 필요에 따라서는 해당 벡터공간을 아래 첨자로 함께 나타내어 표현하기도 한다. 따라서 $\mathbf{0}_V$ 는 벡터공간 V 의 $\mathbf{0}$ 벡터를 의미하며, $\mathbf{0}_W$ 는 벡터공간 W 의 $\mathbf{0}$ 벡터를 의미한다.

> **정리 6.1.3** n 차원 벡터공간 V, W 에 대하여, $U = \{\mathbf{u}_1, \mathbf{u}_2, \ldots, \mathbf{u}_n\}$ 이 V 의 기저집합이고, $\{\mathbf{w}_1, \mathbf{w}_2, \ldots, \mathbf{w}_n\}$ 이 W 의 부분집합일 때
>
> $$T(\mathbf{u}_i) = \mathbf{w}_i, \qquad i = 1, 2, \ldots, n \tag{6.2}$$
>
> 을 만족시키는 선형사상 $T : V \to W$ 는 오직 하나 존재한다.

【증명】 U 가 벡터공간 V 의 기저집합이므로, 임의의 벡터 $\mathbf{u} \in V$ 에 대하여

$$\mathbf{u} = \gamma_1\mathbf{u}_1 + \gamma_2\mathbf{u}_2 + \cdots + \gamma_n\mathbf{u}_n \tag{6.3}$$

을 만족시키는 기저 U 에 관한 벡터 $\mathbf{u}$ 의 좌표

$$[\mathbf{u}]_V = (\gamma_1, \gamma_2, \ldots, \gamma_n)$$

은 유일하게 정의된다(정의 5.2.11 참조). 이를 이용하여 사상 $T : V \to W$ 를

$$T(\mathbf{u}) = \gamma_1\mathbf{w}_1 + \gamma_2\mathbf{w}_2 + \cdots + \gamma_n\mathbf{w}_n \tag{6.4}$$

과 같이 정의하자. 그러면

(i) 각각의 벡터 $\mathbf{u}_i \in U$ $(1 \le i \le n)$에 대하여

$$\mathbf{u}_i = 0\mathbf{u}_1 + 0\mathbf{u}_2 + \cdots + 0\mathbf{u}_{i-1} + 1\mathbf{u}_i + 0\mathbf{u}_{i+1} + \cdots + 0\mathbf{u}_n$$

와 같이 나타낼 수 있으므로

$$T(\mathbf{u}_i) = 0\mathbf{w}_1 + 0\mathbf{w}_2 + \cdots + 0\mathbf{w}_{i-1} + 1\mathbf{w}_i + 0\mathbf{w}_{i+1} + \cdots + 0\mathbf{w}_n = \mathbf{w}_i$$

이 성립한다. 따라서 식 (6.4) 에서 정의된 사상 T 는 조건 (6.2) 를 만족한다.

(ii) 임의의 벡터 $\mathbf{x}$, $\mathbf{y} \in V$ 에 대하여, 기저 U 에 관한 벡터 $\mathbf{x}$, $\mathbf{y}$ 의 좌표를 각각

$$[\mathbf{x}]_V = (\alpha_1, \alpha_2, \ldots, \alpha_n), \qquad [\mathbf{y}]_V = (\beta_1, \beta_2, \ldots, \beta_n)$$

이라고 가정하자. 그러면 벡터 $\mathbf{x}$, $\mathbf{y}$는 각각

$$\mathbf{x} = \alpha_1\mathbf{u}_1 + \alpha_2\mathbf{u}_2 + \cdots + \alpha_n\mathbf{u}_n, \qquad \mathbf{y} = \beta_1\mathbf{u}_1 + \beta_2\mathbf{u}_2 + \cdots + \beta_n\mathbf{u}_n$$

와 같이 나타낼 수 있다. 따라서 이러한 임의의 벡터 $\mathbf{x}$, $\mathbf{y}$와 스칼라 α, β에 대하여

$$\begin{aligned}
T(\alpha\mathbf{x} + \beta\mathbf{y}) &= T(\alpha(\alpha_1\mathbf{u}_1 + \alpha_2\mathbf{u}_2 + \cdots + \alpha_n\mathbf{u}_n) + \beta(\beta_1\mathbf{u}_1 + \beta_2\mathbf{u}_2 + \cdots + \beta_n\mathbf{u}_n)) \\
&= T((\alpha\alpha_1 + \beta\beta_1)\mathbf{u}_1 + (\alpha\alpha_2 + \beta\beta_2)\mathbf{u}_2 + \cdots + (\alpha\alpha_n + \beta\beta_n)\mathbf{u}_n) \\
&= (\alpha\alpha_1 + \beta\beta_1)\mathbf{w}_1 + (\alpha\alpha_2 + \beta\beta_2)\mathbf{w}_2 + \cdots + (\alpha\alpha_n + \beta\beta_n)\mathbf{w}_n \\
&= \alpha(\alpha_1\mathbf{w}_1 + \alpha_2\mathbf{w}_2 + \cdots + \alpha_n\mathbf{w}_n) + \beta(\beta_1\mathbf{w}_1 + \beta_2\mathbf{w}_2 + \cdots + \beta_n\mathbf{w}_n) \\
&= \alpha T(\mathbf{x}) + \beta T(\mathbf{y})
\end{aligned}$$

을 만족시킨다. 따라서 정리 6.1.1 로부터 식 (6.4) 에서 정의된 T는 선형사상이다.

(iii) 이제 식 (6.4) 에서 정의된 선형사상 T의 유일성을 보이기 위하여

$$L(\mathbf{u}_i) = \mathbf{w}_i, \qquad 1 \le i \le n$$

을 만족시키는 또 다른 선형사상 $L : V \to W$이 존재한다고 가정하자. 그러면 식 (6.3) 에서 정의한 것과 같은 임의의 벡터 $\mathbf{u} \in V$에 대하여

$$\begin{aligned}
L(\mathbf{u}) &= L(\gamma_1\mathbf{u}_1 + \gamma_2\mathbf{u}_2 + \cdots + \gamma_n\mathbf{u}_n) \\
&= \gamma_1 L(\mathbf{u}_1) + \gamma_2 L(\mathbf{u}_2) + \cdots + \gamma_n L(\mathbf{u}_n) \\
&= \gamma_1\mathbf{w}_1 + \gamma_2\mathbf{w}_2 + \cdots + \gamma_n\mathbf{w}_n \\
&= T(\mathbf{u})
\end{aligned}$$

이 성립한다. 이 등식은 임의의 벡터 $\mathbf{u} \in V$에 대하여 성립하므로, L과 T는 같은 선형사상이다. 따라서 선형사상 T는 유일하다. □

예제 6.1.7 사상 $T : \mathbb{R}^2 \to \mathbb{R}^2$가 선형사상이고,

$$T(1, 1) = (3, 4), \qquad T(0, 1) = (-1, 2)$$

일 때 $T(x, y)$를 구하여라.

【풀이】 서로 다른 두 가지 방법에 의해 구해보도록 하자.

[방법 1] 정의역 $\mathbb{R}^2$ 상의 임의의 원소 (x, y)에 대하여

$$(x, y) = \alpha(1, 1) + \beta(0, 1)$$

을 만족시키는 α, β는 각각 $\alpha = x$, $\beta = y - x$이다. 그런데 사상 T가 선형이므로

$$T(x, y) = T(\alpha(1, 1) + \beta(0, 1)) = \alpha T(1, 1) + \beta T(0, 1) = (4x - y, 2x + 2y)$$

이다.

[방법 2] 사상 $T : \mathbb{R}^2 \to \mathbb{R}^2$가 선형사상이므로 T에 대응하는 행렬 $A = (a_{ij}) \in M_{2\times 2}$가 존재한다. 그런데 주어진 사상 T는 $T(1, 1) = (3, 4)$, $T(0, 1) = (-1, 2)$을 만족시키므로

$$\begin{pmatrix} a_{11} & a_{12} \\ a_{21} & a_{22} \end{pmatrix}\begin{pmatrix} 1 \\ 1 \end{pmatrix} = \begin{pmatrix} 3 \\ 4 \end{pmatrix}, \qquad \begin{pmatrix} a_{11} & a_{12} \\ a_{21} & a_{22} \end{pmatrix}\begin{pmatrix} 0 \\ 1 \end{pmatrix} = \begin{pmatrix} -1 \\ 2 \end{pmatrix} \tag{6.5}$$

이다. 따라서 연립일차방정식 (6.5)를 직접 연립하여 풀면

$$a_{11} + a_{12} = 3, \quad a_{21} + a_{22} = 4, \quad a_{12} = -1, \quad a_{22} = 2$$

으로부터

$$a_{11} = 4, \quad a_{12} = -1, \quad a_{21} = 2, \quad a_{22} = 2$$

을 얻는다. 연립일차방정식 (6.5)를 풀기 위한 또 다른 방법은 식 (6.5)를 간단히

$$\begin{pmatrix} a_{11} & a_{12} \\ a_{21} & a_{22} \end{pmatrix}\begin{pmatrix} 1 & 0 \\ 1 & 1 \end{pmatrix} = \begin{pmatrix} 3 & -1 \\ 4 & 2 \end{pmatrix}$$

와 같이 나타낼 수 있으므로 구하는 행렬 A는

$$\begin{pmatrix} a_{11} & a_{12} \\ a_{21} & a_{22} \end{pmatrix} = \begin{pmatrix} 3 & -1 \\ 4 & 2 \end{pmatrix}\begin{pmatrix} 1 & 0 \\ 1 & 1 \end{pmatrix}^{-1} = \begin{pmatrix} 3 & -1 \\ 4 & 2 \end{pmatrix}\begin{pmatrix} 1 & 0 \\ -1 & 1 \end{pmatrix} = \begin{pmatrix} 4 & -1 \\ 2 & 2 \end{pmatrix}$$

이다. 따라서 구하는 선형사상 T 는 $\mathbf{x} = (x, y)^t$ 에 대하여

$$T(\mathbf{x}) = \begin{pmatrix} 4 & -1 \\ 2 & 2 \end{pmatrix} \begin{pmatrix} x \\ y \end{pmatrix} = \begin{pmatrix} 4x - y \\ 2x + 2y \end{pmatrix}$$

이다. 즉, $T(x, y) = (4x - y, 2x + 2y)$ 이다.

결과적으로 위에서 서로 다른 두 방법에 의해 얻어진 선형사상 T 는

$$T : \mathbb{R}^2 \to \mathbb{R}^2, \qquad T(x, y) = (4x - y, 2x + 2y)$$

로서 일치하고 있음을 확인할 수 있다. □

정 의 6.1.2 $T : V \to W$ 가 선형사상일 때, 집합 $\{\mathbf{u} \in V \mid T(\mathbf{u}) = \mathbf{0}_W\}$ 을 T 의 **핵**(kernel)이라고 하고 $\operatorname{Ker} T$ 와 같이 나타낸다. 즉,

$$\operatorname{Ker} T = \{\mathbf{u} \in V \mid T(\mathbf{u}) = \mathbf{0}_W\} \tag{6.6}$$

이다.

예 제 6.1.8 선형사상 $T : \mathbb{R}^2 \to \mathbb{R}^3$, $T(u_1, u_2) = (u_1, u_1 + u_2, u_2)$ 의 $\operatorname{Ker} T$ 를 구하여라.

【풀이】 정의 6.1.2로부터 $\operatorname{Ker} T$ 는

$$\begin{aligned} \operatorname{Ker} T &= \left\{\mathbf{u} \in \mathbb{R}^2 \mid T(\mathbf{u}) = \mathbf{0}_{\mathbb{R}^3}\right\} \\ &= \left\{\mathbf{u} = (u_1, u_2) \in \mathbb{R}^2 \mid T(u_1, u_2) = \mathbf{0}_{\mathbb{R}^3}\right\} \\ &= \left\{\mathbf{u} = (u_1, u_2) \in \mathbb{R}^2 \mid (u_1, u_1 + u_2, u_2) = (0, 0, 0)\right\} \\ &= \left\{(0, 0) \in \mathbb{R}^2\right\} \\ &= \{\mathbf{0}_{\mathbb{R}^2}\} \end{aligned}$$

이다. □

정 리 6.1.4 $T : V \to W$ 가 선형사상일 때, $\operatorname{Ker} T$ 는 V 의 부분공간이다.

【증명】 $T: V \to W$가 선형사상일 때, 임의의 스칼라 α, β와 임의의 벡터 $\mathbf{u}, \mathbf{v} \in \operatorname{Ker} T$에 대하여

$$T(\alpha\mathbf{u} + \beta\mathbf{v}) = \alpha T(\mathbf{u}) + \beta T(\mathbf{v}) = \alpha\mathbf{0}_W + \beta\mathbf{0}_W = \mathbf{0}_W + \mathbf{0}_W = \mathbf{0}_W$$

이 성립한다. 따라서 정의 6.1.2에 의해 $\alpha\mathbf{u} + \beta\mathbf{v} \in \operatorname{Ker} T$이다. 따라서 부분공간과 관련한 따름정리 5.2.4로부터 $\operatorname{Ker} T$는 V의 부분공간이다. □

정리 6.1.5 선형사상 $T: V \to W$가 단사함수이기 위한 필요충분조건은

$$\operatorname{Ker} T = \{\mathbf{0}_V\} \tag{6.7}$$

이다.

【증명】 (⇒) $T: V \to W$가 단사함수라고 하자. 이때 $\mathbf{v} \in \operatorname{Ker} T$이면 $T(\mathbf{v}) = \mathbf{0}_W$이고, 또한 정리 6.1.2에 의하면 $T(\mathbf{0}_V) = \mathbf{0}_W$이다. 그런데 T가 단사함수이므로 $\mathbf{v} = \mathbf{0}_V$일 수밖에 없다. 따라서

$$\operatorname{Ker} T = \{\mathbf{v} \in V \mid T(\mathbf{v}) = \mathbf{0}_W\} = \{\mathbf{0}_V\}$$

이다.

(⇐) 선형사상 $T: V \to W$에 대하여 $\operatorname{Ker} T = \{\mathbf{0}_V\}$라고 하자. 이때 임의의 $\mathbf{v}_1, \mathbf{v}_2 \in V$에 대하여 $T(\mathbf{v}_1) = T(\mathbf{v}_2)$이면, $T(\mathbf{v}_1) - T(\mathbf{v}_2) = \mathbf{0}_W$이므로 정리 6.1.2(3)에 의해

$$T(\mathbf{v}_1 - \mathbf{v}_2) = \mathbf{0}_W$$

이 성립한다. 따라서 $\mathbf{v}_1 - \mathbf{v}_2 \in \operatorname{Ker} T = \{\mathbf{0}_V\}$이므로 $\mathbf{v}_1 - \mathbf{v}_2 = \mathbf{0}_V$이다. 즉, $\mathbf{v}_1 = \mathbf{v}_2$이다. 따라서 임의의 $\mathbf{v}_1, \mathbf{v}_2 \in V$에 대하여 $T(\mathbf{v}_1) = T(\mathbf{v}_2)$이면 $\mathbf{v}_1 = \mathbf{v}_2$이므로, 단사함수의 정의 2.1.4로부터 $T: V \to W$는 단사함수이다. □

예제 6.1.9 예제 6.1.8에서 정의된 선형사상 $T: \mathbb{R}^2 \to \mathbb{R}^3$, $T(u_1, u_2) = (u_1, u_1 + u_2, u_2)$가 단사함수인지를 확인하여라.

【풀이】 예제 6.1.8에서 우리는 이미 $\operatorname{Ker} T = \{\mathbf{0}_{\mathbb{R}^2}\}$임을 확인했다. 따라서 정리 6.1.5로부터 T는 단사함수이다. □

정리 6.1.6 $T : V \to W$가 선형사상일 때, T의 치역

$$\operatorname{Im} T = \{T(\mathbf{u}) \in W \mid \mathbf{u} \in V\} \tag{6.8}$$

는 W의 부분공간이다.

【증명】 함수의 정의로부터 임의의 $\mathbf{u}, \mathbf{v} \in \operatorname{Im} T$에 대하여

$$T(\mathbf{x}) = \mathbf{u}, \qquad T(\mathbf{y}) = \mathbf{v}$$

을 만족하는 벡터 $\mathbf{x}, \mathbf{y} \in V$가 존재하고, 또한 V가 벡터공간이므로 임의의 스칼라 α, β에 대하여 $\alpha\mathbf{x} + \beta\mathbf{y} \in V$이 성립한다. 그런데 T가 선형사상이므로

$$\alpha\mathbf{u} + \beta\mathbf{v} = \alpha T(\mathbf{x}) + \beta T(\mathbf{y}) = T(\alpha\mathbf{x} + \beta\mathbf{y}) \in \operatorname{Im} T$$

이 성립한다. 따라서 따름정리 5.2.4로부터 $\operatorname{Im} T$는 W의 부분공간이다. □

정리 6.1.7 선형사상 $T : V \to W$에 대하여, V가 유한차원이면

$$\dim V = \dim \operatorname{Ker} T + \dim \operatorname{Im} T \tag{6.9}$$

이 성립한다.

예제 6.1.10 예제 6.1.8에서 정의된 선형사상 $T : \mathbb{R}^2 \to \mathbb{R}^3$, $T(u_1, u_2) = (u_1, u_1+u_2, u_2)$에 대하여 $\dim \operatorname{Im} T$를 구하여라.

【풀이】 예제 6.1.8에서 $\operatorname{Ker} T = \{\mathbf{0}_{\mathbb{R}^2}\}$ 임을 확인했다. 따라서 $\dim \operatorname{Ker} T = 0$이다. 따라서 정리 6.1.7의 식 (6.9)로부터

$$\dim \operatorname{Im} T = \dim \mathbb{R}^2 - \dim \operatorname{Ker} T = 2 - 0 = 2$$

이다. □

정리 6.1.8 선형사상 $T : V \to W$ 에 대하여 $\dim V = \dim W < \infty$ 일 때,

$$T : \text{단사함수} \iff T : \text{전사함수}$$

이 성립한다.

【증명】 ($\Rightarrow$) $T : V \to W$ 가 단사함수라고 가정하자. 그러면 정리 6.1.5 에 의해 $\operatorname{Ker} T = \{\mathbf{0}_V\}$ 이므로 $\dim \operatorname{Ker} T = 0$ 이다. 따라서 정리 6.1.7 의 식 (6.9) 로부터

$$\dim \operatorname{Im} T = \dim V - \dim \operatorname{Ker} T = \dim V - 0 = \dim V = \dim W$$

이다. 즉, $\dim \operatorname{Im} T = \dim W$ 이다. 따라서 $\operatorname{Im} T = W$ 이므로 T 는 전사함수이다.

($\Leftarrow$) $T : V \to W$ 가 전사함수라고 가정하자. 그러면 $\operatorname{Im} T = W$ 이므로 $\dim \operatorname{Im} T = \dim W$ 이다. 따라서 정리 6.1.7 의 식 (6.9) 로부터

$$\dim \operatorname{Ker} T = \dim V - \dim \operatorname{Im} T = \dim V - \dim W = 0$$

을 얻는다. 즉, $\dim \operatorname{Ker} T = 0$ 이다. 따라서 $\operatorname{Ker} T = \{\mathbf{0}_V\}$ 이다. 따라서 정리 6.1.5 에 의해 T 는 단사함수이다. □

정리 6.1.9 전단사함수 $L : V \to W$ 이 선형사상이면 L 의 역함수도 선형사상이다.

【증명】 L 이 전사함수이므로 임의의 벡터 $\mathbf{w}_1, \mathbf{w}_2 \in W$ 에 대하여

$$L(\mathbf{v}_1) = \mathbf{w}_1, \qquad L(\mathbf{v}_2) = \mathbf{w}_2$$

을 만족시키는 벡터 $\mathbf{v}_1, \mathbf{v}_2 \in V$ 가 존재한다. 그런데 L 이 선형사상이므로 이러한 벡터 $\mathbf{v}_1, \mathbf{v}_2 \in V$ 와 임의의 스칼라 α, β 에 대하여

$$L(\alpha\mathbf{v}_1 + \beta\mathbf{v}_2) = \alpha L(\mathbf{v}_1) + \beta L(\mathbf{v}_2) = \alpha\mathbf{w}_1 + \beta\mathbf{w}_2$$

을 만족시킨다. 따라서 위 식의 양변에 전단사함수인 선형사상 L 의 역함수인 L^{-1} 를 취

하여 간단히 나타내면

$$L^{-1}(\alpha\mathbf{w}_1+\beta\mathbf{w}_2)=(L^{-1}\circ L)(\alpha\mathbf{v}_1+\beta\mathbf{v}_2)=\alpha\mathbf{v}_1+\beta\mathbf{v}_2=\alpha L^{-1}(\mathbf{w}_1)+\beta L^{-1}(\mathbf{w}_2)$$

을 얻는다. 따라서 선형사상의 정의로부터 전단사함수인 선형사상 L의 역함수인 L^{-1} 도 또한 선형사상이다. □

6.2 선형사상과 행렬

정리 6.2.1 $T : V \to W$가 선형사상이고,

$$B=\{\mathbf{u}_1,\mathbf{u}_2,\ldots,\mathbf{u}_n\},\qquad B'=\{\mathbf{v}_1,\mathbf{v}_2,\ldots,\mathbf{v}_m\}$$

이 각각 유한차원벡터공간 V, W의 기저집합이라고 하자. 그러면 임의의 벡터 $\mathbf{x}\in V$에 대하여

$$[T(\mathbf{x})]_{B'}=[T]_B^{B'}[\mathbf{x}]_B \tag{6.10}$$

을 만족시키는 행렬 $[T]_B^{B'}$ 이

$$[T]_B^{B'}=\Big([T(\mathbf{u}_1)]_{B'},[T(\mathbf{u}_2)]_{B'},\ldots,[T(\mathbf{u}_n)]_{B'}\Big)\in M_{m\times n} \tag{6.11}$$

으로 유일하게 존재한다. 여기서 $[\mathbf{w}]_U$는 기저 U에 관한 벡터 $\mathbf{w}$의 좌표벡터를 열벡터로 나타낸 형태를 의미한다(정의 5.2.11 참조).

정의 6.2.1 정리 6.2.1에서 식 (6.11)의 행렬

$$[T]_B^{B'}=\Big([T(\mathbf{u}_1)]_{B'},[T(\mathbf{u}_2)]_{B'},\ldots,[T(\mathbf{u}_n)]_{B'}\Big)\in M_{m\times n} \tag{6.12}$$

을 일컬어 『기저 B와 B'에 의한 선형사상 T의 행렬 또는 **연관행렬**』이라고 한다. 특히 기저 B와 B'이 각 벡터공간의 표준기저인 경우에 $[T]_B^{B'}$을 간단히 $[T]$와 같이 나타내고,

이를 『표준기저에 의한 T 의 행렬』 또는 간단히 『T 의 **표준행렬**(standard matrix)』이라고 한다. 또한 $T : V \to V$ 가 선형사상이고, 정의역의 기저 B 와 공역의 기저 B' 이 $B = B'$ 인 경우에 $[T]_B^{B'}$ 을 간단히 $[T]_B$ 와 같이 나타내고, 이를 일컬어 『기저 B 에 의한 T 의 행렬』이라고 한다.

예제 6.2.1 선형사상 $T : \mathbb{R}^2 \to \mathbb{R}^2$, $T(u_1, u_2) = (u_1 + 2u_2, 2u_1 - u_2)$ 와, $\mathbb{R}^2$ 상의 두 기저

$$B = \{\mathbf{e}_1 = (1, 0), \mathbf{e}_2 = (0, 1)\} \qquad B' = \{\mathbf{b}_1' = (-1, 2), \mathbf{b}_2' = (2, 0)\}$$

이 주어졌다고 하자. 이때 정의 6.2.1 에서 정의된 다음 행렬들을 각각 구하여라.

(1) $[T]_B$ (2) $[T]_B^{B'}$ (3) $[T]_{B'}^B$ (4) $[T]_{B'}$

【풀이】 (1) 기저집합 B 의 원소 $\mathbf{e}_1$, $\mathbf{e}_2$ 에 대하여 선형사상 T 를 취하면

$$T(\mathbf{e}_1) = T(1, 0) = (1 + 2 \cdot 0, 2 \cdot 1 - 0) = (1, 2)$$
$$T(\mathbf{e}_2) = T(0, 1) = (0 + 2 \cdot 1, 2 \cdot 0 - 1) = (2, -1)$$

이다. 이제 B 에 관한 $T(\mathbf{e}_1)$ 과 $T(\mathbf{e}_2)$ 의 좌표벡터를 얻기 위하여 방정식

$$(1, 2) = \alpha_{11}(1, 0) + \alpha_{21}(0, 1), \qquad (2, -1) = \alpha_{12}(1, 0) + \alpha_{22}(0, 1)$$

을 각각 만족시키는 α_{11}, α_{21}, α_{12}, α_{22} 를 구하면

$$\alpha_{11} = 1, \quad \alpha_{21} = 2, \quad \alpha_{12} = 2, \quad \alpha_{22} = -1$$

이다. 따라서 기저 B 에 의한 T 의 행렬 $[T]_B$ 는

$$[T]_B = \begin{pmatrix} \alpha_{11} & \alpha_{12} \\ \alpha_{21} & \alpha_{22} \end{pmatrix} = \begin{pmatrix} 1 & 2 \\ 2 & -1 \end{pmatrix}$$

이다.

(2) 기저집합 B 의 원소 $\mathbf{e}_1$, $\mathbf{e}_2$ 에 대하여 선형사상 T 를 취하면

$$T(\mathbf{e}_1) = T(1, 0) = (1 + 2 \cdot 0, 2 \cdot 1 - 0) = (1, 2)$$

$$T(\mathbf{e}_2) = T(0,\ 1) = (0 + 2 \cdot 1,\ 2 \cdot 0 - 1) = (2,\ -1)$$

이다. 이제 B' 에 관한 $T(\mathbf{e}_1)$ 과 $T(\mathbf{e}_2)$ 의 좌표벡터를 얻기 위하여 방정식

$$(1,\ 2) = \alpha_{11}(-1,\ 2) + \alpha_{21}(2,\ 0), \qquad (2,\ -1) = \alpha_{12}(-1,\ 2) + \alpha_{22}(2,\ 0)$$

을 각각 만족시키는 $\alpha_{11},\ \alpha_{21},\ \alpha_{12},\ \alpha_{22}$ 를 구하면

$$\alpha_{11} = 1, \qquad \alpha_{21} = 1, \qquad \alpha_{12} = -1/2, \qquad \alpha_{22} = 3/4$$

이다. 따라서 기저 B 와 B' 에 의한 T 의 행렬 $[T]_B^{B'}$ 은

$$[T]_B^{B'} = \begin{pmatrix} \alpha_{11} & \alpha_{12} \\ \alpha_{21} & \alpha_{22} \end{pmatrix} = \begin{pmatrix} 1 & -1/2 \\ 1 & 3/4 \end{pmatrix}$$

이다.

(3) 기저집합 B' 의 원소 $\mathbf{b}'_1,\ \mathbf{b}'_2$ 에 대하여 선형사상 T 를 취하면

$$T(\mathbf{b}'_1) = T(-1,\ 2) = (-1 + 2 \cdot 2,\ 2 \cdot (-1) - 2) = (3,\ -4)$$
$$T(\mathbf{b}'_2) = T(2,\ 0) = (2 + 2 \cdot 0,\ 2 \cdot 2 - 0) = (2,\ 4)$$

이다. 이제 B 에 관한 $T(\mathbf{b}'_1)$ 과 $T(\mathbf{b}'_2)$ 의 좌표벡터를 얻기 위하여 방정식

$$(3,\ -4) = \alpha_{11}(1,\ 0) + \alpha_{21}(0,\ 1), \qquad (2,\ 4) = \alpha_{12}(1,\ 0) + \alpha_{22}(0,\ 1)$$

을 각각 만족시키는 $\alpha_{11},\ \alpha_{21},\ \alpha_{12},\ \alpha_{22}$ 를 구하면

$$\alpha_{11} = 3, \qquad \alpha_{21} = -4, \qquad \alpha_{12} = 2, \qquad \alpha_{22} = 4$$

이다. 따라서 기저 B' 과 B 에 의한 T 의 행렬 $[T]_{B'}^{B}$ 는

$$[T]_{B'}^{B} = \begin{pmatrix} \alpha_{11} & \alpha_{12} \\ \alpha_{21} & \alpha_{22} \end{pmatrix} = \begin{pmatrix} 3 & 2 \\ -4 & 4 \end{pmatrix}$$

이다.

(4) 기저집합 B' 의 원소 $\mathbf{b}'_1$, $\mathbf{b}'_2$ 에 대하여 선형사상 T 를 취하면

$$\begin{aligned} T(\mathbf{b}'_1) &= T(-1, 2) = (-1 + 2 \cdot 2,\ 2 \cdot (-1) - 2) = (3, -4) \\ T(\mathbf{b}'_2) &= T(2, 0) = (2 + 2 \cdot 0,\ 2 \cdot 2 - 0) = (2, 4) \end{aligned}$$

이다. 이제 B' 에 관한 $T(\mathbf{b}'_1)$ 과 $T(\mathbf{b}'_2)$ 의 좌표벡터를 얻기 위하여 방정식

$$(3, -4) = \alpha_{11}(-1, 2) + \alpha_{21}(2, 0), \qquad (2, 4) = \alpha_{12}(-1, 2) + \alpha_{22}(2, 0)$$

을 각각 만족시키는 α_{11}, α_{21}, α_{12}, α_{22} 를 구하면

$$\alpha_{11} = -2, \qquad \alpha_{21} = 1/2, \qquad \alpha_{12} = 2, \qquad \alpha_{22} = 2$$

이다. 따라서 기저 B' 에 의한 T 의 행렬 $[T]_{B'}$ 는

$$[T]_{B'} = \begin{pmatrix} \alpha_{11} & \alpha_{12} \\ \alpha_{21} & \alpha_{22} \end{pmatrix} = \begin{pmatrix} -2 & 2 \\ 1/2 & 2 \end{pmatrix}$$

이다. □

따름정리 6.2.2 $T : \mathbb{R}^n \to \mathbb{R}^m$ 가 선형사상이고, $B = \{\mathbf{e}_1, \mathbf{e}_2, \ldots, \mathbf{e}_n\}$, B' 이 각각 유클리드공간 $\mathbb{R}^n$, $\mathbb{R}^m$ 의 표준기저집합이라고 하자. 그러면 임의의 벡터 $\mathbf{x} \in \mathbb{R}^n$ 에 대하여

$$T(\mathbf{x}) = [T]\mathbf{x} \tag{6.13}$$

을 만족하는 T 의 표준행렬 $[T]$ 는

$$[T] = \big(T(\mathbf{e}_1),\ T(\mathbf{e}_2),\ \ldots,\ T(\mathbf{e}_n)\big) \in M_{m\times n}(\mathbb{R}) \tag{6.14}$$

으로 유일하게 존재한다.

【증명】 표준기저집합에 의한 벡터의 좌표는 그 자신과 일치한다(참고 5.2.3 참조). 따라서 $T : \mathbb{R}^n \to \mathbb{R}^m$ 가 선형사상이고, B, B' 이 각각 $\mathbb{R}^n$, $\mathbb{R}^m$ 의 표준기저집합이면 정리 6.2.1 의 식 (6.10) 과 (6.11) 로부터

$$T(\mathbf{x}) = [T]\mathbf{x}$$

을 만족하는 T 의 표준행렬 $[T]$ 는

$$[T] = \big(T(\mathbf{e}_1),\, T(\mathbf{e}_2),\, \ldots,\, T(\mathbf{e}_n)\big) \in M_{m\times n}(\mathbb{R})$$

으로 유일하게 존재한다. □

참고 6.2.1 행렬 $A \in M_{m\times n}(\mathbb{R})$ 을 이용하여 사상 T 를

$$T : \mathbb{R}^n \to \mathbb{R}^m, \quad T(\mathbf{x}) = A\mathbf{x} \tag{6.15}$$

와 같이 정의하면, T 는 선형사상이 된다(예제 6.1.5 참조). 역으로, 선형사상 $T : \mathbb{R}^n \to \mathbb{R}^m$ 가 주어졌을 때, 따름정리 6.2.2 의 식 (6.14) 에 있는 T 의 표준행렬 $[T]$ 를 이용하여 선형사상 T 를 식 (6.13) 과 같이 행렬로 나타낼 수 있다. 더욱이 표준행렬 $[T]$ 는 식 (6.15) 에 있는 행렬 A 와 같다.

예제 6.2.2 선형사상 $T : \mathbb{R}^3 \to \mathbb{R}^2$ 가 $T(x_1, x_2, x_3) = (x_1, x_2)$ 와 같이 정의되었다고 하자. 표준행렬 $[T]$ 를 구하여 선형사상 T 를 행렬로 나타내고, 그 결과를 주어진 선형사상 T 와 비교하여 같은지를 확인하여라.

【풀이】 주어진 선형사상 T 로부터

$$T(\mathbf{e}_1) = T(1, 0, 0) = (1, 0), \qquad T(\mathbf{e}_2) = T(0, 1, 0) = (0, 1), \qquad T(\mathbf{e}_3) = T(0, 0, 1) = (0, 0)$$

이다. 따라서 따름정리 6.2.2 의 식 (6.14) 로부터 표준행렬 $[T]$ 는

$$[T] = \big(T(\mathbf{e}_1),\, T(\mathbf{e}_2),\, T(\mathbf{e}_3)\big) = \begin{pmatrix} 1 & 0 & 0 \\ 0 & 1 & 0 \end{pmatrix} \in M_{2\times 3}(\mathbb{R})$$

이다. 따라서 선형사상 T 를 표준행렬 $[T]$ 를 이용하여 행렬로 나타내면, 따름정리 6.2.2의 식 (6.13) 으로부터, 임의의 벡터 $\mathbf{x} = (x_1, x_2, x_3) \in \mathbb{R}^3$ 에 대하여

$$T(\mathbf{x}) = [T]\mathbf{x} = \begin{pmatrix} 1 & 0 & 0 \\ 0 & 1 & 0 \end{pmatrix}\begin{pmatrix} x_1 \\ x_2 \\ x_3 \end{pmatrix} \tag{6.16}$$

이다. 따라서 주어진 선형사상 T 와 표준행렬 $[T]$ 를 이용한 식 (6.16) 의 선형사상 T 가 같음을 알 수 있다. □

예제 6.2.3 행렬

$$A = \begin{pmatrix} \cos\theta & -\sin\theta \\ \sin\theta & \cos\theta \end{pmatrix}$$

을 이용하여 선형사상 T 를

$$T : \mathbb{R}^2 \to \mathbb{R}^2, \quad T(\mathbf{x}) = A\mathbf{x}$$

와 같이 정의하였다고 하자. 이때 표준행렬 $[T]$ 를 구하고, 주어진 행렬 A 와 같은지를 확인하여라.

【풀이】 주어진 선형사상 T 로부터

$$T(\mathbf{e}_1) = \begin{pmatrix} \cos\theta & -\sin\theta \\ \sin\theta & \cos\theta \end{pmatrix}\begin{pmatrix} 1 \\ 0 \end{pmatrix} = \begin{pmatrix} \cos\theta \\ \sin\theta \end{pmatrix}, \qquad T(\mathbf{e}_2) = \begin{pmatrix} \cos\theta & -\sin\theta \\ \sin\theta & \cos\theta \end{pmatrix}\begin{pmatrix} 0 \\ 1 \end{pmatrix} = \begin{pmatrix} -\sin\theta \\ \cos\theta \end{pmatrix}$$

임을 알 수 있다. 따라서 따름정리 6.2.2의 식 (6.14) 로부터 표준행렬 $[T]$ 는

$$[T] = \big(T(\mathbf{e}_1),\ T(\mathbf{e}_2)\big) = \begin{pmatrix} \cos\theta & -\sin\theta \\ \sin\theta & \cos\theta \end{pmatrix} \in M_{2\times 2}(\mathbb{R})$$

이다. 따라서 표준행렬 $[T]$ 는 주어진 행렬 A 와 같다. □

6.3 고유값과 고유벡터

정 의 6.3.1 n차 정사각행렬 A에 대하여

$$A\mathbf{x} = \lambda\mathbf{x}, \qquad \mathbf{x} \neq \mathbf{0} \tag{6.17}$$

을 만족시키는 스칼라 λ를 행렬 A의 **고유값**(eigenvalue)이라고 하고, 이때 고유값 λ에 대응하는 벡터 $\mathbf{x}$를 **고유벡터**(eigenvector)라고 한다.

영벡터와 함께 고유값 λ에 대응하는 고유벡터 전체로 이루어진 집합

$$V_\lambda = \{\mathbf{x} \mid A\mathbf{x} = \lambda\mathbf{x}\} \tag{6.18}$$

는 하나의 벡터공간을 형성한다. 이 벡터공간을 고유값 λ에 대응하는 행렬 A의 **고유공간**(eigenspace)이라고 한다.

참 고 6.3.1 n차 정사각행렬 $A = (a_{ij})$의 고유값과 고유벡터를 구하는 문제는 결국 다음 관계를 만족시키는 수 λ와 영 아닌 벡터 $\mathbf{x}$를 구하는 문제로 귀결된다.

$$\begin{pmatrix} a_{11} & a_{12} & \cdots & a_{1n} \\ a_{21} & a_{22} & \cdots & a_{2n} \\ \vdots & \vdots & & \vdots \\ a_{n1} & a_{n2} & \cdots & a_{nn} \end{pmatrix} \begin{pmatrix} x_1 \\ x_2 \\ \vdots \\ x_n \end{pmatrix} = \lambda \begin{pmatrix} x_1 \\ x_2 \\ \vdots \\ x_n \end{pmatrix}$$

$$A\mathbf{x} = \lambda\mathbf{x}, \qquad A\mathbf{x} = \lambda I\mathbf{x}, \qquad (A - \lambda I)\mathbf{x} = \mathbf{0}. \tag{6.19}$$

그런데 식 (6.19)의 동차연립일차방정식 $(A - \lambda I)\mathbf{x} = \mathbf{0}$이 영 아닌 해 $\mathbf{x}$를 갖기 위한 필요충분조건은 $\det(A - \lambda I) = 0$, 즉

$$\det(A - \lambda I) = \begin{vmatrix} (a_{11} - \lambda) & a_{12} & \cdots & a_{1n} \\ a_{21} & (a_{22} - \lambda) & \cdots & a_{2n} \\ \vdots & & & \vdots \\ a_{n1} & \cdots \quad a_{n2} & \cdots & (a_{nn} - \lambda) \end{vmatrix} = 0 \tag{6.20}$$

이다(정리 4.2.2 참조). 이때

$$P_A(\lambda) = \det(A - \lambda I) \tag{6.21}$$

를 행렬 A의 **고유다항식**(characteristic polynomial)이라고 하고,

$$P_A(\lambda) = 0, \qquad \text{즉} \;\; \det(A - \lambda I) = 0 \tag{6.22}$$

을 행렬 A의 **고유방정식**(characteristic equation)이라고 한다. 따라서 행렬 A의 고유값은 행렬 A의 고유방정식의 해와 같다.

예제 6.3.1 행렬

$$A = \begin{pmatrix} 3 & 4 \\ 4 & -3 \end{pmatrix}$$

의 고유값과 고유벡터를 구하여라.

【풀이】 행렬 A의 특성방정식은

$$\det(A - \lambda I) = (\lambda - 3)(\lambda + 3) - 16 = \lambda^2 - 25 = 0$$

이다. 따라서 고유값은 $\lambda = -5$, $\lambda = 5$ 이다.

(i) [$\lambda = -5$ 에 대응하는 고유벡터 구하기]
$\lambda = -5$ 에 대응하는 고유벡터 $\mathbf{x}$는

$$A\mathbf{x} = -5\mathbf{x}$$

를 만족시키는 영 아닌 벡터이다. 따라서 $\mathbf{x} = (x_1, x_2)^t$ 라고 놓으면, $A\mathbf{x} = -5\mathbf{x}$ 로부터 $2x_1 + x_2 = 0$ 이므로 영 아닌 임의의 수 α에 대하여 $\mathbf{x} = (x_1, x_2)^t = \alpha(1, -2)^t$ 이다.

(ii) [$\lambda = 5$ 에 대응하는 고유벡터 구하기]
$\lambda = 5$ 에 대응하는 고유벡터 $\mathbf{x}$는

$$A\mathbf{x} = 5\mathbf{x}$$

를 만족시키는 영 아닌 벡터이다. 따라서 $\mathbf{x} = (x_1, x_2)^t$ 라고 놓으면, $A\mathbf{x} = 5\mathbf{x}$ 로부터 $x_1 - 2x_2 = 0$ 이므로 영 아닌 임의의 수 β에 대하여 $\mathbf{x} = (x_1, x_2)^t = \beta(2, 1)^t$ 이다. □

예제 6.3.2 행렬

$$A = \begin{pmatrix} 1 & 2 \\ 2 & 1 \end{pmatrix}$$

의 고유값, 고유벡터, 고유공간, 고유공간의 차원을 각각 구하여라.

【풀이】 (i) 행렬 A의 고유방정식

$$\det(A - \lambda I) = 0, \qquad \begin{vmatrix} 1-\lambda & 2 \\ 2 & 1-\lambda \end{vmatrix} = \lambda^2 - 2\lambda - 3 = (\lambda+1)(\lambda-3) = 0$$

을 풀면 행렬 A의 고유값은 $\lambda = -1, 3$ 이다.

(ii) 고유값 $\lambda = -1$에 대응하는 고유벡터는 $\mathbf{x} = (x_1, x_2)^t$에 대하여

$$A\mathbf{x} = \lambda\mathbf{x}, \qquad \begin{pmatrix} 1 & 2 \\ 2 & 1 \end{pmatrix}\begin{pmatrix} x_1 \\ x_2 \end{pmatrix} = (-1)\begin{pmatrix} x_1 \\ x_2 \end{pmatrix}$$

로부터

$$\begin{pmatrix} x_1 + 2x_2 \\ 2x_1 + x_2 \end{pmatrix} = \begin{pmatrix} -x_1 \\ -x_2 \end{pmatrix}$$

이므로 연립일차방정식 $x_1 + 2x_2 = -x_1$, $2x_1 + x_2 = -x_2$을 풀면, 고유값 $\lambda = -1$에 대응하는 고유벡터는 영 아닌 임의의 수 α에 대하여 $\mathbf{x} = \alpha(1, -1)^t$ 이다. 따라서

$$V_{-1} = \langle (1, -1)^t \rangle$$

이고 $\dim V_{-1} = 1$ 이다.

(iii) 고유값 $\lambda = 3$에 대응하는 고유벡터는 $\mathbf{x} = (x_1, x_2)^t$에 대하여

$$A\mathbf{x} = \lambda\mathbf{x}, \qquad \begin{pmatrix} 1 & 2 \\ 2 & 1 \end{pmatrix}\begin{pmatrix} x_1 \\ x_2 \end{pmatrix} = 3\begin{pmatrix} x_1 \\ x_2 \end{pmatrix}$$

로부터

$$\begin{pmatrix} x_1 + 2x_2 \\ 2x_1 + x_2 \end{pmatrix} = \begin{pmatrix} 3x_1 \\ 3x_2 \end{pmatrix}$$

이므로 연립일차방정식 $x_1 + 2x_2 = 3x_1$, $2x_1 + x_2 = 3x_2$을 풀면, 고유값 $\lambda = 3$에 대응하는 고유벡터는 영 아닌 임의의 수 β에 대하여 $\mathbf{x} = \beta(1, 1)^t$ 이다. 따라서

$$V_3 = \langle (1, 1)^t \rangle, \qquad \dim V_3 = 1.$$

□

6.4 이차곡선

정의 6.4.1 x, y에 관한 이차방정식

$$F(x, y) = ax^2 + 2hxy + by^2 + 2gx + 2fy + c = 0$$

으로 표시되는 곡선의 형태를 **이차곡선**(quadratic curve)이라고 한다.[4] 이러한 이차곡선은 **이차형식**(quadratic form) $q(x, y) = ax^2 + 2hxy + by^2$과 관련한 대칭행렬

$$A = \begin{pmatrix} a & h \\ h & b \end{pmatrix} \tag{6.23}$$

와 행렬 $B = (g \;\; f)$에 의하여, 벡터 $\mathbf{x}$를 $\mathbf{x} = (x, y)^t$로 놓으면

$$\begin{aligned} F(x, y) &= ax^2 + 2hxy + by^2 + 2gx + 2fy + c \\ &= (x \;\; y)\begin{pmatrix} a & h \\ h & b \end{pmatrix}\begin{pmatrix} x \\ y \end{pmatrix} + 2(g \;\; f)\begin{pmatrix} x \\ y \end{pmatrix} + c \\ &= \mathbf{x}^t A\mathbf{x} + 2B\mathbf{x} + c \qquad (6.24) \\ &= 0 \end{aligned}$$

와 같이 표현된다. 여기서 행렬 A의 고유값을 λ_1, λ_2라고 하고, 이들 각각에 대응하는 크기가 1이면서 서로 직교하는 고유벡터를 $\mathbf{u}_1 = (u_{11} \;\; u_{21})^t$, $\mathbf{u}_2 = (u_{12} \;\; u_{22})^t$라 놓고, 이들에 의한 행렬 P, 즉 직교행렬 P를

$$P = \begin{pmatrix} u_{11} & u_{12} \\ u_{21} & u_{22} \end{pmatrix} \tag{6.25}$$

와 같이 구성하면

$$P^t AP = \begin{pmatrix} \lambda_1 & 0 \\ 0 & \lambda_2 \end{pmatrix} \tag{6.26}$$

4) 이차곡선의 특별한 형태로서 원, 포물선, 타원, 쌍곡선 등이 있다.

을 만족시킨다. 따라서 벡터 $\mathbf{x}' = (x', y')^t$ 에 대하여 $\mathbf{x} = P\mathbf{x}'$ 을 식 (6.24) 에 대입하면

$$
\begin{aligned}
F'(x', y') &= \mathbf{x}^t A\mathbf{x} + 2B\mathbf{x} + c \\
&= (P\mathbf{x}')^t A(P\mathbf{x}') + 2B(P\mathbf{x}') + c \\
&= \mathbf{x}'^t P^t AP\mathbf{x}' + 2BP\mathbf{x}' + c \\
&= (x' \;\; y')\begin{pmatrix} \lambda_1 & 0 \\ 0 & \lambda_2 \end{pmatrix}\begin{pmatrix} x' \\ y' \end{pmatrix} + 2(g \;\; f)\begin{pmatrix} u_{11} & u_{12} \\ u_{21} & u_{22} \end{pmatrix}\begin{pmatrix} x' \\ y' \end{pmatrix} + c \\
&= \lambda_1 x'^2 + \lambda_2 y'^2 + 2(gu_{11} + fu_{21})x' + 2(gu_{12} + fu_{22})y' + c \\
&= 0
\end{aligned}
\tag{6.27}
$$

을 얻는다. 이렇게 얻어진 이차곡선 $F'(x', y') = 0$ 을 주어진『이차곡선 $F(x, y) = 0$ 의 표준형』이라고 한다. 또한 이때의 직교행렬 P 를『이차곡선 $F(x, y) = 0$ 의 표준화 행렬』이라고 한다. 여기서 표준화 행렬 P 는

$$
\begin{aligned}
&(\mathbf{u}_1 \;\; \mathbf{u}_2), \quad (-\mathbf{u}_1 \;\; \mathbf{u}_2), \quad (\mathbf{u}_1 \;\; -\mathbf{u}_2), \quad (-\mathbf{u}_1 \;\; -\mathbf{u}_2), \\
&(\mathbf{u}_2 \;\; \mathbf{u}_1), \quad (-\mathbf{u}_2 \;\; \mathbf{u}_1), \quad (\mathbf{u}_2 \;\; -\mathbf{u}_1), \quad (-\mathbf{u}_2 \;\; -\mathbf{u}_1)
\end{aligned}
\tag{6.28}
$$

와 같이 다양하게 선택될 수 있다. 특히 이 중에서 행렬 P 의 성분 u_{11}, u_{12}, u_{21}, u_{22} 에 대하여 u_{11} 성분을

$$u_{11} = \cos\theta, \qquad (0 < \theta < \pi/2) \tag{6.29}$$

와 같이 선택한 후에 나머지 성분들에 대해서는

$$u_{12} < 0, \qquad u_{21} > 0, \qquad u_{22} > 0 \tag{6.30}$$

와 같은 부등호 관계를 만족시키도록 선택하면, P 가 직교행렬(즉, $PP^t = I$)이라는 조건으로부터

$$u_{11} = \cos\theta, \qquad u_{12} = -\sin\theta, \qquad u_{21} = \sin\theta, \qquad u_{22} = \cos\theta \tag{6.31}$$

을 얻는다. 따라서 조건 (6.31) 을 만족시키는 표준화 행렬 P 는

$$P = \begin{pmatrix} u_{11} & u_{12} \\ u_{21} & u_{22} \end{pmatrix} = \begin{pmatrix} \cos\theta & -\sin\theta \\ \sin\theta & \cos\theta \end{pmatrix} \tag{6.32}$$

이다. 식 (6.32)에 있는 표준화 행렬 P는 앞서 정의 5.1.15의 식 (5.33)에서 언급한 바 있는 평면에서의 직교좌표축의 회전이동에 관한 행렬 A와 일치함을 알 수 있다. 결국 (6.32)에서와 같이 선택된 표준화 행렬 P는 주어진 이차곡선 $F(x, y) = 0$에 대하여 원점을 중심으로 좌표축을 θ만큼 회전함으로써 $F'(x', y') = 0$의 형태로 표준화됨을 의미한다.

예제 6.4.1 이차곡선

$$F(x, y) = 5x^2 - 6xy + 5y^2 + x + y + 1 = 0$$

의 표준형을 구하여라.

【풀이】 주어진 이차곡선을 행렬을 이용한 형태로 나타내면

$$F(x, y) = 5x^2 - 6xy + 5y^2 + x + y + 1 = (x \;\; y)\begin{pmatrix} 5 & -3 \\ -3 & 5 \end{pmatrix}\begin{pmatrix} x \\ y \end{pmatrix} + (1 \;\; 1)\begin{pmatrix} x \\ y \end{pmatrix} + 1 = 0$$

이다. 여기서 대칭행렬

$$A = \begin{pmatrix} 5 & -3 \\ -3 & 5 \end{pmatrix}$$

의 고유값은 $\lambda_1 = 8$, $\lambda_2 = 2$이고, 이러한 고유값에 대응하는 각각의 단위고유벡터를

$$\mathbf{u}_1 = \frac{1}{\sqrt{2}}(1, -1)^t, \qquad \mathbf{u}_2 = \frac{1}{\sqrt{2}}(1, 1)^t$$

으로 선택한 경우에 이에 대응하는 표준화 행렬 P는

$$P = (\mathbf{u}_1 \;\; \mathbf{u}_2) = \frac{1}{\sqrt{2}}\begin{pmatrix} 1 & 1 \\ -1 & 1 \end{pmatrix} \tag{6.33}$$

이다. 또한 이러한 행렬 P에 대하여

$$P^tAP = \frac{1}{\sqrt{2}}\begin{pmatrix} 8 & 0 \\ 0 & 2 \end{pmatrix}$$

이 성립한다. 따라서 벡터 $\mathbf{x}' = (x', y')^t$에 대하여 $\mathbf{x} = P\mathbf{x}'$을

$$\mathbf{x}^tA\mathbf{x} + (1 \;\; 1)\mathbf{x} + 1 = 0$$

에 대입하면

$$\begin{aligned} F'(x', y') &= \mathbf{x}^t A\mathbf{x} + (1\ \ 1)\mathbf{x} + 1 \\ &= (P\mathbf{x}')^t A(P\mathbf{x}') + (1\ \ 1)(P\mathbf{x}') + 1 \\ &= \mathbf{x}'^t P^t AP\mathbf{x}' + (1\ \ 1)(P\mathbf{x}') + 1 \\ &= (x'\ \ y')\begin{pmatrix} 8 & 0 \\ 0 & 2 \end{pmatrix}\begin{pmatrix} x' \\ y' \end{pmatrix} + \frac{1}{\sqrt{2}}(1\ \ 1)\begin{pmatrix} 1 & 1 \\ -1 & 1 \end{pmatrix}\begin{pmatrix} x' \\ y' \end{pmatrix} + 1 \\ &= 8x'^2 + 2y'^2 + \sqrt{2}y' + 1 \\ &= 0 \end{aligned}$$

이다. 따라서 식 (6.33) 에 있는 표준화 행렬 P 에 의한 주어진 이차곡선의 표준형은

$$F'(x', y') = 8x'^2 + 2y'^2 + \sqrt{2}y' + 1 = 0$$

이다. □

예제 6.4.2 이차곡선

$$F(x, y) = 5x^2 - 6xy + 5y^2 + x + y + 1 = 0$$

에 대하여 좌표축의 회전과 관련한 이차곡선의 표준형을 구하여라.

【풀이】 주어진 이차곡선을 행렬을 이용한 형태로 나타내면

$$F(x, y) = 5x^2 - 6xy + 5y^2 + x + y + 1 = (x\ \ y)\begin{pmatrix} 5 & -3 \\ -3 & 5 \end{pmatrix}\begin{pmatrix} x \\ y \end{pmatrix} + (1\ \ 1)\begin{pmatrix} x \\ y \end{pmatrix} + 1 = 0$$

이다. 여기서 대칭행렬

$$A = \begin{pmatrix} 5 & -3 \\ -3 & 5 \end{pmatrix}$$

의 고유값은 2, 8 이고, 이들에 대응하는 각각의 단위고유벡터를

$$\mathbf{u}_1 = \frac{1}{\sqrt{2}}(1, 1)^t, \qquad \mathbf{u}_2 = \frac{1}{/\sqrt{2}}(-1, 1)^t$$

로 선택한 경우에 이에 대응하는 표준화 행렬 P는

$$P = (\mathbf{u}_1 \;\; \mathbf{u}_2) = \frac{1}{\sqrt{2}}\begin{pmatrix} 1 & -1 \\ 1 & 1 \end{pmatrix} = \begin{pmatrix} \cos\frac{\pi}{4} & -\sin\frac{\pi}{4} \\ \sin\frac{\pi}{4} & \cos\frac{\pi}{4} \end{pmatrix} \tag{6.34}$$

이다. 또한 이러한 행렬 P에 대하여

$$P^t AP = \begin{pmatrix} 2 & 0 \\ 0 & 8 \end{pmatrix}$$

이 성립한다. 따라서 벡터 $\mathbf{x}' = (x', y')^t$에 대하여 $\mathbf{x} = P\mathbf{x}'$을 $\mathbf{x}^t A\mathbf{x} + (1 \;\; 1)\mathbf{x} + 1 = 0$에 대입하면

$$\begin{aligned} F'(x', y') &= \mathbf{x}^t A\mathbf{x} + (1 \;\; 1)\mathbf{x} + 1 \\ &= (P\mathbf{x}')^t A(P\mathbf{x}') + (1 \;\; 1)(P\mathbf{x}') + 1 \\ &= \mathbf{x}'^t P^t AP\mathbf{x}' + (1 \;\; 1)(P\mathbf{x}') + 1 \\ &= (x' \;\; y')\begin{pmatrix} 2 & 0 \\ 0 & 8 \end{pmatrix}\begin{pmatrix} x' \\ y' \end{pmatrix} + \frac{1}{\sqrt{2}}(1 \;\; 1)\begin{pmatrix} 1 & -1 \\ 1 & 1 \end{pmatrix}\begin{pmatrix} x' \\ y' \end{pmatrix} + 1 \\ &= 2x'^2 + 8y'^2 + \sqrt{2}x' + 1 \\ &= 0 \end{aligned}$$

이다. 그러므로 식 (6.34)에 있는 표준화 행렬 P에 의한 주어진 이차곡선의 표준형은

$$F'(x', y') = 2x'^2 + 8y'^2 + \sqrt{2}x' + 1 = 0$$

이다. 따라서 주어진 이차곡선 $F(x, y) = 0$은 식 (6.34)에 있는 표준화 행렬 P에 의해 좌표축을 $\pi/4$만큼 회전함으로써 $F'(x', y') = 0$으로 표준화되었음을 알 수 있다. □

제 6 장 연습문제[5)]

1. 다음과 같이 정의된 사상들이 선형사상인지, 아닌지를 증명하여라.

(1) $T : \mathbb{R}^2 \to \mathbb{R}^2, T(x, y) = k(x, y)$, [단, k 는 상수]

(2) $T : \mathbb{R}^3 \to \mathbb{R}^3, T(x, y, z) = (x, y, x + z)$

(3) $T : \mathbb{R}^2 \to \mathbb{R}^2, T(x, y) = (x^2, x + y)$

(4) $T : \mathbb{R} \to \mathbb{R}, T(x) = kx$, [단, k 는 상수]

(5) $T : \mathbb{R} \to \mathbb{R}, T(x) = \tan x$

(6) $T : \mathbb{R} \to \mathbb{R}, T(x) = \ln x$

(7) $T : \mathbb{R} \to \mathbb{R}, T(x) = 2(x + 1)$

2. 폐구간 $[0, 1]$ 에서 적분 가능한 실함수들로 이루어진 벡터공간을 V 라고 하자. 이때 사상 $T : V \to \mathbb{R}$ 을

$$T(f) = \int_0^1 f(x)\,dx$$

와 같이 정의하면 T 가 선형사상이 됨을 보여라.

3. 사상 $T : \mathbb{R}^2 \to \mathbb{R}^2$ 가 선형사상이고, $T(1, 0) = (1, 0)$, $T(0, 2) = (2, 2)$ 일 때 $T(1, 2)$ 를 구하여라.

4. 선형사상 $L : \mathbb{R}^2 \to \mathbb{R}^2$ 이 $L(u_1, u_2) = (u_1, -u_2)$ 로 정의되고

$$S = \{\mathbf{e}_1 = (1, 0), \mathbf{e}_2 = (0, 1)\}, \qquad T = \{\mathbf{t}_1 = (1, 1), \mathbf{t}_2 = (-1, 1)\}$$

를 $\mathbb{R}^2$ 의 두 기저집합이라고 할 때 다음을 구하여라.

(1) $[L]_S$ (2) $[L]_T$ (3) $[L]_S^T$ (4) $[L]_T^S$

---

5) 제 6 장 연습문제 풀이 : 320쪽 ~ 344쪽 참조

5. 연속함수들로 이루어진 벡터공간을 V라고 하고, 집합 $S = \{\sin t, \cos t\}$를 V의 한 기저라고 하자. 이때 선형사상

$$L : V \to V, \qquad L(f) = f'$$

의 S에 관한 연관행렬 $[L]_S$를 구하여라. 여기서 f'은 함수 f의 도함수를 의미한다.

6. 선형사상 $L : \mathbb{R}^3 \to \mathbb{R}^3$가

$$L(1, 0, 0) = (1, 1, 0), \qquad L(0, 1, 0) = (2, 0, 1), \qquad L(0, 0, 1) = (1, 0, 1)$$

와 같이 정의되었다고 하자.

(1) $\mathbb{R}^3$ 상의 기저 $S = \{\mathbf{e}_1 = (1, 0, 0), \mathbf{e}_2 = (0, 1, 0), \mathbf{e}_3 = (0, 0, 1)\}$에 관한 연관행렬을 구하여라.

(2) $\mathbf{u} = (1, 2, 3)$에 대하여 선형사상 L의 정의를 사용해서 $L(\mathbf{u})$를 구하여라. 또한 (1)에서 얻은 연관행렬을 이용해서 $L(\mathbf{u})$를 구하여라.

7. 선형사상 $L : \mathbb{R}^3 \to \mathbb{R}^3$이

$$L(1, 0, 0) = (1, 2, 3), \qquad L(0, 1, 0) = (0, 1, 1), \qquad L(0, 1, 1) = (1, 1, 0)$$

으로 정의되었다고 하자. $\mathbf{v} = (1, 1, 1)$일 때 $L(\mathbf{v})$의 값을 구하여라.

8. 선형사상 $L : \mathbb{R}^4 \to \mathbb{R}^3$이

$$L(u_1, u_2, u_3, u_4) = (u_1, u_2 + u_3, u_3 + u_4)$$

와 같이 정의되었다고 하자. 또한

$$S = \{\mathbf{e}_1 = (1, 0, 0, 0), \mathbf{e}_2 = (0, 1, 0, 0), \mathbf{e}_3 = (0, 0, 1, 0), \mathbf{e}_4 = (0, 0, 0, 1)\}$$
$$S' = \left\{\mathbf{s}_1' = (1, 0, 0, 1), \mathbf{s}_2' = (0, 0, 0, 1), \mathbf{s}_3' = (1, 1, 0, 0), \mathbf{s}_4' = (0, 1, 1, 0)\right\}$$

은 각각 정의역 $\mathbb{R}^4$ 의 서로 다른 기저집합이고,

$$T = \{\mathbf{t}_1 = (1, 0, 0), \mathbf{t}_2 = (0, 1, 0), \mathbf{t}_3 = (0, 0, 1)\}$$
$$T' = \left\{\mathbf{t}'_1 = (1, 1, 0), \mathbf{t}'_2 = (0, 1, 0), \mathbf{t}'_3 = (1, 0, 1)\right\}$$

은 각각 공역 $\mathbb{R}^3$ 의 서로 다른 기저집합이다. 다음 물음에 답하여라.

(1) $\mathbf{u} = (2, 1, -1, 3) \in \mathbb{R}^4$ 에 대하여 위에서 정의된 선형사상의 정의로부터 $L(\mathbf{u})$ 를 구하여라.

(2) $[L]_S^T$ 를 구하여라.

(3) $[L]_{S'}^{T'}$ 를 구하여라.

(4) (2) 에서 얻어진 연관행렬을 이용하여 (1) 에서 정의된 벡터 $\mathbf{u}$ 의 함숫값 $L(\mathbf{u})$ 를 구하고, (1) 의 결과와 비교하여라.

(5) (3) 에서 얻어진 연관행렬을 이용하여 (1) 에서 정의된 벡터 $\mathbf{u}$ 의 함숫값 $L(\mathbf{u})$ 를 구하고, (1) 의 결과와 비교하여라.

9. 선형사상 $L : \mathbb{R}^2 \to \mathbb{R}^2$, $L(u_1, u_2) = (u_1, 0)$ 에 대하여 다음 물음에 답하여라.

(1) (0, 2) 는 Ker L 에 속하는가?

(2) (2, 2) 는 Ker L 에 속하는가?

(3) (3, 0) 은 Im L 에 속하는가?

(4) (3, 2) 는 Im L 에 속하는가?

(5) Ker L 을 구하여라.

(6) Im L 을 구하여라.

10. 선형사상 $L : \mathbb{R}^4 \to \mathbb{R}^3$, $L(u_1, u_2, u_3, u_4) = (u_1 + u_2, u_3 + u_4, u_1 + u_3)$ 에 대하여 다음을 구하여라. 단, 기저의 경우는 기저의 한 형태만을 구하여라.

(1) Ker L 의 기저 (2) dim (Ker L) (3) Im L 의 기저 (4) dim (Im L)

11. 선형사상 $L : \mathbb{R}^2 \to \mathbb{R}^3$, $L(u_1, u_2) = (u_1, u_1 + u_2, u_2)$ 에 대하여 Ker L 을 구하여라.

12. 선형사상 $L: \mathbb{R}^2 \to \mathbb{R}^2$, $L(u_1, u_2) = (u_1 + 2u_2, 2u_1 - u_2)$ 와 $\mathbb{R}^2$ 상의 두 기저집합

$$S = \{\mathbf{e}_1 = (1, 0), \mathbf{e}_2 = (0, 1)\}, \qquad T = \{\mathbf{t}_1 = (-1, 2), \mathbf{t}_2 = (2, 0)\}$$

가 주어졌다고 하자. 이때 다음을 구하여라.

(1) $[L]_S$ (2) $[L]_S^T$ (3) $[L]_T^S$ (4) $[L]_T$

13. 선형사상 $L: \mathbb{R}^3 \to \mathbb{R}^3$ 이 단위벡터로 이루어진 기저에 관한 연관행렬

$$\begin{pmatrix} 1 & 3 & 1 \\ 1 & 2 & 0 \\ 0 & 1 & 1 \end{pmatrix}$$

을 가질 때 $L(1, 2, 3)$ 의 값을 구하여라.

14. 선형사상 $L: \mathbb{R}^2 \to \mathbb{R}^2$, $L(u_1, u_2) = (u_1, 0)$ 에 대하여 $\mathrm{Ker}\,L$ 과 $\dim(\mathrm{Ker}\,L)$ 을 구하여라.

15. 선형사상 $L: \mathbb{R}^2 \to \mathbb{R}^2$, $L(u_1, u_2) = (0, u_2)$ 에 대하여 $\mathrm{Ker}\,L$ 을 구하여라.

16. 선형사상 $L: \mathbb{R}^6 \to \mathbb{R}^4$ 이 전사함수일 때 $\dim(\mathrm{Ker}\,L)$을 구하여라.

17. 다음 각 행렬의 고유값을 구하여라.

(1) $A = \begin{pmatrix} 3 & 0 \\ 0 & -5 \end{pmatrix}$ (2) $B = \begin{pmatrix} 1 & 1 \\ 1 & 1 \end{pmatrix}$ (3) $C = \begin{pmatrix} 0 & 1 \\ 4 & 0 \end{pmatrix}$ (4) $D = \begin{pmatrix} 3 & 0 \\ 4 & 5 \end{pmatrix}$

18. 다음 행렬의 고유값과 고유벡터를 구하라.

(1) $A = \begin{pmatrix} 3 & 4 \\ 4 & -3 \end{pmatrix}$ (2) $B = \begin{pmatrix} -2 & 2 & -3 \\ 2 & 1 & -6 \\ -1 & -2 & 0 \end{pmatrix}$

(3) $C = \begin{pmatrix} 1 & 0 & 0 \\ -8 & 4 & -6 \\ 8 & 1 & 9 \end{pmatrix}$ (4) $D = \begin{pmatrix} 1 & -1 & 4 \\ 2 & 2 & -1 \\ 2 & 1 & -1 \end{pmatrix}$

19. 다음 각 행렬의 고유값, 고유벡터, 고유공간을 구하여라.

(1) $A = \begin{pmatrix} 1 & 2 \\ 0 & 3 \end{pmatrix}$ (2) $B = \begin{pmatrix} 1 & 0 \\ 2 & 3 \end{pmatrix}$ (3) $C = \begin{pmatrix} 1 & 1 \\ 1 & 1 \end{pmatrix}$

20. 행렬

$$A = \begin{pmatrix} 2 & 1 \\ 1 & 2 \end{pmatrix}$$

의 고유값과 고유벡터, 고유공간, 고유공간의 차원을 각각 구하여라.

21. 임의의 실수 α_1, α_2, α_3, α_4 에 대하여 행렬

$$A = \begin{pmatrix} \alpha_1 & \alpha_2 \\ \alpha_3 & \alpha_4 \end{pmatrix}, \qquad B = \begin{pmatrix} \alpha_4 & \alpha_3 \\ \alpha_2 & \alpha_1 \end{pmatrix}$$

가 같은 고유값을 가짐을 증명하여라.

22. 아래의 물음에 답하여라.

(1) 사상 $T : \mathbb{R}^2 \to \mathbb{R}^2$ 가 x축으로의 정사영일 때 T 의 고유값을 구하여라.

(2) 사상 $T : \mathbb{R}^2 \to \mathbb{R}^2$ 가 y축으로의 정사영일 때 T 의 고유값을 구하여라.

(3) 사상 $T : \mathbb{R}^2 \to \mathbb{R}^2$ 가 직선 $y = \alpha x$ $(\alpha \in \mathbb{R})$ 위로의 정사영일 때 T 의 고유값을 구하여라.

23. 행렬

$$A = \begin{pmatrix} 3 & 4 \\ 4 & -3 \end{pmatrix}$$

의 고유값과 고유벡터를 구하고, 서로 다른 고유값에 대응하는 임의의 고유벡터들이 서로 수직임을 보여라.

24. 다음 2차 곡선의 표준형을 구하여라.

(1) $2x^2 + 3xy - 2y^2 = 10$ (2) $5x^2 - 4xy + 8y^2 + \dfrac{20}{\sqrt{5}}x - \dfrac{80}{\sqrt{5}}y = 4$

25. 2차 곡선 $x^2 + 4xy + y^2 - 9 = 0$ 은 좌표축을 얼마만큼 회전함으로써 표준화되는지를 구하고, 또한 이에 대응하는 2차 곡선의 표준형을 구하여라.

부 록

그리스 알파벳 대문자와 소문자

A, α	alpha	B, β	beta	Γ, γ	gamma	Δ, δ	delta
$E, \epsilon(\varepsilon)$	epsilon	Z, ζ	zeta	H, η	eta	$\Theta, \theta(\vartheta)$	theta
I, ι	iota	K, κ	kappa	Λ, λ	lambda	M, μ	mu
N, ν	nu	Ξ, ξ	xi	O, o	omicron	$\Pi, \pi(\varpi)$	pi
$P, \rho(\varrho)$	rho	$\Sigma, \sigma(\varsigma)$	sigma	T, τ	tau	Υ, υ	upsilon
$\Phi, \phi(\varphi)$	phi	X, χ	chi	Ψ, ψ	psi	Ω, ω	omega

연습문제 풀이

제 1 장 연습문제 풀이

1. (1) 방정식 $x^2 - 6x + 5 = 0$ 의 해는 $x = 1$, $x = 5$ 이다. 따라서 주어진 집합을 원소나열법으로 나타내면 $\{1, 5\}$ 이다.

(2) 10 보다 작은 소수는 2, 3, 5, 7 이므로 주어진 집합을 원소나열법으로 나타내면 $\{2, 3, 5, 7\}$ 이다.

2. 주어진 집합의 각 원소는 자연수들의 제곱수이다. 따라서 조건제시법으로 나타내면 $\{n^2 \mid n$ 은 자연수$\}$ 이다.

3. (1) 2 보다 크고 10 보다 작거나 같은 짝수는 4, 6, 8, 10 이다. 따라서 집합 A 를 원소나열법으로 나타내면 $A = \{4, 6, 8, 10\}$ 이고, 조건제시법으로 나타내면

$$A = \{n \mid n \text{은 } 2 < n \leq 10 \text{의 범위에 있는 짝수}\}$$

이다.

(2) 15 의 약수는 1, 3, 5, 15 이고, 30 의 약수는 1, 2, 3, 5, 6, 10, 15, 30 이다. 따라서 집합 B 를 원소나열법으로 나타내면 $B = \{1, 3, 5, 15\}$ 이고, 조건제시법으로 나타

내면

$$B = \{n \mid n \text{은 } 15\text{와 } 30\text{의 공약수}\}$$

이다.

4. (1) $A \cup B \cup C = \{x \in \mathbb{R} \mid -2 \le x < 15\}$.

(2) $A \cap B \cap C = \{x \in \mathbb{R} \mid 3 \le x < 5\}$.

(3) $A - B = \{x \in \mathbb{R} \mid -2 \le x \le 0\}$.

(4) $(A \cap C) - B^c = \{x \in \mathbb{R} \mid 3 \le x < 5\}$.

5. $2 < \sqrt{x} \le 3$으로부터 $\sqrt{4} < \sqrt{x} \le \sqrt{9}$ 이므로 $4 < x \le 9$ 이다. 따라서

$$A = \{x \mid 2 < \sqrt{x} \le 3,\ x\text{는 자연수}\} = \{5, 6, 7, 8, 9\}$$

이다. 따라서 $n(A) = 5$ 이다.

6. 집합 B의 원소인 $\sqrt{a_1}$과 $\sqrt{a_2}$가 자연수이므로 a_1과 a_2는 각각 제곱수인 자연수임을 알 수 있다. 그런데 $a_1 < a_2$인 동시에 $a_1 + a_2 = 13$을 만족시켜야 하므로 $a_1 = 4$, $a_2 = 9$ 이다. 따라서 $a_2 - a_1 = 5$ 이다.

7. 집합 B의 $2 \le \sqrt{nx} < 3$ 으로부터 $\sqrt{4} \le \sqrt{nx} < \sqrt{9}$ 이므로 $4 \le nx < 9$ 이다. 따라서 자연수 nx의 값은 4, 5, 6, 7, 8 이므로

$$A \cap B = \left\{\frac{4}{n}, \frac{5}{n}, \frac{6}{n}, \frac{7}{n}, \frac{8}{n}\right\}$$

이다. 따라서

$$\frac{4}{n} + \frac{5}{n} + \frac{6}{n} + \frac{7}{n} + \frac{8}{n} = 6$$

로부터 $n = 5$ 이다.

8. 세 집합 A, B, C에 대하여

$$n(A) = 5,\ n(B) = 5,\ n(C) = 5,\ n(A \cap B) = 2,\ n(A \cap C) = 2,\ n(B \cap C) = 2,\ n(A \cap B \cap C) = 1$$

이다. 따라서

$$n(A \cup B \cup C) = n\big((A \cup B) \cup C\big)$$

$$
\begin{aligned}
&= n(A \cup B) + n(C) - n\big((A \cup B) \cap C\big) \\
&= \big(n(A) + n(B) - n(A \cap B)\big) + n(C) - n\big((A \cap C) \cup (B \cap C)\big) \\
&= n(A) + n(B) + n(C) - n(A \cap B) - n\big((A \cap C) \cup (B \cap C)\big) \\
&= n(A) + n(B) + n(C) - n(A \cap B) \\
&\quad - \big(n(A \cap C) + n(B \cap C) - n((A \cap C) \cap (B \cap C))\big) \\
&= n(A) + n(B) + n(C) - n(A \cap B) - n(A \cap C) - n(B \cap C) + n(A \cap B \cap C) \\
&= 5 + 5 + 5 - 2 - 2 - 2 + 1 \\
&= 10
\end{aligned}
$$

이다.

9. (1) ($\Rightarrow$) $A \subset B$ 이라고 가정하자. 그러면

$$
\begin{aligned}
x \in A \cup B \quad &\Longrightarrow \quad (x \in A) \vee (x \in B) \\
&\Longrightarrow \quad (x \in A \subset B) \vee (x \in B) \\
&\Longrightarrow \quad (x \in B) \vee (x \in B) \\
&\Longrightarrow \quad x \in B
\end{aligned}
$$

이고, 또한

$$x \in B \quad \Longrightarrow \quad (x \in A) \vee (x \in B) \quad \Longrightarrow \quad x \in A \cup B$$

이다. 따라서 $A \cup B = B$ 이다.

($\Leftarrow$) $A \cup B = B$ 이라고 가정하자. 그러면

$$x \in A \quad \Longrightarrow \quad (x \in A) \vee (x \in B) \quad \Longrightarrow \quad x \in A \cup B = B \quad \Longrightarrow \quad x \in B$$

이다. 따라서 $A \subset B$ 이다.

(2) 관계식

$$x \in A-B \quad \Longleftrightarrow \quad (x \in A) \wedge (x \notin A \cap B) \quad \Longleftrightarrow \quad x \in A-(A \cap B) \quad \Longleftrightarrow \quad x \in A-(B \cap A)$$

으로부터 $A - B = A - (B \cap A)$ 이 성립한다.

(3) 관계식

$$x \in A - (A - B) \quad \Longrightarrow \quad (x \in A) \wedge (x \notin A - B) \quad \Longrightarrow \quad x \in A \cap B$$

으로부터 $A - (A - B) \subset A \cap B$ 이 성립한다. 또한 관계식

$$x \in A \cap B \quad \Longrightarrow \quad (x \in A) \wedge (x \notin A - B) \quad \Longrightarrow \quad x \in A - (A - B)$$

으로부터 $A \cap B \subset A - (A - B)$ 이 성립한다. 따라서 $A - (A - B) = A \cap B$ 이다.

10. (1) 집합 A, B, C 에 대하여

$$\begin{aligned} A \cap (B \triangle C) &= A \cap \big((B - C) \cup (C - B)\big) \\ &= \big(A \cap (B - C)\big) \cup \big(A \cap (C - B)\big) \\ &= \big(A \cap (B \cap C^c)\big) \cup \big(A \cap (C \cap B^c)\big) \\ &= (A \cap B \cap C^c) \cup (A \cap B^c \cap C) \end{aligned}$$

이고, 또한

$$\begin{aligned} (A \cap B) \triangle (A \cap C) &= \big((A \cap B) - (A \cap C)\big) \cup \big((A \cap C) - (A \cap B)\big) \\ &= \big((A \cap B) \cap (A \cap C)^c\big) \cup \big((A \cap C) \cap (A \cap B)^c\big) \\ &= \big((A \cap B) \cap (A^c \cup C^c)\big) \cup \big((A \cap C) \cap (A^c \cup B^c)\big) \\ &= \big(((A \cap B) \cap A^c) \cup ((A \cap B) \cap C^c)\big) \cup \big(((A \cap C) \cap A^c) \cup ((A \cap C) \cap B^c)\big) \\ &= \big(\varnothing \cup ((A \cap B) \cap C^c)\big) \cup \big(\varnothing \cup ((A \cap C) \cap B^c)\big) \\ &= (A \cap B \cap C^c) \cup (A \cap B^c \cap C) \end{aligned}$$

이다. 따라서 위의 두 결과로부터 $A \cap (B \triangle C) = (A \cap B) \triangle (A \cap C)$ 이 성립한다.

(2) 집합 A 와 B 를 포함하는 전체집합을 U 라고 놓으면

$$\begin{aligned} A \triangle B &= (A - B) \cup (B - A) \\ &= (A \cap B^c) \cup (B \cap A^c) \end{aligned}$$

$$
\begin{aligned}
&= \big((A \cap B^c) \cup B\big) \cap \big((A \cap B^c) \cup A^c\big) \\
&= \big((A \cup B) \cap (B^c \cup B)\big) \cap \big((A \cup A^c) \cap (B^c \cup A^c)\big) \\
&= \big((A \cup B) \cap U\big) \cap \big(U \cap (B^c \cup A^c)\big) \\
&= (A \cup B) \cap (A \cap B)^c \\
&= (A \cup B) - (A \cap B)
\end{aligned}
$$

으로 성립한다.

11. 집합 A, B에 대하여 곱집합 $A \times B$와 $B \times A$를 각각 원소나열법으로 나타내면

$$
\begin{aligned}
A \times B &= \{(1, 1), (1, 2), (2, 1), (2, 2), (3, 1), (3, 2)\} \\
B \times A &= \{(1, 1), (1, 2), (1, 3), (2, 1), (2, 2), (2, 3)\}
\end{aligned}
$$

이다. 따라서 $(A \times B) \cap (B \times A) = \{(1, 1), (1, 2), (2, 1), (2, 2)\}$ 이다.

12. (1) 집합 A, B, C에 대하여

$$
\begin{aligned}
(x, y) \in A \times (B \cap C) \quad &\Longleftrightarrow \quad (x \in A) \;\wedge\; (y \in B \cap C) \\
&\Longleftrightarrow \quad (x \in A) \;\wedge\; \big((y \in B) \wedge (y \in C)\big) \\
&\Longleftrightarrow \quad \big((x \in A) \wedge (y \in B)\big) \;\wedge\; \big((x \in A) \wedge (y \in C)\big) \\
&\Longleftrightarrow \quad \big((x, y) \in A \times B\big) \;\wedge\; \big((x, y) \in A \times C\big) \\
&\Longleftrightarrow \quad (x, y) \in (A \times B) \cap (A \times C)
\end{aligned}
$$

이다. 따라서 $A \times (B \cap C) = (A \times B) \cap (A \times C)$ 이 성립한다.

(2) 집합 A, B, C에 대하여

$$
\begin{aligned}
(x, y) \in A \times (B \cup C) \quad &\Longleftrightarrow \quad (x \in A) \;\wedge\; (y \in B \cup C) \\
&\Longleftrightarrow \quad (x \in A) \;\wedge\; \big((y \in B) \vee (y \in C)\big) \\
&\Longleftrightarrow \quad \big((x \in A) \wedge (y \in B)\big) \;\vee\; \big((x \in A) \wedge (y \in C)\big) \\
&\Longleftrightarrow \quad \big((x, y) \in A \times B\big) \;\vee\; \big((x, y) \in A \times C\big) \\
&\Longleftrightarrow \quad (x, y) \in (A \times B) \cup (A \times C)
\end{aligned}
$$

이다. 따라서 $A \times (B \cup C) = (A \times B) \cup (A \times C)$ 이 성립한다.

(3) 집합 A, B, C 에 대하여

$$
\begin{aligned}
(x, y) \in A \times (B - C) &\iff (x \in A) \;\wedge\; (y \in B - C) \\
&\iff (x \in A) \;\wedge\; \big((y \in B) \wedge (y \notin C)\big) \\
&\iff \big((x \in A) \wedge (y \in B)\big) \;\wedge\; \big((x \in A) \wedge (y \notin C)\big) \\
&\iff \big((x, y) \in A \times B\big) \;\wedge\; \big((x, y) \notin A \times C\big) \\
&\iff (x, y) \in (A \times B) - (A \times C)
\end{aligned}
$$

이다. 따라서 $A \times (B - C) = (A \times B) - (A \times C)$ 이다.

(4) $A \times \varnothing$ 는 $x \in A$, $y \in \varnothing$ 인 모든 순서쌍 (x, y) 의 집합이다. 그러나 공집합 $\varnothing$ 에 속하는 원소는 존재하지 않으므로 $\varnothing$ 에는 원소 y 가 존재하지 않는다. 따라서 $A \times \varnothing = \varnothing$ 이다. 또한 $\varnothing \times A$ 는 $x \in \varnothing$, $y \in A$ 인 모든 순서쌍 (x, y) 의 집합이다. 그러나 공집합 $\varnothing$ 에 속하는 원소는 존재하지 않으므로 $\varnothing$ 에는 원소 x 가 존재하지 않는다. 따라서 $\varnothing \times A = \varnothing$ 이다. 따라서 $A \times \varnothing = \varnothing \times A = \varnothing$ 이다.

13. (1) 작은 수에 비해서 100억은 큰 수라고 할 수 있지만, 100억보다 큰 수도 얼마든지 고려할 수 있으므로 참, 거짓을 판명할 수 없으므로 명제가 아니다.

(2) 소수라 함은 약수로 1 과 자기 자신만을 갖는 1 보다 큰 양의 정수를 의미한다. 그런데 1, 3, 5, 15 는 15 의 약수이므로 15 는 소수가 아니다. 따라서 거짓인 명제이다.

(3) 아름다움의 기준이 모호하므로 참, 거짓을 판명할 수 없으므로 명제가 아니다.

(4) x 의 값에 따라 참이 될 수도 있고 거짓이 될 수도 있는데, x 의 값이 구체적으로 주어져 있지 않으므로 참, 거짓을 판단할 수 없다. 따라서 명제가 아니다.

14. (1) 주어진 합성명제와 관련하여 명제 P, Q 를 다음과 같이 놓자.

P : $2 + 3 > 7$

Q : $5 + 2 = 7$

그러면 주어진 합성명제는 명제 P, Q 를 이용하여 $P \wedge Q$ 와 같이 나타낼 수 있다. 그런데 명제 P 는 거짓(F)이고, 명제 Q 는 참(T)이므로 합성명제 $P \wedge Q$ 의 진리값은 거짓이다. 따라서 주어진 명제는 거짓인 명제이다.

(2) 주어진 합성명제와 관련하여 명제 P, Q를 다음과 같이 놓자.

P : 4는 5의 약수

Q : 4는 2의 배수

그러면 주어진 합성명제는 명제 P, Q를 이용하여 $P \vee Q$와 같이 나타낼 수 있다. 그런데 명제 P는 거짓(F)이고, 명제 Q는 참(T)이므로 합성명제 $P \vee Q$의 진리값은 참이다. 따라서 주어진 명제는 참인 명제이다.

15. 주어진 관계의 진리표를 작성하면 표 A.1.1과 같다. 진리표에서 보듯이 모든 경우에

P	Q	$\sim P$	$\sim Q$	$P \wedge Q$	$\sim(P \wedge Q)$	$\sim P \vee \sim Q$
T	T	F	F	T	**F**	**F**
T	F	F	T	F	**T**	**T**
F	T	T	F	F	**T**	**T**
F	F	T	T	F	**T**	**T**

[표 A.1.1] $\sim(P \wedge Q) \equiv \sim P \vee \sim Q$의 진리표

$\sim(P \wedge Q)$와 $\sim P \vee \sim Q$의 진리값이 항상 일치하므로 동치임을 알 수 있다.

16. 주어진 두 개의 합성명제와 관련한 진리표를 작성하면 표 A.1.2와 같다. 따라서 진리

P	Q	$\sim P$	$\sim Q$	$(P \wedge \sim P)$	$(P \rightarrow Q)$	$\leftrightarrow$	$(\sim Q \rightarrow \sim P)$
T	T	F	F	**F**	T	**T**	T
T	F	F	T	**F**	F	**T**	F
F	T	T	F	**F**	T	**T**	T
F	F	T	T	**F**	T	**T**	T

[표 A.1.2] $(P \rightarrow Q) \leftrightarrow (\sim Q \rightarrow \sim P)$의 진리표

표에서 보듯이 $P \wedge \sim P$는 모순명제이고, 쌍조건문 $(P \rightarrow Q) \leftrightarrow (\sim Q \rightarrow \sim P)$는 항진명제이다.

17. 주어진 합성명제의 진리표를 작성하면 표 A.1.3과 같다. 따라서 진리표에서 보듯이 주어진 합성명제는 항진명제도 모순명제도 아니다.

P	Q	R	P	$\to$	$(Q$	$\wedge$	$(P$	$\to$	$R))$
T	T	T		**T**		T		T	
T	T	F		**F**		F		F	
T	F	T		**F**		F		T	
T	F	F		**F**		F		F	
F	T	T		**T**		T		T	
F	T	F		**T**		T		T	
F	F	T		**T**		F		T	
F	F	F		**T**		F		T	

[표 A.1.3] $P \to (Q \wedge (P \to R))$의 진리표

18. (i) $n = 1$ 일 때 좌변 = 2 이고 우변 = $1 \cdot 2 = 2$ 이다. 따라서 $n = 1$ 일 때『좌변 = 우변』이 성립한다.

(ii) $n = k$ $(k \geq 1)$일 때 주어진 등식, 즉

$$2 + 4 + 6 + \cdots + 2k = k(k+1)$$

이 성립한다고 가정하자. 그러면 $n = k + 1$ 일 때

$$\begin{aligned} \text{좌변} &= (2 + 4 + 6 + \cdots + 2k) + (2k + 2) \\ &= k(k+1) + (2k+2) \\ &= (k+1)(k+2), \\ \text{우변} &= (k+1)(k+2) \end{aligned}$$

이다. 따라서 주어진 등식은 $n = k + 1$ 일 때『좌변 = 우변』이 성립한다.

따라서 (i)과 (ii)로부터 수학적 귀납법에 의해 주어진 등식은 모든 자연수 n에 대하여 성립한다.

제 2 장 연습문제 풀이

1. (1) $f(x)$ 가 정의되는 정의역은 실수 전체의 집합 $\mathbb{R}$ 이다.

(2) $f(x)$ 의 정의역은 분모가 0 이 아닌 모든 실수들의 집합이므로

$$\mathbb{R} - \{x \mid x - 4 = 0\} = \mathbb{R} - \{4\}$$

이다.

(3) $f(x)$ 가 정의되는 정의역은 실수 전체의 집합 $\mathbb{R}$ 이다.

(4) $f(x)$ 가 적절히 정의되기 위해서는 분모의 근호 안의 값과 관련하여 $x-2>0$ 을 만족해야 한다. 따라서 f 의 정의역은 $\{x \in \mathbb{R} \mid x - 2 > 0\} = \{x \in \mathbb{R} \mid x > 2\}$ 이다.

2. (1) 함수가 적절히 정의되기 위해서는 근호 안의 값이 0 이상이어야 한다. 따라서 구하는 정의역 D 는 $D = \{x \in \mathbb{R} \mid x - 1 \geq 0\} = \{x \in \mathbb{R} \mid x \geq 1\}$ 이다.

(2) 함수 f 에 의한 $x = 2$ 의 상은 $f(2) = \sqrt{2-1} = 1$ 이다.

(3) 정의역에 있는 모든 $x \in \mathbb{R}$ 에 대하여 함수 f 는 0 이상이다. 따라서 구하는 치역 $f(D)$ 는 $f(D) = \{y \in \mathbb{R} \mid y \geq 0\}$ 이다.

3. 두 함수 f, g 에 대하여

$$(f \circ g)(x) = f(g(x)) = (2x+5)^2 - 1 = 4x^2 + 20x + 24$$

이므로 $f \circ g : \mathbb{R} \to \mathbb{R}$, $(f \circ g)(x) = 4x^2 + 20x + 24$ 이다.

4. (1) $y = \sqrt{x}$ 에서 x 에 $x - 2$ 를 대입하여 얻어지는 식이므로 $y = \sqrt{x-2}$ 이다.

(2) 곡선 $y = \sqrt{x}$ 에서 y 에 $y + 3$ 을 대입하여 얻어지는 식이므로 $y + 3 = \sqrt{x}$ 로부터 $y = \sqrt{x} - 3$ 을 얻는다.

(3) 곡선 $y = \sqrt{x}$ 에서 y 를 $-y$ 로 바꾸어 얻어지는 식이므로 $-y = \sqrt{x}$ 이다. 즉, 이를 정리하면 $y = -\sqrt{x}$ 이다.

(4) 곡선 $y = \sqrt{x}$ 에서 x 를 $-x$ 로 바꾸어 얻어지는 식이므로 $y = \sqrt{-x}$ $(x \leq 0)$이다.

(5) 곡선 $y = \sqrt{x}$ 에서 x 를 $-x$, y 를 $-y$ 로 바꾸어 얻어지는 식이므로 $-y = \sqrt{-x}$ 이다. 즉, 이를 정리하면 $y = -\sqrt{-x}$ $(x \leq 0)$이다.

(6) 곡선 $y = \sqrt{x}$ 에서 x 를 y 로, y 를 x 로 바꾸어 얻어지는 식이므로 $x = \sqrt{y}$ 이다. 즉, $y = x^2\ (x \geq 0)$ 이다.

5. (1) $\frac{1}{2}\log_3 2 + 3\log_3\sqrt{3} - \log_3\sqrt{6} = \frac{1}{2}\log_3 2 + \frac{3}{2} - \frac{1}{2}\log_3 2 - \frac{1}{2} = 1.$

(2) $\log_2 8 + \log_2 2^5 - \log_2 2^{-1} = 3 + 5 + 1 = 9.$

6. (1) $(\sin\theta - \cos\theta)^2 = 1 - 2\sin\theta\cos\theta$ 이므로

$$\sin\theta\cos\theta = \frac{1}{2}\left(1 - \frac{1}{4}\right) = \frac{3}{8}$$

이다.

(2) (1)의 결과로부터

$$\tan\theta + \cot\theta = \frac{\sin\theta}{\cos\theta} + \frac{\cos\theta}{\sin\theta} = \frac{1}{\sin\theta\cos\theta} = \frac{8}{3}$$

이다.

7. 3 사분면의 θ 로서 $\tan\theta = 1/2$ 이므로

$$\sin\theta = -\frac{1}{\sqrt{5}}, \qquad \cos\theta = -\frac{2}{\sqrt{5}}$$

이다.

8. 먼저 $2\cos\theta = \sin\theta + 1$ 의 양변을 제곱하면

$$4\cos^2\theta = \sin^2\theta + 2\sin\theta + 1$$

을 얻는다. 그런데 $\cos^2\theta = 1 - \sin^2\theta$ 이므로, 이를 대입하여 정리하면

$$4(1 - \sin^2\theta) = \sin^2\theta + 2\sin\theta + 1, \qquad 5\sin^2\theta + 2\sin\theta - 3 = 0$$

임을 알 수 있다. 따라서 이 결과를 인수분해하면 $(5\sin\theta - 3)(\sin\theta + 1) = 0$ 이므로 $\sin\theta = 3/5$ 또는 $\sin\theta = -1$ 이다. 그런데 1 사분면에서의 sin 의 값은 양수이므로 조건을 만족하는 값은 $\sin\theta = 3/5$ 뿐이다. 따라서 $\cos\theta = 4/5$, $\tan\theta = 3/4$ 이다.

9. 함수 g의 정의역에 있는 임의의 원소 $x \in \mathbb{R}$에 대하여

$$g(-x) = \alpha f(-x) = \alpha f(x) = g(x)$$

이다. 따라서 함수 g는 우함수이다.

10. f는 전단사함수이므로 역함수가 존재한다. 따라서 $f(x)$를 y로 놓고 y를 x에 관하여 풀면

$$y = \sqrt{x-1}, \qquad x - 1 = y^2, \qquad x = y^2 + 1$$

이다. 이제 x와 y를 바꾸어 정리하면 역함수 $f^{-1}(x) = x^2 + 1$ $(x \geq 0)$을 얻는다.

11. 주어진 조건으로부터

$$h(x+T) = \alpha f(x+T) + \beta g(x+T) = \alpha f(x) + \beta g(x) = h(x)$$

이 성립한다. 따라서 함수 h는 주기가 T인 주기함수이다.

12. 세 실수 x, y, 9가 그 순서대로 등차수열을 이룬다. 따라서 $2y = x + 9$를 만족시킨다. 또한 세 실수 x, y, 9가 그 순서대로 조화수열을 이룬다. 따라서 세 실수 $1/x$, $1/y$, $1/9$은 그 순서대로 등차수열을 이룬다. 따라서 $2/y = 1/x + 1/9$을 만족시킨다. 따라서 구하려는 두 실수 x와 y는 연립일차방정식

$$2y = x + 9, \qquad \frac{2}{y} = \frac{1}{x} + \frac{1}{9}$$

의 해이다. 따라서 이 연립일차방정식을 풀면 $x = y = 9$임을 알 수 있다.

13. 수열 $\{b_n\}$의 초항은 $b_1 = a_1 + a_2$, 두 번째 항은 $b_2 = a_3 + a_4$, 세 번째 항은 $b_3 = a_5 + a_6$, ... 등을 갖는다. 따라서 구하려는 수열 $\{b_n\}$의 일반항은

$$b_n = a_{2n-1} + a_{2n} = (3 \cdot (2n-1) + 1) + (3 \cdot 2n + 1) = 6n - 3 + 1 + 6n + 1 = 12n - 1$$

이다.

14. 준 수열을 $\{a_n\}$이라고 놓고, 1계차수열 $\{2, 1, 1, 4, 12, 27, 51, \ldots\}$을 $\{b_n\}$, 2계차수열 $\{-1, 0, 3, 8, 15, 24, \ldots\}$을 $\{c_n\}$, 3계차수열 $\{1, 3, 5, 7, 9, \ldots\}$을 $\{d_n\}$이라고 놓자. 그러

면 3 계차수열은 공차가 2 인 등차수열이므로, 3 계차수열의 일반항 d_n 은

$$d_n = 1 + 2(n-1) = 2n - 1$$

이고, 2 계차수열의 일반항 c_n 은

$$c_n = -1 + \sum_{k=1}^{n-1} d_k = -1 + \sum_{k=1}^{n-1}(2k-1) = -1 + 2\sum_{k=1}^{n-1} k - (n-1) = -1 + 2\frac{(n-1)n}{2} - n + 1 = n^2 - 2n$$

이고, 1 계차수열의 일반항 b_n 은

$$\begin{aligned}
b_n &= 2 + \sum_{k=1}^{n-1} c_k \\
&= 2 + \sum_{k=1}^{n-1}(k^2 - 2k) \\
&= 2 + \sum_{k=1}^{n-1} k^2 - 2\sum_{k=1}^{n-1} k \\
&= 2 + \frac{(n-1)n(2(n-1)+1)}{6} - 2\frac{(n-1)n}{2} \\
&= \frac{1}{6}(2n^3 - 9n^2 + 7n + 12)
\end{aligned}$$

이다. 따라서 준 수열의 일반항 a_n 은

$$\begin{aligned}
a_n &= 1 + \sum_{k=1}^{n-1} b_k \\
&= 1 + \frac{1}{6}\sum_{k=1}^{n-1}(2k^3 - 9k^2 + 7k + 12) \\
&= 1 + \frac{1}{6}\left(2\left(\frac{(n-1)n}{2}\right)^2 - 9\frac{(n-1)n(2(n-1)+1)}{6} + 7\frac{(n-1)n}{2} + 12(n-1)\right) \\
&= \frac{1}{12}\left(n^4 - 8n^3 + 17n^2 + 14n - 12\right)
\end{aligned}$$

이다. 따라서 이를 조건제시법으로 나타내면

$$\left\{\frac{1}{12}\left(n^4 - 8n^3 + 17n^2 + 14n - 12\right) \mid n \text{ 은 자연수}\right\}$$

와 같다.

15. 초항이 $a = 2$ 이고 공비가 $r = -3$ 인 등비수열이므로 처음 10 항까지의 합 S_{10} 은

$$S_{10} = \frac{2 \cdot (1 - (-3)^{10})}{1 - (-3)} = \frac{1}{2} \cdot (1 - (-3)^{10}) = \frac{1}{2} \cdot (1 - 59049) = -29524$$

이다.

16. 주어진 수열의 일반항을 찾아 식을 변형하면

$$\ln\left(2^{1+(n-1)\cdot 2} \cdot 3^{1\cdot 2^{n-1}}\right) = \ln 2^{2n-1} + \ln 3^{2^{n-1}} = (2n-1)\ln 2 + 2^{n-1}\ln 3$$

이다. 따라서 제 10 항까지의 합은

$$\begin{aligned}
\sum_{n=1}^{10} \ln\left(2^{1+(n-1)\cdot 2} \cdot 3^{1\cdot 2^{n-1}}\right) &= \sum_{n=1}^{10}\left((2n-1)\ln 2 + 2^{n-1}\ln 3\right) \\
&= \ln 2 \sum_{n=1}^{10}(2n-1) + \ln 3 \sum_{n=1}^{10} 2^{n-1} \\
&= \ln 2\left(2\sum_{n=1}^{10} n - \sum_{n=1}^{10} 1\right) + \log 3 \sum_{n=1}^{10} 2^{n-1} \\
&= \ln 2\left(2 \cdot \frac{10(10+1)}{2} - 10\right) + \log 3\left(\frac{1 \cdot (2^{10} - 1)}{2 - 1}\right) \\
&= \ln 2\,(10 \cdot 11 - 10) + \ln 3\left(2^{10} - 1\right) \\
&= 10^2 \ln 2 + \left(2^{10} - 1\right)\ln 3 \\
&= 100 \ln 2 + 1023 \ln 3
\end{aligned}$$

이다.

제 3 장 연습문제 풀이

1. (1) $2A - B = 2\begin{pmatrix} 1 & 0 & 2 \\ 0 & 1 & 0 \end{pmatrix} - \begin{pmatrix} -1 & 0 & -1 \\ 0 & 1 & 2 \end{pmatrix} = \begin{pmatrix} 3 & 0 & 5 \\ 0 & 1 & -2 \end{pmatrix}.$

(2) $A + 2B = \begin{pmatrix} 1 & 0 & 2 \\ 0 & 1 & 0 \end{pmatrix} + 2\begin{pmatrix} -1 & 0 & -1 \\ 0 & 1 & 2 \end{pmatrix} = \begin{pmatrix} -1 & 0 & 0 \\ 0 & 3 & 4 \end{pmatrix}.$

2. (1) 주어진 행렬방정식을 간단히 하면

$$\begin{pmatrix} 3+\beta & 3\alpha+2 \\ -2 & -2\alpha \end{pmatrix} = \begin{pmatrix} 3 & 5 \\ -2 & -2 \end{pmatrix}$$

이다. 따라서 행렬의 상등관계로부터 연립일차방정식

$$3+\beta = 3, \qquad 3\alpha + 2 = 5, \qquad -2\alpha = -2$$

을 풀면 $\alpha = 1$, $\beta = 0$ 이다.

(2) 주어진 행렬방정식을 간단히 하면

$$\begin{pmatrix} -\alpha & 2\alpha \\ -1 & 2-2\beta \end{pmatrix} = \begin{pmatrix} -2 & \gamma \\ -1 & 0 \end{pmatrix}$$

이다. 따라서 행렬의 상등관계로부터 연립일차방정식

$$-\alpha = -2, \qquad 2\alpha = \gamma, \qquad 2-2\beta = 0$$

을 풀면 $\alpha = 2$, $\beta = 1$, $\gamma = 4$ 이다.

3. 행렬 A 의 전치행렬은

$$A^t = \begin{pmatrix} 1 & 0 & 2 \\ 2 & 1 & 1 \\ 0 & 0 & 2 \end{pmatrix}$$

이다. 따라서 행렬 B를 $B = AA^t$ 라고 놓고, $B = AA^t$ 을 계산하면

$$B = AA^t = \begin{pmatrix} 1 & 2 & 0 \\ 0 & 1 & 0 \\ 2 & 1 & 2 \end{pmatrix}\begin{pmatrix} 1 & 0 & 2 \\ 2 & 1 & 1 \\ 0 & 0 & 2 \end{pmatrix} = \begin{pmatrix} 5 & 2 & 4 \\ 2 & 1 & 1 \\ 4 & 1 & 9 \end{pmatrix}$$

이다. 따라서 $B^t = B$ 이므로 행렬 B는 대칭행렬이다.

4. 행렬 A에 대하여 $1 \cdot 1 - 0 \cdot 2 = 1 \neq 0$ 이므로 A의 역행렬은 존재한다. 따라서 역행렬을 구하면

$$A^{-1} = \begin{pmatrix} 1 & 0 \\ -2 & 1 \end{pmatrix}$$

이다.

5. (1) $\sigma = (1\ \ 7\ \ 6\ \ 5\ \ 3\ \ 4)$ (2) $\delta = (1\ \ 2\ \ 4\ \ 3)(5\ \ 6)$.

6. (1) $\sigma = (1\ \ 7\ \ 6\ \ 5\ \ 3\ \ 4) = (1\ \ 4)(1\ \ 3)(1\ \ 5)(1\ \ 6)(1\ \ 7)$.

(2) $\delta = (1\ \ 2\ \ 4\ \ 3)(5\ \ 6) = (1\ \ 3)(1\ \ 4)(1\ \ 2)(5\ \ 6)$.

7. (1) $\sigma = (1\ \ 2\ \ 3) = (1\ \ 3)(1\ \ 2)$, $\mathrm{sgn}(\sigma) = 1$.

(2) $\delta = (1\ \ 4\ \ 3)(2\ \ 5) = (1\ \ 3)(1\ \ 4)(2\ \ 5)$, $\mathrm{sgn}(\delta) = -1$.

8. (1) $\det A = -5$ (2) $\det B = 13$

9. (1) 사루스의 법칙을 적용하여 행렬식을 계산하면 $\det A = 3 \cdot 4 - (-1) \cdot 2 = 14$ 이다.

(2) 사루스의 법칙을 적용하여 행렬식을 계산하면

$$\det B = 3 \cdot 6 \cdot (-4) + 5 \cdot 1 \cdot 2 + (-2) \cdot 0 \cdot 0 - (-2) \cdot 6 \cdot 2 - 1 \cdot 0 \cdot 3 - (-4) \cdot 0 \cdot 5 = -38$$

이다.

(3) 사루스의 법칙을 적용하여 행렬식을 계산하면

$$\det C = 1 \cdot 3 \cdot 2 + 2 \cdot 0 \cdot 3 + 1 \cdot 5 \cdot 2 - 1 \cdot 3 \cdot 3 - 0 \cdot 5 \cdot 1 - 2 \cdot 2 \cdot 2 = -1$$

이다.

10. (1) 행렬의 한 행(R_j) 또는 열(C_j)에 수 α를 곱하여 다른 행(R_i) 또는 열(C_i)에 더하여도(즉, $R_i \leftarrow R_i + \alpha R_j$ 또는 $C_i \leftarrow C_i + \alpha C_j$) 주어진 행렬의 행렬식에는 변함이 없다는 성질을 이용하여 구하도록 하자.

$$\begin{vmatrix} 1 & 2 & 3 \\ 2 & 1 & 1 \\ 3 & 1 & 1 \end{vmatrix} = \begin{vmatrix} 1 & 2 & 3 \\ 0 & -3 & -5 \\ 0 & -5 & -8 \end{vmatrix}$$

[$R_2 \leftarrow R_2 + (-2) \cdot R_1$, $R_3 \leftarrow R_3 + (-3) \cdot R_2$ 을 실행한 결과]

$$= \begin{vmatrix} 1 & 2 & 3 \\ 0 & -3 & -5 \\ 0 & 0 & 1/3 \end{vmatrix}$$

[$R_3 \leftarrow R_3 + (-5/3)R_2 3$ 을 실행한 결과]

$$= 1 \cdot (-3) \cdot (1/3)$$

[주대각성분을 모두 곱한 결과]

$$= -1$$

따라서 구하는 행렬식은 -1 이다.

(2) (1)에서와 같은 방법으로 구하도록 하자.

$$\begin{vmatrix} 1 & 0 & 1 \\ 2 & 1 & 1 \\ 3 & 0 & 0 \end{vmatrix} = \begin{vmatrix} 1 & 0 & 1 \\ 0 & 1 & -1 \\ 0 & 0 & -3 \end{vmatrix}$$

[$R_2 \leftarrow R_2 + (-2) \cdot R_1$, $R_3 \leftarrow R_3 + (-3) \cdot R_2$ 을 실행한 결과]

$$= 1 \cdot 1 \cdot (-3)$$

[주대각성분을 모두 곱한 결과]

$$= -3$$

따라서 구하는 행렬식은 -3 이다.

11. 행렬 A의 역행렬 A^{-1}는

$$A^{-1} = \begin{pmatrix} 4 & 6 \\ 0 & 2 \end{pmatrix}$$

이다. 따라서

$$(2A)^{-1} + A^{-1} = \frac{1}{2}A^{-1} + A^{-1} = \left(\frac{1}{2} + 1\right)A^{-1} = \frac{3}{2}A^{-1} = \frac{3}{2}\begin{pmatrix} 4 & 6 \\ 0 & 2 \end{pmatrix} = \begin{pmatrix} 6 & 9 \\ 0 & 3 \end{pmatrix}$$

이다.

12. 행렬 A 에 대하여

$$A^2 = AA = \begin{pmatrix} \alpha & \beta \\ 0 & \alpha \end{pmatrix}\begin{pmatrix} \alpha & \beta \\ 0 & \alpha \end{pmatrix} = \begin{pmatrix} \alpha^2 & 2\alpha\beta \\ 0 & \alpha^2 \end{pmatrix}$$

$$A^3 = A^2A = \begin{pmatrix} \alpha^2 & 2\alpha\beta \\ 0 & \alpha^2 \end{pmatrix}\begin{pmatrix} \alpha & \beta \\ 0 & \alpha \end{pmatrix} = \begin{pmatrix} \alpha^3 & 3\alpha^2\beta \\ 0 & \alpha^3 \end{pmatrix}$$

$$A^4 = A^3A = \begin{pmatrix} \alpha^3 & 3\alpha^2\beta \\ 0 & \alpha^3 \end{pmatrix}\begin{pmatrix} \alpha & \beta \\ 0 & \alpha \end{pmatrix} = \begin{pmatrix} \alpha^4 & 4\beta^3\beta \\ 0 & \alpha^4 \end{pmatrix}$$

이다. 따라서 모든 자연수 n 에 대하여 A^n 은

$$A^n = \begin{pmatrix} \alpha^n & n\alpha^{n-1}\beta \\ 0 & \alpha^n \end{pmatrix}, \qquad n = 1, 2, 3, \ldots \tag{A.3.1}$$

와 같이 추측할 수 있다. 식 (A.3.1)의 사실을 증명하기 위해 수학적 귀납법을 사용하도록 하자.

(i) $n = 1$ 일 때 식 (A.3.1)은

$$A = \begin{pmatrix} \alpha & 1 \cdot \alpha^0\beta \\ 0 & \alpha \end{pmatrix} = \begin{pmatrix} \alpha & \beta \\ 0 & \alpha \end{pmatrix}$$

으로 주어진 행렬 A 와 같음을 알 수 있다.

(ii) $n = k$ $(k \geq 1)$일 때 식 (A.3.1)로부터

$$A^k = \begin{pmatrix} \alpha^k & k\alpha^{k-1}\beta \\ 0 & \alpha^k \end{pmatrix} \tag{A.3.2}$$

이 성립한다고 가정하자. 그러면 $n = k + 1$ 일 때 식 (A.3.2) 로부터

$$A^{k+1} = A^k A = \begin{pmatrix} \alpha^k & k\alpha^{k-1}\beta \\ 0 & \alpha^k \end{pmatrix}\begin{pmatrix} \alpha & \beta \\ 0 & \alpha \end{pmatrix} = \begin{pmatrix} \alpha^{k+1} & (k+1)\alpha^k\beta \\ 0 & \alpha^{k+1} \end{pmatrix}$$

이므로 식 (A.3.1) 이 성립한다.

따라서 (i) 과 (ii) 로부터 수학적 귀납법에 의해 식 (A.3.1) 이 성립한다.
또한 위에서와 같은 방법으로 모든 자연수 n 에 대하여 B^n, C^n 이 다음과 같음을 확인할 수 있다.

$$B^n = \begin{pmatrix} \alpha^n & n\alpha^{n-1} & \frac{n(n-1)}{2}\alpha^{n-2} \\ 0 & \alpha^n & n\alpha^{n-1} \\ 0 & 0 & \alpha^n \end{pmatrix}, \qquad C^n = \begin{pmatrix} \cos n\theta & -\sin n\theta \\ \sin n\theta & \cos n\theta \end{pmatrix}.$$

특히 C^n 의 형태를 위와 같이 간단히 나타내기 위해 삼각공식

$$\sin(\alpha+\beta) = \sin\alpha\cos\beta + \cos\alpha\sin\beta, \qquad \cos(\alpha+\beta) = \cos\alpha\cos\beta - \sin\alpha\sin\beta$$

을 적용하였다.

13. 행렬 A 에 대하여

$$AA^t = \begin{pmatrix} \frac{1}{\sqrt{2}} & -\frac{1}{\sqrt{2}} \\ \frac{1}{\sqrt{2}} & \frac{1}{\sqrt{2}} \end{pmatrix}\begin{pmatrix} \frac{1}{\sqrt{2}} & \frac{1}{\sqrt{2}} \\ -\frac{1}{\sqrt{2}} & \frac{1}{\sqrt{2}} \end{pmatrix} = \begin{pmatrix} 1 & 0 \\ 0 & 1 \end{pmatrix} = I$$

이 성립한다. 따라서 직교행렬의 정의로부터 행렬 A 는 직교행렬이다.

14. (1) 항등행렬 I 는 가역행렬로서 $I^{-1} = I$ 이고 $I^t = I$ 이다. 따라서 $I^{-1} = I = I^t$ 이 성립한다. 그러므로 항등행렬 I 는 직교행렬이다.

(2) 행렬 A 가 직교행렬이므로 $A^tA = I$ 이고 $AA^t = I$ 이다. 따라서

$$A^{-1}(A^{-1})^t = A^{-1}(A^t)^{-1} = (A^tA)^{-1} = I^{-1} = I,$$
$$(A^{-1})^tA^{-1} = (A^t)^{-1}A^{-1} = (AA^t)^{-1} = I^{-1} = I$$

이 성립하므로 가역행렬의 정의로부터 $(A^{-1})^t = (A^{-1})^{-1}$ 이다. 따라서 직교행렬의 정의로부터 A^{-1} 도 직교행렬이다.

(3) A, B가 직교행렬이므로 $A^{-1} = A^t$, $B^{-1} = B^t$이 성립한다. 따라서

$$(AB)^{-1} = B^{-1}A^{-1} = B^tA^t = (AB)^t$$

이다. 그러므로 직교행렬의 정의로부터 AB도 직교행렬이다.

15. (1) A가 가역행렬이므로 역행렬 A^{-1}가 존재한다. 따라서 존재하는 A^{-1}을 등식 $AB = AC$의 양변의 좌측에 곱하면 $A^{-1}(AB) = A^{-1}(AC)$이다. 또한 위 등식의 좌변을 간단히 하면 $A^{-1}(AB) = (A^{-1}A)B = IB = B$이고, 우변을 간단히 하면 $A^{-1}(AC) = (A^{-1}A)C = IC = C$이다. 따라서 $B = C$이 성립한다.

(2) A, B가 가역행렬이므로 이들의 역행렬 A^{-1}, B^{-1}가 존재하고, 또한 A, B가 대칭행렬이므로 $A^t = A$, $B^t = B$이다. 따라서

$$((AB)^t)^{-1} = (B^tA^t)^{-1} = (BA)^{-1} = A^{-1}B^{-1}$$

이다.

16. 행렬 A가 가역행렬이므로

$$AA^{-1} = I$$

을 만족한다. 따라서 양변에 행렬식을 취하면 $\det(AA^{-1}) = \det I$이다. 이때 $\det(AA^{-1}) = \det A \det(A^{-1})$이고 $\det I = 1$이므로 $\det A \det(A^{-1}) = 1$이다. 따라서 $\det A \neq 0$이므로 $\det(A^{-1}) = (\det A)^{-1}$이다.

17. 5차 정사각행렬 A에 대하여 $\det A = 2$이므로

$$\det(2A^{-1}) = 2^5 \det(A^{-1}) = 2^5 \cdot \frac{1}{\det A} = 16$$

이다.

18. $B = (I - A)(I + A)^{-1}$의 양변의 우측에 $I + A$을 곱하면

$$B(I + A) = (I - A)(I + A)^{-1}(I + A) = I - A$$

이다. 따라서 $B+BA=I-A$ 이다. 이 등식의 양변에 $I+A$ 를 더하면

$$I+A+B+BA=I+A+I-A$$

이고, 이들의 양변을 간단히 하면 $I+A+B+BA=2I$ 이다. 따라서

$$2I=I+A+B+BA=I+B+A+BA=(I+B)+A(I+B)=(I+B)(I+A)$$

이므로 $(I+B)(I+A)=2I$ 이다. 즉,

$$(I+B)\left(\frac{1}{2}(I+A)\right)=I$$

이다. 그러므로 $I+B$ 는 가역행렬이고

$$(I+B)^{-1}=\frac{1}{2}(I+A)$$

이다.

19. 행렬 A, B 가 가역행렬이므로 이들의 역행렬 A^{-1}, B^{-1} 가 존재하고, 또한 A, B 가 대칭행렬이므로 $A^t=A$, $B^t=B$ 이다. 따라서

$$((AB)^t)^{-1}=(B^tA^t)^{-1}=(BA)^{-1}=A^{-1}B^{-1}$$

이다.

20. (1) 성립하지 않는 하나의 예를 들면 충분하다.

$A, B, C, D\in M_{2\times 2}$, $C\neq 0$ 를 각각

$$A=\begin{pmatrix}1&1\\0&1\end{pmatrix},\qquad B=\begin{pmatrix}1&0\\0&1\end{pmatrix},\qquad C=\begin{pmatrix}0&1\\0&0\end{pmatrix},\qquad D=\begin{pmatrix}1&0\\1&1\end{pmatrix}$$

와 같이 택하자. 그러면

$$\det M=2,\qquad \det A\det D-\det B\det C=1$$

이므로 $\det M\neq\det A\det D-\det B\det C$ 이다.

(2) 한 행(R_j)에 수 α를 곱하여 다른 행(R_i)에 더하여도(즉, $R_i \leftarrow R_i + \alpha R_j$) 행렬식은 변함이 없다는 성질을 이용하여 다음과 같은 알고리즘에 따라 주어진 행렬 $N = (n_{ij}) \in M_{2n\times 2n}$ 와 행렬식이 일치하는 상삼각행렬로 변환시킬 수 있다.

Input $N = (n_{ij}) \in M_{2n\times 2n}$
For $j = 1, 2, 3, \ldots, 2n-1$
  For $i = j+1, j+2, \ldots, 2n$
    $R_i \leftarrow R_i + \alpha_{ij} R_j, \quad \alpha_{ij} = -\frac{n_{ij}}{n_{jj}}$
  End
End

위의 알고리즘으로부터 얻어진 상삼각행렬을 $\tilde{N}$ 라고 하고

$$\tilde{N} = \begin{pmatrix} \tilde{A} & \tilde{B} \\ 0 & \tilde{D} \end{pmatrix}, \qquad \tilde{A} = (\tilde{a}_{ij}), \qquad \tilde{B} = (\tilde{b}_{ij}), \qquad \tilde{D} = (\tilde{d}_{ij})$$

와 같이 놓자. 또한 행렬 A 와 D 를 독립적으로 각각 상삼각행렬화하여 얻어진 행렬을 $\hat{A}$, $\hat{D}$ 라고 놓으면 $\tilde{A} = \hat{A}$ 이고 $\tilde{D} = \hat{D}$ 임을 쉽게 알 수 있다. 따라서

$$\begin{aligned} \det N = \det \tilde{N} &= (\tilde{a}_{11}\tilde{a}_{22}\tilde{a}_{33} \cdots \tilde{a}_{nn})(\tilde{d}_{11}\tilde{d}_{22}\tilde{d}_{33} \cdots \tilde{d}_{nn}) \\ &= \det \tilde{A} \det \tilde{D} = \det A \det D \end{aligned}$$

이다. 위의 알고리즘은 j 번째 단계에서 $n_{jj} \neq 0$ 임을 가정하여 행 교환 없이 적절히 상삼각행렬화가 가능한 경우만을 고려하였다. 만약 j 번째 단계에서 $n_{jj} = 0$ 인 경우라면 $n_{kj} \neq 0$ $(j < k \leq 2n)$을 만족시키는 k 행을 찾아 j 행과 행 교환을 한 후에 상삼각행렬화를 계속 진행할 수 있다. 또한 $n_{kj} \neq 0$ 을 만족시키는 k 행이 존재하지 않는 경우라면 $\det N = 0 = \det A \det D$ 로 성립한다.

제 4 장 연습문제 풀이

1. 행렬 A가 갖는 소행렬식들을 모두 구하면

$$M_{11} = -3, \quad M_{12} = -6, \quad M_{13} = -3,$$
$$M_{21} = -6, \quad M_{22} = -12, \quad M_{23} = -6,$$
$$M_{31} = -3, \quad M_{32} = -6, \quad M_{33} = -3$$

이다. 이를 이용하여 행렬 A가 갖는 여인수들을 모두 구하면

$$A_{11} = M_{11} = -3, \quad A_{12} = -M_{12} = 6, \quad A_{13} = M_{13} = -3,$$
$$A_{21} = -M_{21} = 6, \quad A_{22} = M_{22} = -12, \quad A_{23} = -M_{23} = 6,$$
$$A_{31} = M_{31} = -3, \quad A_{32} = -M_{32} = 6, \quad A_{33} = M_{33} = -3$$

이다. 따라서 A의 수반행렬 $\operatorname{adj} A$는

$$\operatorname{adj} A = \begin{pmatrix} -3 & 6 & -3 \\ 6 & -12 & 6 \\ -3 & 6 & -3 \end{pmatrix}$$

이다.

2. (1) 2행 전개를 이용하면

$$\det(A) = (-1)\cdot(-1)^{2+1}\cdot\begin{vmatrix} 1 & 1 & 1 & 1 \\ -1 & 2 & 0 & 0 \\ 0 & -1 & 2 & 0 \\ 0 & 0 & -1 & 2 \end{vmatrix} + 2\cdot(-1)^{2+2}\cdot\begin{vmatrix} 1 & 1 & 1 & 1 \\ 1 & 2 & 0 & 0 \\ 1 & -1 & 2 & 0 \\ 1 & 0 & -1 & 2 \end{vmatrix} \quad \text{(A.4.1)}$$

을 얻는다. 식 (A.4.1)의 우변에 있는 첫 번째 행렬식에 4열 전개를 적용하고, 두 번째 행렬식에 2행 전개를 적용하여 결과적인 3차 행렬의 행렬식에 사루스의 법칙

을 적용하면

$$\begin{vmatrix} 1 & 1 & 1 & 1 \\ -1 & 2 & 0 & 0 \\ 0 & -1 & 2 & 0 \\ 0 & 0 & -1 & 2 \end{vmatrix} = 1 \cdot (-1)^{1+4} \cdot \begin{vmatrix} -1 & 2 & 0 \\ 0 & -1 & 2 \\ 0 & 0 & -1 \end{vmatrix} + 2 \cdot (-1)^{4+4} \cdot \begin{vmatrix} 1 & 1 & 1 \\ -1 & 2 & 0 \\ 0 & -1 & 2 \end{vmatrix}$$

$$= -(-1) + 2 \cdot 7 = 15,$$

$$\begin{vmatrix} 1 & 1 & 1 & 1 \\ 1 & 2 & 0 & 0 \\ 1 & -1 & 2 & 0 \\ 1 & 0 & -1 & 2 \end{vmatrix} = 1 \cdot (-1)^{2+1} \cdot \begin{vmatrix} 1 & 1 & 1 \\ -1 & 2 & 0 \\ 0 & -1 & 2 \end{vmatrix} + 2 \cdot (-1)^{2+2} \cdot \begin{vmatrix} 1 & 1 & 1 \\ 1 & 2 & 0 \\ 1 & -1 & 2 \end{vmatrix}$$

$$= -7 + 2 \cdot (-1) = -9$$

이다. 따라서 이들 연산 결과를 식 (A.4.1)에 대입하면

$$\det(A) = 15 + 2 \cdot (-9) = -3$$

을 얻는다.

(2) 5 행 전개를 이용하면

$$\det(\boldsymbol{B}) = \begin{vmatrix} 1 & 1 & 1 & 1 \\ -1 & 2 & 0 & 0 \\ 0 & -1 & 2 & 0 \\ 0 & 0 & -1 & 0 \end{vmatrix} + 2 \begin{vmatrix} 1 & 1 & 1 & 1 \\ -1 & 2 & 0 & 0 \\ 0 & -1 & 2 & 0 \\ 0 & 0 & -1 & 2 \end{vmatrix} \tag{A.4.2}$$

을 얻는다. 식 (A.4.2)의 첫 번째 행렬식에 4 열 전개를 적용하고, 두 번째 행렬식에 4 행 전개를 적용하여 결과적인 3 차 행렬의 행렬식에 사루스의 법칙을 적용하면

$$\begin{vmatrix} 1 & 1 & 1 & 1 \\ -1 & 2 & 0 & 0 \\ 0 & -1 & 2 & 0 \\ 0 & 0 & -1 & 0 \end{vmatrix} = 1 \cdot (-1)^{1+4} \cdot \begin{vmatrix} -1 & 2 & 0 \\ 0 & -1 & 2 \\ 0 & 0 & -1 \end{vmatrix} = -(-1) = 1,$$

$$\begin{vmatrix} 1 & 1 & 1 & 1 \\ -1 & 2 & 0 & 0 \\ 0 & -1 & 2 & 0 \\ 0 & 0 & -1 & 2 \end{vmatrix} = \begin{vmatrix} 1 & 1 & 1 \\ -1 & 2 & 0 \\ 0 & -1 & 0 \end{vmatrix} + 2\begin{vmatrix} 1 & 1 & 1 \\ -1 & 2 & 0 \\ 0 & -1 & 2 \end{vmatrix} = 1 + 2 \cdot 7 = 15$$

이다. 따라서 이들 연산 결과를 식 (A.4.2)에 대입하면

$$\det(B) = 1 + 2 \cdot 15 = 31$$

을 얻는다.

(3) 1 행 전개와 사루스의 법칙을 적용하여 구하면

$$\det(C) = 1 \cdot (-1)^{1+1} \cdot \begin{vmatrix} 4 & 1 & 3 \\ 1 & 4 & 2 \\ 3 & 2 & 1 \end{vmatrix} + 2 \cdot (-1)^{1+2} \cdot \begin{vmatrix} 2 & 1 & 3 \\ 3 & 4 & 2 \\ 4 & 2 & 1 \end{vmatrix}$$

$$+ 3 \cdot (-1)^{1+3} \cdot \begin{vmatrix} 2 & 4 & 3 \\ 3 & 1 & 2 \\ 4 & 3 & 1 \end{vmatrix} + 4 \cdot (-1)^{1+4} \cdot \begin{vmatrix} 2 & 4 & 1 \\ 3 & 1 & 4 \\ 4 & 3 & 2 \end{vmatrix}$$

$$= 1 \cdot 1 \cdot (-25) + 2 \cdot (-1) \cdot (-25) + 3 \cdot 1 \cdot 25 + 4 \cdot (-1) \cdot 25$$

$$= 0$$

을 얻는다.

(4) 한 행(R_j)에 수 α를 곱하여 다른 행(R_i)에 더하여도(즉, $R_i \leftarrow R_i + \alpha R_j$) 행렬식은 변함이 없다는 성질을 이용하여 행렬식을 구하면

$$\det(D) = \begin{vmatrix} 1 & 2 & 3 & 4 & 5 \\ 1^2 & 2^2 & 3^2 & 4^2 & 5^2 \\ 1^3 & 2^3 & 3^3 & 4^3 & 5^3 \\ 1^4 & 2^4 & 3^4 & 4^4 & 5^4 \\ 1^5 & 2^5 & 3^5 & 4^5 & 5^5 \end{vmatrix} = 5! \begin{vmatrix} 1 & 1 & 1 & 1 & 1 \\ 1 & 2 & 3 & 4 & 5 \\ 1 & 2^2 & 3^2 & 4^2 & 5^2 \\ 1 & 2^3 & 3^3 & 4^3 & 5^3 \\ 1 & 2^4 & 3^4 & 4^4 & 5^4 \end{vmatrix}$$

[각 열에서 공통인 배수 1, 2, 3, 4, 5를 행렬식 밖으로 빼낸 결과]

$$= 5!\begin{vmatrix} 1 & 1 & 1 & 1 & 1 \\ 0 & 1 & 2 & 3 & 4 \\ 0 & 2\cdot 1 & 3\cdot 2 & 4\cdot 3 & 5\cdot 4 \\ 0 & 2^2\cdot 1 & 3^2\cdot 2 & 4^2\cdot 3 & 5^2\cdot 4 \\ 0 & 2^3\cdot 1 & 3^3\cdot 2 & 4^3\cdot 3 & 5^3\cdot 4 \end{vmatrix}$$

[$R_i \leftarrow R_i + (-1)\cdot R_{i-1}$ $(i = 2, 3, 4, 5)$를 실행한 결과]

$$= 5!\begin{vmatrix} 1 & 2 & 3 & 4 \\ 2\cdot 1 & 3\cdot 2 & 4\cdot 3 & 5\cdot 4 \\ 2^2\cdot 1 & 3^2\cdot 2 & 4^2\cdot 3 & 5^2\cdot 4 \\ 2^3\cdot 1 & 3^3\cdot 2 & 4^3\cdot 3 & 5^3\cdot 4 \end{vmatrix}$$

[1열 전개를 실행한 결과]

$$= 5!\,4!\begin{vmatrix} 1 & 1 & 1 & 1 \\ 2 & 3 & 4 & 5 \\ 2^2 & 3^2 & 4^2 & 5^2 \\ 2^3 & 3^3 & 4^3 & 5^3 \end{vmatrix}$$

[각 열에서 공통인 배수 1, 2, 3, 4를 행렬식 밖으로 빼낸 결과]

$$= 5!\,4!\begin{vmatrix} 1 & 1 & 1 & 1 \\ 0 & 1 & 2 & 3 \\ 0 & 3 & 8 & 15 \\ 0 & 9 & 32 & 75 \end{vmatrix}$$

[$R_i \leftarrow R_i + (-2)\cdot R_{i-1}$ $(i = 2, 3, 4)$를 실행한 결과]

$$= 5!\,4!\begin{vmatrix} 1 & 1\cdot 2 & 1\cdot 3 \\ 3 & 4\cdot 2 & 5\cdot 3 \\ 9 & 16\cdot 2 & 25\cdot 3 \end{vmatrix}$$

[1열 전개를 실행한 결과]

$$= 5!\,4!\,3!\begin{vmatrix} 1 & 1 & 1 \\ 3 & 4 & 5 \\ 9 & 16 & 25 \end{vmatrix}$$

[각 열에서 공통인 배수 1, 2, 3을 행렬식 밖으로 빼낸 결과]

$$= 5!\,4!\,3!\begin{vmatrix} 1 & 1 & 1 \\ 0 & 1 & 2 \\ 0 & 4 & 10 \end{vmatrix}$$

[$R_i \leftarrow R_i + (-3)\cdot R_{i-1}$ ($i = 2, 3$)를 실행한 결과]

$$= 5!\,4!\,3!\begin{vmatrix} 1 & 1\cdot 2 \\ 4 & 5\cdot 2 \end{vmatrix}$$

[1열 전개를 실행한 결과]

$$= 5!\,4!\,3!\,2!\begin{vmatrix} 1 & 1 \\ 4 & 5 \end{vmatrix}$$

[각 열에 공통인 배수 1, 2를 행렬식 밖으로 빼낸 결과]

$$= 5!\,4!\,3!\,2!\begin{vmatrix} 1 & 1 \\ 0 & 1 \end{vmatrix}$$

[$R_2 \leftarrow R_2 + (-4)\cdot R_1$를 실행한 결과]

$$= 5!\,4!\,3!\,2!\,1!$$

$$= 34560$$

을 얻는다.

(5) $\det(E) = -1$.

(6) $\det(F) = 12$.

3. (1) A의 행렬식은 $\det A = -2$이고, 수반행렬과 이를 이용한 역행렬은 다음과 같다.

$$\operatorname{adj} A = \begin{pmatrix} -1 & -1 & 1 \\ -1 & 1 & -1 \\ 2 & -2 & 0 \end{pmatrix}, \quad A^{-1} = \frac{1}{\det A}\operatorname{adj} A = -\frac{1}{2}\begin{pmatrix} -1 & -1 & 1 \\ -1 & 1 & -1 \\ 2 & -2 & 0 \end{pmatrix}$$

(2) B의 행렬식은 $\det B = 6$이고, 수반행렬과 이를 이용한 역행렬은 다음과 같다.

$$\operatorname{adj} B = \begin{pmatrix} -2 & 4 & -1 \\ -12 & -6 & 0 \\ 8 & -4 & 1 \end{pmatrix}, \quad B^{-1} = \frac{1}{\det B}\operatorname{adj} B = \frac{1}{6}\begin{pmatrix} -2 & 4 & -1 \\ -12 & 6 & 0 \\ 8 & -4 & 1 \end{pmatrix}$$

(3) C의 행렬식은 $\det C = 24$이고, 수반행렬과 이를 이용한 역행렬은 다음과 같다.

$$\operatorname{adj} C = \begin{pmatrix} 6 & -12 & 0 \\ 12 & 12 & -12 \\ -6 & -4 & 8 \end{pmatrix}, \qquad C^{-1} = \frac{1}{\det C}\operatorname{adj} C = \frac{1}{24}\begin{pmatrix} 6 & -12 & 0 \\ 12 & 12 & -12 \\ -6 & -4 & 8 \end{pmatrix}$$

4. 먼저 기본행연산을 이용하여 행렬 A의 역행렬을 얻기 위해

$$(A : I) = \begin{pmatrix} 2 & 1 & 1 & : & 1 & 0 & 0 \\ 1 & 2 & 1 & : & 0 & 1 & 0 \\ 1 & 1 & 2 & : & 0 & 0 & 1 \end{pmatrix}$$

와 같은 확대행렬을 구성하자. 그런 후에 여기에 기본행연산을 적용하여 좌측에 있는 행렬 A가 위치한 자리를 $(I : B)$와 같이 항등행렬로 변형시킨다. 이를 위한 일련의 과정은 다음과 같다.

$$\begin{pmatrix} 2 & 1 & 1 & : & 1 & 0 & 0 \\ 1 & 2 & 1 & : & 0 & 1 & 0 \\ 1 & 1 & 2 & : & 0 & 0 & 1 \end{pmatrix} \cong \begin{pmatrix} 2 & 1 & 1 & : & 1 & 0 & 0 \\ 0 & 3/2 & 1/2 & : & -1/2 & 1 & 0 \\ 0 & 1/2 & 3/2 & : & -1/2 & 0 & 1 \end{pmatrix}$$

[$R_2 \leftarrow R_2 + (-1/2) \cdot R_1$, $R_3 \leftarrow R_3 + (-1/2) \cdot R_1$ 을 실행한 결과]

$$\cong \begin{pmatrix} 2 & 1 & 1 & : & 1 & 0 & 0 \\ 0 & 3/2 & 1/2 & : & -1/2 & 1 & 0 \\ 0 & 0 & 4/3 & : & -1/3 & -1/3 & 1 \end{pmatrix}$$

[$R_3 \leftarrow R_3 + (-1/3)R_2$ 를 실행한 결과]

$$\cong \begin{pmatrix} 2 & 1 & 0 & : & 5/4 & 1/4 & -3/4 \\ 0 & 3/2 & 0 & : & -3/8 & 9/8 & -3/8 \\ 0 & 0 & 4/3 & : & -1/3 & -1/3 & 1 \end{pmatrix}$$

[$R_2 \leftarrow R_2 + (-3/8)R_3$, $R_1 \leftarrow R_1 + (-3/4)R_3$ 을 실행한 결과]

$$\cong \begin{pmatrix} 2 & 0 & 0 & : & 3/2 & -1/2 & -1/2 \\ 0 & 3/2 & 0 & : & -3/8 & 9/8 & -3/8 \\ 0 & 0 & 4/3 & : & -1/3 & -1/3 & 1 \end{pmatrix}$$

[$R_1 \leftarrow R_1 + (-2/3)R_2$ 를 실행한 결과]

$$\cong \begin{pmatrix} 1 & 0 & 0 & : & 3/4 & -1/4 & -1/4 \\ 0 & 1 & 0 & : & -1/4 & 3/4 & -1/4 \\ 0 & 0 & 1 & : & -1/4 & -1/4 & 3/4 \end{pmatrix}$$

[$R_1 \leftarrow (1/2) \cdot R_1$, $R_2 \leftarrow (2/3) \cdot R_2$, $R_3 \leftarrow (3/4) \cdot R_3$ 를 실행한 결과]

따라서 주어진 행렬 A의 역행렬은

$$A^{-1} = \frac{1}{4}\begin{pmatrix} 3 & -1 & -1 \\ -1 & 3 & -1 \\ -1 & -1 & 3 \end{pmatrix}$$

이다.

5. 주어진 행렬 A에 기본행연산을 적용하면

$$A = \begin{pmatrix} 1 & 2 & 1 \\ 1 & 1 & 1 \\ 2 & 2 & 2 \end{pmatrix} \cong \begin{pmatrix} 1 & 2 & 1 \\ 0 & -1 & 0 \\ 0 & -2 & 0 \end{pmatrix}$$

[$R_2 \leftarrow R_2 + (-1) \cdot R_1$, $R_3 \leftarrow R_3 + (-2) \cdot R_1$ 을 실행한 결과]

$$\cong \begin{pmatrix} 1 & 2 & 1 \\ 0 & -1 & 0 \\ 0 & 0 & 0 \end{pmatrix}$$

[$R_3 \leftarrow R_3 + (-2)R_2$ 를 실행한 결과]

을 얻는다. 따라서 영 아닌 행벡터가 2개이므로 행렬 A의 계수는 2이다. 따라서 행렬 A의 역행렬은 존재하지 않는다.

6. (1) $\det(A) = 1 \neq 0$ 이므로 A의 역행렬은 존재하고, 역행렬은 다음과 같다.

$$A^{-1} = \begin{pmatrix} 1 & 0 & 0 & 0 & 0 \\ -1 & 1 & 0 & 0 & 0 \\ -1 & 0 & 1 & 0 & 0 \\ -1 & 0 & 0 & 1 & 0 \\ -1 & 0 & 0 & 0 & 1 \end{pmatrix}$$

(2) $\det(B) = 1 \neq 0$ 이므로 B의 역행렬은 존재하고, 역행렬은 다음과 같다.

$$B^{-1} = \begin{pmatrix} 1 & -1 & -1 & -1 & -1 \\ 0 & 1 & 0 & 0 & 0 \\ 0 & 0 & 1 & 0 & 0 \\ 0 & 0 & 0 & 1 & 0 \\ 0 & 0 & 0 & 0 & 1 \end{pmatrix}$$

(3) $\det(C) = 1 \neq 0$ 이므로 C의 역행렬은 존재하고, 역행렬은 다음과 같다.

$$C^{-1} = \begin{pmatrix} 1 & 0 & 0 & 0 & 0 \\ -2 & 1 & 0 & 0 & 0 \\ -3 & 0 & 1 & 0 & 0 \\ -4 & 0 & 0 & 1 & 0 \\ -5 & 0 & 0 & 0 & 1 \end{pmatrix}$$

7. (1) 행렬방정식의 계수행렬을 A 라고 놓으면 $\det(A) = 14 \neq 0$ 이므로 연립일차방정식은 유일한 해를 갖는다. 따라서

$$D_1 = \begin{pmatrix} 3 & 2 & -1 \\ 2 & 1 & 2 \\ 1 & -1 & 1 \end{pmatrix}, \quad D_2 = \begin{pmatrix} 1 & 3 & -1 \\ -1 & 2 & 2 \\ 2 & 1 & 1 \end{pmatrix}, \quad D_3 = \begin{pmatrix} 1 & 2 & 3 \\ -1 & 1 & 2 \\ 2 & -1 & 1 \end{pmatrix}$$

라고 놓으면, 크래머의 법칙으로부터 구하는 해는 다음과 같다.

$$x = \frac{\det D_1}{\det A} = \frac{6}{7}, \quad y = \frac{\det D_2}{\det A} = \frac{10}{7}, \quad z = \frac{\det D_3}{\det A} = \frac{5}{7}$$

(2) 주어진 행렬방정식의 계수행렬을 A 라고 놓으면 $\det(A) = 1 \neq 0$ 이므로 연립일차방정식은 유일한 해를 갖는다. 따라서

$$D_1 = \begin{pmatrix} 0 & 1 & 1 \\ 1 & 0 & 1 \\ 0 & 1 & 1 \end{pmatrix}, \quad D_2 = \begin{pmatrix} 1 & 0 & 1 \\ 1 & 1 & 1 \\ 2 & 0 & 1 \end{pmatrix}, \quad D_3 = \begin{pmatrix} 1 & 1 & 0 \\ 1 & 0 & 1 \\ 2 & 1 & 0 \end{pmatrix}$$

라고 놓으면, 크래머의 법칙으로부터 구하는 해는 다음과 같다.

$$x_1 = \frac{\det D_1}{\det A} = \frac{0}{1} = 0, \qquad x_2 = \frac{\det D_2}{\det A} = \frac{-1}{1} = -1, \qquad x_3 = \frac{\det D_3}{\det A} = \frac{1}{1} = 1$$

(3) 주어진 행렬방정식의 계수행렬을 A 라고 놓으면 $\det(A) = 20 \neq 0$ 이므로 연립일차 방정식은 유일한 해를 갖는다. 따라서

$$D_1 = \begin{pmatrix} 4 & -3 & 1 \\ 2 & 1 & -1 \\ 1 & -1 & 3 \end{pmatrix}, \quad D_2 = \begin{pmatrix} 2 & 4 & 1 \\ 1 & 2 & -1 \\ 4 & 1 & 3 \end{pmatrix}, \quad D_3 = \begin{pmatrix} 2 & -3 & 4 \\ 1 & 1 & 2 \\ 4 & -1 & 1 \end{pmatrix}$$

라고 놓으면, 크래머의 법칙으로부터 구하는 해는 다음과 같다.

$$x = \frac{\det D_1}{\det A} = \frac{26}{20} = \frac{13}{10}, \qquad y = \frac{\det D_2}{\det A} = -\frac{21}{20}, \qquad z = \frac{\det D_3}{\det A} = -\frac{35}{20} = -\frac{7}{4}$$

(4) 주어진 행렬방정식의 계수행렬을 A 라고 놓으면 $\det(A) = 4 \neq 0$ 이므로 연립일차 방정식은 유일한 해를 갖는다. 따라서

$$D_1 = \begin{pmatrix} 0 & 3 & 1 \\ 1 & -2 & -1 \\ 2 & 4 & 1 \end{pmatrix}, \quad D_2 = \begin{pmatrix} 2 & 0 & 1 \\ 1 & 1 & -1 \\ 1 & 2 & 1 \end{pmatrix}, \quad D_3 = \begin{pmatrix} 2 & 3 & 0 \\ 1 & -2 & 1 \\ 1 & 4 & 2 \end{pmatrix}$$

라고 놓으면, 크래머의 법칙으로부터 구하는 해는 다음과 같다.

$$x = \frac{\det D_1}{\det A} = -\frac{1}{4}, \qquad y = \frac{\det D_2}{\det A} = \frac{7}{4}, \qquad z = \frac{\det D_3}{\det A} = -\frac{19}{4}$$

(5) 주어진 행렬방정식의 계수행렬을 A 라고 놓으면 $\det(A) = 14 \neq 0$ 이므로 연립일차 방정식은 유일한 해를 갖는다. 따라서

$$D_1 = \begin{pmatrix} 1 & 2 & -1 \\ 1 & 1 & 2 \\ 1 & -1 & 1 \end{pmatrix}, \quad D_2 = \begin{pmatrix} 1 & 1 & -1 \\ -1 & 1 & 2 \\ 2 & 1 & 1 \end{pmatrix}, \quad D_3 = \begin{pmatrix} 1 & 2 & 1 \\ -1 & 1 & 1 \\ 2 & -1 & 1 \end{pmatrix}$$

라고 놓으면, $\det(D_1) = 7$, $\det(D_2) = 7$, $\det(D_3) = 7$ 이므로 크래머의 법칙으로부터 구하는 해는 다음과 같다.

$$x = \frac{\det D_1}{\det A} = \frac{1}{2}, \quad y = \frac{\det D_2}{\det A} = \frac{1}{2}, \quad z = \frac{\det D_3}{\det A} = \frac{1}{2}$$

(6) 주어진 행렬방정식의 계수행렬을 A 라고 놓으면 $\det(A) = 5 \neq 0$ 이므로 연립일차 방정식은 유일한 해를 갖는다. 따라서

$$D_1 = \begin{pmatrix} 1 & 2 & 0 \\ 1 & 1 & 2 \\ 1 & -1 & 1 \end{pmatrix}, \quad D_2 = \begin{pmatrix} 1 & 1 & 0 \\ -1 & 1 & 2 \\ 0 & 1 & 1 \end{pmatrix}, \quad D_3 = \begin{pmatrix} 1 & 2 & 1 \\ -1 & 1 & 1 \\ 0 & -1 & 1 \end{pmatrix}$$

라고 놓으면, $\det(D_1) = 5$, $\det(D_2) = 0$, $\det(D_3) = 5$ 이므로 크래머의 법칙으로부터

$$x = \frac{\det D_1}{\det A} = 1, \quad y = \frac{\det D_2}{\det A} = 0, \quad z = \frac{\det D_3}{\det A} = 1$$

이다.

8. (1) 주어진 연립일차방정식에 대응하는 행렬방정식을

$$\begin{pmatrix} 2 & 1 & 1 \\ 1 & 2 & 1 \\ 1 & 1 & 2 \end{pmatrix}\begin{pmatrix} x_1 \\ x_2 \\ x_3 \end{pmatrix} = \begin{pmatrix} 1 \\ 1 \\ 1 \end{pmatrix}$$

와 같이 구성한 후에, 대응하는 확대행렬에 가우스 소거법을 적용하면

$$\begin{pmatrix} 2 & 1 & 1 & : & 1 \\ 1 & 2 & 1 & : & 1 \\ 1 & 1 & 2 & : & 1 \end{pmatrix} \cong \begin{pmatrix} 2 & 1 & 1 & : & 1 \\ 0 & 3/2 & 1/2 & : & 1/2 \\ 0 & 1/2 & 3/2 & : & 1/2 \end{pmatrix}$$

[$R_2 \leftarrow R_2 + (-1/2) \cdot R_1$, $R_3 \leftarrow R_3 + (-1/2) \cdot R_1$ 을 실행한 결과]

$$\cong \begin{pmatrix} 2 & 1 & 1 & : & 1 \\ 0 & 3/2 & 1/2 & : & 1/2 \\ 0 & 0 & 4/3 & : & 1/3 \end{pmatrix}$$

[$R_3 \leftarrow R_3 + (-1/3)R_2$ 를 실행한 결과]

을 얻는다. 따라서 주어진 연립일차방정식과 동치인 관계에 있는 행렬방정식은

$$\begin{pmatrix} 2 & 1 & 1 \\ 0 & 3/2 & 1/2 \\ 0 & 0 & 4/3 \end{pmatrix}\begin{pmatrix} x_1 \\ x_2 \\ x_3 \end{pmatrix} = \begin{pmatrix} 1 \\ 1/2 \\ 1/3 \end{pmatrix}$$

이다. 따라서 연립일차방정식의 해는 다음과 같다.

$$x_3 = \frac{\frac{1}{3}}{\frac{3}{4}} = \frac{1}{4}, \qquad x_2 = \frac{\frac{1}{2} - \frac{1}{2}\cdot\frac{1}{4}}{\frac{3}{2}} = \frac{1}{4}, \qquad x_1 = \frac{1 - 1\cdot\frac{1}{4} - 1\cdot\frac{1}{4}}{2} = \frac{1}{4}$$

(2) 주어진 연립일차방정식에 대응하는 행렬방정식을

$$\begin{pmatrix} 2 & 1 & 1 \\ 1 & 2 & 1 \\ 4 & 2 & 2 \end{pmatrix}\begin{pmatrix} x_1 \\ x_2 \\ x_3 \end{pmatrix} = \begin{pmatrix} 1 \\ 2 \\ 1 \end{pmatrix}$$

와 같이 구성한 후에, 대응하는 확대행렬에 가우스 소거법을 적용하면

$$\begin{pmatrix} 2 & 1 & 1 & : & 1 \\ 1 & 2 & 1 & : & 2 \\ 4 & 2 & 2 & : & 1 \end{pmatrix} \cong \begin{pmatrix} 2 & 1 & 1 & : & 1 \\ 0 & 3/2 & 1/2 & : & 3/2 \\ 0 & 0 & 0 & : & -1 \end{pmatrix}$$

[$R_2 \leftarrow R_2 + (-1/2)\cdot R_1$, $R_3 \leftarrow R_3 + (-2)\cdot R_1$ 을 실행한 결과]

을 얻는다. 따라서 주어진 연립일차방정식과 동치인 관계에 있는 행렬방정식은

$$\begin{pmatrix} 2 & 1 & 1 \\ 0 & 3/2 & 1/2 \\ 0 & 0 & 0 \end{pmatrix}\begin{pmatrix} x_1 \\ x_2 \\ x_3 \end{pmatrix} = \begin{pmatrix} 1 \\ 3/2 \\ -1 \end{pmatrix}$$

이다. 따라서 주어진 연립일차방정식의 해는 존재하지 않는다.

(3) 주어진 연립일차방정식에 대응하는 행렬방정식을

$$\begin{pmatrix} 4 & 5 & -2 \\ 2 & 3 & -1 \\ 0 & 1 & -3 \end{pmatrix}\begin{pmatrix} x_1 \\ x_2 \\ x_3 \end{pmatrix} = \begin{pmatrix} 10 \\ 7 \\ -5 \end{pmatrix}$$

와 같이 구성한 후에, 대응하는 확대행렬에 가우스 소거법을 적용하면

$$\begin{pmatrix} 4 & 5 & -2 & 10 \\ 2 & 3 & -1 & 7 \\ 0 & 1 & -3 & -5 \end{pmatrix} = \begin{pmatrix} 4 & 5 & -2 & 10 \\ 0 & 1/2 & 0 & 2 \\ 0 & 1 & -3 & -5 \end{pmatrix}$$

[$R_2 \leftarrow R_2 + (-1/2) \cdot R_1$ 을 실행한 결과]

$$= \begin{pmatrix} 4 & 5 & -2 & 10 \\ 0 & 1/2 & 0 & 2 \\ 0 & 0 & -3 & -9 \end{pmatrix}$$

[$R_3 \leftarrow R_3 + (-2) \cdot R_2$ 을 실행한 결과]

을 얻는다. 따라서 주어진 연립일차방정식과 동치인 관계에 있는 행렬방정식은

$$\begin{pmatrix} 4 & 5 & -2 \\ 0 & 1/2 & 0 \\ 0 & 0 & -3 \end{pmatrix} \begin{pmatrix} x_1 \\ x_2 \\ x_3 \end{pmatrix} = \begin{pmatrix} 10 \\ 2 \\ -9 \end{pmatrix}$$

이다. 따라서 구하는 해는

$$x_3 = \frac{-9}{-3} = 3, \quad x_2 = \frac{2}{1/2} = 4, \quad x_1 = \frac{10 - 5 \cdot 4 - (-1) \cdot (-2) \cdot 3}{4} = \frac{-4}{4} = -1$$

이다.

9. (1) 주어진 연립일차방정식에 대응하는 행렬방정식을

$$\begin{pmatrix} 1 & 2 & 1 \\ 1 & 1 & 1 \\ 2 & 2 & 2 \end{pmatrix} \begin{pmatrix} x_1 \\ x_2 \\ x_3 \end{pmatrix} = \begin{pmatrix} 1 \\ 1 \\ 2 \end{pmatrix}$$

와 같이 구성한 후에, 대응하는 확대행렬에 가우스 소거법을 적용하면

$$\begin{pmatrix} 1 & 2 & 1 & : & 1 \\ 1 & 1 & 1 & : & 1 \\ 2 & 2 & 2 & : & 2 \end{pmatrix} \cong \begin{pmatrix} 1 & 2 & 1 & : & 1 \\ 0 & -1 & 0 & : & 0 \\ 0 & -2 & 0 & : & 0 \end{pmatrix}$$

[$R_2 \leftarrow R_2 + (-1) \cdot R_1$, $R_3 \leftarrow R_3 + (-2) \cdot R_1$ 을 실행한 결과]

$$\cong \begin{pmatrix} 1 & 2 & 1 & : & 1 \\ 0 & -1 & 0 & : & 0 \\ 0 & 0 & 0 & : & 0 \end{pmatrix}$$

[$R_3 \leftarrow R_3 + (-2)R_2$ 를 실행한 결과]

을 얻는다. 따라서 주어진 연립일차방정식과 동치인 관계에 있는 행렬방정식은

$$\begin{pmatrix} 1 & 2 & 1 \\ 0 & -1 & 0 \\ 0 & 0 & 0 \end{pmatrix}\begin{pmatrix} x_1 \\ x_2 \\ x_3 \end{pmatrix} = \begin{pmatrix} 1 \\ 0 \\ 0 \end{pmatrix}$$

이다. 따라서 연립방정식의 해는 무수히 많이 존재한다. 즉, 임의의 수 α에 대하여 $x_3 = \alpha$라고 놓으면,

$$x_2 = \frac{0 - 0 \cdot \alpha}{-1} = 0, \qquad x_1 = \frac{1 - 2 \cdot 0 - 1 \cdot \alpha}{1} = 1 - \alpha$$

이다. 따라서 구하는 해는 임의의 수 α에 대하여 $x_3 = \alpha$, $x_2 = 0$, $x_3 = 1 - \alpha$ 이다.

(2) 주어진 연립일차방정식에 대응하는 행렬방정식을

$$\begin{pmatrix} 0 & 1 & -3 \\ 2 & 3 & -1 \\ 4 & 5 & -2 \end{pmatrix}\begin{pmatrix} x \\ y \\ z \end{pmatrix} = \begin{pmatrix} -5 \\ 7 \\ 10 \end{pmatrix}$$

와 같이 구성한 후에, 대응하는 확대행렬에 가우스 소거법을 적용하면

$$\begin{pmatrix} 0 & 1 & -3 & : & -5 \\ 2 & 3 & -1 & : & 7 \\ 4 & 5 & -2 & : & 10 \end{pmatrix} \cong \begin{pmatrix} 2 & 3 & -1 & : & 7 \\ 4 & 5 & -2 & : & 10 \\ 0 & 1 & -3 & : & -5 \end{pmatrix}$$

[$R_1 \leftarrow R_2$, $R_2 \leftarrow R_3$, $R_3 \leftarrow R_1$ 을 실행한 결과]

$$\cong \begin{pmatrix} 2 & 3 & -1 & : & 7 \\ 0 & -1 & 0 & : & -4 \\ 0 & 1 & -3 & : & -5 \end{pmatrix}$$

[$R_2 \leftarrow R_2 + (-2) \cdot R_1$ 을 실행한 결과]

$$\cong \begin{pmatrix} 2 & 3 & -1 & : & 7 \\ 0 & -1 & 0 & : & -4 \\ 0 & 0 & -3 & : & -9 \end{pmatrix}$$

[$R_3 \leftarrow R_3 + 1 \cdot R_2$를 실행한 결과]

을 얻는다. 따라서 구하는 해는

$$z = \frac{-9}{-3} = 3, \quad y = \frac{-4}{-1} = 4, \quad x = \frac{7 - 3 \cdot 4 - (-1) \cdot 3}{2} = \frac{-2}{2} = -1$$

이다.

(3) 주어진 연립일차방정식에 대응하는 행렬방정식을

$$\begin{pmatrix} 2 & 4 & 6 \\ 4 & 5 & 6 \\ 3 & 1 & -2 \end{pmatrix} \begin{pmatrix} x \\ y \\ z \end{pmatrix} = \begin{pmatrix} 18 \\ 24 \\ 4 \end{pmatrix}$$

와 같이 구성한 후에, 대응하는 확대행렬에 가우스 소거법을 적용하면

$$\begin{pmatrix} 2 & 4 & 6 & : & 18 \\ 4 & 5 & 6 & : & 24 \\ 3 & 1 & -2 & : & 4 \end{pmatrix} \cong \begin{pmatrix} 2 & 4 & 6 & : & 18 \\ 0 & -3 & -6 & : & -12 \\ 0 & -5 & -11 & : & -23 \end{pmatrix}$$

[$R_2 \leftarrow R_2 - 2 \cdot R_1$, $R_3 \leftarrow R_3 - \frac{3}{2} \cdot R_1$ 을 실행한 결과]

$$\cong \begin{pmatrix} 2 & 4 & 6 & : & 18 \\ 0 & -3 & -6 & : & -12 \\ 0 & 0 & -1 & : & -3 \end{pmatrix}$$

[$R_3 \leftarrow R_3 - \frac{5}{3} \cdot R_2$ 를 실행한 결과]

을 얻는다. 따라서 구하는 해는

$$z = \frac{-3}{-1} = 3, \quad y = \frac{-12 - (-6) \cdot 3}{-3} = \frac{6}{-3} = -2, \quad x = \frac{18 - 4 \cdot (-2) - 6 \cdot 3}{2} = 4$$

이다.

(4) 주어진 연립일차방정식에 대응하는 행렬방정식을

$$\begin{pmatrix} 1 & 4 & -2 \\ 2 & 7 & -1 \\ 2 & 9 & -7 \end{pmatrix}\begin{pmatrix} x \\ y \\ z \end{pmatrix} = \begin{pmatrix} 4 \\ -2 \\ 1 \end{pmatrix}$$

와 같이 구성한 후에, 대응하는 확대행렬에 가우스 소거법을 적용하면

$$\begin{pmatrix} 1 & 4 & -2 & : & 4 \\ 2 & 7 & -1 & : & -2 \\ 2 & 9 & -7 & : & 1 \end{pmatrix} \cong \begin{pmatrix} 1 & 4 & -2 & : & 4 \\ 0 & -1 & 3 & : & -10 \\ 0 & 1 & -3 & : & -7 \end{pmatrix}$$

[$R_2 \leftarrow R_2 + (-2) \cdot R_1$, $R_3 \leftarrow R_3 + (-2) \cdot R_1$ 을 실행한 결과]

$$\cong \begin{pmatrix} 1 & 4 & -2 & : & 4 \\ 0 & -1 & 3 & : & -10 \\ 0 & 0 & 0 & : & -17 \end{pmatrix}$$

[$R_3 \leftarrow R_3 + 1 \cdot R_2$ 를 실행한 결과]

을 얻는다. 따라서 구하는 해는 존재하지 않는다. 왜냐하면 변형된 마지막 확대행렬의 3 행과 관한한 방정식으로부터

$$0 \cdot x + 0 \cdot y + 0 \cdot z = -17$$

을 만족시키는 x, y, z 는 존재하지 않기 때문이다.

제 5 장 연습문제 풀이

1. (1) $2\mathbf{u} + \mathbf{v} = 2(1, 0, 2) + (0, -2, 0) = (2 + 0, 0 - 2, 4 + 0) = (2, -2, 4)$.

(2) $\mathbf{u} - 3\mathbf{v} = (1, 0, 2) - 3(0, -2, 0) = (1 - 0, 0 + 6, 2 - 0) = (1, 6, 2)$.

(3) $3\mathbf{u} - \mathbf{v} = 3(1, 0, 2) - (0, -2, 0) = (3 - 0, 0 + 2, 6 - 0) = (3, 2, 6)$.

(4) $-2\mathbf{u} + 3\mathbf{v} = -2(1, 0, 2) + 3(0, -2, 0) = (-2 + 0, 0 - 6, -4 + 0) = (-2, -6, -4)$.

2. $2\mathbf{u} - 3\mathbf{w} = 4\mathbf{v}$ 로부터

$$\mathbf{w} = \frac{1}{3}(2\mathbf{u} - 4\mathbf{v}) = \frac{2}{3}\mathbf{u} - \frac{4}{3}\mathbf{v} = \frac{2}{3}(1, 0, 1) - \frac{4}{3}(0, 1, 0) = \frac{2}{3}(1, -2, 1)$$

이다.

3. (1) $\|\mathbf{u} + \mathbf{v}\| = \|(1, 0, 1) + (0, 1, 0)\| = \|(1, 1, 1)\| = \sqrt{3}$.

(2) $\|\mathbf{u}\| + \|\mathbf{v}\| = \|(1, 0, 1)\| + \|(0, 1, 0)\| = \sqrt{2} + 1$.

(3) $\dfrac{1}{\|\mathbf{w}\|}\mathbf{w} = \dfrac{1}{\|(1, 1, 1)\|}(1, 1, 1) = \dfrac{1}{\sqrt{3}}(1, 1, 1)$.

4. 주어진 관계식

$$\alpha\mathbf{u} + \beta\mathbf{v} + \gamma\mathbf{w} = (1, -1, 1)$$

을 행렬을 이용하여 행렬방정식으로 나타내면

$$\begin{pmatrix} -1 & 2 & 1 \\ 1 & 2 & 1 \\ 2 & -1 & -2 \end{pmatrix}\begin{pmatrix} \alpha \\ \beta \\ \gamma \end{pmatrix} = \begin{pmatrix} 1 \\ -1 \\ 1 \end{pmatrix}$$

이다. 따라서 $\alpha = -1, \beta = 1, \gamma = -2$ 이다.

5. $\mathbf{u} \times \mathbf{w} = \left(\begin{vmatrix} -1 & 1 \\ 1 & 1 \end{vmatrix}, \begin{vmatrix} 1 & 1 \\ 1 & 1 \end{vmatrix}, \begin{vmatrix} 1 & -1 \\ 1 & 1 \end{vmatrix} \right) = (-2, 0, 2)$.

6. (1) $\mathbf{u} \times \mathbf{w} = \left(\begin{vmatrix} -1 & 1 \\ 1 & 1 \end{vmatrix}, \begin{vmatrix} 1 & 1 \\ 1 & 1 \end{vmatrix}, \begin{vmatrix} 1 & -1 \\ 1 & 1 \end{vmatrix} \right) = (-2, 0, 2)$.

(2) $\mathbf{v}\times\mathbf{w} = \left(\begin{vmatrix}1 & 1\\1 & 1\end{vmatrix}, \begin{vmatrix}1 & 0\\1 & 1\end{vmatrix}, \begin{vmatrix}0 & 1\\1 & 1\end{vmatrix}\right) = (0,\ 1,\ -1)$ 이므로

$$\mathbf{u}\times(\mathbf{v}\times\mathbf{w}) = \left(\begin{vmatrix}-1 & 1\\1 & -1\end{vmatrix}, \begin{vmatrix}1 & 1\\-1 & 0\end{vmatrix}, \begin{vmatrix}1 & -1\\0 & 1\end{vmatrix}\right) = (0,\ 1,\ 1).$$

(3) $\mathbf{u}\times\mathbf{v} = \left(\begin{vmatrix}-1 & 1\\1 & 1\end{vmatrix}, \begin{vmatrix}1 & 1\\1 & 0\end{vmatrix}, \begin{vmatrix}1 & -1\\0 & 1\end{vmatrix}\right) = (-2,\ -1,\ 1)$ 이므로

$$(\mathbf{u}\times\mathbf{v})\times\mathbf{w} = \left(\begin{vmatrix}-1 & 1\\1 & 1\end{vmatrix}, \begin{vmatrix}1 & -2\\1 & 1\end{vmatrix}, \begin{vmatrix}-2 & -1\\1 & 1\end{vmatrix}\right) = (-2,\ 3,\ -1).$$

(4) (2), (3) 에서 계산된 결과를 이용하면

$$(\mathbf{u}\times\mathbf{v})\times(\mathbf{v}\times\mathbf{w}) = \left(\begin{vmatrix}-1 & 1\\1 & -1\end{vmatrix}, \begin{vmatrix}1 & -2\\-1 & 0\end{vmatrix}, \begin{vmatrix}-2 & -1\\0 & 1\end{vmatrix}\right) = (0,\ -2,\ -2).$$

(5) $\mathbf{v}-\mathbf{w} = (-1,\ 0,\ 0)$ 이므로

$$\mathbf{u}\times(\mathbf{v}-\mathbf{w}) = \left(\begin{vmatrix}-1 & 1\\0 & 0\end{vmatrix}, \begin{vmatrix}1 & 1\\0 & -1\end{vmatrix}, \begin{vmatrix}1 & -1\\-1 & 0\end{vmatrix}\right) = (0,\ -1,\ -1).$$

(6) (3) 에서 계산된 결과를 이용하면 $(\mathbf{u}\times\mathbf{v})\cdot\mathbf{w} = (-2,\ -1,\ 1)\cdot(1,\ 1,\ 1) = -2.$

7. (1) 두 벡터 **u**와 **v**의 외적벡터 $\mathbf{u}\times\mathbf{v}$는 두 벡터에 동시에 수직인 벡터로서

$$\mathbf{u}\times\mathbf{v} = \begin{vmatrix}\mathbf{e}_1 & \mathbf{e}_2 & \mathbf{e}_3\\2 & -6 & -3\\4 & 3 & -1\end{vmatrix} = (15,\ -10,\ 30)$$

이다. 따라서 구하는 단위벡터를 **e** 라고 놓으면

$$\mathbf{e} = \pm\frac{1}{\|\mathbf{u}\times\mathbf{v}\|}(\mathbf{u}\times\mathbf{v}) = \pm\frac{1}{35}(15,\ -10,\ 30) = \pm\,(3/7,\ -2/7,\ 6/7)$$

이다.

(2) 두 벡터 $\mathbf{u}$와 $\mathbf{v}$의 외적벡터 $\mathbf{u}\times\mathbf{v}$는 두 벡터에 동시에 수직인 벡터로

$$\mathbf{u}\times\mathbf{v} = \begin{vmatrix} \mathbf{e}_1 & \mathbf{e}_2 & \mathbf{e}_3 \\ 1 & 0 & -1 \\ 0 & 1 & 0 \end{vmatrix} = (1,\ 0,\ 1)$$

이다. 따라서 구하는 단위벡터를 $\mathbf{e}$라고 놓으면

$$\mathbf{e} = \pm\frac{1}{\|\mathbf{u}\times\mathbf{v}\|}(\mathbf{u}\times\mathbf{v}) = \pm\frac{1}{\sqrt{2}}(1,\ 0,\ 1)$$

이다.

8. 벡터 $\mathbf{u}$, $\mathbf{v}$에 대하여 구하려는 벡터 $\mathbf{w} = (w_1,\ w_2,\ w_3)$는

$$\left(\begin{vmatrix} 3 & 2 \\ w_2 & w_3 \end{vmatrix},\ \begin{vmatrix} 2 & -1 \\ w_3 & w_1 \end{vmatrix},\ \begin{vmatrix} -1 & 3 \\ w_1 & w_2 \end{vmatrix}\right) = (1,\ 1,\ -1)$$

과 같은 등식을 만족한다. 따라서 위의 관계식으로부터 얻어지는 연립일차방정식

$$3w_3 - 2w_2 = 1, \qquad 2w_1 + w_3 = 1, \qquad -w_2 - 3w_1 = -1$$

을 풀면, 임의의 $\alpha \in R$에 대하여 $\mathbf{w} = (\alpha,\ 1-3\alpha,\ 1-2\alpha)$이다.

9. 세 벡터 $\mathbf{u}$, $\mathbf{v}$, $\mathbf{w}$를 세 변으로 하는 평형육면체의 체적 V는 스칼라 삼중적

$$(\mathbf{u}\ \ \mathbf{v}\ \ \mathbf{w}) = \mathbf{u}\cdot(\mathbf{v}\times\mathbf{w})$$

의 크기와 같다. 따라서 각 경우에 구하는 체적 V는 다음과 같다.

(1) 구하는 체적 V는

$$(\mathbf{u}\ \ \mathbf{v}\ \ \mathbf{w}) = \mathbf{u}\cdot(\mathbf{v}\times\mathbf{w}) = \begin{vmatrix} 1 & 1 & 0 \\ 1 & 0 & 1 \\ 0 & 1 & 1 \end{vmatrix} = -2$$

이므로 $V = |(\mathbf{u}\ \ \mathbf{v}\ \ \mathbf{w})| = |-2| = 2$이다.

(2) 구하는 체적 V는

$$(\mathbf{u}\ \ \mathbf{v}\ \ \mathbf{w}) = \mathbf{u}\cdot(\mathbf{v}\times\mathbf{w}) = \begin{vmatrix} 1 & 1 & 0 \\ 1 & 0 & 1 \\ 0 & 1 & 0 \end{vmatrix} = -1$$

이므로 $V = |(\mathbf{u}\ \ \mathbf{v}\ \ \mathbf{w})| = |-1| = 1$ 이다.

(3) 구하는 체적 V는

$$(\mathbf{u}\ \ \mathbf{v}\ \ \mathbf{w}) = \mathbf{u}\cdot(\mathbf{v}\times\mathbf{w}) = \begin{vmatrix} 1 & 1 & 0 \\ -1 & 1 & 0 \\ 1 & 1 & 1 \end{vmatrix} = 2$$

이므로 $V = |(\mathbf{u}\ \ \mathbf{v}\ \ \mathbf{w})| = |2| = 2$ 이다.

10. 삼각형 $\triangle P_1P_2P_3$의 넓이는 벡터 $\overrightarrow{P_1P_2}$와 $\overrightarrow{P_1P_3}$의 외적벡터의 크기의 1/2과 같다. 따라서 외적벡터 $\overrightarrow{P_1P_2}\times\overrightarrow{P_1P_3}$을 계산하면

$$\overrightarrow{P_1P_2}\times\overrightarrow{P_1P_3} = \begin{vmatrix} \mathbf{e}_1 & \mathbf{e}_2 & \mathbf{e}_3 \\ x_2-x_1 & y_2-y_1 & 0 \\ x_3-x_1 & y_3-y_1 & 0 \end{vmatrix} = \begin{vmatrix} \mathbf{e}_1 & \mathbf{e}_2 & \mathbf{e}_3 \\ 2-1 & 1-0 & 0 \\ 3-1 & -1-0 & 0 \end{vmatrix} = (0,\ 0,\ -3)$$

이므로, 삼각형 $\triangle P_1P_2P_3$의 넓이 S는

$$S = \frac{1}{2}\|\overrightarrow{P_1P_2}\times\overrightarrow{P_1P_3}\| = \frac{1}{2}\cdot 3 = \frac{3}{2}$$

이다.

11. 직교좌표축 $O-XYZ$를 그 원점 O가 점 $O'(x_0,\ y_0,\ z_0)$에 오도록 평행이동 하여 새로운 직교좌표축 $O'-X'Y'Z'$를 얻었다고 할 때, 구좌표축 $O-XYZ$에서의 점 $(x,\ y,\ z)$와 신좌표축 $O'-X'Y'Z'$에서의 대응하는 점 $(x',\ y',\ z')$ 사이에는

$$x = x_0 + x', \qquad y = y_0 + y', \qquad z = z_0 + z'$$

와 같은 관계식이 성립한다. 따라서 주어진 방정식의 $x,\ y,\ z$ 대신에 $x = -1 + x'$,

$y = 0 + y'$, $z = 3 + z'$ 를 대입하여 간단히 하면, 직교좌표축 $O' - X'Y'Z'$ 에 관한 방정식

$$x'^2 + y'^2 + z'^2 - 9 = 0$$

을 얻는다.

12. 직교좌표축 $O-XY$ 를 그 원점 O 가 점 $O'(x_0, y_0)$ 에 오도록 평행이동 하여 새로운 직교좌표축 $O' - X'Y'$ 를 얻었다고 할 때, 구좌표축 $O - XY$ 에서의 도형의 방정식 $F(x, y) = 0$ 는 신좌표축 $O' - X'Y'$ 에서의 도형의 방정식 $F(x_0 + x', y_0 + y') = 0$ 에 대응한다. 따라서 구좌표축 $O - XY$ 에서의 도형의 방정식 $x^2 + y^2 - 2x - 4y - 4 = 0$ 으로부터 얻어진 신좌표축 $O' - X'Y'$ 에서의 도형의 방정식

$$(x_0 + x')^2 + (y_0 + y')^2 - 2(x_0 + x') - 4(y_0 + y') - 4 = 0$$

이 $x'^2 + y'^2 - 9 = 0$ 와 같아지도록 x_0 와 y_0 를 결정하면 된다. 이를 위해

$$2x_0 - 2 = 0, \qquad 2y_0 - 4 = 0, \qquad x_0^2 + y_0^2 - 2x_0 - 4y_0 - 4 = -9$$

을 동시에 만족시키는 x_0, y_0 를 구하면 된다. 따라서 이들 관계식을 연립하여 풀면 $x_0 = 1$, $y_0 = 2$ 이다. 따라서 신좌표축 $O' - X'Y'$ 의 원점은 $O'(1, 2)$ 이다.

13. 직교좌표축 $O-XYZ$ 의 원점 O 가 점 $O'(x_0, y_0, z_0)$ 에 오도록 평행이동 하여 새로운 직교좌표축 $O' - X'Y'Z'$ 를 얻었다고 할 때, 구좌표축 $O - XYZ$ 에서의 점 (x, y, z) 와 신좌표축 $O' - X'Y'Z'$ 에서의 대응하는 점 (x', y', z') 사이에는

$$x = x_0 + x', \qquad y = y_0 + y', \qquad z = z_0 + z'$$

와 같은 관계식이 성립한다. 따라서 방정식 $2x'^2 + y'^2 + z'^2 - 4 = 0$ 의 x', y', z' 대신에 $x' = x - x_0$, $y' = y - y_0$, $z = z - z_0$ 를 대입하면 $2(x - x_0)^2 + (y - y_0)^2 + (z - z_0)^2 - 4 = 0$ 이다. 따라서 이것이 $2x^2 + y^2 + z^2 + 4x - 2y + 6z + 8 = 0$ 과 일치하도록 하는 x_0, y_0, z_0 를 구하면 $x_0 = -1$, $y_0 = 1$, $z_0 = -3$ 이므로 새로운 좌표축의 원점은 $O'(-1, 1, -3)$이다.

14. 직교좌표축 $O - XZ$ 를 각 θ 만큼 회전하여 직교좌표축 $O - X'Z'$ 를 얻었다고 할 때, 구좌표축 $O - XZ$ 에서의 점 (x, z) 와 신좌표축 $O - X'Z'$ 에서의 점 (x', z') 사이의 대응관

계는

$$\begin{pmatrix} x \\ z \end{pmatrix} = \begin{pmatrix} \cos\theta & -\sin\theta \\ \sin\theta & \cos\theta \end{pmatrix} \begin{pmatrix} x' \\ z' \end{pmatrix}, \quad \text{또는} \quad \begin{pmatrix} x' \\ z' \end{pmatrix} = \begin{pmatrix} \cos\theta & \sin\theta \\ -\sin\theta & \cos\theta \end{pmatrix} \begin{pmatrix} x \\ z \end{pmatrix}$$

이다. 따라서 y축은 그대로 두고 xz-평면을 θ만큼 회전한 좌표축의 회전에 대하여 직교좌표축 $O-ZYZ$ 에서의 점 (x, y, z) 와 직교좌표축 $O-Z'Y'Z'$ 에서의 점 (x', y', z') 사이의 대응관계는

$$\begin{pmatrix} x \\ y \\ z \end{pmatrix} = \begin{pmatrix} \cos\theta & 0 & -\sin\theta \\ 0 & 1 & 0 \\ \sin\theta & 0 & \cos\theta \end{pmatrix} \begin{pmatrix} x' \\ y' \\ z' \end{pmatrix}, \quad \text{또는} \quad \begin{pmatrix} x' \\ y' \\ z' \end{pmatrix} = \begin{pmatrix} \cos\theta & 0 & -\sin\theta \\ 0 & 1 & 0 \\ \sin\theta & 0 & \cos\theta \end{pmatrix}^{-1} \begin{pmatrix} x \\ y \\ z \end{pmatrix}$$

을 만족시킨다. 또한 위의 좌측 관계식의 3차 정사각행렬을 P라고 놓으면, 행렬 P는 직교행렬이므로 $P^{-1} = P^t$ 이다. 따라서 위의 관계식 중에서 우측의 형태는

$$\begin{pmatrix} x' \\ y' \\ z' \end{pmatrix} = \begin{pmatrix} \cos\theta & 0 & \sin\theta \\ 0 & 1 & 0 \\ -\sin\theta & 0 & \cos\theta \end{pmatrix} \begin{pmatrix} x \\ y \\ z \end{pmatrix}$$

와 같이 나타낼 수 있다.

15. 직교좌표축 $O-XY$를 각 θ만큼 회전하여 직교좌표축 $O-X'Y'$를 얻었다고 할 때, 구좌표축 $O-XY$ 에서의 점 (x, y)와 신좌표축 $O-X'Y'$ 에서의 점 (x', y') 사이의 대응관계는

$$\begin{pmatrix} x \\ y \end{pmatrix} = \begin{pmatrix} \cos\theta & -\sin\theta \\ \sin\theta & \cos\theta \end{pmatrix} \begin{pmatrix} x' \\ y' \end{pmatrix}, \quad \text{또는} \quad \begin{pmatrix} x' \\ y' \end{pmatrix} = \begin{pmatrix} \cos\theta & \sin\theta \\ -\sin\theta & \cos\theta \end{pmatrix} \begin{pmatrix} x \\ y \end{pmatrix}$$

이다. 따라서 z축은 그대로 두고 xy-평면을 θ만큼 회전한 좌표축의 회전에 대하여 직교좌표축 $O-ZYZ$ 에서의 점 (x, y, z) 와 직교좌표축 $O-Z'Y'Z'$ 에서의 점 (x', y', z') 사이의 대응관계는

$$\begin{pmatrix} x \\ y \\ z \end{pmatrix} = \begin{pmatrix} \cos\theta & -\sin\theta & 0 \\ \sin\theta & \cos\theta & 0 \\ 0 & 0 & 1 \end{pmatrix} \begin{pmatrix} x' \\ y' \\ z' \end{pmatrix}, \quad \text{또는} \quad \begin{pmatrix} x' \\ y' \\ z' \end{pmatrix} = \begin{pmatrix} \cos\theta & -\sin\theta & 0 \\ \sin\theta & \cos\theta & 0 \\ 0 & 0 & 1 \end{pmatrix}^{-1} \begin{pmatrix} x \\ y \\ z \end{pmatrix}$$

을 만족시킨다. 또한 위의 좌측 관계식의 3차 정사각행렬을 P라고 놓으면, 행렬 P는

직교행렬이므로 $P^{-1} = P^t$ 이다. 따라서 위의 관계식 중에서 우측의 형태는

$$\begin{pmatrix} x' \\ y' \\ z' \end{pmatrix} = \begin{pmatrix} \cos\theta & \sin\theta & 0 \\ -\sin\theta & \cos\theta & 0 \\ 0 & 0 & 1 \end{pmatrix} \begin{pmatrix} x \\ y \\ z \end{pmatrix}$$

와 같이 나타낼 수 있다.

16. $\mathbf{r}_1$, $\mathbf{r}_2$, $\mathbf{r}_3$ 가 방향 코사인이므로 $\|\mathbf{r}_1\| = 1$, $\|\mathbf{r}_2\| = 1$, $\|\mathbf{r}_3\| = 1$ 이다. 따라서

$$\alpha_1^2 + \beta_1^2 + \gamma_1^2 = 1, \qquad \alpha_2^2 + \beta_2^2 + \gamma_2^2 = 1, \qquad \alpha_3^2 + \beta_3^2 + \gamma_3^2 = 1 \tag{A.5.1}$$

이고, 또한 $\mathbf{r}_1 \perp \mathbf{r}_2$, $\mathbf{r}_1 \perp \mathbf{r}_3$, $\mathbf{r}_2 \perp \mathbf{r}_3$ 이므로 $\mathbf{r}_1 \cdot \mathbf{r}_2 = \mathbf{r}_1 \cdot \mathbf{r}_3 = \mathbf{r}_2 \cdot \mathbf{r}_3 = 0$ 이다. 따라서

$$\alpha_1\alpha_2 + \beta_1\beta_2 + \gamma_1\gamma_2 = \alpha_1\alpha_3 + \beta_1\beta_3 + \gamma_1\gamma_3 = \alpha_2\alpha_3 + \beta_2\beta_3 + \gamma_2\gamma_3 = 0 \tag{A.5.2}$$

이다. 이때 직교좌표축 $O - XYZ$ 를 원점 O 를 중심으로 회전하여 $\mathbf{r}_1$, $\mathbf{r}_2$, $\mathbf{r}_3$ 를 각 축 방향의 단위벡터로 하는 신직교좌표축 $O - X'Y'Z'$ 를 얻었다고 할 때, 구좌표축 $O - XYZ$ 에서의 벡터 $\mathbf{x} = (x, y, z)^t$ 가 신좌표축 $O - X'Y'Z'$ 에서의 벡터 $\mathbf{x}' = (x', y', z')^t$ 에 대응한다면 다음과 같은 관계식이 성립한다.

$$\mathbf{x} = A\mathbf{x}', \qquad A = \begin{pmatrix} \mathbf{r}_1^t & \mathbf{r}_2^t & \mathbf{r}_3^t \end{pmatrix} = \begin{pmatrix} \alpha_1 & \alpha_2 & \alpha_3 \\ \beta_1 & \beta_2 & \beta_3 \\ \gamma_1 & \gamma_2 & \gamma_3 \end{pmatrix}$$

한편 식 (A.5.1)과 (A.5.2)로부터

$$A^tA = \begin{pmatrix} \alpha_1 & \beta_1 & \gamma_1 \\ \alpha_2 & \beta_2 & \gamma_2 \\ \alpha_3 & \beta_3 & \gamma_3 \end{pmatrix} \begin{pmatrix} \alpha_1 & \alpha_2 & \alpha_3 \\ \beta_1 & \beta_2 & \beta_3 \\ \gamma_1 & \gamma_2 & \gamma_3 \end{pmatrix}$$

$$= \begin{pmatrix} \alpha_1^2 + \beta_1^2 + \gamma_1^2 & \alpha_1\alpha_2 + \beta_1\beta_2 + \gamma_1\gamma_2 & \alpha_1\alpha_3 + \beta_1\beta_3 + \gamma_1\gamma_3 \\ \alpha_1\alpha_2 + \beta_1\beta_2 + \gamma_1\gamma_2 & \alpha_2^2 + \beta_2^2 + \gamma_2^2 & \alpha_2\alpha_3 + \beta_2\beta_3 + \gamma_2\gamma_3 \\ \alpha_1\alpha_3 + \beta_1\beta_3 + \gamma_1\gamma_3 & \alpha_2\alpha_3 + \beta_2\beta_3 + \gamma_2\gamma_3 & \alpha_3^2 + \beta_3^2 + \gamma_3^2 \end{pmatrix}$$

$$= \begin{pmatrix} 1 & 0 & 0 \\ 0 & 1 & 0 \\ 0 & 0 & 1 \end{pmatrix}$$

$$= I$$

이므로 행렬 A는 직교행렬이다. 따라서 $A^{-1} = A^t$ 이 성립한다. 그러므로 벡터 $\mathbf{v}_1$, $\mathbf{v}_2$, $\mathbf{v}_3$를 각각 $\mathbf{v}_1 = (\alpha_1, \alpha_2, \alpha_3)$, $\mathbf{v}_2 = (\beta_1, \beta_2, \beta_3)$, $\mathbf{v}_3 = (\gamma_1, \gamma_2, \gamma_3)$ 라고 놓으면

$$\mathbf{x}' = A^t\mathbf{x}, \qquad A^t = \begin{pmatrix} \mathbf{v}_1^t & \mathbf{v}_2^t & \mathbf{v}_3^t \end{pmatrix} = \begin{pmatrix} \alpha_1 & \beta_1 & \gamma_1 \\ \alpha_2 & \beta_2 & \gamma_2 \\ \alpha_3 & \beta_3 & \gamma_3 \end{pmatrix}$$

이 성립한다. 결국 $\mathbf{v}_1$, $\mathbf{v}_2$, $\mathbf{v}_3$는 신좌표축에 대응하는 구좌표축에서의 각 축방향의 단위벡터들의 방향코사인에 대응한다. 따라서 $\|\mathbf{v}_1\| = \|\mathbf{v}_2\| = \|\mathbf{v}_3\| = 1$ 이고 $\mathbf{v}_1 \perp \mathbf{v}_2$, $\mathbf{v}_1 \perp \mathbf{v}_3$, $\mathbf{v}_2 \perp \mathbf{v}_3$ 이므로

$$\alpha_1^2 + \alpha_2^2 + \alpha_3^2 = \beta_1^2 + \beta_2^2 + \beta_3^2 = \gamma_1^2 + \gamma_2^2 + \gamma_3^2 = 1,$$
$$\alpha_1\beta_1 + \alpha_2\beta_2 + \alpha_3\beta_3 = \alpha_1\gamma_1 + \alpha_2\gamma_2 + \alpha_3\gamma_3 = \beta_1\gamma_1 + \beta_2\gamma_2 + \beta_3\gamma_3 = 0$$

이 성립한다.

17. 공간에서 두 점 $P(x_1, y_1, z_1)$와 $Q(x_2, y_2, z_2)$를 지나는 직선의 방정식은

$$\frac{x - x_1}{x_2 - x_1} = \frac{y - y_1}{y_2 - y_1} = \frac{z - z_1}{z_2 - z_1}$$

으로 주어진다. 다만 분모가 0 인 경우에는 분자도 0 인 것으로 한다.

(1) 위의 내용으로부터

$$\frac{x - 1}{-1 - 1} = \frac{y - 2}{0 - 2} = \frac{z + 2}{-4 + 2}$$

이다. 이를 간단히 나타내기 위하여 각 변에 -2를 곱하여 정리하면

$$x - 1 = y - 2 = z + 2$$

이다.

(2) 두 점의 x 성분이 같으므로

$$x - 2 = 0, \qquad \frac{y - 0}{-2 - 0} = \frac{z - 2}{1 - 2}$$

이다. 따라서 위의 식을 간단히 나타내면 $x = 2,\ y/2 = (z - 2)/1$ 이다.

18. 방향비가 $\alpha : \beta : \gamma$ 이고 한 점 (x_0, y_0, z_0) 를 지나는 직선의 방정식은

$$\frac{x - x_0}{\alpha} = \frac{y - y_0}{\beta} = \frac{z - z_0}{\gamma}$$

이다. 따라서 주어진 조건으로부터 구하는 직선의 방정식은

$$\frac{x - 2}{1} = \frac{y}{2} = \frac{z + 1}{3}$$

임을 알 수 있다.

19. 세 가지의 경우로 나누어 보이도록 하자.

(i) 두 점 $P(x_1, y_1)$ 와 $Q(x_2, y_2)$ 를 지나면서 $x_1 \neq x_2,\ y_1 \neq y_2$ 일 때, 직선의 방정식은

$$y - y_1 = \frac{y_1 - y_2}{x_1 - x_2}(x - x_1)$$

이다. 따라서 이러한 결과는 위의 행렬식을 풀었을 때와 일치한다.

(ii) 두 점 $P(x_1, y_1),\ Q(x_2, y_2)$ 를 지나면서 $x_1 = x_2 = \alpha,\ y_1 \neq y_2$ 일 때, 직선의 방정식은 $x = \alpha$ 이다. 따라서 이러한 결과는 위의 행렬식을 풀었을 때와 일치한다.

(iii) 두 점 $P(x_1, y_1),\ Q(x_2, y_2)$ 를 지나면서 $x_1 \neq x_2,\ y_1 = y_2 = \beta$ 일 때, 직선의 방정식은 $y = \beta$ 이다. 따라서 이러한 결과는 위의 행렬식을 풀었을 때와 일치한다.

20. 원점으로부터 직선 $(x - 1)/1 = y/2 = (z - 1)/2$ 에 내린 수선의 발을 H 라 놓자. 그러면 적당한 실수 t 가 존재해서

$$\frac{x - 1}{1} = \frac{y}{2} = \frac{z - 1}{2} = t$$

을 만족시켜야 한다. 따라서 수선의 발 H 는 $H(1 + t,\ 2t,\ 1 + 2t)$ 임을 쉽게 알 수 있다. 그런데 $\overrightarrow{OH} \cdot (1, 2, 2) = 0$ 이므로 $1 + t + 4t + 2 + 4t = 0$ 이다. 그러므로 $t = -1/3$ 이고, 따

라서 $H(2/3, -2/3, 1/3)$ 이다. 따라서 구하는 수선의 길이 d 는

$$d = \sqrt{(2/3)^2 + (-2/3)^2 + (1/3)^2} = 1$$

이다.

21. 한 점 $P(x_0, y_0)$ 에서 직선 $ax + by + c = 0$ 에 내린 수선의 길이 d 는

$$d = \frac{|ax_0 + by_0 + c|}{\sqrt{a^2 + b^2}}$$

이다. 따라서 점 $P(2, 1)$ 로부터 직선 $x + y - 5 = 0$ 에 내린 수선의 길이 d 는

$$d = \frac{|2 + 1 - 5|}{\sqrt{1^2 + 1^2}} = \sqrt{2}$$

이다.

22. 평행하지 않은 두 직선 ℓ_1 와 ℓ_2 사이의 최단거리 d 는

$$d = \frac{1}{D}\begin{vmatrix} x_2 - x_1 & y_2 - y_1 & z_2 - z_1 \\ \alpha_1 & \beta_1 & \gamma_1 \\ \alpha_2 & \beta_2 & \gamma_2 \end{vmatrix}$$

이다. 여기서 D 는

$$D = \pm\sqrt{(\beta_1\gamma_2 - \beta_2\gamma_1)^2 + (\gamma_1\alpha_2 - \gamma_2\alpha_1)^2 + (\alpha_1\beta_2 - \alpha_2\beta_1)^2}$$

으로 부호는 거리 d 가 음이 아닌 값이 되도록 선택된다. 따라서 두 직선 ℓ_1, ℓ_2 가 만날 필요충분조건은 $d = 0$ 인 경우이므로

$$\begin{vmatrix} 2-1 & 1-1 & 0-1 \\ 1 & 2 & 3 \\ 3 & \beta & 1 \end{vmatrix} = 0$$

이다. 따라서 $\beta = 2$ 이다.

23. 세 점 $A(1, 0, 0)$, $B(0, 1, 0)$, $C(0, 0, 1)$를 지나는 평면의 방정식은

$$\begin{vmatrix} x-1 & y-0 & z-0 \\ 0-1 & 1-0 & 0-0 \\ 0-1 & 0-0 & 1-0 \end{vmatrix} = 0$$

이므로 $x + y + z - 1 = 0$이다. 따라서 이를 평면의 방정식의 표준형으로 고치면

$$\frac{1}{\sqrt{3}}x + \frac{1}{\sqrt{3}}y + \frac{1}{\sqrt{3}}z = \frac{1}{\sqrt{3}}$$

이다.

24. 세 점 $A(1, 0, 1)$, $B(0, 1, 0)$, $C(0, 0, 1)$를 지나는 평면의 방정식은

$$\begin{vmatrix} x-1 & y-0 & z-1 \\ 0-1 & 1-0 & 0-1 \\ 0-1 & 0-0 & 1-1 \end{vmatrix} = 0$$

으로부터 $y + z - 1 = 0$임을 알 수 있다. 이를 평면의 방정식의 표준형으로 고치면 $(1/\sqrt{2})y + (1/\sqrt{2})z = 1/\sqrt{2}$이다. 따라서 원점으로부터 이 평면에 이르는 최단거리는 $d = 1/\sqrt{2}$이다.

25. 한 점 $P(x_0, y_0, z_0)$로부터 평면 $S : Ax + By + Cz + D = 0$에 이르는 거리 d는

$$d = \frac{|Ax_0 + By_0 + Cz_0 + D|}{\sqrt{A^2 + B^2 + C^2}}$$

이다. 따라서 주어진 문제에 대하여

$$d = \frac{|3 \cdot 2 - 2 \cdot 1 + 6 \cdot 1 + 4|}{\sqrt{3^2 + (-2)^2 + 6^2}} = \frac{14}{7} = 2$$

이다.

26. 한 점 (x_0, y_0, z_0)를 지나고 평면에 수직인 벡터가 (A, B, C)이므로

$$S_0 : A(x - x_0) + B(y - y_0) + C(z - z_0) = 0$$

이다. 따라서 구하는 평면의 방정식은

$$S_0 : 1(x-1)+1(y-1)+1(z-1)=0, \qquad S_0 : x+y+z-3=0$$

이다.

27. 한 점 (x_0, y_0, z_0)를 지나고 평면에 수직인 벡터가 (A, B, C)이므로

$$S_0 : A(x-x_0)+B(y-y_0)+C(z-z_0)=0$$

이다.

28. 세 점 $A(1, 0, 0)$, $B(0, 1, 0)$, $C(0, 0, 1)$를 지나는 평면의 방정식은

$$\begin{vmatrix} x-1 & y-0 & z-0 \\ 0-1 & 1-0 & 0-0 \\ 0-1 & 0-0 & 1-0 \end{vmatrix} = 0$$

이므로 $x+y+z-1=0$이다. 또한 평면의 방정식의 표준형으로 고치면

$$\frac{1}{\sqrt{3}}x+\frac{1}{\sqrt{3}}y+\frac{1}{\sqrt{3}}z=\frac{1}{\sqrt{3}}$$

이다. 따라서 원점으로부터 이 평면에 이르는 최단거리는 $d=1/\sqrt{3}$이다.

29. 세 점 $A(1, 2, 0)$, $B(0, 1, 0)$, $C(0, 0, 1)$를 지나는 평면의 방정식은

$$\begin{vmatrix} x-1 & y-2 & z-0 \\ 0-1 & 1-2 & 0-0 \\ 0-1 & 0-2 & 1-0 \end{vmatrix} = 0$$

이므로 $x-y-z+1=0$이다. 또한 평면의 방정식의 표준형으로 고치면

$$-\frac{1}{\sqrt{3}}x+\frac{1}{\sqrt{3}}y+\frac{1}{\sqrt{3}}z=\frac{1}{\sqrt{3}}$$

이므로 방향코사인은 $(-1/\sqrt{3}, 1/\sqrt{3}, 1/\sqrt{3})$이고, 원점으로부터 이 평면에 이르는 최단거리는 $d=1/\sqrt{3}$이다.

30. 구하려는 평면 S 상의 임의의 점을 $X(x, y, z)$ 라고 놓으면, 벡터 $\overrightarrow{PX}$ 는 ℓ_1 의 방향벡터 $(\alpha_1, \beta_1, \gamma_1)$ 와 ℓ_2 의 방향벡터 $(\alpha_2, \beta_2, \gamma_2)$ 에 동시에 수직이므로

$$\overrightarrow{PX} \cdot ((\alpha_1, \beta_1, \gamma_1) \times (\alpha_2, \beta_2, \gamma_2)) = 0$$

이다. 따라서 평면의 방정식 S 는

$$(x - x_0, y - y_0, z - z_0) \cdot ((\alpha_1, \beta_1, \gamma_1) \times (\alpha_2, \beta_2, \gamma_2)) = 0$$

이다.

31. (1) 벡터방정식

$$\alpha_1(1, 0, 0) + \alpha_2(0, 1, 0) + \alpha_3(0, 0, 1) = \mathbf{0} = (0, 0, 0)$$

의 유일한 해는 $\alpha_1 = \alpha_2 = \alpha_3 = 0$ 이다. 따라서 W_1 은 일차독립이다.

(2) 벡터방정식

$$\alpha_1(1, -1, 1, -1) + \alpha_2(2, 0, 1, 1) + \alpha_3(0, 1, -1, -1) = \mathbf{0} = (0, 0, 0, 0)$$

의 유일한 해는 $\alpha_1 = \alpha_2 = \alpha_3 = 0$ 이다. 따라서 W_2 는 일차독립이다.

(3) 벡터방정식

$$\alpha_1(1, 0, 1, 0) + \alpha_2(0, 2, 0, 2) + \alpha_3(3, 0, 0, 0) + \alpha_4(0, 0, 0, 4) = \mathbf{0} = (0, 0, 0, 0)$$

의 유일한 해는 $\alpha_1 = \alpha_2 = \alpha_3 = \alpha_4 = 0$ 이다. 따라서 W_3 은 일차독립이다.

32. (1) (i) 먼저 W_1 이 일차독립임을 확인하자. 벡터방정식

$$\alpha_1 \begin{pmatrix} 1 & 0 \\ 0 & 0 \end{pmatrix} + \alpha_2 \begin{pmatrix} 0 & 1 \\ 0 & 0 \end{pmatrix} + \alpha_3 \begin{pmatrix} 0 & 0 \\ 1 & 0 \end{pmatrix} + \alpha_4 \begin{pmatrix} 0 & 0 \\ 0 & 1 \end{pmatrix} = \begin{pmatrix} 0 & 0 \\ 0 & 0 \end{pmatrix}$$

로부터 유일한 해는 $\alpha_1 = \alpha_2 = \alpha_3 = \alpha_4 = 0$ 이다. 따라서 W_1은 일차독립이다.

(ii) W_1 이 $M_{2\times2}(\mathbb{R})$ 의 생성원 집합임을 확인하자.

이를 위하여 임의의 벡터 $\begin{pmatrix} a_{11} & a_{12} \\ a_{21} & a_{22} \end{pmatrix} \in M_{2\times2}(\mathbb{R})$ 에 대하여 방정식

$$\begin{pmatrix} a_{11} & a_{12} \\ a_{21} & a_{22} \end{pmatrix} = \alpha_1 \begin{pmatrix} 1 & 0 \\ 0 & 0 \end{pmatrix} + \alpha_2 \begin{pmatrix} 0 & 1 \\ 0 & 0 \end{pmatrix} + \alpha_3 \begin{pmatrix} 0 & 0 \\ 1 & 0 \end{pmatrix} + \alpha_4 \begin{pmatrix} 0 & 0 \\ 0 & 1 \end{pmatrix}$$

을 만족시키는 α_1, α_2, α_3, α_4 가 존재하는지 찾아보자. 위의 방정식을 풀면 $\alpha_1 = a_{11}$, $\alpha_2 = a_{12}$, $\alpha_3 = a_{21}$, $\alpha_4 = a_{22}$ 이다. 따라서 W_1은 $M_{2\times2}(\mathbb{R})$ 의 생성원 집합이다.

따라서 (i)과 (ii)에 의해서 W_1은 $M_{2\times2}(\mathbb{R})$ 의 기저집합이다.

(2) (i) 먼저 W_2가 일차독립임을 확인하자. 벡터방정식

$$\alpha_1 \begin{pmatrix} 3 & 6 \\ 3 & -6 \end{pmatrix} + \alpha_2 \begin{pmatrix} 0 & -1 \\ -1 & 0 \end{pmatrix} + \alpha_3 \begin{pmatrix} 0 & -8 \\ -12 & -4 \end{pmatrix} + \alpha_4 \begin{pmatrix} 1 & 0 \\ -1 & 2 \end{pmatrix} = \begin{pmatrix} 0 & 0 \\ 0 & 0 \end{pmatrix}$$

을 간단히 하면

$$\begin{pmatrix} 3\alpha_1 + \alpha_4 & 6\alpha_1 - \alpha_2 - 8\alpha_3 \\ 3\alpha_1 - \alpha_2 - 12\alpha_3 - \alpha_4 & -6\alpha_1 - 4\alpha_3 + 2\alpha_4 \end{pmatrix} = \begin{pmatrix} 0 & 0 \\ 0 & 0 \end{pmatrix}$$

이다. 따라서 위의 방정식을 만족시키는 유일한 해는 $\alpha_1 = \alpha_2 = \alpha_3 = \alpha_4 = 0$ 이다. 그러므로 W_2는 일차독립이다.

(ii) W_2가 $M_{2\times2}(\mathbb{R})$ 의 생성원 집합임을 확인하자.

이를 위하여 임의의 벡터 $\begin{pmatrix} a_{11} & a_{12} \\ a_{21} & a_{22} \end{pmatrix} \in M_{2\times2}(\mathbb{R})$ 에 대하여 방정식

$$\begin{pmatrix} a_{11} & a_{12} \\ a_{21} & a_{22} \end{pmatrix} = \alpha_1 \begin{pmatrix} 3 & 6 \\ 3 & -6 \end{pmatrix} + \alpha_2 \begin{pmatrix} 0 & -1 \\ -1 & 0 \end{pmatrix} + \alpha_3 \begin{pmatrix} 0 & -8 \\ -12 & -4 \end{pmatrix} + \alpha_4 \begin{pmatrix} 1 & 0 \\ -1 & 2 \end{pmatrix}$$

을 만족시키는 α_1, α_2, α_3, α_4 가 존재하는지 찾아보자. 위의 방정식을 간단히 하면

$$\begin{pmatrix} a_{11} & a_{12} \\ a_{21} & a_{22} \end{pmatrix} = \begin{pmatrix} 3\alpha_1 + \alpha_4 & 6\alpha_1 - \alpha_2 - 8\alpha_3 \\ 3\alpha_1 - \alpha_2 - 12\alpha_3 - \alpha_4 & -6\alpha_1 - 4\alpha_3 + 2\alpha_4 \end{pmatrix}$$

이므로

$$\alpha_1 = \frac{1}{12}(3a_{11} - a_{12} + a_{21} - a_{22}), \qquad \alpha_2 = \frac{1}{2}(7a_{11} - 7a_{12} + 5a_{21} - a_{22}),$$

$$\alpha_3 = \frac{1}{4}(-a_{11} + a_{12} - a_{21}), \qquad \alpha_4 = \frac{1}{4}(a_{11} + a_{12} - a_{21} + a_{22})$$

이다. 따라서 W_2는 $M_{2\times2}(\mathbb{R})$의 생성원 집합이다.

따라서 (i)과 (ii)에 의해서 W_2는 $M_{2\times2}(\mathbb{R})$의 기저집합이다.

33. (1) 주어진 연립일차방정식의 해를 $\mathbf{x} = (x_1, x_2, x_3)$라고 놓으면, 임의의 스칼라 $\alpha \in \mathbb{R}$에 대하여 $\mathbf{x} = (x_1, x_2, x_3) = \alpha(1, 0, 1)$ 임을 알 수 있다. 따라서 주어진 연립일차방정식의 해공간을 S라고 놓으면 $S = \{\mathbf{x} \mid \mathbf{x} = \alpha(1, 0, 1),\ \alpha \in \mathbb{R}\}$이다. 그러므로 해공간 S의 기저는 $\{(1, 0, 1)\}$이다. 따라서 $\dim(S) = 1$이다.

(2) 주어진 연립일차방정식의 해를 $\mathbf{x} = (x_1, x_2, x_3)$라고 놓으면, 임의의 스칼라 $\alpha \in \mathbb{R}$에 대하여 $\mathbf{x} = (x_1, x_2, x_3) = \alpha(1, 0, 1)$ 임을 알 수 있다. 따라서 주어진 연립일차방정식의 해공간을 S라고 놓으면 $S = \{\mathbf{x} \mid \mathbf{x} = \alpha(1, 0, 1),\ \alpha \in \mathbb{R}\}$이다. 그러므로 해공간 S의 기저는 $\{(1, 0, 1)\}$이다. 따라서 $\dim(S) = 1$이다.

(3) 주어진 연립일차방정식의 해를 $\mathbf{x} = (x_1, x_2, x_3)$라고 놓으면, 임의의 스칼라 $\alpha \in \mathbb{R}$에 대하여 $\mathbf{x} = (x_1, x_2, x_3) = (0, 0, 0)$ 임을 알 수 있다. 따라서 주어진 연립일차방정식의 해공간을 S라고 놓으면 $S = \{(0, 0, 0)\}$이다. 따라서 해공간 S의 기저는 존재하지 않으며 $\dim(S) = 0$이다.

34. M_{ij}는 (i, j)성분이 1이고, 그 외의 모든 성분은 0인 $m \times n$크기의 행렬이라고 하자. 그러면 집합 $W = \{M_{ij} \mid 1 \le i \le m,\ 1 \le j \le n\}$는 일차독립이고 행렬공간 $M_{m\times n}(\mathbb{R})$의 생성원 집합이다. 따라서 집합 W는 행렬공간 $M_{m\times n}(\mathbb{R})$의 한 기저이고, 이 기저집합의 원소의 개수는 mn개이므로 $\dim M_{m\times n}(\mathbb{R}) = mn$이다.

35. (1) 집합적으로 $U \subset M_{2\times2}(\mathbb{R})$이고, 임의의

$$A = \begin{pmatrix} a_{11} & 0 \\ 0 & a_{22} \end{pmatrix}, \quad B = \begin{pmatrix} b_{11} & 0 \\ 0 & b_{22} \end{pmatrix} \in U$$

와 임의의 $\alpha \in \mathbb{R}$ 에 대하여

$$A + B = \begin{pmatrix} a_{11} & 0 \\ 0 & a_{22} \end{pmatrix} + \begin{pmatrix} b_{11} & 0 \\ 0 & b_{22} \end{pmatrix} \begin{pmatrix} a_{11} + b_{11} & 0 \\ 0 & a_{22} + b_{22} \end{pmatrix} \in U,$$

$$\alpha A = \alpha \begin{pmatrix} a_{11} & 0 \\ 0 & a_{22} \end{pmatrix} = \begin{pmatrix} \alpha a_{11} & 0 \\ 0 & \alpha a_{22} \end{pmatrix} \in U$$

이므로 U 는 $M_{2\times2}(\mathbb{R})$ 의 부분공간이다.

(2) V 는 $M_{2\times2}(\mathbb{R})$ 의 부분집합이다. 그러나 집합 V 에 속한 원소 중에서

$$A = \begin{pmatrix} a_{11} & 1 \\ 1 & a_{22} \end{pmatrix}, \quad B = \begin{pmatrix} b_{11} & 1 \\ 1 & b_{22} \end{pmatrix} \in V$$

에 대하여

$$A + B = \begin{pmatrix} a_{11} & 1 \\ 1 & a_{22} \end{pmatrix} + \begin{pmatrix} b_{11} & 1 \\ 1 & b_{22} \end{pmatrix} \begin{pmatrix} a_{11} + b_{11} & 2 \\ 2 & a_{22} + b_{22} \end{pmatrix} \notin V$$

이므로 V 는 $M_{2\times2}(\mathbb{R})$ 의 부분공간이 아니다.

36. (1) W_1 은 $\mathbb{R}^3$ 의 부분집합이다. 또한 W_1 에 있는 임의의 원소 $\mathbf{u} = (u_1, 0, 0)$, $\mathbf{v} = (v_1, 0, 0)$ 와 임의의 스칼라 $\alpha \in \mathbb{R}$ 에 대하여

$$\mathbf{u} + \mathbf{v} = (u_1 + v_1, 0, 0) \in W_1, \qquad \alpha\mathbf{u} = (\alpha u_1, 0, 0) \in W_1$$

을 만족한다. 따라서 W_1 은 $\mathbb{R}^3$ 의 부분공간이다.

(2) 집합 W_2 는 $\mathbb{R}^3$ 의 부분집합이다. 또한 W_2 에 있는 임의의 원소 $\mathbf{u} = (u_1, u_2, u_3)$, $\mathbf{v} = (v_1, v_2, v_3)$ 에 대하여

$$\mathbf{u} + \mathbf{v} = (u_1, u_2, u_3) + (v_1, v_2, v_3) = (u_1 + v_1, u_2 + v_2, u_3 + v_3)$$

이다. 그런데 $\mathbf{u}, \mathbf{v} \in W_2$ 이므로 $u_1 = u_2 + u_3$ 이고 $v_1 = v_2 + v_3$ 이다. 따라서 이 두 개의 등식의 양변을 각각 더하면 $u_1 + v_1 = (u_2 + v_2) + (u_3 + v_3)$ 이다. 따라서 $\mathbf{u} + \mathbf{v} \in W_2$ 이다. 또한, 임의의 스칼라 $\alpha \in \mathbb{R}$ 와 $\mathbf{w} = (w_1, w_2, w_3) \in W_2$ 에 대

하여 $\alpha\mathbf{w} = (\alpha w_1, \alpha w_2, \alpha w_3)$ 이다. 그런데 $\mathbf{w} \in W_2$ 이므로 $w_1 = w_2 + w_3$ 이여서 $\alpha w_1 = \alpha w_2 + \alpha w_3$ 이다. 따라서 $\alpha\mathbf{w} \in W_2$ 이다. 그러므로 W_2 는 $\mathbb{R}^3$ 의 부분공간이 되기 위한 두 가지 조건을 모두 만족시킨다. 따라서 W_2 는 $\mathbb{R}^3$ 의 부분공간이다.

(3) 집합 W_3 는 $\mathbb{R}^3$ 의 부분집합이다. 그러나 W_3 에 있는 원소 중에서 $\mathbf{u} = (u_1, 1, 1)$, $\mathbf{v} = (v_1, 1, 1)$ 에 대하여

$$\mathbf{u} + \mathbf{v} = (u_1 + v_1, 2, 2) \notin W_3$$

이므로 W_3 는 $\mathbb{R}^3$ 의 부분공간이 아니다.

(4) 집합 W_4 는 $\mathbb{R}^3$ 의 부분집합이다. 또한 W_4 에 있는 임의의 원소 $\mathbf{u} = (u_1, u_2, u_3)$, $\mathbf{v} = (v_1, v_2, v_3)$ 에 대하여

$$\mathbf{u} + \mathbf{v} = (u_1, u_2, u_3) + (v_1, v_2, v_3) = (u_1 + v_1, u_2 + v_2, u_3 + v_3)$$

이다. 그런데 $\mathbf{u}, \mathbf{v} \in W_4$ 이므로 $u_2 = u_1 + u_3 + 1$ 이고 $v_2 = v_1 + v_3 + 1$ 이다. 따라서 이 두 개의 등식의 양변을 각각 더하면 $u_2 + v_2 = (u_1 + v_1) + (u_3 + v_3) + 2$ 이므로

$$\mathbf{u} + \mathbf{v} \notin W_4$$

이다. 따라서 W_4 는 $\mathbb{R}^3$ 의 부분공간이 아니다.

37. 두 벡터가 이루는 끼인각을 θ $(0 \le \theta \le \pi)$라고 놓으면 내적의 정의로부터

$$\mathbf{u} \cdot \mathbf{v} = \|\mathbf{u}\| \|\mathbf{v}\| \cos\theta$$

이다. 그런데

$$\mathbf{u} \cdot \mathbf{v} = (1, 2, 3) \cdot (2, -3, -1) = 2 - 6 - 3 = -7, \qquad \|\mathbf{u}\| = \sqrt{14}, \qquad \|\mathbf{v}\| = \sqrt{14}$$

이므로 $\cos\theta = -1/2$ 이다. 따라서 $\theta = 2\pi/3$ 이다.

38. (1) (i) 벡터방정식

$$\alpha_1(1, 0, 0) + \alpha_2(0, 1, 0) + \alpha_3(0, 0, 1) = (0, 0, 0)$$

의 유일한 해는 $\alpha_1 = \alpha_2 = \alpha_3 = 0$ 이다. 그러므로 W_1은 일차독립이다. 또한

임의의 $(x, y, z) \in \mathbb{R}^3$ 에 대하여 방정식

$$(x, y, z) = \alpha_1(1, 0, 0) + \alpha_2(0, 1, 0) + \alpha_3(0, 0, 1)$$

로부터 $\alpha_1 = x$, $\alpha_2 = y$, $\alpha_3 = z$ 이다. 따라서 W_1 은 $\mathbb{R}^3$ 의 생성원 집합이다. 결국 W_1 은 $\mathbb{R}^3$ 의 기저임을 알 수 있다.

(ii) 기저 W_1 에 관한 $(1, -1, 1)$ 의 좌표는 임의의 $(x, y, z) \in \mathbb{R}^3$ 에 대하여 방정식

$$(x, y, z) = \alpha_1(1, 0, 0) + \alpha_2(0, 1, 0) + \alpha_3(0, 0, 1)$$

로부터 $\alpha_1 = x$, $\alpha_2 = y$, $\alpha_3 = z$ 이다. 따라서 기저 W_1 에 관한 (x, y, z) 의 좌표는 (x, y, z) 이다. 따라서 기저 W_1 에 관한 $(1, -1, 1)$ 의 좌표 $(1, -1, 1)$ 이다.

(2) (i) 벡터방정식

$$\alpha_1(0, 0, 1) + \alpha_2(0, 1, 1) + \alpha_3(1, 1, 1) = (0, 0, 0)$$

의 유일한 해는 $\alpha_1 = \alpha_2 = \alpha_3 = 0$ 이다. 그러므로 W_2는 일차독립이다. 또한 임의의 $(x, y, z) \in \mathbb{R}^3$ 에 대하여 방정식

$$(x, y, z) = \alpha_1(0, 0, 1) + \alpha_2(0, 1, 1) + \alpha_3(1, 1, 1)$$

로부터 $\alpha_1 = -x + z$, $\alpha_2 = y - x$, $\alpha_3 = x$ 이다. 따라서 W_2 는 $\mathbb{R}^3$ 의 생성원 집합이다. 결국 W_2 는 $\mathbb{R}^3$ 의 기저이다.

(ii) 기저 W_2 에 관한 $(1, -1, 1)$ 의 좌표는 임의의 $(x, y, z) \in \mathbb{R}^3$ 에 대하여 방정식

$$(x, y, z) = \alpha_1(0, 0, 1) + \alpha_2(0, 1, 1) + \alpha_3(1, 1, 1)$$

로부터 $\alpha_1 = z - y$, $\alpha_2 = y - x$, $\alpha_3 = x$ 이다. 그러므로 기저 W_2 에 관한 (x, y, z) 의 좌표는 $(z - y, y - x, x)$ 이다. 따라서 기저 W_2 에 관한 $(1, -1, 1)$ 의 좌표는 $(1 - (-1), -1 - 1, 1) = (2, -2, 1)$ 이다.

(3) (i) 벡터방정식

$$\alpha_1(1, 0, 0) + \alpha_2(1, 1, 0) + \alpha_3(1, 1, 1) = (0, 0, 0)$$

의 유일한 해는 $\alpha_1 = \alpha_2 = \alpha_3 = 0$ 이다. 따라서 W_3 은 일차독립이다. 또한 임의의 $(x, y, z) \in \mathbb{R}^3$ 에 대하여 방정식

$$(x, y, z) = \alpha_1(1, 0, 0) + \alpha_2(1, 1, 0) + \alpha_3(1, 1, 1)$$

로부터 $\alpha_1 = x - y$, $\alpha_2 = y - z$, $\alpha_3 = z$ 이다. 따라서 W_3 은 $\mathbb{R}^3$ 의 생성원 집합이다. 결국 W_3 은 $\mathbb{R}^3$ 의 기저이다.

(ii) 기저 W_3 에 관한 $(1, -1, 1)$ 의 좌표는 임의의 $(x, y, z) \in \mathbb{R}^3$ 에 대하여 방정식

$$(x, y, z) = \alpha_1(1, 0, 0) + \alpha_2(1, 1, 0) + \alpha_3(1, 1, 1)$$

로부터 $\alpha_1 = x - y$, $\alpha_2 = y - z$, $\alpha_3 = z$ 이다. 따라서 기저 W_3 에 관한 (x, y, z) 의 좌표는 $(x - y, y - z, z)$ 이다. 따라서 기저 W_3 에 관한 $(1, -1, 1)$ 의 좌표는

$$(1 - (-1), (-1) - 1, 1) = (2, -2, 1)$$

이다.

제 6 장 연습문제 풀이

1. (1) 임의의 원소 $\mathbf{u} = (u_1, u_2)$, $\mathbf{v} = (v_1, v_2) \in \mathbb{R}^2$ 와 임의의 스칼라 $\alpha, \beta \in \mathbb{R}$ 에 대하여 $\alpha\mathbf{u} + \beta\mathbf{v} = (\alpha u_1 + \beta v_1, \alpha u_2 + \beta v_2)$ 이므로

$$\begin{aligned} T(\alpha\mathbf{u} + \beta\mathbf{v}) &= T(\alpha u_1 + \beta v_1, \alpha u_2 + \beta v_2) \\ &= k(\alpha u_1 + \beta v_1, \alpha u_2 + \beta v_2) \\ &= k(\alpha(u_1, u_2) + \beta(v_1, v_2)) \\ &= \alpha(k(u_1, u_2)) + \beta(k(v_1, v_2)) \\ &= \alpha T(\mathbf{u}) + \beta T(\mathbf{v}) \end{aligned}$$

이다. 따라서 T 는 선형사상이다.

(2) 임의의 원소 $\mathbf{u} = (u_1, u_2, u_3)$, $\mathbf{v} = (v_1, v_2, v_3) \in \mathbb{R}^3$ 와 임의의 스칼라 $\alpha, \beta \in \mathbb{R}$ 에 대하여 $\alpha\mathbf{u} + \beta\mathbf{v} = (\alpha u_1 + \beta v_1, \alpha u_2 + \beta v_2, \alpha u_3 + \beta v_3)$ 이므로

$$\begin{aligned} T(\alpha\mathbf{u} + \beta\mathbf{v}) &= T(\alpha u_1 + \beta v_1, \alpha u_2 + \beta v_2, \alpha u_3 + \beta v_3) \\ &= (\alpha u_1 + \beta v_1, \alpha u_2 + \beta v_2, (\alpha u_1 + \beta v_1) + (\alpha u_3 + \beta v_3)) \\ &= (\alpha u_1, \alpha u_2, \alpha u_1 + \alpha u_3) + k(\beta v_1, \beta v_2, \beta v_1 + \beta v_3) \\ &= \alpha(u_1, u_2, u_3) + \beta(v_1, v_2, v_3) \\ &= \alpha T(\mathbf{u}) + \beta T(\mathbf{v}) \end{aligned}$$

이다. 따라서 T 는 선형사상이다.

(3) $\mathbf{u} = (1, 1)$, $\mathbf{v} = (1, 2) \in \mathbb{R}^2$ 에 대하여

$$T(\mathbf{u} + \mathbf{v}) = T(2, 3) = (4, 5),$$

$$T(\mathbf{u}) + T(\mathbf{v}) = T(1, 1) + T(1, 2) = (1, 2) + (1, 3) = (2, 5)$$

이므로 $T(\mathbf{u} + \mathbf{v}) \neq T(\mathbf{u}) + T(\mathbf{v})$ 이다. 따라서 T 는 선형사상이 아니다.

(4) 임의의 원소 $u, v \in \mathbb{R}$ 와 임의의 스칼라 $\alpha, \beta \in \mathbb{R}$ 에 대하여

$$T(\alpha u + \beta v) = k(\alpha u + \beta v) = \alpha(ku) + \beta(kv) = \alpha T(u) + \beta T(v)$$

이다. 따라서 T 는 선형사상이다.

(5) 임의의 원소 $u, v \in \mathbb{R}$ 에 대하여

$$T(u+v) = \tan(u+v) = \frac{\tan u + \tan v}{1 - \tan u \tan v}, \qquad T(u) + T(v) = \tan u + \tan v$$

이므로

$$\begin{aligned} T(u+v) - (T(u) + T(v)) &= \frac{\tan u + \tan v}{1 - \tan u \tan v} - (\tan u + \tan v) \\ &= \frac{\tan u \tan v(\tan u + \tan v)}{1 - \tan u \tan v} \end{aligned} \tag{A.6.1}$$

이다. 따라서 식 (A.6.1) 로부터 $u = \pi/4$, $u = \pi/3$ 일 때

$$\begin{aligned} T\left(\frac{\pi}{4} + \frac{\pi}{3}\right) - \left(T\left(\frac{\pi}{4}\right) + T\left(\frac{\pi}{3}\right)\right) &= \frac{\tan\frac{\pi}{4}\tan\frac{\pi}{3}\left(\tan\frac{\pi}{4} + \tan\frac{\pi}{3}\right)}{1 - \tan\frac{\pi}{4}\tan\frac{\pi}{3}} = \frac{1 \cdot \sqrt{3}(1+\sqrt{3})}{1 - 1 \cdot \sqrt{3}} \\ &= \frac{\sqrt{3}(1+\sqrt{3})}{1-\sqrt{3}} \neq 0 \end{aligned}$$

이므로

$$T\left(\frac{\pi}{4} + \frac{\pi}{3}\right) \neq T\left(\frac{\pi}{4}\right) + T\left(\frac{\pi}{3}\right)$$

이다. 그런데 주어진 T 가 선형사상이기 위해서는 임의의 원소 $u, v \in \mathbb{R}$ 에 대하여 $T(u+v) = T(u) + T(v)$ 가 성립해야 한다. 그러나 위에서 선택된 $u = \pi/4$ 와 $u = \pi/3$ 에 대하여 $T(u+v) \neq T(u) + T(v)$ 이므로 주어진 T 는 선형사상이 아님을 알 수 있다.

(6) 임의의 원소 $u, v \in \mathbb{R}$ 에 대하여

$$T(u+v) = \ln(u+v), \qquad T(u) + T(v) = \ln u + \ln v = \ln uv$$

이므로

$$T(u+v) - (T(u) + T(v)) = \ln(u+v) - \ln uv = \frac{\ln(u+v)}{\ln uv} \tag{A.6.2}$$

이다. 따라서 식 (A.6.2) 로부터 $u = 1$, $u = e$ 일 때

$$T(1+e) - (T(1) + T(e)) = \frac{\ln(1+e)}{\ln e} = \ln(1+e) \neq 0$$

이므로

$$T(1+e) \neq T(1)+T(e)$$

이다. 그런데 주어진 T가 선형사상이기 위해서는 임의의 원소 $u, v \in \mathbb{R}$에 대하여 $T(u+v) = T(u)+T(v)$가 성립해야 하지만, 위에서 선택된 $u = 1$, $u = e$에 대하여 $T(u+v) \neq T(u)+T(v)$ 이므로 주어진 T는 선형사상이 아님을 알 수 있다.

(7) 임의의 원소 $u, v \in \mathbb{R}$와 임의의 스칼라 $\alpha, \beta \in \mathbb{R}$에 대하여

$$T(\alpha u+\beta v) = 2(\alpha u+\beta v+1) = 2\alpha u+2\beta v+2$$

이다. 그러나

$$\alpha T(u)+\beta T(v) = \alpha(2(u+1))+\beta(2(v+1)) = 2\alpha u+2\beta v+2\alpha+2\beta$$

이다. 따라서 $T(\alpha u+\beta v) \neq \alpha T(u)+\beta T(v)$ 인 $\alpha, \beta \in \mathbb{R}$가 존재한다. 따라서 주어진 사상 T는 선형사상이 아니다.

2. 임의의 원소 $\mathbf{u}, \mathbf{v} \in V$와 임의의 스칼라 $\alpha, \beta \in \mathbb{R}$에 대하여

$$T(\alpha\mathbf{u}+\beta\mathbf{v}) = \int_0^1 (\alpha\mathbf{u}(x)+\beta\mathbf{v}(x))\,dx = \alpha\int_0^1 \mathbf{u}(x)\,dx+\beta\int_0^1 \mathbf{v}(x)\,dx = \alpha T(\mathbf{u})+\beta T(\mathbf{v})$$

이 성립한다. 따라서 T는 선형사상이다.

3. [방법 1] 사상 $T : \mathbb{R}^2 \to \mathbb{R}^2$가 선형사상이므로 T에 대응하는 행렬 $A = (a_{ij}) \in M_{2\times2}(\mathbb{R})$가 존재한다. 그런데 주어진 사상 T는 $T(1, 0) = (1, 0)$, $T(0, 2) = (2, 2)$을 만족시키므로

$$\begin{pmatrix} a_{11} & a_{12} \\ a_{21} & a_{22} \end{pmatrix}\begin{pmatrix} 1 \\ 0 \end{pmatrix} = \begin{pmatrix} 1 \\ 0 \end{pmatrix}, \qquad \begin{pmatrix} a_{11} & a_{12} \\ a_{21} & a_{22} \end{pmatrix}\begin{pmatrix} 0 \\ 2 \end{pmatrix} = \begin{pmatrix} 2 \\ 2 \end{pmatrix} \tag{A.6.3}$$

이다. 연립일차방정식 (A.6.3)를 간단히 풀기 위해

$$\begin{pmatrix} a_{11} & a_{12} \\ a_{21} & a_{22} \end{pmatrix}\begin{pmatrix} 1 & 0 \\ 0 & 2 \end{pmatrix} = \begin{pmatrix} 1 & 2 \\ 0 & 2 \end{pmatrix}$$

와 같이 나타낼 수 있다. 따라서 구하는 행렬 A는

$$\begin{pmatrix} a_{11} & a_{12} \\ a_{21} & a_{22} \end{pmatrix} = \begin{pmatrix} 1 & 2 \\ 0 & 2 \end{pmatrix}\begin{pmatrix} 1 & 0 \\ 0 & 2 \end{pmatrix}^{-1} = \begin{pmatrix} 1 & 2 \\ 0 & 2 \end{pmatrix}\begin{pmatrix} 1 & 0 \\ 0 & 1/2 \end{pmatrix} = \begin{pmatrix} 1 & 1 \\ 0 & 1 \end{pmatrix}$$

이다. 그러므로 구하는 선형사상 T는

$$T(x, y) = \begin{pmatrix} 1 & 1 \\ 0 & 1 \end{pmatrix}\begin{pmatrix} x \\ y \end{pmatrix} = \begin{pmatrix} x+y \\ y \end{pmatrix}$$

이므로 $T(x, y) = (x+y, y)$ 이다. 따라서 $T(1, 2) = (3, 2)$ 이다.

[방법 2] 정의역 $\mathbb{R}^2$ 상의 원소 $(1, 2)$에 대하여

$$(1, 2) = \alpha(1, 0) + \beta(0, 2)$$

을 만족시키는 α, β는 각각 $\alpha = 1, \beta = 1$ 이다. 그런데 사상 T가 선형이므로

$$T(1, 2) = T(1\cdot(1, 0) + 1\cdot(0, 2)) = 1\cdot T(1, 0) + 1\cdot T(0, 2) = 1\cdot(1, 0) + 1\cdot(2, 2) = (3, 2)$$

이다.

4. (1) 기저집합 S의 원소 $\mathbf{e}_1, \mathbf{e}_2$에 대하여 선형사상 L를 취하면

$$L(\mathbf{e}_1) = L(1, 0) = (1, -0) = (1, 0), \qquad L(\mathbf{e}_2) = L(0, 1) = (0, -1)$$

이다. 이제 S에 관한 $L(\mathbf{e}_1)$과 $L(\mathbf{e}_2)$의 좌표벡터를 얻기 위하여 방정식

$$(1, 0) = \alpha_{11}(1, 0) + \alpha_{21}(0, 1), \qquad (0, -1) = \alpha_{12}(1, 0) + \alpha_{22}(0, 1)$$

을 각각 만족시키는 $\alpha_{11}, \alpha_{21}, \alpha_{12}, \alpha_{22}$를 구하면 $\alpha_{11} = 1, \alpha_{21} = 0, \alpha_{12} = 0, \alpha_{22} = -1$ 이다. 따라서 행렬 $[L]_S$는

$$[L]_S = \begin{pmatrix} \alpha_{11} & \alpha_{12} \\ \alpha_{21} & \alpha_{22} \end{pmatrix} = \begin{pmatrix} 1 & 0 \\ 0 & -1 \end{pmatrix}.$$

(2) 기저집합 T 의 원소 $\mathbf{t}_1$, $\mathbf{t}_2$ 에 대하여 선형사상 L 를 취하면

$$L(\mathbf{t}_1) = L(1,\ 1) = (1,\ -1), \qquad L(\mathbf{t}_2) = L(-1,\ 1) = (-1,\ -1)$$

이다. 이제 T 에 관한 $L(\mathbf{t}_1)$ 과 $L(\mathbf{t}_2)$ 의 좌표벡터를 얻기 위하여 방정식

$$(1,\ -1) = \alpha_{11}(1,\ 1) + \alpha_{21}(-1,\ 1) = (\alpha_{11} - \alpha_{21},\ \alpha_{11} + \alpha_{21})$$
$$(-1,\ -1) = \alpha_{12}(1,\ 1) + \alpha_{22}(-1,\ 1) = (\alpha_{12} - \alpha_{22},\ \alpha_{12} + \alpha_{22})$$

을 각각 만족시키는 α_{11}, α_{21}, α_{12}, α_{22} 를 구하면 $\alpha_{11} = 0$, $\alpha_{21} = -1$, $\alpha_{12} = -1$, $\alpha_{22} = 0$ 이다. 따라서 행렬 $[L]_T$ 는

$$[L]_T = \begin{pmatrix} \alpha_{11} & \alpha_{12} \\ \alpha_{21} & \alpha_{22} \end{pmatrix} = \begin{pmatrix} 0 & -1 \\ -1 & 0 \end{pmatrix}$$

이다.

(3) 기저집합 S 의 원소 $\mathbf{e}_1$, $\mathbf{e}_2$ 에 대하여 선형사상 L 를 취하면

$$L(\mathbf{e}_1) = L(1,\ 0) = (1,\ -0) = (1,\ 0), \qquad L(\mathbf{e}_2) = L(0,\ 1) = (0,\ -1)$$

이다. 이제 T 에 관한 $L(\mathbf{e}_1)$ 과 $L(\mathbf{e}_2)$ 의 좌표벡터를 얻기 위하여 방정식

$$(1,\ 0) = \alpha_{11}(1,\ 1) + \alpha_{21}(-1,\ 1), \qquad (0,\ -1) = \alpha_{12}(1,\ 1) + \alpha_{22}(-1,\ 1)$$

을 각각 만족시키는 α_{11}, α_{21}, α_{12}, α_{22} 를 구하면 $\alpha_{11} = 1/2$, $\alpha_{21} = -1/2$, $\alpha_{12} = -1/2$, $\alpha_{22} = -1/2$ 이다. 따라서 행렬 $[L]_S^T$ 는

$$[L]_S^T = \begin{pmatrix} \alpha_{11} & \alpha_{12} \\ \alpha_{21} & \alpha_{22} \end{pmatrix} = \begin{pmatrix} 1/2 & -1/2 \\ -1/2 & -1/2 \end{pmatrix} = \frac{1}{2}\begin{pmatrix} 1 & -1 \\ -1 & -1 \end{pmatrix}$$

이다.

(4) 기저집합 T 의 원소 $\mathbf{t}_1$, $\mathbf{t}_2$ 에 대하여 선형사상 L 를 취하면

$$L(\mathbf{t}_1) = L(1,\ 1) = (1,\ -1), \qquad L(\mathbf{t}_2) = L(-1,\ 1) = (-1,\ -1)$$

이다. 이제 S에 관한 $L(\mathbf{t}_1)$과 $L(\mathbf{t}_2)$의 좌표벡터를 얻기 위하여 방정식

$$(1, -1) = \alpha_{11}(1, 0) + \alpha_{21}(0, 1), \qquad (-1, -1) = \alpha_{12}(1, 0) + \alpha_{22}(0, 1)$$

을 각각 만족시키는 α_{11}, α_{21}, α_{12}, α_{22}를 구하면 $\alpha_{11} = 1$, $\alpha_{21} = -1$, $\alpha_{12} = -1$, $\alpha_{22} = -1$이다. 따라서 행렬 $[L]_T^S$는

$$[L]_T^S = \begin{pmatrix} \alpha_{11} & \alpha_{12} \\ \alpha_{21} & \alpha_{22} \end{pmatrix} = \begin{pmatrix} 1 & -1 \\ -1 & -1 \end{pmatrix}$$

이다.

5. 기저집합 S의 원소 $\mathbf{s}_1 = \sin t$, $\mathbf{s}_2 = \cos t$에 대하여 선형사상 L을 취하면

$$L(\mathbf{s}_1) = L(\sin t) = \cos t, \qquad L(\mathbf{s}_2) = L(\cos t) = -\sin t$$

이다. 이제 S에 관한 $L(\mathbf{s}_1)$과 $L(\mathbf{s}_2)$의 좌표벡터를 얻기 위하여 방정식

$$\cos t = \alpha_{11}\sin t + \alpha_{21}\cos t, \qquad -\sin t = \alpha_{12}\sin t + \alpha_{22}\cos t$$

을 각각 만족시키는 α_{11}, α_{21}, α_{12}, α_{22}를 구하면

$$\alpha_{11} = 0, \quad \alpha_{21} = 1, \quad \alpha_{12} = -1, \quad \alpha_{22} = 0$$

이다. 따라서 연관행렬 $[L]_S$는

$$[L]_S = \begin{pmatrix} \alpha_{11} & \alpha_{12} \\ \alpha_{21} & \alpha_{22} \end{pmatrix} = \begin{pmatrix} 0 & -1 \\ 1 & 0 \end{pmatrix}$$

이다.

6. (1) 기저집합 S의 원소 $\mathbf{e}_1$, $\mathbf{e}_2$, $\mathbf{e}_3$에 대하여 선형사상 L를 취하면 $L(\mathbf{e}_1) = L(1, 0, 0) = (1, 1, 0)$, $L(\mathbf{e}_2) = L(0, 1, 0) = (2, 0, 1)$, $L(\mathbf{e}_3) = L(0, 0, 1) = (1, 0, 1)$이다. 이제 S에 관한 $L(\mathbf{e}_1)$, $L(\mathbf{e}_2)$, $L(\mathbf{e}_3)$의 좌표벡터를 얻기 위하여 방정식

$$(1, 1, 0) = \alpha_{11}(1, 0, 0) + \alpha_{21}(0, 1, 0) + \alpha_{31}(0, 0, 1) = (\alpha_{11}, \alpha_{21}, \alpha_{31})$$

$$(2,\ 0,\ 1) = \alpha_{12}(1,\ 0,\ 0) + \alpha_{22}(0,\ 1,\ 0) + \alpha_{32}(0,\ 0,\ 1) = (\alpha_{12},\ \alpha_{22},\ \alpha_{32})$$
$$(1,\ 0,\ 1) = \alpha_{13}(1,\ 0,\ 0) + \alpha_{23}(0,\ 1,\ 0) + \alpha_{33}(0,\ 0,\ 1) = (\alpha_{13},\ \alpha_{23},\ \alpha_{33})$$

을 각각 만족시키는 $((\alpha_{ij},\ i = 1, 2, 3),\ j = 1, 2, 3)$를 모두 구하면

$$\alpha_{11} = 1,\ \ \alpha_{12} = 2,\ \ \alpha_{13} = 1,\ \ \alpha_{21} = 1,\ \ \alpha_{22} = 0,\ \ \alpha_{23} = 0,\ \ \alpha_{31} = 0,\ \ \alpha_{32} = 1,\ \ \alpha_{33} = 1$$

이다. 따라서 연관행렬 $[L]_S$ 는

$$[L]_S = \begin{pmatrix} \alpha_{11} & \alpha_{12} & \alpha_{13} \\ \alpha_{21} & \alpha_{22} & \alpha_{23} \\ \alpha_{31} & \alpha_{32} & \alpha_{33} \end{pmatrix} = \begin{pmatrix} 1 & 2 & 1 \\ 1 & 0 & 0 \\ 0 & 1 & 1 \end{pmatrix}$$

이다.

(2) $\mathbf{u} = (1, 2, 3) = \mathbf{e}_1 + 2\mathbf{e}_2 + 3\mathbf{e}_3$ 이므로 정의된 선형사상과 선형사상의 성질로부터

$$L(\mathbf{u}) = L(\mathbf{e}_1 + 2\mathbf{e}_2 + 3\mathbf{e}_3) = L(\mathbf{e}_1) + 2L(\mathbf{e}_2) + 3L(\mathbf{e}_3) = (8,\ 1,\ 5)$$

이다. 이제 (1)에서 얻은 연관행렬을 이용한 계산을 해보도록 하자. S에 관한 $\mathbf{u} = (1,\ 1,\ 3)$의 좌표벡터는

$$(1,\ 2,\ 3) = \alpha_1(1,\ 0,\ 0) + \alpha_2(0,\ 1,\ 0) + \alpha_3(0,\ 0,\ 1) = (\alpha_1,\ \alpha_2,\ \alpha_3)$$

으로부터 $[\mathbf{u}]_S = (1, 2, 3)$ 임을 알 수 있다. 따라서 (1)의 결과를 이용하면, 정리 6.2.1 로부터

$$[L(\mathbf{u})]_S = [L]_S\,[\mathbf{u}]_S = \begin{pmatrix} 1 & 2 & 1 \\ 1 & 0 & 0 \\ 0 & 1 & 1 \end{pmatrix}\begin{pmatrix} 1 \\ 2 \\ 3 \end{pmatrix} = \begin{pmatrix} 8 \\ 1 \\ 5 \end{pmatrix}$$

이므로

$$L(\mathbf{u}) = 8\mathbf{e}_1 + 1 \cdot \mathbf{e}_2 + 5\mathbf{e}_3 = 8(1,\ 0,\ 0) + (0,\ 1,\ 0) + 5(0,\ 0,\ 1) = (8,\ 1,\ 5)$$

이다. 결국 $L(\mathbf{u})$는 선형사상의 정의로부터 얻은 결과와 같음을 알 수 있다.

7. 주어진 선형사상 L에 대응하는 행렬 $A \in M_{3\times3}$ 가

$$A = \begin{pmatrix} 1 & 0 & 1 \\ 2 & 1 & 0 \\ 3 & 1 & -1 \end{pmatrix}$$

임을 계산을 통하여 확인할 수 있다. 따라서 $\mathbf{v} = (1, 1, 1)$ 일 때 $L(\mathbf{v})$의 값은

$$L(\mathbf{v}) = A(\mathbf{v}) = \begin{pmatrix} 1 & 0 & 1 \\ 2 & 1 & 0 \\ 3 & 1 & -1 \end{pmatrix}\begin{pmatrix} 1 \\ 1 \\ 1 \end{pmatrix} = \begin{pmatrix} 2 \\ 3 \\ 3 \end{pmatrix}$$

이다. 위의 연산에서 행렬 연산을 정당화 하기 위해 벡터 $\mathbf{v}$를 열벡터로 간주하였다.

8. (1) 주어진 선형사상의 정의로부터

$$L(\mathbf{u}) = L(2, 1, -1, 3) = (2, 1 + (-1), (-1) + 3) = (2, 0, 2)$$

이다.

(2) 정의역의 기저집합 S의 원소 $\mathbf{e}_1$, $\mathbf{e}_2$, $\mathbf{e}_3$, $\mathbf{e}_4$ 에 대하여 선형사상 L를 취하면

$$L(\mathbf{e}_1) = L(1, 0, 0, 0) = (1, 0 + 0, 0 + 0) = (1, 0, 0)$$

$$L(\mathbf{e}_2) = L(0, 1, 0, 0) = (0, 1 + 0, 0 + 0) = (0, 1, 0)$$

$$L(\mathbf{e}_3) = L(0, 0, 1, 0) = (0, 0 + 1, 1 + 0) = (0, 1, 1)$$

$$L(\mathbf{e}_4) = L(0, 0, 0, 1) = (0, 0 + 0, 0 + 1) = (0, 0, 1)$$

이다. 이제 T 에 관한 $L(\mathbf{e}_1)$, $L(\mathbf{e}_2)$, $L(\mathbf{e}_3)$, $L(\mathbf{e}_4)$ 의 좌표벡터를 얻기 위해 방정식

$$(1, 0, 0) = \alpha_{11}(1, 0, 0) + \alpha_{21}(0, 1, 0) + \alpha_{31}(0, 0, 1) = (\alpha_{11}, \alpha_{21}, \alpha_{31})$$

$$(0, 1, 0) = \alpha_{12}(1, 0, 0) + \alpha_{22}(0, 1, 0) + \alpha_{32}(0, 0, 1) = (\alpha_{12}, \alpha_{22}, \alpha_{32})$$

$$(0, 1, 1) = \alpha_{13}(1, 0, 0) + \alpha_{23}(0, 1, 0) + \alpha_{33}(0, 0, 1) = (\alpha_{13}, \alpha_{23}, \alpha_{33})$$

$$(0, 0, 1) = \alpha_{14}(1, 0, 0) + \alpha_{24}(0, 1, 0) + \alpha_{34}(0, 0, 1) = (\alpha_{14}, \alpha_{24}, \alpha_{34})$$

을 각각 만족시키는 $((\alpha_{ij}, i = 1, 2, 3), j = 1, 2, 3, 4)$ 를 모두 구하면

$$\alpha_{11} = 1, \quad \alpha_{12} = 0, \quad \alpha_{13} = 0, \quad \alpha_{14} = 0$$
$$\alpha_{21} = 0, \quad \alpha_{22} = 1, \quad \alpha_{23} = 1, \quad \alpha_{24} = 0$$
$$\alpha_{31} = 0, \quad \alpha_{32} = 0, \quad \alpha_{33} = 1, \quad \alpha_{34} = 1$$

이다. 따라서 행렬 $[L]_S^T$ 는

$$[L]_S^T = \begin{pmatrix} \alpha_{11} & \alpha_{12} & \alpha_{13} & \alpha_{14} \\ \alpha_{21} & \alpha_{22} & \alpha_{23} & \alpha_{24} \\ \alpha_{31} & \alpha_{32} & \alpha_{33} & \alpha_{34} \end{pmatrix} = \begin{pmatrix} 1 & 0 & 0 & 0 \\ 0 & 1 & 1 & 0 \\ 0 & 0 & 1 & 1 \end{pmatrix}$$

이다.

(3) 정의역의 기저집합 S' 의 원소 $\mathbf{s}_1'$, $\mathbf{s}_2'$, $\mathbf{s}_3'$, $\mathbf{s}_4'$ 에 대하여 선형사상 L 를 취하면

$$L(\mathbf{s}_1') = L(1, 0, 0, 1) = (1, 0 + 0, 0 + 1) = (1, 0, 1)$$
$$L(\mathbf{s}_2') = L(0, 0, 0, 1) = (0, 0 + 0, 0 + 1) = (0, 0, 1)$$
$$L(\mathbf{s}_3') = L(1, 1, 0, 0) = (1, 1 + 0, 0 + 0) = (1, 1, 0)$$
$$L(\mathbf{s}_4') = L(0, 1, 1, 0) = (0, 1 + 1, 1 + 0) = (0, 2, 1)$$

이다. 이제 T' 에 관한 $L(\mathbf{s}_1')$, $L(\mathbf{s}_2')$, $L(\mathbf{s}_3')$, $L(\mathbf{s}_4')$ 의 좌표벡터를 얻기 위해 방정식

$$(1, 0, 1) = \alpha_{11}(1, 1, 0) + \alpha_{21}(0, 1, 0) + \alpha_{31}(1, 0, 1) = (\alpha_{11} + \alpha_{31}, \alpha_{11} + \alpha_{21}, \alpha_{31})$$
$$(0, 0, 1) = \alpha_{12}(1, 1, 0) + \alpha_{22}(0, 1, 0) + \alpha_{32}(1, 0, 1) = (\alpha_{12} + \alpha_{32}, \alpha_{12} + \alpha_{22}, \alpha_{32})$$
$$(1, 1, 0) = \alpha_{13}(1, 1, 0) + \alpha_{23}(0, 1, 0) + \alpha_{33}(1, 0, 1) = (\alpha_{13} + \alpha_{33}, \alpha_{13} + \alpha_{23}, \alpha_{33})$$
$$(0, 2, 1) = \alpha_{14}(1, 1, 0) + \alpha_{24}(0, 1, 0) + \alpha_{34}(1, 0, 1) = (\alpha_{14} + \alpha_{34}, \alpha_{14} + \alpha_{24}, \alpha_{34})$$

을 각각 만족시키는 $((\alpha_{ij}, i = 1, 2, 3), j = 1, 2, 3, 4)$ 를 모두 구하면

$$\alpha_{11} = 0, \quad \alpha_{12} = -1, \quad \alpha_{13} = 1, \quad \alpha_{14} = -1$$
$$\alpha_{21} = 0, \quad \alpha_{22} = 1, \quad \alpha_{23} = 0, \quad \alpha_{24} = 3$$

$$\alpha_{31} = 1, \qquad \alpha_{32} = 1, \qquad \alpha_{33} = 0, \qquad \alpha_{34} = 1$$

이다. 따라서 행렬 $[L]_{S'}^{T'}$ 는

$$[L]_{S'}^{T'} = \begin{pmatrix} \alpha_{11} & \alpha_{12} & \alpha_{13} & \alpha_{14} \\ \alpha_{21} & \alpha_{22} & \alpha_{23} & \alpha_{24} \\ \alpha_{31} & \alpha_{32} & \alpha_{33} & \alpha_{34} \end{pmatrix} = \begin{pmatrix} 0 & -1 & 1 & -1 \\ 0 & 1 & 0 & 3 \\ 1 & 1 & 0 & 1 \end{pmatrix}$$

이다.

(4) 정의역의 표준기저집합 S 에 관한 $\mathbf{u} = (2, 1, -1, 3)$ 의 좌표벡터는 자기 자신과 같으므로 $[\mathbf{u}]_S = (2, 1, -1, 3)$ 이다. 따라서 (2) 의 결과를 이용하면, 정리 6.2.1 로부터

$$[L(\mathbf{u})]_T = [L]_S^T[\mathbf{u}]_S = \begin{pmatrix} 1 & 0 & 0 & 0 \\ 0 & 1 & 1 & 0 \\ 0 & 0 & 1 & 1 \end{pmatrix}\begin{pmatrix} 2 \\ 1 \\ -1 \\ 3 \end{pmatrix} = \begin{pmatrix} 2 \\ 0 \\ 2 \end{pmatrix}$$

이므로

$$L(\mathbf{u}) = 2\mathbf{t}_1 + 0 \cdot \mathbf{t}_2 + 2\mathbf{t}_3 = 2(1, 0, 0) + 2(0, 0, 1) = (2, 0, 2)$$

이다. 결국 $L(\mathbf{u})$ 는 (1) 의 결과와 같음을 알 수 있다.

(5) 정의역의 기저집합 S' 에 관한 $\mathbf{u} = (2, 1, -1, 3)$ 의 좌표벡터는

$$\begin{aligned}(2, 1, -1, 3) &= \alpha_1(1, 0, 0, 1) + \alpha_2(0, 0, 0, 1) + \alpha_3(1, 1, 0, 0) + \alpha_4(0, 1, 1, 0) \\ &= (\alpha_1 + \alpha_3,\ \alpha_3 + \alpha_4,\ \alpha_4,\ \alpha_1 + \alpha_2)\end{aligned}$$

으로부터 $[\mathbf{u}]_{S'} = (0, 3, 2, -1)$ 임을 알 수 있다. 따라서 (3) 의 결과를 이용하면, 정리 6.2.1 로부터

$$[L(\mathbf{u})]_{T'} = [L]_{S'}^{T'}[\mathbf{u}]_{S'} = \begin{pmatrix} 0 & -1 & 1 & -1 \\ 0 & 1 & 0 & 3 \\ 1 & 1 & 0 & 1 \end{pmatrix}\begin{pmatrix} 0 \\ 3 \\ 2 \\ -1 \end{pmatrix} = \begin{pmatrix} 0 \\ 0 \\ 2 \end{pmatrix}$$

이므로

$$L(\mathbf{u}) = 0 \cdot \mathbf{t}_1' + 0 \cdot \mathbf{t}_2' + 2\mathbf{t}_3' = 2(1,\ 0,\ 1) = (2,\ 0,\ 2)$$

이다. 결국 $L(\mathbf{u})$ 는 (1) 의 결과와 같음을 알 수 있다.

9. (1) $L(0,\ 2) = (0,\ 0)$ 이므로 $(0,\ 2)$ 는 $\operatorname{Ker} L$ 에 속한다.

(2) $L(2,\ 2) = (2,\ 0)$ 이므로 $(2,\ 2)$ 는 $\operatorname{Ker} L$ 에 속하지 않는다.

(3) $\operatorname{Im} L$ 의 모든 원소는 임의의 $\alpha \in \mathbb{R}$ 에 대하여 $\alpha(1,\ 0)$ 이다. 따라서 $(3,\ 0)$ 은 $\operatorname{Im} L$ 에 속한다.

(4) $\operatorname{Im} L$ 의 원소는 임의의 $\alpha \in \mathbb{R}$ 에 대하여 $\alpha(1,\ 0)$ 이다. 따라서 $(3,\ 2)$ 은 $\operatorname{Im} L$ 에 속하지 않는다.

(5) 정의로부터

$$\begin{aligned}
\operatorname{Ker} L &= \left\{\mathbf{u} \in \mathbb{R}^2 \mid L(\mathbf{u}) = \mathbf{0}_{\mathbb{R}^2}\right\} \\
&= \left\{\mathbf{u} = (u_1,\ u_2) \in \mathbb{R}^2 \mid L(u_1,\ u_2) = \mathbf{0}_{\mathbb{R}^2}\right\} \\
&= \left\{\mathbf{u} = (u_1,\ u_2) \in \mathbb{R}^2 \mid (u_1,\ 0) = (0,\ 0)\right\} \\
&= \left\{(0,\ \alpha) \in \mathbb{R}^2 \mid \alpha \in \mathbb{R}\right\}
\end{aligned}$$

이다. 여기서 $\mathbf{0}_{\mathbb{R}^2}$ 은 유클리드공간 $\mathbb{R}^2$ 의 영벡터인 $(0,\ 0)$ 를 의미한다.

(6) 정의로부터

$$\begin{aligned}
\operatorname{Im} L &= \left\{\mathbf{v} \in \mathbb{R}^2 \mid L(\mathbf{u}) = \mathbf{v},\ \ \mathbf{u} \in \mathbb{R}^2\right\} \\
&= \left\{(u_1,\ 0) \in \mathbb{R}^2 \mid L(\mathbf{u}) = (u_1,\ 0),\ \ \mathbf{u} = (u_1,\ u_2) \in \mathbb{R}^2\right\} \\
&= \left\{(\alpha,\ 0) \in \mathbb{R}^2 \mid \alpha \in \mathbb{R}\right\}
\end{aligned}$$

이다.

10. (1) 정의로부터

$$\begin{aligned}
\operatorname{Ker} L &= \left\{\mathbf{u} \in \mathbb{R}^4 \mid L(\mathbf{u}) = \mathbf{0}_{\mathbb{R}^3}\right\} \\
&= \left\{(u_1,\ u_2,\ u_3,\ u_4) \in \mathbb{R}^4 \mid L(u_1,\ u_2,\ u_3,\ u_4) = \mathbf{0}_{\mathbb{R}^3}\right\} \\
&= \left\{(u_1,\ u_2,\ u_3,\ u_4) \in \mathbb{R}^4 \mid (u_1 + u_2,\ u_3 + u_4,\ u_1 + u_3) = (0,\ 0,\ 0)\right\}
\end{aligned}$$

$$= \left\{u_1(1,\ -1,\ -1,\ 1) \in \mathbb{R}^4 \mid u_1 \in \mathbb{R}\right\}$$
$$= \left\{\alpha(1,\ -1,\ -1,\ 1) \in \mathbb{R}^4 \mid \alpha \in \mathbb{R}\right\}$$

이다. 따라서 집합 $\{(1,\ -1,\ -1,\ 1)\}$은 $\mathrm{Ker}\, L$의 한 기저이다.

(2) 벡터공간의 차원은 기저집합의 원소의 개수를 의미한다. 따라서 (1)의 결과로부터 $\dim(\mathrm{Ker}\, L) = 1$ 이다.

(3) 정의로부터

$$\begin{aligned}\mathrm{Im}\, L &= \left\{\mathbf{v} \in \mathbb{R}^3 \mid L(\mathbf{u}) = \mathbf{v},\ \ \mathbf{u} \in \mathbb{R}^4\right\} \\ &= \left\{(u_1 + u_2,\ u_3 + u_4,\ u_1 + u_3) \in \mathbb{R}^3 \mid u_i \in \mathbb{R},\ 1 \le i \le 4\right\} \\ &= \left\{u_1(1,\ 0,\ 1) + u_2(1,\ 0,\ 0) + u_3(0,\ 1,\ 1) + u_4(0,\ 1,\ 0) \in \mathbb{R}^3 \mid u_i \in \mathbb{R},\ 1 \le i \le 4\right\}\end{aligned}$$

이다. 따라서 $\mathbf{v}_1 = (1,\ 0,\ 1)$, $\mathbf{v}_2 = (1,\ 0,\ 0)$, $\mathbf{v}_3 = (0,\ 1,\ 1)$, $\mathbf{v}_4 = (0,\ 1,\ 0)$ 라고 놓으면 집합 $S = \{\mathbf{v}_1,\ \mathbf{v}_2,\ \mathbf{v}_3,\ \mathbf{v}_4\}$는 $\mathrm{Im}\, L$의 생성원 집합이다. 그러나 사상 L의 공역 $\mathbb{R}^3$의 차원은 3차원이므로 4개의 벡터들로 이루어진 집합 S는 일차종속일 수밖에 없다. 따라서 $S^* \subset S$ 인 S^*를 $S^* = \{\mathbf{v}_1,\ \mathbf{v}_2,\ \mathbf{v}_3\}$으로 택하면 일차독립이므로 집합 S^*는 $\mathrm{Im}\, L$의 하나의 기저이다.

(4) 벡터공간의 차원은 기저집합의 원소의 개수를 의미한다. 따라서 (3)의 결과로부터 $\dim(\mathrm{Im}\, L) = 3$ 이다.

11. 정의로부터

$$\begin{aligned}\mathrm{Ker}\, L &= \left\{\mathbf{u} \in \mathbb{R}^2 \mid L(\mathbf{u}) = \mathbf{0}_{\mathbb{R}^3}\right\} \\ &= \left\{\mathbf{u} = (u_1,\ u_2) \in \mathbb{R}^2 \mid L(u_1,\ u_2) = \mathbf{0}_{\mathbb{R}^3}\right\} \\ &= \left\{\mathbf{u} = (u_1,\ u_2) \in \mathbb{R}^2 \mid (u_1,\ u_1 + u_2,\ u_2) = (0,\ 0,\ 0)\right\} \\ &= \left\{(0,\ 0) \in \mathbb{R}^2\right\} \\ &= \{\mathbf{0}_{\mathbb{R}^2}\}\end{aligned}$$

이다. 여기서 $\mathbf{0}_{\mathbb{R}^3}$은 유클리드공간 $\mathbb{R}^3$의 영벡터인 $(0,\ 0,\ 0)$를 의미한다.

12. (1) 기저집합 S의 원소 $\mathbf{e}_1$, $\mathbf{e}_2$ 에 대하여 선형사상 L를 취하면

$$L(\mathbf{e}_1) = L(1, 0) = (1 + 2 \cdot 0, 2 \cdot 1 - 0) = (1, 2)$$
$$L(\mathbf{e}_2) = L(0, 1) = (0 + 2 \cdot 1, 2 \cdot 0 - 1) = (2, -1)$$

이다. 이제 S에 관한 $L(\mathbf{e}_1)$와 $L(\mathbf{e}_2)$의 좌표벡터를 얻기 위하여 방정식

$$(1, 2) = \alpha_{11}(1, 0) + \alpha_{21}(0, 1), \qquad (2, -1) = \alpha_{12}(1, 0) + \alpha_{22}(0, 1)$$

을 각각 만족시키는 α_{11}, α_{21}, α_{12}, α_{22} 를 구하면

$$\alpha_{11} = 1, \quad \alpha_{21} = 2, \quad \alpha_{12} = 2, \quad \alpha_{22} = -1$$

이다. 따라서 연관행렬 $[L]_S$ 는 $[L]_S = \begin{pmatrix} \alpha_{11} & \alpha_{12} \\ \alpha_{21} & \alpha_{22} \end{pmatrix} = \begin{pmatrix} 1 & 2 \\ 2 & -1 \end{pmatrix}$ 이다.

(2) 기저집합 S의 원소 $\mathbf{e}_1$, $\mathbf{e}_2$ 에 대하여 선형사상 L를 취하면

$$L(\mathbf{e}_1) = L(1, 0) = (1 + 2 \cdot 0, 2 \cdot 1 - 0) = (1, 2)$$
$$L(\mathbf{e}_2) = L(0, 1) = (0 + 2 \cdot 1, 2 \cdot 0 - 1) = (2, -1)$$

이다. 이제 T 에 관한 $L(\mathbf{e}_1)$와 $L(\mathbf{e}_2)$의 좌표벡터를 얻기 위하여 방정식

$$(1, 2) = \alpha_{11}(-1, 2) + \alpha_{21}(2, 0), \qquad (2, -1) = \alpha_{12}(-1, 2) + \alpha_{22}(2, 0)$$

을 각각 만족시키는 α_{11}, α_{21}, α_{12}, α_{22} 를 구하면

$$\alpha_{11} = 1, \quad \alpha_{21} = 1, \quad \alpha_{12} = -1/2, \quad \alpha_{22} = 3/4$$

이다. 따라서 연관행렬 $[L]_S^T$ 는

$$[L]_S^T = \begin{pmatrix} \alpha_{11} & \alpha_{12} \\ \alpha_{21} & \alpha_{22} \end{pmatrix} = \begin{pmatrix} 1 & -1/2 \\ 1 & 3/4 \end{pmatrix}$$

이다.

(3) 기저집합 T 의 원소 $\mathbf{t}_1$, $\mathbf{t}_2$ 에 대하여 선형사상 L를 취하면

$$L(\mathbf{t}_1) = L(-1, 2) = (-1 + 2 \cdot 2, 2 \cdot (-1) - 2) = (3, -4)$$
$$L(\mathbf{t}_2) = L(2, 0) = (2 + 2 \cdot 0, 2 \cdot 2 - 0) = (2, 4)$$

이다. 이제 S에 관한 $L(\mathbf{t}_1)$와 $L(\mathbf{t}_2)$의 좌표벡터를 얻기 위하여 방정식

$$(3, -4) = \alpha_{11}(1, 0) + \alpha_{21}(0, 1), \qquad (2, 4) = \alpha_{12}(1, 0) + \alpha_{22}(0, 1)$$

을 각각 만족시키는 α_{11}, α_{21}, α_{12}, α_{22} 를 구하면 $\alpha_{11} = 3$, $\alpha_{21} = -4$, $\alpha_{12} = 2$, $\alpha_{22} = 4$ 이다. 따라서 연관행렬 $[L]_T^S$ 는 다음과 같다.

$$[L]_T^S = \begin{pmatrix} \alpha_{11} & \alpha_{12} \\ \alpha_{21} & \alpha_{22} \end{pmatrix} = \begin{pmatrix} 3 & 2 \\ -4 & 4 \end{pmatrix}$$

(4) 기저집합 T 의 원소 $\mathbf{t}_1$, $\mathbf{t}_2$ 에 대하여 선형사상 L를 취하면

$$L(\mathbf{t}_1) = L(-1, 2) = (-1 + 2 \cdot 2, 2 \cdot (-1) - 2) = (3, -4)$$
$$L(\mathbf{t}_2) = L(2, 0) = (2 + 2 \cdot 0, 2 \cdot 2 - 0) = (2, 4)$$

이다. 이제 T 에 관한 $L(\mathbf{t}_1)$와 $L(\mathbf{t}_2)$의 좌표벡터를 얻기 위하여 방정식

$$(3, -4) = \alpha_{11}(-1, 2) + \alpha_{21}(2, 0), \qquad (2, 4) = \alpha_{12}(-1, 2) + \alpha_{22}(2, 0)$$

을 각각 만족시키는 α_{11}, α_{21}, α_{12}, α_{22} 를 구하면

$$\alpha_{11} = -2, \qquad \alpha_{21} = 1/2, \qquad \alpha_{12} = 2, \qquad \alpha_{22} = 2$$

이다. 따라서 연관행렬 $[L]_T$ 는

$$[L]_T = \begin{pmatrix} \alpha_{11} & \alpha_{12} \\ \alpha_{21} & \alpha_{22} \end{pmatrix} = \begin{pmatrix} -2 & 2 \\ 1/2 & 2 \end{pmatrix}$$

이다.

13. $S = \{\mathbf{e}_1, \mathbf{e}_2, \mathbf{e}_3\}$를 $\mathbb{R}^3$에서의 표준기저집합이라고 하자. 그러면 임의의 벡터 $\mathbf{u} \in \mathbb{R}^3$에 대하여 $[\mathbf{u}]_S = \mathbf{u}$이다. 따라서 $\mathbf{u} = (1, 2, 3)^t$라고 놓으면

$$L(\mathbf{u}) = [L(\mathbf{u})]_S = [L]_S [\mathbf{u}]_S = [L]_S \mathbf{u} = \begin{pmatrix} 1 & 3 & 1 \\ 1 & 2 & 0 \\ 0 & 1 & 1 \end{pmatrix}\begin{pmatrix} 1 \\ 2 \\ 3 \end{pmatrix} = \begin{pmatrix} 10 \\ 5 \\ 5 \end{pmatrix}$$

이다. 즉, $L(1, 2, 3) = (10, 5, 5)$이다.

14. 정의로부터

$$\begin{aligned} \operatorname{Ker} L &= \{\mathbf{u} \in \mathbb{R}^2 \mid L(\mathbf{u}) = \mathbf{0}_{\mathbb{R}^2}\} \\ &= \{\mathbf{u} = (u_1, u_2) \in \mathbb{R}^2 \mid L(u_1, u_2) = \mathbf{0}_{\mathbb{R}^2}\} \\ &= \{\mathbf{u} = (u_1, u_2) \in \mathbb{R}^2 \mid (u_1, 0) = (0, 0)\} \\ &= \{(0, \alpha) \in \mathbb{R}^2 \mid \alpha \in \mathbb{R}\} \end{aligned}$$

이다. 단, 여기서의 $\mathbf{0}_{\mathbb{R}^2}$은 유클리드공간 $\mathbb{R}^2$의 영벡터인 $(0, 0)$를 의미한다. 따라서 $\dim(\operatorname{Ker} L) = 1$이다.

15. 정의로부터

$$\begin{aligned} \operatorname{Ker} L &= \{\mathbf{u} \in \mathbb{R}^2 \mid L(\mathbf{u}) = \mathbf{0}_{\mathbb{R}^2}\} = \{\mathbf{u} = (u_1, u_2) \in \mathbb{R}^2 \mid L(u_1, u_2) = \mathbf{0}_{\mathbb{R}^2}\} \\ &= \{\mathbf{u} = (u_1, u_2) \in \mathbb{R}^2 \mid (0, u_2) = (0, 0)\} \\ &= \{(\alpha, 0) \in \mathbb{R}^2 \mid \alpha \in \mathbb{R}\} \end{aligned}$$

이다. 단, 여기서의 $\mathbf{0}_{\mathbb{R}^2}$은 유클리드공간 $\mathbb{R}^2$의 영벡터인 $(0, 0)$를 의미한다.

16. 벡터공간 V가 유한차원일 때, 선형사상 $L : V \to W$에 대하여 관계식

$$\dim V = \dim(\operatorname{Ker} L) + \dim(\operatorname{Im} L)$$

이 성립한다(정리 6.1.7 참조). 그런데 L이 전사함수이므로 $\dim(\operatorname{Im} L) = 4$이다. 따라서 $6 = \dim(\operatorname{Ker} L) + 4$로부터 $\dim(\operatorname{Ker} L) = 2$이다.

17. (1) 행렬 A는 삼각행렬이므로 행렬 A의 고유값은 행렬 A의 주대각성분과 같다. 따

라서 구하는 고유값은 3과 −5이다.

(2) 주어진 행렬 B의 특성방정식은

$$\det(B - \lambda I) = (\lambda - 1)(\lambda - 1) - 1 = \lambda(\lambda - 2) = 0$$

이므로 고유값은 $\lambda = 0$, $\lambda = 2$이다.

(3) 행렬 C의 특성방정식은

$$\det(C - \lambda I) = \lambda^2 - 4 = (\lambda + 2)(\lambda - 2) = 0$$

이다. 따라서 행렬 C의 고유값은 $\lambda = -2$, $\lambda = 2$이다.

(4) 주어진 행렬은 삼각행렬이므로 고유값은 행렬 D의 주대각성분과 같다. 따라서 구하는 고유값은 3과 5이다.

18. (1) 행렬 A의 특성방정식

$$\det(A - \lambda I) = (\lambda - 3)(\lambda + 3) - 16 = \lambda^2 - 25 = 0$$

으로부터 고유값은 $\lambda = 5$, $\lambda = -5$이다.

(i) $\lambda = 5$에 대응하는 고유벡터는 방정식

$$\begin{pmatrix} 3-5 & 4 \\ 4 & -3-5 \end{pmatrix}\begin{pmatrix} x_1 \\ x_2 \end{pmatrix} = \begin{pmatrix} 0 \\ 0 \end{pmatrix}, \qquad \text{즉} \quad \begin{pmatrix} -2 & 4 \\ 4 & -8 \end{pmatrix}\begin{pmatrix} x_1 \\ x_2 \end{pmatrix} = \begin{pmatrix} 0 \\ 0 \end{pmatrix}$$

을 만족하는 $\mathbf{0}$이 아닌 벡터 $\mathbf{x} = (x_1, x_2)^t$를 구하면 된다. 따라서 위의 방정식을 풀면 고유벡터 $\mathbf{x}$는 0이 아닌 α에 대하여 $\mathbf{x} = (x_1, x_2)^t = \alpha(2, 1)^t$이다.

(ii) $\lambda = -5$에 대응하는 고유벡터는 방정식

$$\begin{pmatrix} 3-(-5) & 4 \\ 4 & -3-(-5) \end{pmatrix}\begin{pmatrix} x_1 \\ x_2 \end{pmatrix} = \begin{pmatrix} 0 \\ 0 \end{pmatrix}, \qquad \text{즉} \quad \begin{pmatrix} 8 & 4 \\ 4 & 2 \end{pmatrix}\begin{pmatrix} x_1 \\ x_2 \end{pmatrix} = \begin{pmatrix} 0 \\ 0 \end{pmatrix}$$

을 만족하는 $\mathbf{0}$이 아닌 벡터 $\mathbf{x} = (x_1, x_2)^t$를 구하면 된다. 따라서 위의 방정식을 풀면 고유벡터 $\mathbf{x}$는 0이 아닌 α에 대하여 $\mathbf{x} = (x_1, x_2)^t = \alpha(1, -2)^t$이다.

(2) 행렬 B의 특성방정식

$$\det(B-\lambda I) = -(\lambda^3+\lambda^2-21\lambda-45) = -(\lambda+3)^2(\lambda-5) = 0$$

으로부터 고유값은 $\lambda=-3$, $\lambda=5$ 이다.

(i) $\lambda=-3$ 에 대응하는 고유벡터는 방정식

$$\begin{pmatrix} -2-(-3) & 2 & -3 \\ 2 & 1-(-3) & -6 \\ -1 & -2 & 0-(-3) \end{pmatrix}\begin{pmatrix} x_1 \\ x_2 \\ x_3 \end{pmatrix} = \begin{pmatrix} 0 \\ 0 \\ 0 \end{pmatrix}, \quad \text{즉} \quad \begin{pmatrix} 1 & 2 & -3 \\ 2 & 4 & -6 \\ -1 & -2 & 3 \end{pmatrix}\begin{pmatrix} x_1 \\ x_2 \\ x_3 \end{pmatrix} = \begin{pmatrix} 0 \\ 0 \\ 0 \end{pmatrix}$$

을 만족하는 $\mathbf{0}$이 아닌 벡터 $\mathbf{x}=(x_1, x_2, x_3)^t$ 를 구하면 된다. 따라서 위의 방정식을 풀면 고유벡터 $\mathbf{x}$는 α와 β가 동시에 0이 아닐 때 $\mathbf{x}=(x_1, x_2, x_3)^t = (3\alpha, \beta, \alpha)^t$ 이다.

(ii) $\lambda=5$ 에 대응하는 고유벡터는 방정식

$$\begin{pmatrix} -2-5 & 2 & -3 \\ 2 & 1-5 & -6 \\ -1 & -2 & 0-5 \end{pmatrix}\begin{pmatrix} x_1 \\ x_2 \\ x_3 \end{pmatrix} = \begin{pmatrix} 0 \\ 0 \\ 0 \end{pmatrix}, \quad \text{즉} \quad \begin{pmatrix} -7 & 2 & -3 \\ 2 & -4 & -6 \\ -1 & -2 & -5 \end{pmatrix}\begin{pmatrix} x_1 \\ x_2 \\ x_3 \end{pmatrix} = \begin{pmatrix} 0 \\ 0 \\ 0 \end{pmatrix}$$

을 만족하는 $\mathbf{0}$ 아닌 벡터 $\mathbf{x}=(x_1, x_2, x_3)^t$ 를 구하면 된다. 따라서 위의 방정식을 풀면 고유벡터 $\mathbf{x}$는 0 아닌 α에 대해 $\mathbf{x}=(x_1, x_2, x_3)^t = \alpha(1, 2, -1)^t$ 이다.

(3) 행렬 C의 특성방정식

$$\det(C-\lambda I) = -(\lambda-1)(\lambda^2-13\lambda+42) = -(\lambda-1)(\lambda-6)(\lambda-7) = 0$$

으로부터 고유값은 $\lambda=1$, $\lambda=6$, $\lambda=7$ 이다.

(i) $\lambda=1$ 에 대응하는 고유벡터는 방정식

$$\begin{pmatrix} 1-1 & 0 & 0 \\ -8 & 4-1 & -6 \\ 8 & 1 & 9-1 \end{pmatrix}\begin{pmatrix} x_1 \\ x_2 \\ x_3 \end{pmatrix} = \begin{pmatrix} 0 \\ 0 \\ 0 \end{pmatrix}, \quad \text{즉} \quad \begin{pmatrix} 0 & 0 & 0 \\ -8 & 3 & -6 \\ 8 & 1 & 8 \end{pmatrix}\begin{pmatrix} x_1 \\ x_2 \\ x_3 \end{pmatrix} = \begin{pmatrix} 0 \\ 0 \\ 0 \end{pmatrix}$$

을 만족하는 $\mathbf{0}$ 아닌 벡터 $\mathbf{x}=(x_1, x_2, x_3)^t$ 를 구하면 된다. 따라서 위의 방정식

을 풀면 0 아닌 α 에 대하여 $\mathbf{x} = (x_1, x_2, x_3)^t = (\alpha/8)(15, 8, -16)^t$ 이다.

(ii) $\lambda = 6$ 에 대응하는 고유벡터는 방정식

$$\begin{pmatrix} 1-6 & 0 & 0 \\ -8 & 4-6 & -6 \\ 8 & 1 & 9-6 \end{pmatrix}\begin{pmatrix} x_1 \\ x_2 \\ x_3 \end{pmatrix} = \begin{pmatrix} 0 \\ 0 \\ 0 \end{pmatrix}, \qquad \text{즉} \quad \begin{pmatrix} -5 & 0 & 0 \\ -8 & -2 & -6 \\ 8 & 1 & 3 \end{pmatrix}\begin{pmatrix} x_1 \\ x_2 \\ x_3 \end{pmatrix} = \begin{pmatrix} 0 \\ 0 \\ 0 \end{pmatrix}$$

을 만족하는 $\mathbf{0}$ 아닌 벡터 $\mathbf{x} = (x_1, x_2, x_3)^t$ 를 구하면 된다. 따라서 위의 방정식을 풀면 0 아닌 α 에 대하여 $\mathbf{x} = (x_1, x_2, x_3)^t = \alpha(0, -3, 1)^t$ 이다.

(iii) $\lambda = 7$ 에 대응하는 고유벡터는 방정식

$$\begin{pmatrix} 1-7 & 0 & 0 \\ -8 & 4-7 & -6 \\ 8 & 1 & 9-7 \end{pmatrix}\begin{pmatrix} x_1 \\ x_2 \\ x_3 \end{pmatrix} = \begin{pmatrix} 0 \\ 0 \\ 0 \end{pmatrix}, \qquad \text{즉} \quad \begin{pmatrix} -6 & 0 & 0 \\ -8 & -3 & -6 \\ 8 & 1 & 2 \end{pmatrix}\begin{pmatrix} x_1 \\ x_2 \\ x_3 \end{pmatrix} = \begin{pmatrix} 0 \\ 0 \\ 0 \end{pmatrix}$$

을 만족하는 $\mathbf{0}$ 아닌 벡터 $\mathbf{x} = (x_1, x_2, x_3)^t$ 를 구하면 된다. 따라서 위의 방정식을 풀면 0 아닌 α 에 대하여

$$\mathbf{x} = (x_1, x_2, x_3)^t = \alpha(0, -2, 1)^t$$

이다.

(4) 행렬 D 의 특성방정식

$$\det(D - \lambda I) = -(\lambda^3 - 2\lambda^2 - 6\lambda + 9) = -(\lambda - 3)(\lambda^2 + \lambda - 3) = 0$$

으로부터 고유값은 $\lambda = 3$, $\lambda = -(1 + \sqrt{13})/2$, $\lambda = -(1 - \sqrt{13})/2$ 이다.

(i) $\lambda = 3$ 에 대응하는 고유벡터는 방정식

$$\begin{pmatrix} 1-3 & -1 & 4 \\ 2 & 2-3 & -1 \\ 2 & 1 & -1-3 \end{pmatrix}\begin{pmatrix} x_1 \\ x_2 \\ x_3 \end{pmatrix} = \begin{pmatrix} 0 \\ 0 \\ 0 \end{pmatrix}, \qquad \text{즉} \quad \begin{pmatrix} -2 & -1 & 4 \\ 2 & -1 & -1 \\ 2 & 1 & -4 \end{pmatrix}\begin{pmatrix} x_1 \\ x_2 \\ x_3 \end{pmatrix} = \begin{pmatrix} 0 \\ 0 \\ 0 \end{pmatrix}$$

을 만족하는 $\mathbf{0}$ 아닌 벡터 $\mathbf{x} = (x_1, x_2, x_3)^t$ 를 구하면 된다. 따라서 위의 방정식을 풀면 0 아닌 α 에 대하여 $\mathbf{x} = (x_1, x_2, x_3)^t = (\alpha/8)(15, 8, -16)^t$ 이다.

(ii) $\lambda = -(1+\sqrt{13})/2$ 에 대응하는 고유벡터는 방정식

$$\begin{pmatrix} \frac{3+\sqrt{13}}{2} & 0 & 0 \\ -8 & \frac{5+\sqrt{13}}{2} & -6 \\ 8 & 1 & \frac{-1+\sqrt{13}}{2} \end{pmatrix}\begin{pmatrix} x_1 \\ x_2 \\ x_3 \end{pmatrix} = \begin{pmatrix} 0 \\ 0 \\ 0 \end{pmatrix}$$

을 만족하는 $\mathbf{0}$ 아닌 벡터 $\mathbf{x} = (x_1, x_2, x_3)^t$ 를 구하면 된다. 따라서 위의 방정식을 풀면 0 아닌 α 에 대하여 $\mathbf{x} = (x_1, x_2, x_3)^t = \alpha(-1, (5-\sqrt{13})/2, 1)^t$ 이다.

(iii) $\lambda = -(1-\sqrt{13})/2$ 에 대응하는 고유벡터는 방정식

$$\begin{pmatrix} \frac{3-\sqrt{13}}{2} & 0 & 0 \\ -8 & \frac{5-\sqrt{13}}{2} & -6 \\ 8 & 1 & \frac{-1-\sqrt{13}}{2} \end{pmatrix}\begin{pmatrix} x_1 \\ x_2 \\ x_3 \end{pmatrix} = \begin{pmatrix} 0 \\ 0 \\ 0 \end{pmatrix}$$

을 만족하는 $\mathbf{0}$ 아닌 벡터 $\mathbf{x} = (x_1, x_2, x_3)^t$ 를 구하면 된다. 따라서 위의 방정식을 풀면 0 아닌 α 에 대하여 $\mathbf{x} = (x_1, x_2, x_3)^t = \alpha(-1, (5+\sqrt{13})/2, 1)^t$ 이다.

19. (1) A 의 특성방정식 $\det(A-\lambda I) = 0$ 으로부터 고유값은 $\lambda = 1, 3$ 이다. 고유값 $\lambda = 1$ 에 대응하는 고유벡터는

$$\begin{pmatrix} 1-1 & 2 \\ 0 & 3-1 \end{pmatrix}\begin{pmatrix} x_1 \\ x_2 \end{pmatrix} = \begin{pmatrix} 0 \\ 0 \end{pmatrix}$$

을 만족하는 $\mathbf{0}$ 이 아닌 벡터 $\mathbf{x} = (x_1, x_2)^t$ 이다. 따라서 위의 방정식을 풀면 고유벡터 $\mathbf{x}$ 는 0 이 아닌 임의의 수 α 에 대하여 $\mathbf{x} = (x_1, x_2)^t = \alpha(1, 0)^t$ 임을 알 수 있다. 따라서 $\lambda = 1$ 에 대응하는 고유공간은 $V_1 = \{\alpha(1, 0)^t | \alpha \in \mathbb{R}\} = \langle(1, 0)\rangle$ 이다. 또한 고유값 $\lambda = 3$ 에 대응하는 고유벡터는

$$\begin{pmatrix} 1-3 & 2 \\ 0 & 3-3 \end{pmatrix}\begin{pmatrix} x_1 \\ x_2 \end{pmatrix} = \begin{pmatrix} 0 \\ 0 \end{pmatrix}$$

을 만족하는 $\mathbf{0}$ 이 아닌 벡터 $\mathbf{x} = (x_1, x_2)^t$ 이다. 따라서 위의 방정식을 풀면 고유벡터 $\mathbf{x}$ 는 0 이 아닌 임의의 수 α 에 대하여 $\mathbf{x} = (x_1, x_2)^t = \alpha(1, 1)^t$ 임을 알 수 있다. 따라서 $\lambda = 3$ 에 대응하는 고유공간은 $V_3 = \{\alpha(1, 1)^t | \alpha \in \mathbb{R}\} = \langle(1, 1)\rangle$ 이다.

(2) B 의 특성방정식 $\det(B-\lambda I) = 0$ 으로부터 고유값은 $\lambda = 1, 3$ 이다. 고유값 $\lambda = 1$ 에

대응하는 고유벡터는

$$\begin{pmatrix} 1-1 & 0 \\ 2 & 3-1 \end{pmatrix}\begin{pmatrix} x_1 \\ x_2 \end{pmatrix} = \begin{pmatrix} 0 \\ 0 \end{pmatrix}$$

을 만족하는 $\mathbf{0}$ 이 아닌 벡터 $\mathbf{x} = (x_1, x_2)^t$ 이다. 따라서 위의 방정식을 풀면 고유벡터 $\mathbf{x}$는 0 이 아닌 임의의 수 α 에 대하여 $\mathbf{x} = (x_1, x_2)^t = \alpha(1, -1)^t$ 임을 알 수 있다. 따라서 $V_1 = \{\alpha(1, -1)^t | \alpha \in \mathbb{R}\} = \langle(1, -1)\rangle$ 이다. 또한 고유값 $\lambda = 3$ 에 대응하는 고유벡터는

$$\begin{pmatrix} 1-3 & 0 \\ 2 & 3-3 \end{pmatrix}\begin{pmatrix} x_1 \\ x_2 \end{pmatrix} = \begin{pmatrix} 0 \\ 0 \end{pmatrix}$$

을 만족하는 $\mathbf{0}$ 이 아닌 벡터 $\mathbf{x} = (x_1, x_2)^t$ 이다. 따라서 위의 방정식을 풀면 고유벡터 $\mathbf{x}$는 0 이 아닌 임의의 수 α 에 대하여 $\mathbf{x} = (x_1, x_2)^t = \alpha(0, 1)^t$ 임을 알 수 있다. 따라서 $V_3 = \{\alpha(0, 1)^t | \alpha \in \mathbb{R}\} = \langle(0, 1)\rangle$ 이다.

(3) C 의 특성방정식 $\det(C - \lambda I) = 0$ 으로부터 고유값은 $\lambda = 0, 2$ 이다. 고유값 $\lambda = 0$ 에 대응하는 고유벡터는

$$\begin{pmatrix} 1-0 & 1 \\ 1 & 1-0 \end{pmatrix}\begin{pmatrix} x_1 \\ x_2 \end{pmatrix} = \begin{pmatrix} 0 \\ 0 \end{pmatrix}$$

을 만족하는 $\mathbf{0}$ 이 아닌 벡터 $\mathbf{x} = (x_1, x_2)^t$ 이다. 따라서 위의 방정식을 풀면 고유벡터 $\mathbf{x}$는 0 이 아닌 임의의 수 α 에 대하여 $\mathbf{x} = (x_1, x_2)^t = \alpha(-1, 1)^t$ 임을 알 수 있다. 따라서 $V_0 = \{\alpha(-1, 1)^t | \alpha \in \mathbb{R}\} = \langle(-1, 1)\rangle$ 이다. 또한 고유값 $\lambda = 2$ 에 대응하는 고유벡터는

$$\begin{pmatrix} 1-2 & 1 \\ 1 & 1-2 \end{pmatrix}\begin{pmatrix} x_1 \\ x_2 \end{pmatrix} = \begin{pmatrix} 0 \\ 0 \end{pmatrix}$$

을 만족하는 $\mathbf{0}$ 이 아닌 벡터 $\mathbf{x} = (x_1, x_2)^t$ 이다. 따라서 위의 방정식을 풀면 고유벡터 $\mathbf{x}$는 0 이 아닌 임의의 수 α 에 대하여 $\mathbf{x} = (x_1, x_2)^t = \alpha(1, 1)^t$ 임을 알 수 있다. 따라서 $V_2 = \{\alpha(1, 1)^t | \alpha \in \mathbb{R}\} = \langle(1, 1)\rangle$ 이다.

20. (i) 행렬 A 의 고유방정식

$$\det(A - \lambda I) = 0, \qquad \begin{vmatrix} 2-\lambda & 1 \\ 1 & 2-\lambda \end{vmatrix} = \lambda^2 - 4\lambda + 3 = (\lambda - 1)(\lambda - 3) = 0$$

을 풀면 행렬 A의 고유값은 $\lambda = 1, 3$ 이다.

(ii) 고유값 $\lambda = 1$ 에 대응하는 고유벡터는 $\mathbf{x} = (x_1, x_2)$ 에 대하여

$$A\mathbf{x} = \lambda\mathbf{x}, \qquad \begin{pmatrix} 2 & 1 \\ 1 & 2 \end{pmatrix}\begin{pmatrix} x_1 \\ x_2 \end{pmatrix} = \begin{pmatrix} x_1 \\ x_2 \end{pmatrix}$$

로부터

$$\begin{pmatrix} 2x_1 + x_2 \\ x_1 + 2x_2 \end{pmatrix} = \begin{pmatrix} x_1 \\ x_2 \end{pmatrix}$$

이므로 연립일차방정식 $2x_1 + x_2 = x_1$, $x_1 + 2x_2 = x_2$ 을 풀면, 고유값 $\lambda = 1$ 에 대응하는 고유벡터는 0 아닌 임의의 수 α 에 대하여 $\mathbf{x} = \alpha(1, -1)$ 이다. 따라서 $V_1 = \langle(1, -1)\rangle$ 이고 $\dim V_1 = 1$ 이다.

(iii) 고유값 $\lambda = 3$ 에 대응하는 고유벡터는 $\mathbf{x} = (x_1, x_2)$ 에 대하여

$$A\mathbf{x} = \lambda\mathbf{x}, \qquad \begin{pmatrix} 2 & 1 \\ 1 & 2 \end{pmatrix}\begin{pmatrix} x_1 \\ x_2 \end{pmatrix} = 3\begin{pmatrix} x_1 \\ x_2 \end{pmatrix}$$

로부터

$$\begin{pmatrix} 2x_1 + x_2 \\ x_1 + 2x_2 \end{pmatrix} = \begin{pmatrix} 3x_1 \\ 3x_2 \end{pmatrix}$$

이므로 연립일차방정식 $2x_1 + x_2 = 3x_1$, $x_1 + 2x_2 = 3x_2$ 을 풀면, 고유값 $\lambda = 3$ 에 대응하는 고유벡터는 0 아닌 임의의 수 β 에 대하여 $\mathbf{x} = \beta(1, 1)$ 이다. 따라서 $V_3 = \langle(1, 1)\rangle$ 이고 $\dim V_3 = 1$ 이다.

21. 행렬 A, B 에 대하여

$$\det(A - \lambda I) = (\lambda - \alpha_1)(\lambda - \alpha_4) - \alpha_2\alpha_3 = (\lambda - \alpha_4)(\lambda - \alpha_1) - \alpha_3\alpha_2 = \det(B - \lambda I)$$

으로 특성다항식이 일치하므로 두 행렬의 고유값은 같다.

22. (1) 사상 $T : \mathbb{R}^2 \to \mathbb{R}^2$ 가 x 축으로의 정사영일 때, 사상 T 는 정의역의 벡터 $\mathbf{u} = (u_1, u_2)^t$ 를

$$T(\mathbf{u}) = A\mathbf{u} = \begin{pmatrix} 1 & 0 \\ 0 & 0 \end{pmatrix}\begin{pmatrix} u_1 \\ u_2 \end{pmatrix}$$

으로 대응시키는 선형사상이므로 T 의 고유값은 T 에 대응하는 행렬 A 의 특성방정식

$$\det(A - \lambda I) = \lambda(\lambda - 1) = 0$$

의 해이다. 따라서 구하는 고유값은 $\lambda = 0$, $\lambda = 1$ 이다.

(2) 사상 $T : \mathbb{R}^2 \to \mathbb{R}^2$ 가 y축으로의 정사영일 때, 사상 T는 정의역의 벡터 $\mathbf{u} = (u_1, u_2)^t$ 를

$$T(\mathbf{u}) = A\mathbf{u} = \begin{pmatrix} 0 & 0 \\ 0 & 1 \end{pmatrix}\begin{pmatrix} u_1 \\ u_2 \end{pmatrix}$$

으로 대응시키는 선형사상이므로 T 의 고유값은 T 에 대응하는 행렬 A 의 특성방정식

$$\det(A - \lambda I) = \lambda(\lambda - 1) = 0$$

의 해이다. 따라서 구하는 고유값은 $\lambda = 0$, $\lambda = 1$ 이다.

(3) 사상 $T : \mathbb{R}^2 \to \mathbb{R}^2$ 가 직선 $y = \alpha x$ $(\alpha \in \mathbb{R})$ 위로의 정사영일 때, T 는 정의역의 벡터 $\mathbf{u} = (u_1, u_2)^t$ 에 관한 직선상의 임의의 벡터 $\mathbf{v} = (1, \alpha)^t$ 위로의 정사영인

$$T(\mathbf{u}) = \mathrm{Proj}_{\mathbf{v}}\mathbf{u} = \left(\frac{\mathbf{u}\cdot\mathbf{v}}{\|\mathbf{v}\|^2}\right)\mathbf{v} = \frac{u_1 + \alpha u_2}{1 + \alpha^2}(1, \alpha)^t = \left(\frac{u_1 + \alpha u_2}{1 + \alpha^2}, \frac{\alpha u_1 + \alpha^2 u_2}{1 + \alpha^2}\right)^t$$

으로 나타낼 수 있다. 따라서

$$T(\mathbf{u}) = A\mathbf{u} = \left(\frac{u_1 + \alpha u_2}{1 + \alpha^2}, \frac{\alpha u_1 + \alpha^2 u_2}{1 + \alpha^2}\right)^t = \begin{pmatrix} \frac{1}{1+\alpha^2} & \frac{\alpha}{1+\alpha^2} \\ \frac{\alpha}{1+\alpha^2} & \frac{\alpha^2}{1+\alpha^2} \end{pmatrix}\begin{pmatrix} u_1 \\ u_2 \end{pmatrix}$$

으로 대응시키는 선형사상이므로 T 의 고유값은 T 에 대응하는 행렬 A 의 특성방정식

$$\det(A - \lambda I) = \lambda(\lambda - 1) = 0$$

의 해이다. 따라서 구하는 고유값은 $\lambda = 0$, $\lambda = 1$ 이다.

23. 주어진 행렬 A 의 특성방정식은

$$\det(A - \lambda I) = (\lambda - 3)(\lambda + 3) - 16 = \lambda^2 - 25 = 0$$

이다. 따라서 행렬 A 의 고유값은

$$\lambda = -5, \qquad \lambda = 5$$

이다. 또한 각각의 고유값에 대응하는 고유벡터는 다음과 같다.

(i) 구하려는 고유벡터 $\mathbf{x}$ 는 $A\mathbf{x} = -5\mathbf{x}$ 를 만족시키는 $\mathbf{0}$ 이 아닌 벡터이다. 따라서 $\mathbf{x} = (x_1, x_2)^t$ 라고 놓으면 $A\mathbf{x} = -5\mathbf{x}$ 로부터 $2x_1 + x_2 = 0$ 이므로, 0 이 아닌 임의의 수 α 에 대하여 $\mathbf{x} = (x_1, x_2)^t = \alpha(1, -2)^t$ 이다.

(ii) 구하려는 고유벡터 $\mathbf{x}$ 는 $A\mathbf{x} = 5\mathbf{x}$ 를 만족시키는 $\mathbf{0}$ 이 아닌 벡터이다. 따라서 $\mathbf{x} = (x_1, x_2)^t$ 라고 놓으면 $A\mathbf{x} = 5\mathbf{x}$ 로부터 $x_1 - 2x_2 = 0$ 이므로 0 이 아닌 임의의 수 β 에 대하여 $\mathbf{x} = (x_1, x_2)^t = \beta(2, 1)^t$ 이다.

따라서 (i) 과 (ii) 에서 얻은 서로 다른 고유값에 대응하는 고유벡터에 대하여

$$(\alpha(1, -2))^t \cdot (\beta(2, 1))^t = \alpha\beta(2 - 2) = 0$$

이다. 그러므로 서로 다른 고유값에 대응하는 임의의 고유벡터들은 서로 수직임을 알 수 있다.

24. (1) 주어진 방정식을 행렬로 나타내면

$$\begin{pmatrix} x & y \end{pmatrix} \begin{pmatrix} 2 & \frac{3}{2} \\ \frac{3}{2} & -2 \end{pmatrix} \begin{pmatrix} x \\ y \end{pmatrix} = 10$$

이다. 또한 대칭행렬

$$A = \begin{pmatrix} 2 & \frac{3}{2} \\ \frac{3}{2} & -2 \end{pmatrix}$$

의 고유값은 $\det(A - \lambda I) = 0$ 으로부터 $\lambda_1 = -5/2$, $\lambda_2 = 5/2$ 임을 알 수 있다. 따라서 고유값 $\lambda_1 = -5/2$ 에 대응하는 단위고유벡터는 $\mathbf{u}_1 = (-1/\sqrt{10}, 3/\sqrt{10})^t$ 이고, 고유값 $\lambda_2 = 5/2$ 에 대응하는 단위고유벡터는 $\mathbf{u}_2 = (3/\sqrt{10}, 1/\sqrt{10})^t$ 이다. 그러므로

$$P = \begin{pmatrix} \mathbf{u}_1 & \mathbf{u}_2 \end{pmatrix} = \begin{pmatrix} -\frac{1}{\sqrt{10}} & \frac{1}{\sqrt{10}} \\ \frac{3}{\sqrt{10}} & \frac{1}{\sqrt{10}} \end{pmatrix}, \qquad P^tAP = \begin{pmatrix} -\frac{5}{2} & 0 \\ 0 & \frac{5}{2} \end{pmatrix}$$

이다. 따라서 $\mathbf{x} = (x, y)^t$, $\mathbf{x}' = (x', y')^t$, $\mathbf{x} = P\mathbf{x}'$ 라고 놓으면, 구하려는 2차 곡선의 표준형은

$$\mathbf{x}^t A\mathbf{x} = 10,\ \ (P\mathbf{x}')^t A(P\mathbf{x}') = 10,\ \ \mathbf{x}'^t(P^tAP)\mathbf{x}' = 10,\ \ \begin{pmatrix} x' & y' \end{pmatrix}\begin{pmatrix} -\frac{5}{2} & 0 \\ 0 & \frac{5}{2} \end{pmatrix}\begin{pmatrix} x' \\ y' \end{pmatrix} = 10$$

으로부터 $x'^2 - y'^2 = -4$ 이다.

(2) 주어진 방정식을 행렬로 나타내면

$$\begin{pmatrix} x & y \end{pmatrix}\begin{pmatrix} 5 & -2 \\ -2 & 8 \end{pmatrix}\begin{pmatrix} x \\ y \end{pmatrix} + \begin{pmatrix} \frac{20}{\sqrt{5}} & -\frac{80}{\sqrt{5}} \end{pmatrix}\begin{pmatrix} x \\ y \end{pmatrix} = 4$$

이다. 또한 대칭행렬

$$A = \begin{pmatrix} 5 & -2 \\ -2 & 8 \end{pmatrix}$$

의 고유값은 특성방정식 $\det(A - \lambda I) = 0$ 로부터 $\lambda_1 = 4$, $\lambda_2 = 9$ 임을 알 수 있다. 따라서 고유값 $\lambda_1 = 4$ 에 대응하는 단위고유벡터는 $\mathbf{u}_1 = (2/\sqrt{5}, 1/\sqrt{5})^t$, 고유값 $\lambda_2 = 9$ 에 대응하는 단위고유벡터는 $\mathbf{u}_2 = (-1/\sqrt{5}, 2/\sqrt{5})^t$ 이다. 그러므로

$$P = \begin{pmatrix} \mathbf{u}_1 & \mathbf{u}_2 \end{pmatrix} = \begin{pmatrix} \frac{2}{\sqrt{5}} & -\frac{1}{\sqrt{5}} \\ \frac{1}{\sqrt{5}} & \frac{2}{\sqrt{5}} \end{pmatrix}, \qquad P^tAP = \begin{pmatrix} 4 & 0 \\ 0 & 9 \end{pmatrix}$$

이다. 따라서 $\mathbf{x} = (x, y)^t$, $\mathbf{x}' = (x', y')^t$, $\mathbf{x} = P\mathbf{x}'$ 라고 놓으면, 구하려는 2차 곡선의 표준형은

$$\mathbf{x}^t A\mathbf{x} + \begin{pmatrix} \frac{20}{\sqrt{5}} & -\frac{80}{\sqrt{5}} \end{pmatrix}\mathbf{x} = 4,$$

$$(P\mathbf{x}')^t A(P\mathbf{x}') + \begin{pmatrix} \frac{20}{\sqrt{5}} & -\frac{80}{\sqrt{5}} \end{pmatrix}P\mathbf{x}' = 4,$$

$$\mathbf{x}'^t(P^tAP)\mathbf{x}' + \begin{pmatrix} \frac{20}{\sqrt{5}} & -\frac{80}{\sqrt{5}} \end{pmatrix}P\mathbf{x}' = 4$$

이다. 따라서

$$\begin{pmatrix} x' & y' \end{pmatrix}\begin{pmatrix} 4 & 0 \\ 0 & 9 \end{pmatrix}\begin{pmatrix} x' \\ y' \end{pmatrix} + \begin{pmatrix} \frac{20}{\sqrt{5}} & -\frac{80}{\sqrt{5}} \end{pmatrix}\begin{pmatrix} \frac{2}{\sqrt{5}} & -\frac{1}{\sqrt{5}} \\ \frac{1}{\sqrt{5}} & \frac{2}{\sqrt{5}} \end{pmatrix}\begin{pmatrix} x' \\ y' \end{pmatrix} = 4$$

으로부터 $4x'^2 + 9y'^2 - 8x' - 36y' = 4$ 이다.

25. 주어진 2차 곡선을 행렬로 나타내면

$$\begin{pmatrix} x & y \end{pmatrix}\begin{pmatrix} 1 & 2 \\ 2 & 1 \end{pmatrix}\begin{pmatrix} x \\ y \end{pmatrix} = 9$$

이다. 또한 대칭행렬

$$A = \begin{pmatrix} 1 & 2 \\ 2 & 1 \end{pmatrix}$$

의 고유값은 특성방정식 $\det(A - \lambda I) = 0$ 로부터 $\lambda_1 = 3$, $\lambda_2 = -1$ 임을 알 수 있다. 따라서 고유값 $\lambda_1 = 3$ 에 대응하는 단위고유벡터는 $\mathbf{u}_1 = (1/\sqrt{2}, 1/\sqrt{2})^t$ 이고, 고유값 $\lambda_2 = -1$ 에 대응하는 단위고유벡터는 $\mathbf{u}_2 = (-1/\sqrt{2}, 1/\sqrt{2})^t$ 이다. 그러므로

$$P = \begin{pmatrix} \mathbf{u}_1 & \mathbf{u}_2 \end{pmatrix} = \begin{pmatrix} \frac{1}{\sqrt{2}} & -\frac{1}{\sqrt{2}} \\ \frac{1}{\sqrt{2}} & \frac{1}{\sqrt{2}} \end{pmatrix} = \begin{pmatrix} \cos(\pi/4) & -\sin(\pi/4) \\ \sin(\pi/4) & \cos(\pi/4) \end{pmatrix}, \qquad P^tAP = \begin{pmatrix} 3 & 0 \\ 0 & -1 \end{pmatrix}$$

이다. 따라서 $\mathbf{x} = (x, y)^t$, $\mathbf{x}' = (x', y')^t$, $\mathbf{x} = P\mathbf{x}'$ 라 놓으면, 구하는 2차 곡선의 표준형은

$$\mathbf{x}^tA\mathbf{x} = 9, \quad (P\mathbf{x}')^tA(P\mathbf{x}') = 9, \quad \mathbf{x}'^t(P^tAP)\mathbf{x}' = 9, \quad \begin{pmatrix} x' & y' \end{pmatrix}\begin{pmatrix} 3 & 0 \\ 0 & -1 \end{pmatrix}\begin{pmatrix} x' \\ y' \end{pmatrix} = 9$$

으로부터 $3x'^2 - y'^2 = 9$ 이다. 따라서 주어진 2차 곡선은 원점을 중심으로 좌표축을 $\theta = \pi/4$ 만큼 회전시켰을 때 새로운 좌표축에서 쌍곡선 $x'^2/\sqrt{3}^2 - y'^2/3^2 = 1$ 임을 알 수 있다.

찾아보기

풀이가 있는

대학일반수학 [제2판]

2012년 2월 6일 제2판 인쇄
2012년 2월 15일 제2판 발행

저 자 / 김경호 · 김상욱
발행자 / 오판근
발행처 / 교우사

주 소 / 서울 동대문구 제기2동 148-19
전 화 / 925-2861~2, 편집부 / 925-2825
팩 스 / 925-2860

E-mail / kyowoo@kyowoo.co.kr
http://www.kyowoo.co.kr

등록 / 1994. 3. 24 제6-0256호

ISBN 978-89-8172-778-9 (93410)

값 23,000 원

© KyoWooSa, 2012.

※ 이 책의 무단전재, 복제를 금합니다.